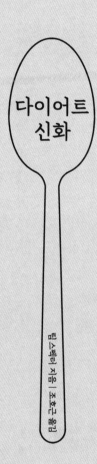

다이어트
신화

팀 스펙터 지음 | 조호근 옮김

서커스

차례

감사의 말 007

서론: 고약한 뒷맛 010

1. 식품성분표에 없는 성분: 미생물 031

2. 에너지와 열량 043

3. 지방: 전체 075

4. 포화지방 086

5. 불포화지방 129

6. 트랜스지방 151

7. 동물성 단백질 188

8. 비동물성 단백질 226

9. 유제품 단백질 241

10. 탄수화물: 당류 259

11. 탄수화물: 당류 외 285

12. 섬유질 312

13. 인공감미료와 첨가물 341

14. 코코아, 카페인 함유 352

15. 알코올 함유 369

16. 비타민 386

17. 경고: 항생제가 들어갈 수 있음 400

18. 경고: 땅콩 성분이 들어갈 수 있음 430

19. 유통기한 444

결론: 계산대 448

용어집 470

참고문헌/주 481

옮긴이의 말 517

Diet Myth
다이어트 신화

감사의 말

이 책은 싹을 틔우기까지 오랜 시간이 걸렸으며, 책으로 옮기는 과정에서 수많은 사람의 도움을 받았다. 물론 그 도움이란 지나가다 한마디 건네는 것부터 상세한 설명을 해 주거나 익살스러운 유튜브 동영상 링크를 건네는 것까지 실로 다양했다. 전체 책을 기획하는 일이 가장 힘들었는데, 에이전트이자 친구인 콘빌&윌시 사의 소피 램버트의 환상적인 도움이 없었더라면 버티기 힘들었을 것이다. 이 책은 여러 번 변화를 거쳤는데, 그럴 때마다 내 스승이자 함께 일하기에 즐거운 동료인 웨이던펠트&니콜슨의 훌륭한 편집자 베아 헤밍이 열정적으로 갈 길을 제시해 주었다. 그 외에도 여러 사람을 특별히 언급해야겠다. 커스틴 워드는 내 창의성 넘치는 조교 빅토리아 바스케스와 함께 여러 주제와 병력 사례에 대한 조사를 도와주었다. 두 사람 모두 극초기의 한심한 원고를 열심히 읽어 주기도 했다. 훗날의 원고를 읽고 개선점을 지적해 준 내 오랜 친구들,

로빈 피츠제럴드, 로즈 카디르, 브라이언 페힐리, 프래니 호치버그에게도 감사를 표한다.

비만 유전학과 영양학과 미생물 생태학의 동료들은 아직 출간되지 않은 귀중한 최신 연구 결과를 여럿 제공해 주었다. 이들 중에는 함께 미생물을 연구하는 루스 레이와 롭 나이트와 그의 미국 장내 미생물 연구진, 댄 맥도날드와 루크 톰슨, 더스코 에를리히, 피터 턴바우, 폴 오툴, 글렌 깁슨, 수잔 어드먼, 스탠 헤이즌, 아미르 자린파, 마틴 블레이저, 마리아 도밍게스-벨로, 패트리스 카니, 케빈 투오히, 로렐 라제나워, 라쉬미 시나와 짐 괴더트, 그리고 내가 근무하는 킹스 칼리지 런던의 연구진인 미셸 뷰몬트, 조르다나 벨, 크레이그 글래스톤베리와 맷 잭슨이 있다. 그 외에 내가 조언을 구한 학자들로는 스티브 오레일리, 조지 데이비 스미스, 마크 매카시, 데이비드 앨리슨, 클레어 르웰린, 커시 피에탈라이넨, 엘레 제피니, 알리나 파르마키, 바바라 프레인색, 오브리 셰이엄, 레오라 에이젠, 데이비드 모건이 있다.

킹스 칼리지 런던의 동료인 케빈 웰런, 제레미 샌더슨, 필 초비엔칙, 톰 샌더슨과는 정말로 도움이 되는 대화를 여러 번 나누었다. 바르셀로나에서 너그럽게 나를 맞이해 준 하비에르 에스티빌리와 라몬 에스트루히, 마크 뉴벤후이센, 수산나 푸이그와 호세프 말베히에게도 그 지식과 친절함에 감사를 표한다. 폴 닐, 존 스코필드, 나이젤 화이트와 에릭 비조 덕분에 치즈에 대해 알게 되었고, 식품철학에서는 줄리안 바지니의 도움을 받았다. 이안 위어, 에인 켈리, 이스가 보스, 아만다 베일리, 존 헤밍, 스와미, 브렌다 샘브룩, 레슬리 북바인더, 비비안 홀의 조언은 큰 도움이 되었으며, 여기서 이름을 떠올리지 못한 다른 수많은 사람들도 마찬가지로 유용한 조언을 해 주었다. 정크푸드라는 희생을 치른 똑똑한 아들 토마스와 기타 부지런하고 모험심 많은 시이요법 시용자들, 그리고 TwinsUK 프로젝트의 모든 자원자들에게도 감사를 표한다. 물론 성 토마스 병원, 킹스 칼리지 런던, 내게 연구비를 지원한 EU와 국립보건연구소와 웰컴 트러스트, 그리고 완벽한 연구 배경을 제공해 준 수많은 쌍둥이들에게도 마땅히 감사를 표해야 할 것이다. 베로니크와 소피와 톰에게는 장기간 실생활에 출몰하지 못하는 상황을 자비롭게 용인해 준 것에 깊은 감사를 표한다.

마지막으로, 이런 온갖 도움에도 불구하고, 영양학과 장내미생물은 워낙 방대하고 빠르게 발전하는 분야다. 이 책에서 분명히 발견될 모든 오류와 누락은 전부 내 탓으로 여겨주었으면 한다.

고약한 뒷맛

힘겨운 등반이었다. 우리는 6시간 동안 1,200미터를 등반해 정상에 오르는 경로를 택했다. 눈밭에서 뒤로 미끄러지지 않도록 인조 바다표범 가죽을 씌운 투어링 스키를 신은 채였다.

다섯 명의 동료와 마찬가지로, 나 또한 지치고 조금 머리가 멍한 상태였다. 그러나 이탈리아-오스트리아 국경의 해발 3,100미터의 보르미오 산정에서 보이는 훌륭한 경치를 놓치고 싶지는 않았다. 우리 일행은 지난 6일 동안 이 지역을 스키로 돌아다니며, 고지대 산장에 머물고, 상당한 운동과 훌륭한 이탈리아 음식을 만끽했다. 우리는 스키를 벗고 남은 10미터를 걸어 정상에 도착했지만, 나는 순간 울렁이는 느낌에 가장자리까지 가서 아래를 내려다볼 엄두를 내지 못했다. 그때까지만 해도 나는 종종 앓아 오던 가벼운 현기증이 찾아왔다고 생각했다. 스키로 내려가려고 방향을 바꾸자, 날씨가 나빠지며 구름이 깔리고 가벼운 눈이 내리기 시작했다. 앞사람의 스키

자국을 판별하기가 힘들어졌지만 나는 그저 낡은 고글에 김이 서렸기 때문이라고만 생각했다. 보통 스키로 내려가는 일은 쉽고 편하기 마련이지만, 나는 묘하게 지친 느낌이 들었고, 1시간에 걸쳐 산을 내려온 후에도 안도의 마음만 들었다.

잠시 후 우리와 합류한 프랑스인 산행 안내자는 50미터 떨어진 곳의 커다란 나무에 앉아 있는 한 쌍의 알프스 다람쥐를 가리켜 보였다. 나한테도 다람쥐는 보였지만, 문제는 그게 네 마리였다는 것이다. 대각선 위쪽으로 추가로 한 쌍이 보였다. 순간 나는 사물이 둘로 보이는 것이라는 사실을 깨달았다. 신경의학 수련의 시절의 경험으로 판단해 볼 때, 내 연령대에서 가능한 요인은 세 가지였다. 다발성경화증, 뇌종양, 뇌졸중. 하나같이 마음에 들지 않았다.

런던으로 돌아와서 스트레스로 가득한 며칠을 보내다 간신히 주선한 MRI 검사를 통해, 나는 다행히 불쾌한 요인 중 두 가지는 배제해도 된다는 사실을 깨달았다. 그래도 가벼운 뇌졸중을 겪었을 가능성은 여전히 남아 있었다.

이내 동료 안과의가 전화로 증세를 확인하고 내게 4번 뇌신경 협착증이라는 진단을 내려 주었다. 거의 들어본 적도 없는 병명이었지만, 보통 치료하지 않아도 수개월 내에 증상이 호전된다니 다행스러운 일이었다. 명확한 원인은 모르지만, 해당 신경에 혈액을 공급하는 동맥에 경련과 수축과 국소적인 폐색이 일어나서, 그로 인해 안구 운동 조절에 부분적인 문제가 일어나는 증상이라고 했다. 정말 다행스러운 일이었다. 그냥 눈이 정상으로 돌아오기를 기다리며, 안대나 끼고 다니다가, 조금 호전되면 이중으로 보이는 증상을 감소시키는 프리즘 렌즈를 끼운 범생이 안경을 쓰고 다니면 된다는 소리였다.

나는 이후 한동안 몇 분 이상 책을 읽거나 컴퓨터를 사용할 수 없었고, 하필이면 고혈압까지 생겨서 사태가 복잡해졌다. 내 전문의 동료들은 이런 사태의 원인을 짚어내지 못했는데, 혈압은 그렇게 쉽사리 급변하는 일이 드물기 때문이었다. 그러나 우연히 2주 전에 혈압을 재 봤기 때문에, 내 혈압이 실제로 치솟았다는 사실은 명백했다. 드문 질병이 아닌지 확인하느라 온갖 심혈관 검사를 받은 후, 나는 결국 피를 묽게 만드는 항고혈압제와 아스피린을 처방받았다.

표준보다 건강하고 운동을 즐기는 중년 남성에서, 알약을 한 움큼씩 털어넣으며 연명하는 고혈압과 우울증과 뇌졸중 환자로 전락하기까지 고작 2주밖에 걸리지 않은 것이다. 강제로 휴식을 취하며 시력이 천천히 회복되는 동안, 나는 생각을 가다듬을 시간을 충분히 가질 수 있었다.

일련의 경험은 내 건강을 재점검할 시간이 되었다는 자명종 소리나 다름없었고, 나는 건강하게 장수할 확률을 높이는, 그리고 처방약에 대한 의존을 줄이고 섭취할 음식을 선택해서 건강해질 수 있을지를 탐구하는 구도의 길을 떠나게 되었다. 당시 나는 평생에 걸친 식습관을 바꾸는 일이 가장 힘들 것이라 여겼다. 그러나 더 힘든 일이 하나 있었다. 바로 진실을 판별하는 일이었다.

현대 '식품'에 대한 신화

좋은 식품과 나쁜 식품을 가리는 일은 갈수록 힘들어지기만 한다. 심지어 역학과 유전학을 전공한 의사이자 과학자인 나한테도 마찬가지다. 영양학과 생불학의 다양한 수제에 대해 수백 건의 논문을 써 왔으면서도, 보편적인 정보로부터 실용적인 결정을 끌어내기가 쉽지 않았다. 헷갈리고 모순되는 정보들이 사방에 가득하다. 누구를, 그리고 무엇을 믿어야 할지 확신할 수가 없다. 어떤 식이요법의 현자는 규칙적으로 소량의 식사와 간식을 꾸준히 섭취해야 한다고 말하고, 다른 이들은 여기에 이의를 제기하며 아침을 거르거나, 점심을 양껏 먹거나, 밤에는 거하게 먹는 일을 피해야 한다고 말한다. 다른 음식을 배제하고 특정 식품(예를 들어 양배추 수프라던가)을 섭취할 것을 권하기도 한다. 심지어 프랑스에서는 포크 하나만 사용해서 식사하면 체중이 쑥쑥 줄어들 것이라 주장하는, '르 포킹le forking'이라는 영리한 이름의 식사법까지 등장했다.

지난 30년 동안, 다양한 전문가들이 우리 식생활의 거의 모든 요소를 악의 근원으로 지목해 왔다. 그러나 이토록 철저한 비난에도 불구하고, 전 세계적으로 우리의 식생활은 계속 나빠져 왔다.[1] 높은 콜레스테롤 수치와 심장 질환의 연관성이 처음 밝혀진 1980년대 이래로, 건강한 식단은 저지방이어야 한다는 관념이 깊이 뿌리를 내렸다. 대부분의 나라에서는 지방으로 섭취하는 열량의 권장량을 줄였고, 특히 육류와 유제품 쪽이 가장 많이 감소했다. 그러나 지방으로 섭취하는 열량의 감소는 탄수화물로 섭취하는 열량의 증가로 이어진다. 의학적 권고에서 이런 현상은 한동안 대세를 유지했고, 적어도 겉보기로는 말이 되는 듯했다. 지방은 탄수화물에 비해 그램당 열량이 두 배는 되기 때문이다.

이런 공적인 계보와는 달리, 2000년대에 들어 유행을 타기 시작한 앳킨스, 구석기, 뒤캉 등 저마다 다양한 복잡도를 가지는 여러 식이요법에서는, 사람들에게 탄수화물 탐닉을 그만두고 지방과 단백질만 섭취하라고 권장한다. 혈당지수(GI: Glycemic Index) 식이요법은 포도당을 빠르게 방출해서 혈중 인슐린 농도를 급격히 상승시키는 특정 부류의 탄수화물을 주적으로 삼는다. 사우스비치 식이요법은 나쁜 탄수화물과 나쁜 지방 모두를 적으로 간주한다. 일부 식이요법(몽티냑 등)에서는 특정 식품의 조합을 금지하고, 최근 들어 유행하는 절식 식이요법(5:2 식이요법 등)에서는 열량 섭취를 제한하는 간헐적인 '절식'을 해법으로 제시한다. 그 외에도 대체품은 수도 없이 많다. 손에 닿는 책만 해도 3만 권이 넘으며, 저마다 웹사이트와 관련 상품이 존재하고, 저마다 납득 가는 것에서부터 위험하거나 대놓고 미친 것까지 다양한 식단 전략과 보충제를 홍보하고 있다. 이 모든 사실을 발견한 나는 큰 충격을 받았다.

나는 그저 건강을 유지하고 우리 시대에 흔한 질병에 걸릴 가능성을 줄이거나 증상을 완화할 적절한 방식을 찾고 싶었을 뿐이다. 그러나 가장 인기 있는 식단 계획은 다른 건강이나 영양학적 문제는 배제한 채 체중 감량에만 집중하는 모습을 보였다. 어떤 사람들은 과체중인데도 부정적인 대사증후군을 전혀 겨지지 않지만, 어떤 사람들은 피부 아래 지방이 별로 없는 늘씬한 체구인데도 내장 주변에는 지방이 그득하며, 이는 건강에 치명적인 결과로 이어진다. 그러나 과학자들은 아직도 이런 개인차가 발생하는 이유를 발견하지 못했다.

다이어트라는 의식儀式은 이제 유행이 되었다. 영국 인구의 5분의 1은 항상 어떤 방식이든 식이요법을 실행하고 있지만, 우리의 허리둘레는 10년마다 1인치씩 증가하고 있다. 영국 남녀의 평균 허리둘레는 이제 각각 38인치와 34인치에 달했으며 아직도 증가 추세다. 그리고 이에 따라 당뇨병이나 무릎 관절염이나 심지어 유방암에 이르는 관련 질병 또한 증가하고 있다. 이런 질병의 발병률은 바지 혹은 치마의 허리둘레가 1인치 증가할 때마다 3분의 1씩 증가한다. 미국인의 60퍼센트는 살을 빼야 한다고 말하고 다니지만, 실행에 옮기는 사람은 그중 3분의 1밖에 되지 않는다. 20년 전에 비하면 상당히 줄어든 수치다. 그 이유는 대부분의 사람들이 체중 감소용 식이요법이 실제로 효과가 있다고 믿지 않기 때문이다. 나날이 풍요로워지는 값싼 음식이 사방에 가득한 데다, 다이어트에 실패한 쓰디쓴 경험을 겪은 적이 있다면, 열량 섭취를 줄이고 운동량을 늘리려는 의지는 부족해질 수밖에 없다. 심지어 계속 식이요법에 실패해서 체중이 감소했다 복원되는 일을 반복하다 보면, 실제로 살이 더 찔 수도 있다는 증거가 나오기도 했다. 일부 인기 있는 식이요법은 분명 단기적으로는 많은 사람에게 효과를 보인다. 특히 저탄수화물 고단백질 식단이 그렇다. 그러나 장기적으로는 완전히 다른 문제가 되는 듯하다. 여러 증거를 보면,

기록을 깰 정도의 훌륭한 체중 조절을 이룩한 사람들조차 시간이 지나면 천천히 몸무게가 원래대로 돌아가는 것으로 보인다.

나쁜 과학과 증가하는 허리둘레

1980년대 이래로, 전문가들은 지방질은 아무리 적은 양을 섭취해도 결국 건강에 나쁠 수밖에 없다고 일관적으로 주장해 왔다. 이들의 선전은 상당히 효과가 좋았으며, 여러 국가에서는 식품업계의 도움을 받아 자국민이 섭취하는 지방의 총량을 줄이는 데 성공했다. 그러나 이런 성과에도 불구하고 여러 나라에서 비만과 당뇨 발병률은 갈수록 빠르게 증가하기만 했다. 이후 우리는 세계에서 가장 열성적으로 지방을 섭취하는 그리스 크레타섬 주민들이 가장 건강하고 장수하는 집단 중 하나라는 사실을 알게 되었다. 식품산업계는 지방질을 대체하기 위해 가공식품의 당 함량을 계속해서 높여 왔다. 그랬더니 다시 설탕이야말로 우리 시대의 독극물이라는 시급한 경고가 등장했다. 그러나 문제는 여기서 한층 더 복잡해진다. 평균적으로 설탕 섭취량이 미국인의 두 배는 되는 쿠바인은 미국인보다 가난하기는 해도 훨씬 건강하기 때문이다.

이런 상황이니 상충하는 온갖 메시지 때문에 혼란에 빠지는 것도 당연하다. 탄산음료, 설탕, 주스, 지방, 육류, 탄수화물을 피해야 하니 먹을 음식이라고는 양상추밖에 남지 않는 기분이

드는 것이다. 이런 혼란에 옥수수, 대두, 육류, 설탕 생산에 대한 직관에 어긋나는 정부 보조금까지 더하면, 영국인과 미국인이 공격적이고 상당한 예산을 소모하는 다양한 공공 홍보 활동에도 불구하고 10년 전보다 적은 양의 과일과 채소를 섭취하게 된 이유를 설명할 수 있을 것이다. 영국에서는 이런 흐름을 막기 위해 최근 '하루에 다섯 조각five a day'이라는 권고를 '하루에 일곱 조각'으로 상승시켰다. 이를 비롯한 다양한 공공권장 식단은 사실 명확한 의도를 파악하기 힘들다. 과학보다 메시지의 단순성을 우선하기 때문이다. 그리고 여러 나라를 살펴보면 일관성 또한 존재하지 않는다. 어떤 나라에는 권장량이 아예 존재하지 않고, 어떤 나라는 '하루에 열 조각'으로 옮겨갔으며, 오스트레일리아 같은 나라는 '하루에 둘-다섯'으로 과일과 채소를 구분하여 일곱 잔의 오렌지주스로 권장량을 채우는 사태를 막으려 든다. 식품산업계는 이런 발상을 환영하며, 자기네 가공식품에 '건강식품'이라는 딱지를 붙여 다른 성분의 함량을 숨기려 든다.

영국에서 '하루에 일곱 조각'이라는 권고의 정당성은 65,000명을 대상으로 한 관찰 연구에서 나왔다. 전날 과일이나 채소를 아예 먹지 않은 사람들과 일곱 조각 이상을 먹은 사람을 비교하는 연구였다. 이 연구에서 수행한 설문 결과에 따르면 과일과 채소를 섭취하면 사망률이 3분의 1 이상 감소한다고 하지만, 실제로 감소하는 사망률을 퍼센트 수치로 따지면 0.3퍼센트에 지나지 않는다. 아무래도 그리 대단한 수치는 아니다. 게다가 유전적 요인, 또는 그보다 가능성이 큰 사회적 요인이 식품 선호도에 따른 사망률 차이를 설명해 줄 수 있다. 동부 글래스고에 사는 사람이 부유한 켄징턴에 사는 사람보다 20년 일찍 죽을 가능성이 크다는 점은 부인할 수 없을 것이다. 이보다 열 배는 많은 인원을 대상으로 수행한 다른 관찰 연구에서는, 하루 다섯 조각을 넘는 과일 섭취는 건강에 눈에 띄는 영향이 없다는 결과가 나왔다.

이런 권고가 항상 틀렸다는 말은 아니다. 그러나 건강과 식단의 문제에서는, '공적인' 조언과 권고를 훨씬 조심스럽고 비판적으로 수용할 필요가 있다. 공공기관이 반사적으로 뱉어내는 권고 중에는 부족한 증거나 나쁜 과학에 근거한 것이나, 정치가와 과학자들이 권장 사항을 바꾸면 대중을 '혼란'시키거나 체면을 잃을까 두려워 바꾸지 않은 것들도 섞여 있기 때문이다.

'상식'을 통한 지나친 단순화 또한 위험하긴 마찬가지다. 식사량을 줄이고 운동을 더 하면 체중은 감소할 수밖에 없으며, 실패는 오로지 개인의 의지력 부족일 뿐이라는 메시지가 대표적이다. 이런 조언 또한 지난 수십 년 동안 의료계의 절대 명제로 군림했다. 수명은 늘고 의료기술은 발전하고 삶의 질은 향상되었는데도, 우리가 마주한 유례없는 비만과 만성질환의 확산 사태는 끝날 기미조차 보이지 않는다. 사람들이 흔히 믿듯이, 그 이유를 전 지구적인 의지력 부족에 돌리는 일이 과연 옳은 것일까?

내가 연구한 영국의 쌍둥이 중에서는 식이요법을 시도해 본 사람이 상당히 많다. 이들을 대상으로 식이요법을 시도하지 않은 쪽의 쌍둥이와 비교해서 얼마나 효과를 보았는지를 확인한 결과, 제법 흥미로운 결과가 나왔다. 석 달 이상 체중 감량을 위한 식이요법을 한 적이 있는지 질문했을 때, 그렇다고 대답한 쪽이 아니라고 대답한 쪽보다 평균적으로 체중이 높았다. 따라서 쌍둥이 사이의 성격이나 육체적 특성의 차이를 배제한 식이요법의 효과를 명확하게 비교하기 위해서, 우리는 쌍둥이의 표현형에 영향을 끼칠 수 있는 여러 요인을 우선 확인했다. 유전자, 양육, 문화, 사회 계급 등이 여기에 속하는데, 대부분의 쌍둥이는 이런 요소가 완벽하게 일치한다. 이 연구에서는 양쪽 모두 체질량지수가 30 이상의 과체중인 일란성 쌍둥이만 선택했다(체질량지수, 즉 BMI는 킬로그램 단위의 몸무게를 미터 단위의 키의 제곱으로 나누는 식으로 계산한다). 연구 목적으로 분류할 때는, 이 단계는 의학적인 비만으로 간주한다.

실험 시작 단계에서, 엄밀하게 선정한 12명의 여성 쌍둥이의 평균 체중은 86킬로그램이었으며 BMI는 34였다. 일반적으로는 정기적으로 식이요법을 실행할 의지력을 갖춘 쪽이 수년의 희생에 따른 결실을 거두었으리라 예상할 것이다. 그러나 우리 연구진은 지난 20년 동안 정기적으로 다이어트를 실행한 쌍둥이와 제대로 다이어트를 해 본 적 없는 쌍둥이의 체중이 거의 같다는 사실을 발견했다. 16세에 체중이 같았던 좀 더 젊은 쌍둥이들의 경우에도 비슷한 결과가 나왔다. 25세에 확인한 결과, 다이어트를 한 쌍둥이가 평균적으로 체중이 1.5킬로그램만큼 더 나갔다.[2]

우리의 신체는 단순히 줄어든 열량 섭취량에 적응하고, 진화의 힘이 프로그램한 내용을 그대로 수행하는 것처럼 보인다. 대부분의 제한형 식이요법에서 사용하는 단순한 방법론은, 저장된 지방을 유지하려는 신체의 충동에 억눌려 버린다. 일정 기간 이상 과체중을 유지하면, 우리 몸에서는 일련의 생물학적 변화가 일어나서, 지방 저장량과 음식에 대한 대뇌의 보상 작용은 그대로 유지되거나 오히려 증가한다.[3] 바로 이 때문에 대부분의 다이어트는 실패할 수밖에 없다.

전 지구적 시한폭탄

2014년까지 2천만 명이 넘는 미국 아동이 비만이 되었다. 30년 동안 전체 인구에 대한 비율로는 세 배가 상승한 셈이다. 심지어 의지력이 부족해서 잘못된 선택을 내렸다고 비난할 수 없는 영아들도 놀라운 속도로 체중이 불어나고 있다. 그리고 나머지 세계도 따라잡는 중이다. 영국에서는 이제 성인 세 명 중 두 명이 과체중이거나 비만이다. 멕시코는 비공식 세계 챔피언으로, 아동과 성인 양쪽 모두의 비만율이 미국을 따라잡아 버렸다. 중국과 인도의 비만율은 30년 동안 세 배로 증가했고, 이제는 거의 10억 명에 이르는 비만 국민을 보유하고 있다. 일본, 한국, 프랑스처럼 보통 날씬하다고 간주하는 국가에서도 10명 중 1명의 아동이 비만으로 분류된다.

비만은 법적으로 장애로 분류하는 경우는 있어도 질병으로 분류하는 경우는 없다. 그러나 그 효과는 질병만큼이나 치명적이다. 비만은 여러 나라에서 막대한 보건 비용 지출을 강요하며, 당뇨병을 비롯한 여러 심각한 건강 문제를 유발할 수 있다. 당뇨병 환자는 이제 3백만 명을 넘으며 매년 2퍼센트씩 증가하고 있는데, 이는 평균 인구 증가율의 두 배에 달한다. 말레이시아나 걸프만 국가들의 경우에는 인구의 거의 절반이 낭뇨병을 앓고 있다. 현재의 추세가 이어진다면, 2030년에는 영국과 미국에서 추가로 7600만 명이 의학적으로 비만으로 분류될 것이며, 이는 전체 인구의 거의 절반이 비만이 된다는 뜻이다. 추가로 수백만 명의 심장 질환, 당뇨병, 뇌졸중, 관절염 환자가 발생할 것이다. 이로 인한 천문학적인 비용은 모두 납세자들이 떠안아야 하는 상황인데도, 정부와 의사들은 문제의 요인을 명확하게 파악하고 있다고 호언장담하기만 한다. 과식이 문제라는 것이다.

하지만 30년 전까지만 해도 식량 부족으로 대량 기아 사태의 발생을 예측했던 보츠와나와 남아프리카공화국 같은 개발도상국에서도 전체 여성의 거의 절반이 의학적인 비만으로 간주되는 이유는 무엇일까? 세계적으로 비만자의 수가 치솟는 이유는 어디에 있을까?

내가 비만이 불러온 참상을 처음 목격한 것은, 1980년대에 벨기에에 세계 최초로 설립된 비만 병동에서 수련의로 근무하던 시절이었다. 처음에 나를 비롯한 수련의 동료들은 그곳을 값비싼 건강 관리 센터 정도로 간주하는 농담을 주고받곤 했다. 그러나 내가 담당한 첫 환자가 그런 생각을 완전히 바꾸어 버렸다. 해당 여성 환자는 폐 속의 혈전 때문에 자택에서 쓰러

저서 소방차에 실려 왔다. 몸무게가 260킬로그램이라 구급차로 수송하기에는 너무 무거웠고, 집에서 꺼낼 때도 소방대가 창문을 통해 윈치로 내려야 했기 때문이다. 그녀는 몇 년 동안 정크푸드와 탄산음료만 섭취하며 자택에서 나오지 않은 덕분에, 35세밖에 되지 않았는데도 계속 체중이 증가하다 마침내 몸이 완전히 망가져 버렸다. 병원에서 100킬로그램을 감량한 이후에도 당뇨병, 관절염, 심장 질환 등의 심각한 증상에 시달렸고, 결국 2년 뒤에 심부전과 신부전으로 사망했다.

내가 처음 비만을 접했던 1984년에는 이런 증상은 극도로 드물었다. 현실의 환자가 어떤 상태인지를 확인한 뒤 비만과 그 결과에 대한 내 관점은 완벽하게 바뀌었다. 요즘은 이런 슬픈 이야기가 제법 흔해졌다. 체중이 355킬로그램이나 나가서 자택의 벽을 파괴해 구조해 내야 했던 웨일스 애버데어의 10대 소년이 그런 예가 될 것이다.

내가 영국으로 돌아온 후로도, 의사들이 비만의 증가 추세를 심각하게 받아들이기까지는 20년이나 걸렸고, 오늘날에도 비만 환자가 치료나 공감이나 자원 분배에서 배제되는 일은 꾸준히 발생한다. 긴급 수술 대상이 되지도 못하며, 전 세계적으로 건강보험 측면에서는 이등 시민 취급을 받는다. 의료계에서도 비만은 전반적으로 도외시되며, 지원도 거의 없고 전문 수련의 대상이 되지도 못하며 광고비로 수억 파운드를 지출하는 식품회사들에 맞서 싸우자는 일관된 목소리도 존재하지 않는다.

내가 런던에서 수련의로 근무하는 동안, 상급직 의사들은 심각한 건강 문제가 있는 비만 환자들에게는 '자기 삶을 제대로 통제하고 의지력을 발휘해 과식을 멈추라'고 말해 줘야 한다는 조언을 계속했는데, 이를 다른 말로 옮기면 '수용소에는 살찐 사람이 없다' 정도가 될 것이다. 이런 투박한 '의학적' 접근 방식이 처절하게 실패했다는 사실을 굳이 나시 설명할 필요는 없을 것이다. 내 환자들은 갈수록 살이 찌고, 갈수록 우울증에 시달리고, 당뇨 증상과 장애가 생겼다. 때로는 병원의 감량 전문가에게 맡기기도 했지만, 거기서도 습관을 개선하고 비스킷이나 감자칩을 먹지 말라는 주문을 받을 뿐이니 별 의미는 없었다. 반창고로 대량 출혈을 막으려 드는 것이나 다름없는 일이었다. 접근 방식을 완전히 바꿔야 했다.

과체중인 사람들의 일일 열량 섭취량을 통제된 환경에서 1,000kcal 이하로 제한하면 (성인 권장 섭취량은 하루에 2,000~2,600kcal 정도다) 비만 문제는 해결될 것이다. 그러나 군대나 병원을 제외하면 그런 환경은 구축할 수 없으며, 실용적이거나 증명이 끝난 치료 방법은 존재하지 않는다. 외부 환경의 변화 없이 비만뿐 아니라 당뇨병까지 '치료'할 수 있는 유일한 예외인 인공적 방법은 위장 우회 수술뿐이다. 그러나 50년 동안 비교적 안전하게 사용해 왔음에도, 의사들은 여전히 그 방법을 권장하지 않는다. 그 수술이 왜 그렇게 효력이 좋은지를 설명할 수 없다는 것도 그 이유 중 하나다.

의사와 도그마와 식단 – 무지의 역전

산중에서 자신의 건강 문제에 직면했을 때, 나는 반사적으로 뭔가를 포기하겠다고 다짐하는 식으로 반응했다. 나는 육류와 유제품과 그 안의 포화지방을 포기하는 쪽을 택했지만, 사실 마지막으로 읽은 글이 무엇인지에 따라 포기의 대상은 탄수화물, 곡류, 식품 첨가물, 글루텐, 콩류, 과당이 될 수도 있었다. 모든 지방이 우리에게 해롭다는 20세기의 신화가 해체되는 모습을 지켜보며, 나는 이를 비롯한 식단의 미신 뒤에 숨은 진짜 과학을 발견하고 싶었다. 소위 전문가라는 이들이 놓친 것이 있는지를 확인하고 싶었다.

인간이 수백만 년 동안 섭취해 온 육류를 내가 포기한 것이 과연 옳은 행동이었을까? 우유와 치즈와 요구르트가 수많은 연구에서 말하는 것처럼 알레르기를 유발하는 것일까? 탄수화물의 혈당지수에 신경 쓸 필요가 있을까? 진실을 말하자면, 의사나 기타 건강 전문가들이 좋아하는 완전긍정 또는 부정의 답변은 과학이나 약학 분야에서는 적절치 못한 경우가 많다. 거의 언제나 고려하지 않았거나 중요하지 않다고 간주해 배제해 버린 생물학적 요소나 통제 요인이 존재한다. 이 책은 최신 과학 연구를 동원하여 인류의 식단이라는 주제를 한 단계 더 파헤치려는 시도다.

나는 운이 좋게도, 자신의 경험뿐 아니라 20년을 함께한 50여 명의 연구진과 11,000명의 성인 쌍둥이라는 막대한 자산의 도움을 받을 수 있었다. 영양학계에서 식단과 환경의 영향과 유전자의 영향을 구분하는 일은 상당히 까다로운 도전에 속하며, 쌍둥이 연구는 이 문제에 해법을 제공한다. 영국 전역에서 찾아온 자원자들이 자신들의 건강과 생활방식과 식생활에 대해서 놀랍도록 세세한 정보를 제공해 주었다. 여기에 우리가 가지고 있는 유전정보를 너하면, 우리 연구에 자원한 쌍둥이들은 아마 우리 행성에서 가장 치밀하게 연구된 사람들일 것이다. 이 책은 내 사적인 발견의 궤적을 담고 있다. 나는 이 기록이 온갖 혼란스러운 여러 도그마와 상업적 이익과 식생활의 신화를 해체하는 일에 도움이 되기를 바란다.

나는 최신 연구 결과를 인용하고 공고한 기존 틀을 벗어난 자유로운 사고를 통해, 도도한 무지의 물결을 되돌리고 싶다. 비만이 단순히 섭취와 소모 열량을 측정하거나 적게 먹고 많이 운동하거나 특정 부류의 식품을 제한하면 해결된다는 미신도 파괴하고 싶다. 오늘날에는 모든 사람이 식품과 식단에 대한 전문가인 것처럼 보인다. 그러나 식이요법을 설계하고 홍보하는 사람들은 대개 과학적 훈련을 전혀 받지 않았으며, 간혹 분별 있는 사람이 있기는 해도 영양학자나 영양 상담사라는 직함은 보통 특별한 자격 없이도 취득할 수 있다. 유명한 일화로, 헨리에타 골드에이커라는 여성이 전미 영양 상담사 협회의 전문가 인증서를 받은 일이 있다. 헨리에타가 의학 저술가인 벤 골드에이커의 죽은 고양이였다는 사실을 고려해 보면, 수많은 영양학 인증서에서 사용하는 기준이 얼마나 대단한지는 짐작할 수 있을 것이다.[4]

심지어 저명한 의사들조차 자신의 관념과 이론에 매몰되어 그에 반하는 새로운 자료가 등장했을 때 허점을 인정하기를 거부한다. 과학이나 의학의 다른 어떤 분야에서도 이런 전문가 집단에서의 내분이나 보편적 합의의 부재나 수많은 권장 식단의 건강 요인을 뒷받침할 탄탄한 증거의 부재는 찾아볼 수 없다. 게다가 적어도 내가 보기에는, 이토록 종교적인 경쟁처럼 보이는 과학 분야도 존재하지 않는다. 모두 저마다 대사제와 광신도와 평신도와 불신자를 갖추고 있기 때문이다. 그리고 종교와 마찬가지로, 대부분의 사람들은 죽음을 무릅쓰고도 신앙을 바꾸려 들지 않는다.

영양학의 전문가들이 계속 서로 모순되는 주장을 내세우며 비판을 주고받는 상황이니, 대규모 공동 연구나 프로젝트가 제대로 지원을 받지 못하는 것도 당연한 일이다. 나는 개인적인 경험을 통해 프로젝트 지원을 원하는 학자들이 식생활의 주요한 요소를 일부러 배제한다는 사실을 잘 알고 있다. 그 요소에 동료들의 비난이 집중되기 때문이다. 매년 개별적으로 수행하고 지원을 받는 소규모 연구의 수는 엄청나게 많지만, 다른 분야에 비해 연구의 질은 상당히 떨어진다. 대부분의 연구는 아직도 단면적이고 관찰에 의존하며, 편향성과 결함이 가득하다. 장기간에 걸친 제대로 된 관찰 연구는 아직도 그리 많지 않으며, 모든 식품이나 식단을 대상으로 무작위로 적용해서 장기간 검증을 거친 훌륭한 연구는 그중에서도 일부에 지나지 않는다.

우리는 아직 영양소와 식단의 배경이 되는 과학에 대한 폭넓은 이해가 부족하다. 대부분의 식이요법은 좁은 범주의 고전적 견해나 단순한 관찰 및 유사의학에 의존하고 있다. 그러나 신체와 식품에 대한 생리학적 반응의 엄청난 개인차는 아직도 제대로 설명할 수가 없다. 새로 등장하는 모든 가공식품이 제약회사가 만들어낸 신약이고, 비만이 질병으로 분류되었다면, 우리는 이미 그 효용과 위험성에 대한 방대한 자료를 확보하고 있을 것이다. 그러니 식품의 경우에는 그런 안전장치가 존재하지 않는다. 심지어 그 식품의 구성 성분이 대부분 합성 화학물질인 경우에도.

퍼즐의 빠진 조각

영양소라는 퍼즐에는 커다란 빠진 조각이 하나 존재한다. 같은 식사를 같은 주기로 섭취하는데도, 어떤 사람은 살이 찌고 어떤 사람은 살이 빠지는 이유가 무엇일까? 홀쭉한 사람(요즘은 체중이 권장 수준이며 25 이하의 BMI 수치를 가진 사람을 의미한다)은 이제 대부분 국가의 인구에서 소수자로 전락했다. 이들과 '정상적인' 과체중자는 무엇이 다른 것일까? 혹시 '비정상적'으로 홀쭉한 이들이야말로 우리가 연구의 대상으로 삼아야 하는 것은 아닐까?

이런 차이는 부분적으로는 분명 유전자 수준에서 온다. 유전자는 우리의 입맛과 체중이라는 결과물 양쪽에 영향을 끼친다. 영국의 쌍둥이에 대한 내 연구(TwinsUK 연구)와 전 세계의 다른 연구자들의 연구 결과에 따르면, 일란성 쌍둥이는 이란성 쌍둥이보다 체중과 체지방이 서로 훨씬 유사하다. 일란성 쌍둥이는 유전적으로 클론이나 다름없으며, 동일한 DNA를 가지기 때문에, 유전자의 영향이 큰 형질을 파악할 수 있다. 실제로 개인차의 60~70퍼센트 정도는 유전자로 설명할 수 있는데, 성인 일란성 쌍둥이의 체중 차이 평균은 1킬로그램도 되지 않기 때문이다. 이런 유전자의 영향을 받는 유사점은 우리가 연구한 다른 관련 특성, 이를테면 신체에서 근육 또는 지방이 차지하는 비율이나, 그 지방이 축적되는 신체 부위 등으로 이어진다. 음식 선호도처럼 식생활과 연관된 습관이나, 심지어 운동이나 식사를 하는 빈도조차도 유전자의 영향을 받는다. 그러나 60~70퍼센트가량 유전자의 영향을 받는다고 해서, 해당 특성이 선천적으로 결정되어 있다는 말은 아니다.

사실 동일한 유전자를 가지는 일란성 쌍둥이도 허리둘레는 상당히 다를 수 있으며, 우리는 그 이유를 찾기 위해 이런 특수한 쌍둥이를 세밀한 지점까지 연구한다. 유전적 요인만으로는 지난 2세대 동안 전체 인구에 일어난 막대한 변화를 설명할 수 없다. 1980년대 영국에서는 전체 인구의 7퍼센트가 비만이었다. 이제는 24퍼센트가 비만이다. DNA의 조합으로 구성되는 유전자는 그렇게 빠르게 변할 수 없으며, 고전적 관점에서 자연선택으로 변화가 일어나려면 약 100세대 정도가 필요하다.

다른 요소가 개입된 것은 분명하다. 21세기에 들어 유전학은 비만과 신경 화학물질 분야에서 놀라운 성과를 거두었으며, 그로 인해 발견된 유전자가 비만에 일정 수준의 역할을 가지는 것도 사실이다. 그러나 이는 매우 제한된 영역에 국한되어 있다. 사실 우리가 식단과 건강에 영향을 주는 다른 중요한 요인을 내내 무시해 왔을 가능성도 있다. 눈에 보이지 않을 정도로 작은 장내 미생물이 현대의 비만 사태에 대한 해답을 쥐고 있을지도 모른다는 것이다.

장내 미생물에 대해서는 다음 장에서 자세히 소개할 생각이다. 현대 식생활에 대한 오해의 중요한 축을 담당하는 요소이기 때문이다. 이 놀랍고 새로운 연구 분야는 우리 신체와 섭취하는 식품의 관계에 대한 우리의 이해를 완전히 변화시키고 있다. 지금껏 온갖 식이요법과 영양학계의 권고가 끔찍한 실패를 반복해 온 것에는, 영양과 체중을 단순한 에너지 섭취와 방출 현상으로 환원하는 편협한 시각과, 체내의 미생물을 고려하지 않은 설명이 영향을 끼쳤다는 것이다. 이런 영양학의 재앙에, 값싼 음식을 대량생산하고 일부 질병의 치료에 성공했다는 업적이 더해져서, 오늘날의 우리는 덜 건강한 상태로 더 오래 살게 된 것이다.

우리는 이런 새로운 과학의 발견을 이용해서, 식품과 영양과 식단과 비만에 대한 접근 방식을 재고해야 한다. 20세기의 사람들은 식품을 에너지를 공급하는 요소(다량영양소), 즉 단백질, 지방, 탄수화물 등으로 나누어 파악하기 시작했다. 우리는 이런 영양소가 식품성분표에 나열된 모습에 익숙해졌으며, 식품의 엄청난 다양성에도 불구하고 의학 및 영양학적 권고는 이런 지나치게 단순화한 영양소 분류에 의존하게 되었다. 나는 이런 접근 방식이 잘못된 이유를 보이고 싶다. 의사가 처방한 약이나 식단을 거부하라는 말이 아니다. 다만 여러분 자신에게, 그리고 의사에게, 그런 논리의 배경에 대해 질문하기를 원하는 것이다. 흔히 볼 수 있는 식품성분표의 영양 정보를 안내판 삼아서, 여러분에게 그런 피상적인 권고의 속뜻을 살펴야 하는 이유를 보여주고 싶다. 그리고 그 과정에서, 현대인의 식단에 관한 가장 위험한 신화를 드러내고 제거할 수 있었으면 좋겠다.

식품성분표에 없는 성분: 미생물

우리의 식품과 습관을 공유하고, 우리와 함께 여행하고, 우리와 함께 진화하며 우리의 호불호를 깨닫고, 우리의 보호를 받는 반려 생물이 무엇이냐고 물으면, 보통은 사랑하는 개나 고양이라고 답할 것이다. 그러나 내가 묘사한 것은 그보다 백만 배는 작아서 맨눈으로는 볼 수 없는 생물들이다.

미생물은 지구의 최초 거주자인 원시적인 생물군으로, 인간은 보통 무시하거나 그 존재를 그저 그러려니 여긴다. 이들은 눈으로 보기에는 너무 작으며, 일반적으로는 토양이나 씻지 않은 동물의 몸 안팎에서 주로 발견되리라 생각한다. 그러나 우리 몸에도 100조 마리의 미생물이 존재하며, 소화기관에 사는 미생물만 해도 그 총량이 1.8킬로그램 정도나 된다. 보통 미생물의 종명을 듣게 되는 경우는 특정한 식중독과 연관되어 있을 때 정도다. 이를테면 덜 익힌 바비큐 치킨 속의 살모넬라균이나, 허름한 심야 케밥 가게에서 검출되는 대장균 따위 말이다. 과학기술이 엄청난 속도로 발전해 왔음에도 불구하고, 우리는 지금까지 이런 특수한 경우를 제외하면, 이 작고 사소한 존재들이 인간이라는 강인한 존재의 건강에 어떤 영향도 끼칠 수 없으리라 자신해 왔다. 터무니없는 자만이 아닐 수 없다.

춤추는 극미동물

1676년 봄. 안톤 레벤후크는 또 늦잠을 잤고, 일어나 보니 해가 이미 중천이었다. 창밖 델프트 시의 거리는 행인이 북적이는 소리로 가득했다. 실험에 밤늦게까지 몰두하느라 쌓인 피로가 아직 풀리지 않았지만, 그 정도로는 최근의 발견이 불러온 희열을 잠재울 수 없었다. 안톤은 직접 제작한 특제 현미경을 이용해서 고추가 매운맛을 내는 원인을 찾아내려다가, 우연히 훨씬 혁명적인 발견을 해 버린 것이었다.

포목상인 안톤은 호기심을 억누르지 못하는 사람이었다. 대부분의 동년배 친구들과는 달리, 그는 여전히 이빨이 전부 멀쩡했으며 매일 꼼꼼하게 이를 닦았다. 우선 큼직한 소금 알갱이로 열심히 문지르고, 뒤이어 나무 칫솔을 사용하고, 물로 행군 다음, 마지막으로 자신의 특제 이빨 청소용 천으로 광을 냈다.

오늘 그는 자신이 만든 훌륭한 현미경으로, 자기 이빨을 감싸고 있던 허연 밀가루 반죽 같은 물질을 상당한 호기심을 기울여 관찰하고 있었다. 오늘날 우리가 플라크라 부르는 물질이었다. 안톤은 다른 사람들과 비교하면 플라크의 양이 확연하게 적었지만, 이를 아무리 열심히 닦아도 완전히 사라지지는 않았다. 그는 물질을 조금 긁어내 작은 유리판 위에 올린 다음, 몇 방울의 순수한 빗방울을 첨가했다. 그리고 유리판 위를 살피던 안톤은 감탄하고 말았다. 물 안에 꿈틀거리는 삭은 생물들이 가득했기 때문이다. 안톤이 '극미동물animalcule'이라는 이름을 붙인 이 생물들은 형태와 크기가 놀랍도록 다양했다. 그는 '예쁘게 춤추는' 극미동물을 최소한 네 가지 부류로 명확하게 구별해 냈다. 찌꺼기에 생물이 존재한다는 것 자체도 놀라웠지만, 그 다양성과 풍요로움은 안톤에게 깊은 충격을 안겼다. 그는 '인간의 치아에서 긁어낸 때 안에는 너무도 많은 수의 극미동물이 존재하며, 나는 그 숫자가 왕국 하나에 사는 사람들의 수를 뛰어넘으리라 생각한다'라고 썼다.

안톤 레벤후크는 아마 미생물을 처음 목격한 사람이었을 것이다(여기서 미생물은 현미경으로만 볼 수 있는 생물의 총칭이다). 그리고 미생물의 존재와, 건강한 인체의 소화기관이나 피부에 그것들이 득시글거린다는 점을 기록으로 처음 남긴 사람이라는 것은 명백하다. 어딜 봐도 그런 존재들이 있었다. 우리의 입속이나 음식에도, 식수나 소변이나 대변 시료에도. 이런 놀라운 발견에도 불구하고, 하늘 저편의 별을 관측하여 영예를 얻은 뉴턴이나 갈릴레오 등의 동시대인과 비교해 볼 때, 그는 별로 이름을 알리지 못했다.

여러분 중에는 지금까지 미생물에 대해 깊이 생각해 보지 않은 사람도 상당히 있을 것이다. 그리고 여기에는 현미경이 없으면 볼 수 없다는 사실도 영향을 끼쳤을 것이다. 지구상에 얼마나 많은 수의 모래 알갱이가 존재하는지를, 또는 원한다면 우주에 별이 얼마나 많은지를 생각해 보자. 실제로 별의 수를 센, 아니 훌륭한 근사치를 구한 사람은 10^{24}이라는 수치를 내놓았다(1 뒤에 0이 24개나 붙는 어마어마하게 큰 숫자다). 이렇게 구한 모든 별의 수의 근사치를 백만 배로 늘리면 10^{30}, 또는 1천 양(穰)이라는 거대한 숫자가 나온다. 바로 이 수가 우리가 추산하는 지구상에 존재하는 모든 박테리아의 개체수다. 정원사가 실수로 삼킨 작은 흙덩어리에는 수십억 개의 박테리아 세포가 존재한다. 그리고 한 움큼의 흙에는 우주의 별보다 많은 미생물이 들어 있다. 물에서 헤엄칠 때도 '위험'은 변하지 않는다. 민물 또는 바닷물에는 1ml당 백만 개의 박테리아 세포가 존재하기 때문이다. 이런 미생물이야말로 지구의 진정한, 그리고 영원히 살아남을 주민이다. 우리 인간은 그저 스쳐 지나갈 뿐이다.

미생물은 평범한 장소에서 극단적인 장소에 이르기까지, 지구상의 거의 모든 환경에 존재한다. 박테리아는 산성 온천이나 방사성 폐기물이나 지각 최심부까지 온갖 곳에 서식할 수 있다. 심지어 우주에서도 생존할 수 있다. 우리는 아담과 이브가 아니라 미생물에서 진화했으며, 이후로 계속 긴밀한 관계를 유지해 왔다. 미생물 수천 종의 보금자리인 우리의 대장이 가장 명확한 예시가 될 것이다. 인간과 해파리만큼이나 서로 다른 수천 종의 박테리아가, 우리가 생각한 것보다 훨씬 다양한 역할을 맡으며 우리 대장 속에서 꿈틀대고 있다.

보통 미생물은 악역을 맡을 때나 언론에 등장하지만, 수백만 종의 미생물 중에서 우리에게 해를 끼치는 종류는 극히 일부에 지나지 않으며, 대부분은 이로운 역할을 담당하며 우리 몸에 반드시 필요하다. 미생물은 음식의 소화에 필수적일 뿐 아니라 우리가 흡수하는 열량을 조절하고 필수 효소와 비타민을 공급하며 면역 체계를 건전하게 유지해 주기까지 한다. 백만 년이 넘는 세월 동안, 우리는 미생물과 함께 진화하며 함께 생존해 왔다. 그러나 자연선택을 통해 세밀하게 조율된 관계는 최근 들어 어긋나기 시작했다. 도시 밖에 살며 풍요롭고 다양하고 항생제가 없는 식단을 누렸던 근래의 조상들과 비교해 봐도, 우리의 장내 미생물 다양성은 놀라울 정도로 줄어들어 버렸다. 과학자들조차 이런 사태가 장기적으로 우리 몸에 어떤 영향을 끼칠 수 있는지 간신히 알아가기 시작하는 단계다.

신천지의 초기 개척자

우리는 태어나는 순간부터 미생물과 접촉한다. 건강한 갓난아기는 무균 상태로 태어나지만, 몇 분도 지나지 않아 수많은 미생물에 파묻힌다. 여기에는 수백만 마리의 박테리아, 박테리아를 먹어치우는 그보다 많은 수의 바이러스, 심지어 몇 종류의 균류도 섞여 있다. 그리고 몇 시간이 지나면 추가로 수백만 마리가 찾아와 아기를 완전히 둘러싸 버린다.

어머니의 부드러운 질벽을 지나는 동안에는, 노출된 머리와 눈과 입과 귀가 가장 먼저 개척의 대상이 된다. 질벽의 축축하고 따뜻한 점막층에서 기회만 노리며 대기하고 있던 수많은 미생물이 아기의 몸으로 뛰어든다. 다음으로, 거리가 가깝고 여러 괄약근이 동시에 긴장하기 때문에, 소변과 대변 속의 미생물이 혼합되어 아기의 얼굴과 손에 뿌려진다. 마지막으로 모체의 다리 피부와 아기가 맞닿는 순간, 전혀 다른 부류의 미생물이 몸의 남은 부위도 뒤덮는다. 이런 여러 미생물은 주로 아기의 손을 통해 입술과 입 안으로 이동한다. 그러나 많은 미생물은 바다처럼 흘러넘치는 타액에 휩쓸려 사라지며, 무사히 그곳을 통과한다 해도 위장과 위액이라는 가혹한 산성 환경에 직면하고, 대부분 이 시련을 넘지 못하고 파괴된다.

알칼리성인 모유(제산제의 역할도 한다)를 처음 마시는 순간에도, 입술이나 입 안이나 어머니의 유두에서 기다리고 있던 미생물이 갓난아기의 체내로 진입하고, 운 좋은 일부 박테리아는 산성 폭포에서 살아남아 다음 단계에 도달한다. 아기의 장 내 점액질이라는 안전한 신천지에 도착한 용감무쌍한 모험가들은 엄청난 속도로 번식해 나가면서, 모유와 미생물 동료들이 추가로 도착하기를 기다린다. 초기 개척민의 수가 얼마 되지 않더라도, 미생물은 조건이 맞으면 40~60분마다 분열하기 때문에 하룻밤 사이에 수십억에서 수조 마리까지 불어날 수 있다.

1990년대 중반까지는 대부분의 체액이 무균 상태, 즉 미생물을 전혀 찾아볼 수 없는 상태라는 교리가 학계의 주류를 차지했다. 건강한 산모의 모유에서 수십 종의 미생물을 배양해

냈다는 연구 결과를 발표한 마드리드의 한 연구진은 웃음거리가 되었다.[1] 오늘날 우리는 인간의 모유에 수백 종의 미생물이 존재한다는 사실을 알고 있지만, 어떻게 그 안에 들어갔는지는 짐작조차 하지 못한다. 이제는 우리 몸의 그 어떤 부분에도 미생물이 존재하지 않는다고 확신할 수가 없다. 자궁이나 인구 등도 예외는 아니다. 심지어 우리가 모르는 사이에 온몸을 돌아다니고 있을지도 모른다.[2] 다음에 화장실에 갈 때는 당신 몸에 사는 수조 마리의 미생물에 대해 생각해 보기를 바란다. 변기의 물과 함께 사라지는 질량의 절반가량은 미생물이니까.

우리는 누구나 미생물이 없는 순결한 몸으로 태어나지만, 그런 상태는 고작해야 몇 밀리초 동안만 유지될 뿐이다. 미생물 개척지 형성의 과정은 전혀 임의적인 것이 아니며, 수백만 년에 걸쳐 세심하게 조율된 계획의 결과물이다. 사실 미생물과 갓난아기는 생존과 건강 유지에 서로의 도움을 필요로 한다. 미생물과 인간 사이에는 이런 섬세한 공진화가 이루어져 왔기 때문에, 신천지에 미생물의 씨를 뿌리는 아주 중요한 과정 또한 단순히 운에 맡겨지지 않는다. 모든 포유류, 그리고 개구리처럼 많은 연구가 이루어진 일부 동물에서는, 세심하게 선별한 미생물을 유체에 이식하는 과정을 명확하게 확인할 수 있다. 이렇게 한 세대에서 다음 세대로 미생물을 옮기는 작용은 최소한 5천만 년에 걸쳐 진화되어 온 것이며, 개인의 독특한 미생물 생태계, 즉 미생물군유전체(또는 미생물 생태계microbiome)는 이런 과정을 통해 형성된다.

미생물 다양성의 정원

우리를 둘러싼 흙, 먼지, 물, 공기 속에 가득한 수조 마리의 미생물은 갓난아기의 몸을 개척지로 간주하지 않는다. 이런 미생물은 인간의 몸 위나 몸속에 사는 방법, 또는 그런 환경에서 생명을 유지하기에 충분한 에너지를 얻어낼 방법을 획득하는 진화 과정을 거치지 못했기 때문이다. 따라서 인간을 개척지로 삼는 미생물은 고도로 특화되어 있으며, 그 사실은 여러 미생물이 인간에서 얻을 수 있는 유전자를 배제한 '절약형'의 유전자를 가지고 있다는 점에서 확인할 수 있다. 우리 인간은 체내 미생물과 38퍼센트의 유전자를 공유한다. 모체에서 유아로 미생물이 전달되는 경우가 동물계에서 보편적이라는 점을 생각해 보면, 이런 유전자는 분명 우리 몸에 필수적인 역할을 할 것이다.[3]

임신한 여성의 신체는 즉각 이런 맞춤형 미생물 유전자를 전달하기 위한 준비 작업에 착수한다. 임신한 여성의 체내에서는 특정 유전자가 발현되어, 계획에 따른 섬세한 변화가 일어난다. 호르몬이 대사 방식과 열량 섭취 방식을 바꾸며, 여기서 절약된 에너지는 가슴과 둔부에 지방으로 비축된다. 혈당은 증가하고 모유가 저장되기 시작한다. 체내에 품은 이물질인 태아를 배제하지 않도록 면역 체계를 조절하는 백혈구 쪽에도 변화가 일어난다. 뿐만 아니라 아기에게 전달되어 성장과 생존을 돕도록 준비하는 과정에서, 미생물도 변화를 일으킨다. 이런 미생물의 변화는 상당히 효력이 강하다.

임신한 여성의 대변을 무균 상태인 생쥐에 이식하면, 임신하지 않은 여성의 대변을 이식한 생쥐에 비해 훨씬 살이 찌는 것을 확인할 수 있다.[4] 여기서 사용하는 무균 생쥐는 나처럼 이 분야를 연구하는 과학자들에게 필수적인 도구다. 격리 환경에서 무균 제왕절개를 통해, 한 배의 다른 새끼들이나 어미 생쥐나 기타 미생물과 접촉하지 못하도록 출산시킨다. 그리고 격리된 무균 사육장에서 무균 사료를 주면서 꾸준히 관찰한다. 이렇게 미생물이 없는 생쥐는 간신히 살아만 있는 수준을 넘어서지 못한다. 적어도 선택받은 엘리트 부대는 되지 못할 것이다. 무균 생쥐는 몸집도 작고, 두뇌나 소화기관이나 면역계도 정상적으로 발달하지 못한다. 다른 무엇보다, 체질량을 유지하려면 정상 생쥐보다 3분의 1배 많은 열량이 필요하기 때문에 사료비도 많이 든다. 장에서 음식을 소화할 때 미생물이 얼마나 중요한지를 알려주는 증거라 할 수 있다.[5]

우리 몸의 미생물 대부분은 대장에 서식한다. 대장은 직장 직전까지의 1.5미터 길이의 내장 구간을 일컬으며, 수분은 대부분 이 구간에서 흡수된다. 대장 바로 위에는 소장이 붙어 있는데, 섭취하는 대부분의 영양소와 에너지를 흡수해서 혈류로 보내는 역할을 한다. 음식물은 보통 치아에 잘게 잘리고 타액 및 위액 속의 효소가 섞인 상태로 이곳에 도착한다. 소장에도 대장보다 수가 적기는 해도 미생물이 존재하는데, 이런 소장 미생물의 종류와 명확한 역할에 대해서는 대장 미생물만큼도 알려져 있지 않다. 영양소를 뽑아내는 데 시간이 오래 걸리는 음식물은, 소장을 통과해 미생물이 득시글거리는 대장으로 보내진다.

무균 생쥐에게 몇 주 후에 정상적인 미생물을 주입해도, 그 생쥐는 정상적인 발육을 보이지 못한다. 하지만 태어날 때부터 장내 미생물을 지닌 정상적인 생쥐의 경우 그것을 항생제로 박멸하려 시도할 경우에는 (슬프게도 인간에서도 흔히 찾아볼 수 있는 경우이며, 끔찍한 결과로 이어진다) 건강이 나빠지긴 해도 무균 생쥐보다는 훨씬 나은 모습을 보인다.

비만 예측에는 유전자보다 미생물이 낫다

우리의 작은 장내 미생물과 그들이 모여 만든 군집유전체, 즉 미생물 생태계에 벌어진 최근의 변화는 비만의 급증과 그 끔찍한 결과물인 당뇨병, 암, 심장 질환에 여러 가지로 영향을 끼쳤다. 비만을 예측하는 일에는, 장내 미생물의 DNA를 분석하는 쪽이 우리의 2만여 개에 달하는 유전자를 전부 살피는 것보다 유용하다. 이제 바이러스와 균류에도 눈길을 돌리기 시작했으니 우리의 예측 능력은 계속 발전할 것이다. 사람마다 장내에 담고 사는 미생물의 종류가 미세하게 다르다는 점을 염두에 두면, 식단과 건강의 관계를 명확하게 파악하고, 개인이나 집단에 따라 식단 연구의 결과가 다르게 나오는 이유도 설명할 수 있다. 예를 들자면 저지방 다이어트가 일부 사람에게만 효용을 보이거나, 고지방 다이어트가 어떤 사람에게는 안전하지만 어떤 사람에게는 위험한 이유 또한 사람마다 장내 미생물 구성이 다르다는 점으로 설명할 수 있다. 탄수화물의 섭취량을 늘려도 별 차이가 없는 사람과 많은 열량을 추출해서 살이 찌는 사람이 따로 있는 이유도, 육류를 섭취해도 아무 문제 없는 사람과 심장 질환을 앓는 사람이 있는 이유도, 심지어 일부 노인들이 요양원에 들어가 식단이 변화하면 순식간에 온갖 질병에 걸리는 이유도 설명할 수 있을지 모른다.

몇 가지 식품에 의존하는 제한 식단의 홍보와 실행은 갈수록 늘어가고 있다. 그러나 이런 식단은 미생물 생태계의 다양성을 감소시켜 결국 건강 악화를 초래한다. 간헐적 단식(단식 다이어트나 5:2 다이어트 등)은 예외가 될 수 있는데, 짧은 단식은 이로운 미생물을 자극할 수 있기 때문이다. 그러나 이는 단식을 하지 않는 '자유식' 기간 동안 다양한 음식물을 섭취할 경우에나 성립하는 이야기다. 1만 5천 년 전의 우리 조상들은 매주 150종의 식품을 주기적으로 섭취했다. 오늘날의 사람들은 20종 미만의 식품을 섭취하며, 그중 많은 수는 가공된 인공물이다. 애석하게도 대부분의 가공식품은 네 종류의 원료, 즉 옥수수, 대두, 밀, 고기로 만든다.

나는 2012년에 세계 최대 규모의 장내 미생물 연구(미생물 쌍둥이 프로젝트Microbo-Twin)를 시작했다. 최신 유전학 기술을 이용하여, 5천 명의 쌍둥이를 대상으로 미생물과 식단 및 건강의 연관성을 밝히는 연구였다. 뒤이어 나는 영국 장내 미생물 프로젝트British Gut Project를 발족하여, 크라우드 펀딩을 통해 미국 장내 미생물 프로젝트와 연합하여 인터넷과 우편제도를 이용할 수 있는 사람이면 누구나 자신의 장내 미생물을 확인하고 그 결과를 세계와 공유할 수 있도록 했다.[6] 나 자신도 일부 식이요법을 시험해 봤으며, 거기서 얻은 흥미로운 고찰을 여러분과 공유하고 영양학에 어떤 새로운 지평을 열 수 있는 지를 확인할 생각이다. 혼란에 빠진 현대인의 식단과 영양 상태를 이해하려면 다른 무엇보다 개인의 미생물이 어떤 식으로 기능하며 신체와 상호작용을 펼치는지를 이해해야 한다. 어쩌면 한 발짝 더 나아가 우리 조상이 섭취했던 균형 잡힌 식단을 회복할 수 있을지도 모른다.

2015년에 뉴욕 지하철의 모든 역에서 실시한 미생물 연구 결과를 살펴보면, 미생물의 구성이 인간 숙주의 구성과 상당 부분 일치한다는 흥미로운 사실을 확인할 수 있다. 즉, 미생물의 구성 또한 다양한 인구집단과 일치하는 지역 특이성을 보인 것이다. 게다가 이 연구에서 확인된 미생물의 절반 정도는 완전한 신종이었다.[7] 좋은 소식이 하나 있다면, 신체와 미생물의 관계에 대한 과학적 지식은, 아직 부족한 부분이 많기는 해도 생활습관과 식습관과 식단을 개인에 맞춰 바꾸어 건강에 도움을 줄 수 있는 수준에는 도달했다는 것이다.

자기 몸의 미생물 집단을 스스로 가꿔야 하는 정원으로 생각해 보면 도움이 될지도 모르겠다. 우리는 식물(미생물)이 자라는 토양(대장)을 영양소가 풍부하고 건강한 상태로 유지해야 한다. 그리고 잡초나 독초(독성 또는 병원성 미생물)가 정원을 뒤덮는 것을 막기 위해, 최대한 다양한 종류의 식물과 종자를 길러내야 한다. 그리고 그 단서와 열쇠는 다양성에 있다.

에너지와 열량

식사량을 줄이고 운동량을 늘리면 열량을 태워 체중이 줄어든다. 나 또한 대부분의 의사들과 마찬가지로 환자들에게 이런 조언을 반복하고 다녔다. 전문가들은 최근 사람들의 체중이 극단적으로 증가한 이유가 몸을 움직이는 일이 줄어들고 음식을 더 많이 먹게 되었기 때문이라고 말한다. 다른 말로 하자면, 열량 소모량이 섭취량보다 적어졌기 때문에 살이 찐다는 것이다. 겉보기로는 이런 논리적 흐름은 타당한 것으로 보인다.

열역학의 기본 법칙, 즉 계에 들어온 에너지와 나가는 에너지의 총량이 같아야 한다는 법칙 때문에, 우리는 실제로 비만이 일어나는 과정과 이유를 탐구하는 일에 집중할 수 없었다. 그 누구도 단순히 대사를 통해 분해할 수 있는 이상의 알코올을 섭취했기 때문에 알코올중독자가 발생한다고는 말하지 않는다. 이 경우에 우리는 분명 특정 개인이 다른 이들과 달리 알코올 중독이 되는 이유에 집중한다. 그러나 비만의 경우에는 단순히 소모하는 이상의 열량을 섭취하기 때문에 비만이 되는 것이라는 설명에 만족하는 것이다. 그 이유조차 묻지 않고서.

의학계의 열량 이론이 불러오는 오해

열량은 열량이다. 동어반복 같지만, 이 명제는 사실 고전적인 식단과 영양학의 중심 교리다. 기초적인 수준까지 내려가면 이 명제는 옳다. 열량은 일정량의 건조식품을 태웠을 때 방출되는 에너지의 양으로 정의한다. 이 말은 해당 열량의 근원이 되는 식품군(단백질, 지방, 탄수화물)의 종류와는 무관하게, 추출에 필요한 에너지와 생산된 에너지는 같다는 뜻이 된다. 수십 년 동안 우리는 이런 명제에 따라 열량을 계산해 왔다. 이런 교리는 또한 많은 사람이 영양소와 관련된 결정을 내릴 때 참조하는 식품성분표의 근간이 되기도 했다. 그러나 이런 실험실 기준의 접근 방식이 우리가 영양소와 식단을 잘못 이해하게 만들도록 유도해 온 것은 아닐까?

현실의 연구 하나가 이런 거짓을 부분적으로 드러냈다. 해당 연구에서는 통제된 환경에서 42마리의 원숭이에게 같은 열량의 두 가지 식단을 6년 동안 공급했다. 양쪽의 식단은 지방 함량을 제외하면 모든 면에서 동일했다. 한쪽 집단에는 총열량의 17퍼센트를 자연산 식물성 기름의 형태로 공급했다. 다른 한쪽 집단에는 총열량의 17퍼센트를 인공적이고 건강을 해치는 트랜스지방의 형태로 공급했다. 체중을 일정하게 유지하기 위해 고안된 식단을 사용했는데도, 트랜스지방 집단은 체중이 증가했으며, 비교집단에 비해 해로운 내장지방이 세 배 많아졌고 인슐린 수치도 훨씬 나빴다(혈액 속의 포도당이 빠르게 사라지지 않는다는 뜻이다).[1] 이 연구는 모든 열량이 동일하지 않다는 가정으로 이어진다. 패스트푸드로 얻은 2천kcal의 열량은 통밀과 과일과 야채로 얻은 2천kcal의 열량과는 상당히 다른 부류의 에너지인 것이다.

우리는 너무 오랫동안 식품성분표의 정확도를 신뢰해 왔다. 성분표의 배후에 존재하는 공식은 사실 성립된 지 백 년이 넘은 것이다. 음식을 태울 때 발생하는 열량에 서로 다른 소화 및 흡수율을 적용해서 나온 결과물이다. 이런 공식은 그 음식이 얼마나 오래됐는지, 또는 조리법이 어떤 효과를 끼치는지를 배제한다. 흡수율과 혈당 상승률을 결정하는 요소인데도 말이다. 게다가 장이 긴 사람들은 짧은 사람에 비해 많은 열량을 추출할 수 있으며, 일부 연구에 따르면 인구집단에 따라 장의 길이는 50센티미터까지 차이가 날 수 있다고 한다.

열량 공식은 '평균'의 근사치를 이용해서 평균화할 수 없는 세계를 설명한다. 지금까지 발견된 오류에 따르면 아몬드 같은 식품은 열량 함량이 30퍼센트 이상 과대평가되었으며, 식품 제조사가 작성하는 성분표의 열량은 법적으로 20퍼센트까지 오차가 허용된다.[2] 일반적으로 냉동 가공식품은 70퍼센트 이상, 섬유질 식품의 경우에는 30퍼센트 정도 열량을 과소평가한다. 대다수 국가의 규제 기관은 건강 관련 유의사항은 꼼꼼하게 검열하지만, 식품성분표의 정확도 문제는 가볍게 무시한다.

이런 오류뿐 아니라, 남성과 여성이 잃어버린 에너지를 보충하는 데 필요한 일일 평균 열량 쪽에는 더욱 모호한 부분이 가득하다. 최근 연구 결과에서는 일일 평균을 여성은 2,100kcal, 남성은 2,600kcal로 올려 잡았다. 많은 사람이 이런 평균치를 지나치다고 생각한다. 다른 무엇보다도, 이런 일괄적인 지침이 나이, 신장, 체중, 활동량 등을 전혀 고려하지 않는다는 점은 명백하다.

식단을 구성할 때 권장 열량을 활용하려면, 정확한 체계를 사용해야 하는 것은 물론이고 식품의 열량을 정확하게 측정할 수 있는 능력도 필요하다. 여러 연구 결과에 따르면, 자신의 필요 열량을 대략적으로나마 가늠할 수 있는 사람은 7명 중 1명 정도밖에 되지 않는다. 게다가 어떤 식품에서 오는 열량인지를 제대로 따지지 않으면 단백질과 탄수화물과 지방 섭취의 균형이 심각하게 무너질 수 있으며, 특정 영양소 섭취가 지나치게 많거나 부족해지면 치명적인 건강 문제가 발생할 수도 있다. 미국의 식당이나 영화관은 이제 메뉴마다 열량을 의무적으로 적어 넣는다. 이런 방식이 소비자에게 도움이 될지는 불확실하지만, 적어도 제조사가 신제품의 열량을 줄이도록 강제하는 측면으로는 도움이 될지도 모른다.[3]

인체가 식품으로 에너지를 만들어내는 방식은 음식물의 원료, 입에서 얼마나 씹는가, 소화의 용이성, 섭취하는 식품 등에 따라 크게 달라진다. 심지어 어떤 연구에 따르면, 백미를 섭취할 때 숟가락 대신 젓가락을 사용하면 혈당이 증가해서 인슐린을 방출하는 속도(혈당지수)가 크게 줄어든다고 한다.[4] 여러 전문가는 음식의 혈당지수가 체중 조절에 중요하다고 믿고 있지만, 혈당지수가 높은 식단과 낮은 식단을 직접 비교해서 체중 또는 건강상 문제를 유발할 수 있는 요인의 차이를 발견하려 시도한 인간 대상 임상시험은 아직 거의 존재하지 않으며, 그런 몇 안 되는 실험에서는 차이가 발견되지 않았다.[5] 사실 열량에 대한 반응도 신체 및 유전자의 조형에 따라, 그리고 다른 무엇보다도 장내 미생물에 따라 사람마다 달라질 수 있지만, 식품을 성분표에 적힌 열량으로 환원해 버리면 이런 요소들은 거의 고려되지 않는다. 따라서 열량은 열량일 뿐이라는 말이 사실일지라도, 우리 내장 속의 현실 세계에서 열량이 반드시 같은 양의 에너지로 변환된다고는 말할 수 없을 것이다.

살찐 송아지와 3,600kcal 식단

제롬은 1988년 퀘벡에서 실시한 독특한 실험에 자원한 24명의 학생 중 하나였다. 여름철 아르바이트로는 최고였다. 3개월 동안 숙소와 거의 무한한 음식물을 공급해 주는데 추가로 수당까지 나오며, 그 모든 것을 과학 발전이라는 명목하에 누릴 수 있었다. 자격 요건은 비만 또는 당뇨병의 가족력이 없으며 정상 신장과 체중 범위에 속해야 한다는 것뿐이었다. 제롬은 다른 자원자들과 마찬가지로 규칙적인 운동을 즐기지 않으며 건강하지만 조금 게으른 학생이었다. 그는 동의서와 각서에 서명한 후, 실험을 위해 임대한 외부와 격리된 기숙사 건물에 갇혔다. 앞으로 120일 동안 먹고 자고 비디오 게임을 즐기고 책을 읽고 텔레비전을 시청할 공간이었다. 24시간 감시가 딸려 있었으며, 연구 기간 동안 운동과 음주와 흡연은 완전히 금지되었다. 바깥 산책조차 매일 30분으로 제한되었다.

제롬은 첫 2주 동안 매일 체중을 재고, 식단 설문지에 답하고, 체지방 측정을 위해 욕조에 몸을 담갔다. 그의 체중은 다른 홀쭉한 쪽의 피험자들과 비슷한 60킬로그램이었으며, 체질량지수는 건강한 일반인에 해당하는 20이었다. 식사 때마다 찾아가는 식당에는 엄격하게 선별한 식품으로 구성된 뷔페가 차려져 있었다. 섭취하는 식품은 마지막 한 조각까지 철저하게 중량을 측정했다. 2주 동안 계산한 그의 기본 열량 섭취량은 평균 2,600kcal였다. 예비 기간이 끝난 다음부터는 매일 1,000kcal씩 섭취량을 늘렸으며, 서로에게 음식을 떠넘기는 편법을 쓰지 못하도록 철저한 감시가 뒤따랐다. 모든 피험자는 탄수화물 50퍼센트, 지방 35퍼센트, 단백질 15퍼센트로 구성된 규칙적인 식단을 공급받았다. 연구진은 연구의 시작 및 종료 시점에서 제롬의 신체 지수를 측정해 비교했다.

100일 동안 3,600kcal 식단을 섭취하고 거의 아무런 활동도 하지 않은 결과, 제롬의 체중은 5.5킬로그램 증가했다. 전체 학생의 결과를 훑어본 연구진은 체중 증가의 폭이 다양하다는 사실에 깜짝 놀랐다. 제롬의 체중 증가치는 끝에서 두 번째였다. 동료 중 일부는 놀랍게도 같은 기간에 체중이 13킬로그램이나 불었다. 3개월 후에 그와 비슷한 정도로 체중이 증가한 학생은 빈센트뿐이었는데, 묘하게도 그는 같은 마을 출신에, 같은 학교에 다니고, 심지어 유전자까지 완벽히 똑같은 사람이었다. 다른 말로 하자면 일란성 쌍둥이였다는 뜻이다. 퀘벡 라발 대학의 교수인 클로드 부샤르 박사와 그의 동료들은 현명하게도 12쌍의 쌍둥이를 실험대상으로 선정했다. 개인마다 체중 증가량이 상당한 차이를 보이는 와중에서도, 쌍둥이끼리의 체중 증가량은 모두 놀랍도록 유사했다.[6] 모든 대상에서 체중과 제시방이 증가하기는 했지만, 세부적으로 살펴보면 명확한 차이가 존재했다. 일부 쌍둥이는 열량을 지방뿐 아니라 추가 근육으로도 변환했다. 게다가 쌍둥이는 지방이 비축되는 장소도 같았다. 복부일 경우에도, 건강에 해로운 장소인 장이나 간 주변, 즉 내장지방의 형태로 저장되는 경우에도.

학생들을 실험실 쥐처럼 과식하게 하는 이런 고전적 연구는 이제 윤리위원회의 심사를 통과하기 힘들 것이다(물론 〈아메리칸 스나이퍼〉 때문에 40파운드를 찌우고 그 배역으로 수백만 달러를 벌어들인 브래들리 쿠퍼 같은 배우까지 보호해 주지는 않겠지만 말이다). 쌍둥이 연구를 보면, 우리가 에너지를 소비하거나 지방을 축적해서 살이 찌는 속도가 유전자와 밀접하게 연관되어 있다는 점에는 이의를 제기할 수가 없다. 영국에서 수천 명의 쌍둥이를 조사한 내 연구나, 세계 곳곳에서 수행된 비슷한 연구를 보면, 유전적으로 클론이나 다름없는 일란성 쌍둥이의 경우가 절반의 유전자만 공유하는 이란성 쌍둥이보다 체중이나 체지방 측면에서 훨씬 비슷하다는 점이 재차 확인된다. 이 경우에도 유전적 요인의 중요성이 강조되는데, 개인차의 70퍼센트는 이런 유전적 요인으로 설명할 수 있다. 게다가 이런 유사성은 기타 연관된 특성, 이를테면 근육이나 체지방의 양, 신체에서 지방이 저장되는 부위 등에서도 확인할 수 있다.[7] 복부나 둔부의 지방 세포에 빠르게 팽창하라는 신호를 보내는, 따라서 팔꿈치부터 살이 붙지 않게 만드는 요인이 무엇인지는 아직 정확히 아는 사람이 없다.

음식을 씹는 방식을 비롯한 개인의 식습관 또한, 가족이나 친구들의 좋고 나쁜 식습관을 관찰해서 습득하는 것이 전부는 아니다. 여기에도 유전적 요소가 관여한다. 샐러드, 짭짤한 과자, 향신료, 마늘 등 특정 식품에 대한 호오 또한 여기에 포함된다. 우리 쌍둥이 연구진의 연구 결과에 따르면, 규칙적으로 운동하는 빈도 또한 전 세계적으로 유전자의 영향을 받는다.[8] 쌍둥이에 관한 국가간 교차 연구와 새로운 연구 수단 덕분에, 비만 유전자를 가진 사람들은 선천적으로 홀쭉한 사람들에 비해 운동할 가능성을 낮추는 유전자도 가지고 있으며, 따라서 비만 환자들이 살을 빼기가 더 힘들다는 사실이 확인되었다. 열량을 태워 없애려 할 때마다 유전자와 육체가 공모하여 훼방을 놓는 셈이다.

절약 유전자

제법 오랜 시간 동안, 인류가 빠르게 살쪄가는 이유를 가장 훌륭하게 설명한 이론은 1960년대에 제창된 '절약 유전자thrifty gene' 가설이었다.[9] 이 가설의 기본 개념을 설명하자면, 우리는 지난 3만 년 동안 (즉 우리 조상이 아프리카를 떠난 이후인, 가까운 과거 이래) 질병이나 기아를 통해 인구를 극도로 감소시키는 대형 사건, 이를테면 소빙하기나 식량을 찾기 위한 장거리 이주 등을 제법 여러 번 겪었다는 것이다. 그 한 예는 태평양 섬의 주민들인데, 이들은 식량과 쾌적한 거주지를 찾아 대양을 수천 킬로미터나 건너왔다. 이 여행길에서 수많은 사람이 목숨을 잃었다. '절약 유전자' 가설에 따르면, 미리 영양분을 충분히 비축하고 여행 동안 지방을 보존할 수 있는 사람은 살아남을 가능성이 클 수밖에 없다(때로는 홀쭉한 사람들을 잡아먹기도 할 테고). 지방이 기아에 대한 방어 수단이 된다는 사실은 문서 기록으로도 충분히 남아 있다.[10] 따라서 수가 줄어든 채로 남태평양의 낙원에 도착할 때쯤에는, 홀쭉한 자들은 이미 한참 전에 도태되어 버렸으며, 이후 세대에는 지방을 비축하는 유전자 쪽으로 강력한 선택압이 걸렸을 것이다.

이 가설에는 나름의 설득력이 있는데, 그 근거 중 하나는 우리 행성에서 가장 살찐 사람들이 나우루, 통가, 사모아 등지에 살고 있기 때문이다. 이들은 최근 들어 환경이 변한 다음에야 살이 찌기 시작했으며, 손쉽게 식량을 구할 수 있고 운동을 해야 할 요인이 거의 없다. 노예선에서 아프리카 노예들이 겪은 높은 사망률을, 오늘날 아프리카계 미국인의 비만 위험도가 높은 이유로 간주하기도 한다. 그렇다면 국가에 따른 비만율 차이 또한 해당 국가가 식량 결핍에서 식량 과잉에 이르는 스펙트럼 중에서 어느 위치에 있었느냐에 따라 설명할 수 있을 것이다. 따라서 우리 중 많은 수는 과거에는 특별한 강점이었으나 이제는 아닌 것이 분명한 유전자를 물려받았을 뿐인 것이다.

하지만 이런 가설에는 중대한 허점이 존재한다. 우선 이 가설에서는 우리 조상들이 평생 간신히 살아남을 수 있을 수준의 식량만 섭취하다가도, 여분의 식량이 생기면 빠르게 체중을 늘릴 수 있었으리라 가정한다. 그러나 우리 조상들이 항상 식량이 부족했으며 잉여분이 거의 존재하지 않았으리라는 가정은 잘못되었을 가능성이 크다. 현재와 과거의 수렵채집 민족을 연구한 결과에 의하면, 대부분의 우리 조상은 충분한 열량을 섭취했을 것으로 보인다. 인류가 체격, 연령, 음식 필요도가 서로 다른 이들로 구성된 50~200명 사이의 집단을 이루어 유랑했다는 점을 생각해 보면 말이 되는 소리다. 가장 덩치가 크고 필요 열량이 많은 개인을 먹일 수 있는 상황이라면, 나머지 사람들에게는 분명 여분의 식량이 있었을 것이다.

절약 유전자 가설은 또한 굶주림을 견디는 능력이 우리 조상이 겪은 진화의 주된 선택압이라 간주한다. 그러나 진화의 주된 선택압은 현대의 개발도상국과 마찬가지로 기아가 아니라 유아의 감염과 설사 증상이었을 것이다. 유아든 성인이든 체지방의 증가는 감염에 대한 보호 수단으로 작용하지 않는다.

다른 신화는 우리 조상들이 가상의 슈퍼 마라톤 주자들처럼 죄다 음식을 찾아 온종일 사방을 헤매고 있었으리라는 것이다. 물론 일부는 훌륭한 달리기 선수였겠지만, 채집수렵인 연구에 의하면 대부분은 휴식을 취하거나 낮잠을 자면서 하루를 보내며, 현대인처럼 여분의 열량을 마음껏 섭취하지는 않았던 것으로 보인다. 다른 연구에 따르면, 야생동물을 우리에 가두고 많은 양의 음식물을 제공한다고 해서 갑자기 비만이 되지는 않는다고 한다. 마지막으로, 연구의 대상이 된 모든 인구집단에는 홀쭉한 예외가 존재한다. 태평양 군도나 걸프만 주변 국가들처럼 비만과 당뇨병이 현재 '정상'인 곳에서도, 항상 인구의 3분의 1 정도는 싸구려 고열량 음식이나 게으른 동료들에 둘러싸여 살면서도 홀쭉한 몸매를 유지한다. 살수록 수가 줄어드는 이런 홀쭉한 사람들이야말로 연구가 필요한 대상일지도 모른다.

부동 유전자

이런 '절약 유전자' 이론의 허점 때문에, 영국의 생물학자인 존 스피크먼은 그보다 덜 알려진 라이벌 비만 모델인 '부동 유전자drifty gene' 가설을 제창하게 되었다.[11] 이 가설의 골자는 2백만 년 전까지 체지방 저장에 관여하는 우리의 유전자와 신체 기작은 지금보다 확실하게 작동하고 있었으며, 지나치게 살이 찌면 생존에 직접적인 위협이 되었으리라는 것이다. 우리 조상인 오스트랄로피테쿠스의 뼈를 살펴보면, 주기적으로 굶주린 포식자들에게 잡아먹힌 흔적이 많이 남아 있다. 당시의 포식자 중에는 몸무게 120킬로그램의 그리 귀엽지 않은 검치 호랑이인 디노펠리스처럼 초기 인류를 사냥하는 데 특화된 종도 있었다. 야생에서 살찐 동물은 빠르게 달릴 수 없어 손쉬운 먹잇감이며, 동시에 비쩍 마른 마라톤 주자보다 맛있는 음식이 기까지 하다. 먼 옛날 비만 유전자가 배제의 대상이 되고 지방 비축의 상한선이 정해진 이유는 이 정도면 충분할 것이다.

그러나 너무 마른 체구는 언제나 불리한 요인이 된다. 전반적으로 식량이 풍족했다고 해도, 냉장고와 냉동고가 등장하기 전까지는 누구나 비상시를 대비한 지방 비축분이 필요했다. 따라서 홀쭉함과 뚱뚱함의 양극단에 이르면 우리 유전자는 신체를 가운데 쪽으로 밀어붙이는 기작을 발동시킨다. 대뇌가 커지고 사냥과 무기 사용 기술을 갖춘 호모 사피엔스로 진화하면서 포식자에 대한 공포는 사라졌지만, 종종 찾아오는 기근이나 기후 변화에는 여전히 대처해야 했다. 이 때문에 우리의 유전자는 최소 수준의 지방을 유지하는 일 쪽으로는 확실하게 작동하며, 유용한 저장 부위에서 특히 그런 성향을 보인다. 특히 여성들은 열심히 다이어트를 하고 체육관에서 수개월의 시간을 보내도 엉덩이나 허벅지의 지방이 쉽게 사라지지 않는다는 점을 잘 알고 있을 것이다.

그러나 자연계의 포식자들이 사라지면서, 우리가 빨리 뛸 필요성도 동시에 사라지기 시작했다. 그 결과 지난 1백만 년 동안 엄격하게 통제되어 온 체지방의 상한선도 느슨해졌다. 일부 사람들은 운이 좋아 그런 유전자를 유지했지만, 다른 사람들은 유전자의 효과가 약해지며 상한선도 올라가 버렸다. 이 말은 곧 우리 중 일부는 그렇게 상향된 상한선까지 지방을 축적할 것이며, 인구의 약 3분의 1에 달하는 다른 사람들은 온갖 음식에 둘러싸인 상태에서도 늘씬한 체형을 유지할 것이라는 뜻이다.[12] 이 이론은 또한 사람을 홀쭉하게 만드는 유전자가 육체적 활동을 늘리는 유전자와 겹치는 상황도 설명할 수 있다.[13]

다른 널리 퍼진 잘못된 정보 중에는, 최근 수십 년 동안 홀쭉한 사람들이 살찌기 시작했다는 소문이 있다. 비만 동향에 대한 연구 결과에 의하면, 지난 30년 동안 비만이 증가한 와중에도, 홀쭉한 사람들은 대부분 홀쭉한 몸매를 유지했다. 살짝 통통한 사람들이 비만이 되고, 비만인 사람들이 고도비만이 된 것뿐이다. 실제로 대부분의 사람들은 상한선이 상승한 것뿐으로 보인다. 이런 사람들은 특정 체중에 도달한 다음에는, 추가로 음식을 섭취해도 체중이 크게 늘지 않을 것이다.

1999년에서 2009년 사이에 25개국에서 실시한 설문 조사의 결과를 보면, 일부(전체는 아니다) 서양 국가들은 마침내 이런 상향된 지방 상한선에 도달한 것으로 보인다. 비만 증가 곡선의 경사가 완만해지는 경향이, 특히 유아와 청소년에서 확인되기 시작했다.[14] 비만 확산의 진원지인 미국에서도, 사상 처음으로 성인의 비만 증가율이 감소하기 시작했다(실제 비만 인구가 감소했다는 이야기는 아니다).[15] 그러나 대놓고 말할 수 없는 명백한 이유 때문에, 의학적인 비만 상태가 전체 인구의 3분의 1 수준으로 유지되는 상황은 성공이라 보기 힘들다. 우스운 일이지만 미국인은 아시아인에게는 없는 비만에 대한 유전적 보호 기재를 가지고 있을 가능성도 있다. 아시아 국가들이 따라잡는 속도와 내장지방을 축적하는 성향을 관찰해보면,

아시아인은 상한선이 더 높아질 가능성이, 그리고 더 오래 상승률을 유지할 가능성이 충분하다.

미식과 초미각자

맛을 보는 능력은 우리의 영양학적 수문장이라고 불려 왔다. 미각을 완전히 상실한 사람은 살이 찌지 않는다. 우리 혀에 있는 1만 개의 미각 수용체는 다섯 가지의 주요한 맛을 느낀다. 단맛, 쓴맛, 신맛, 짠맛, 감칠맛(글루탐산모노나트륨(MSG)과 연관된 맛)이다. 어쩌면 여섯 번째인 깊은맛kokumi이 추가될지도 모른다. 아직도 널리 퍼져 있는 잘못된 상식과는 달리, 우리의 미각 수용체는 혀의 위치에 따라 분할되어 있지 않으며, 혀 전체에서 모든 맛을 느낄 수 있다. 미뢰는 10일 주기로 재생되며 그 상대적 민감도는 유전자에 의해 결정된다. 우리가 특정 음식에 얼마나 민감한지, 그리고 쓴맛이나 단맛을 얼마나 좋아하는지는 결국 유전자에 의해 결정된다.

미각 유전자는 아마도 우리가 여행하며 만나는 다양한 식물 종 중에서 영양소를 함유하는 먹을 수 있는 식물을 골라내고, 독성 식물을 피하는 목적으로 진화했을 것이다. 미각의 민감도가 상당한 개인차를 보이는 것은 아마도 부족 전원이 독이 든 과일 하나에 몰살당하는 일을 방지하기 위해서였을 것이다. 1931년, 듀폰 사의 화학자 한 명은 연구 도중에 우연히 전 인구의 30퍼센트 가량이 PROP이라 불리는 물질의 맛을 감지하지 못하며, 50퍼센트는 쓰다고 생각하고, 20퍼센트는 극도로 불쾌하게 여긴다는 사실을 발견했다. 사람에 따라 경험하는 미각이 다르다는 완벽한 예시라고 할 수 있을 것이다.

우리는 아마도 수백 개의 서로 다른 미각 유전자를 가지고 있을 것이며, 해마다 새로운 변형체가 발견되고 있다. 지금까지 발견된 유전자들은 대부분 TAS1R와 TAS2R라는 유전자 분류군에 속한다. (과일 등의) 단맛을 감지하는 유전자 형태가 최소한 세 가지, (단백질의 유전 표시로서) 감칠맛을 감지하는 유전자가 다섯 가지 이상, (독극물로서) 쓴맛을 감지하는 유전자가 최소한 40가지 존재한다. 우리가 가진 미각 유전자 변형체의 종류는 특정 식품의 선호도뿐 아니라 우리의 지방, 채소, 당분 섭취량에도 영향을 미친다. 쓴맛과 단맛의 수용체는 콧속과 인후에도 존재하며, 놀랍게도 미생물 감염이 발생할지도 모른다고 우리 면역계에 경고를 보내는 역할에도 참여한다. 면역계에 과부하를 거는 비정상적인 지속성 감염, 이를테면 축농증 등을 앓게 되면 이런 미각 수용체는 기능 장애를 일으킨다.[16]

소수의 사람은 쓴맛 쪽에서 소위 '초미각자supertaster'의 감각을 가진다. 이 부류의 사람들은 TAS2R군의 유전자 중 하나가 독특한 변이체 형태라서 화학물질 PROP이 극미량 포함되어 있어도 강한 반응을 보인다. 이런 초미각자는 강한 향미에 상당히 민감하며, 따라서 음식에 훨씬 까다로운 경향이 있다. 미각 유전자 덕분에, 이들은 영양소가 풍부한 채소류의 미묘한 차이점에 예민하게 반응한다. 여기에는 양배추나 브로콜리 등 유채속에 속하는 채소, 녹차, 마늘, 고추, 대두가 포함된다. 따라서 이들은 이런 채소 중 일부를 피하는 경향을 보이며, 종종 맥주나 기타 알코올을 입에 대지 않고, 담배는 너무 쓰다고 생각한다. 이런 민감한 미각 덕분에, 이들은 일부 맛있는 식품을 먹지 못하기는 해도 일반적으로 건강하고 살이 찔 확률도 적은 편이다.[17]

식품 부류에 따라 함유 열량이 서로 다르기 때문에, 선택지가 많은 잡식동물의 식품 선호도는 에너지와 체중을 결정하는 주요한 요소로 작용한다. 2007년에 우리는 영국과 핀란드의 쌍둥이를 대상으로 단 음식을 선호하는 사람이 존재하는 이유를 연구했다. 우리는 단맛을 선호하는 사람과 그렇지 않은 사람의 차이 중 50퍼센트 정도가 유전자 때문이며, 나머지는 문화와 환경 때문이라는 사실을 발견했다.[18]

단맛의 민감도가 강한 유전자 변이체(TAS1R)는 아프리카인이나 아시아인보다 유럽인에서 훨씬 흔히 찾아볼 수 있으며, 여기서 우리는 북유럽인이 안전한 적도 지방을 떠나 이동해 오는 과정에서 새로운 식품을 판별하기 위해 이런 유전자를 획득했을 것이라 짐작할 수 있다. 미각을 통해 새로 발견한 뿌리채소가 양분이 있거나 먹을 수 있는지를 확인하는 능력은 빙하기와 같은 곤란한 상황을 마주했을 때 명백하게 생존에 도움이 된다. 애석하게도 이런 유전자는 현대의 슈퍼마켓 통로에서 무사히 살아남는 데는 도움이 되지 않는다. 대부분의 연구에 따르면, 이런 단맛 선호 유전자와 체지방 증가 사이에는 약한 연관성이 존재할 뿐이다.[19] 예전에는 모든 사람을 단맛 선호와 짠맛 선호로 나눌 수 있다고 생각하기도 했다. 최근의 연구에서는, 적어도 소아의 경우에는 이런 생각이 잘못된 것임이 밝혀졌다. 염분 선호와 단맛 선호는 함께 일어나며, 아이들은 성인보다 설탕과 소금 선호도가 크기 때문에, 현대의 가공식품 식단에 노출되는 시기가 이를 가능성도 크다.[20]

운동과 의지력

운동량이 실제로 줄어들고 있을까? 우리는 음식을 연료로 태울 때 발생하는 단순한 에너지 단위로서의 열량, 그리고 섭취 후 신체의 연료로 태우는 것이 아니라 지방으로 저장되는 열량에 대해서 논의했다. 하지만 운동은 열량 소모에 정확히 어떤 영향을 끼치는 것일까? 탄탄하고 건강한 육체를 원하는 것이라면, 운동은 도움이 된다. 화려한 메타분석 기법을 동원하지 않아도 증명할 수 있는 사실이다. 심지어 전문가와 영양학자들도 규칙적인 운동이 심장과 근육의 상태를 개선해 수명 연장에 도움을 준다는 사실을 인정한다. 얼마나 많은 운동이 필요한지는 의견이 갈리지만, 일반적으로는 땀이 날 정도의 적당한 운동을 일주일에 90분에서 6시간 정도 수행하면 된다고 간주한다. 어떤 사람들은 이에 반박하며 하루에 몇 분 정도 전력으로 달리거나 자전거를 타는 등 짧고 격한 충격을 주기만 해도 제대로 운동하고 있다고 신체를 속일 수 있다고 주장한다.[21] 가벼운 걷기 운동의 효과는 이보다 모호하지만, 아마 아무것도 안 하는 것보다는 나을 것이다.

그러나 운동은 단순한 의지력의 문제가 아니다. 몇 년 전 우리 연구진은 유럽과 오스트레일리아의 쌍둥이 집단을 대상으로, 성인 쌍둥이 4만여 명의 운동 습관을 살펴봤다. 부모와 가족의 영향력이 감소하는 21세 이후 성인에서, 일주일에 여러 번 여가생활로 운동을 하는 경향성은 모든 국가에서 70퍼센트가량 유전적인 특성으로 확인되었다. 유전적 경향성이 상당히 높은 편이라 할 수 있다.[22] 이 결과를 통해 어떤 사람들은 훨씬 쉽게 운동을 즐긴다는 사실을 파악할 수 있다. 텔레비전에서 스포츠만 봐도 현기증을 느끼는 사람들에 비해, 이런 사람들의 육체와 정신은 운동이라는 과정을 훨씬 즐겁게 여기는 것이다. 인간의 성향과 신체는 물론 얼마든지 변할 수 있지만, 시작 지점 자체는 상당히 다를 수 있다는 말이다.

식사와 식단, 또는 흡연과 음주에 대한 기억과 마찬가지로, 사람들의 운동 습관에 대한 기억은 신뢰할 수 없으며, 보통 과장되는 경향을 보인다. 이런 오차를 피하는 방법의 하나는 활동 감시장치를 사용하는 것인데, 심장 박동수와 감지기가 검출하는 운동을 상호 비교해 준다. 이런 감시장치를 이용하면 하루 단위의 활동량을 매우 정확하게 계산할 수 있으며, 사람들이 운동량을 얼마나 과장하는지도 확인할 수 있다. 또한 이 장치는 휴식을 취하는 동안 얼마나 움직이고 몸을 뒤척이는지도 측정해 주는데, 당연하게도 이런 활동에도 에너지가 들어간다. 일부 연구에서는 몸을 뒤트는 경향성이 비만에 대한 유용한 방어기제가 된다는 결론을 내리기도 했다. 생쥐에서 발견된 꼼지락거리는 유전자는 인간의 뇌에서도 활성화되는데, 몸을 가

만두지 못하는 사람은 얌전한 사람에 비해 하루 평균 300kcal 까지 추가로 소모할 수 있다.

우리는 쌍둥이 연구에 심박동 연계 활동 측정기를 사용했다. 피험자들은 심장 박동과 활동량을 기록하는 최신 유행 손목시계를 일주일 동안 착용하고 다녔다. 결과는 우리가 이미 아는 것과 동일했다. 자발적 운동에서는 명확하게 70퍼센트의 유전적 요인을 확인할 수 있었다. 그러나 놀랍게도, 실제 에너지 소모에서 유전저 요인은 대부분의 피험자에서 50퍼센트 미만이었고, '자리에 앉아 있는' 활동의 경우에는 30퍼센트까지 떨어졌다. 즉 실제 에너지 소모량에서는 환경 쪽이 유전자보다 조금 더 중요하다는 뜻이다.[23]

일부 연구에서는 운동에 초점을 맞추는 대신 엉덩이를 붙이고 앉아 있는 행동 자체를 위험 요인으로 간주한다. 운동을 아무리 많이 하더라도 (또는 한다고 주장하더라도) 텔레비전을 시청하거나 자동차를 운전하면서 앉아 있는 시간 자체가 심장병 발병률이나 사망률을 높이는 독립적인 위험 요인으로 작용한다는 것이다. 영국과 미국에서 수행한 대규모 관찰 연구에 의하면, 매일 텔레비전 시청이 두 시간 늘어나면 심장 질환과 당뇨병의 위험률도 20퍼센트씩 늘어난다고 한다. 심지어 다른 위험 요소를 배제한 후에도.

우리 아버지는 텔레비전은 그리 많이 시청하지 않았지만, 평생 운동을 피하며 사셨다. 그분은 많은 사람이 운동이 건강에 나쁘다고 간주하던 시절에 성장기를 보냈다. 아버지는 선천적으로 매우 홀쭉했고, 할머니는 그분의 체구를 키우기 위해 온갖 노력을 하셨다. 아버지는 자식들에게 농담처럼 "예전에는 57킬로그램짜리 약골이었는데, 중년이 되니 76킬로그램짜리 약골이 되었지 뭐냐!"라고 말씀하시곤 했다. 아버지는 학부모의 운동 참가일을 혐오하셨고, 보통 참가하지 않을 핑계를 어떻게든 찾아내셨다. 평발이라 달릴 수도 없고, 균형감각이 없어서 스케이트나 스키나 자전거도 못 타고, 뼈가 무거워서 수영도 못하는 분이셨다. 아버지는 자신이 운동이라고는 전혀 하지 않는 유대 혈통의 후손이라 주장하곤 했다.

우리는 건강과 운동에 몰두하는 유행이 얼마나 최근에 시작된 것인지를 종종 잊어버린다. 1980년대까지만 해도 이상한 파자마 비슷한 것을 걸치고 조깅하는 사람들은 괴짜 취급을 받으며 조롱의 대상이 되었다. 1970년에 뉴욕 마라톤이 처음 개최되었을 때 참가자는 겨우 137명이었다. 런던 마라톤은 1981년에 조촐하게 시작되었지만, 지금까지 85만 명이 넘는 사람들이 결승선을 지났다. 21세기 초에 들어 체육관에 다니거나 운동경기를 즐기는 성인의 수는 상당히 늘어났으며 계속 증가하고 있다. 2014년 기준으로 영국의 성인 중에서 13퍼센트는 체육관이나 운동시설의 회원이며, 공원에서 야외 운동을 즐기거나 팀 스포츠에 참여하는 사람의 수는 이보다 많다. 그리고 50대를 넘은 영국인의 3분의 1가량은 규칙적으로 정원을 가꾼다.

영국의 체육관 산업은 연간 30억 파운드 규모에 근접하며, 미국에서는 체육관 회원 수만 5100만 명에 달한다. 체육관 산업은 1970년대 이래 거의 20배에 가깝게 성장했다. 그리고 대부분 국가에서 상황은 비슷하다. 하지만 실제로 운동하는 사람이 늘었다면, 우리는 살이 찌는 것이 아니라 빠지고 있어야 하지 않을까? 대부분의 사람들이 체육관을 텔레비전이나 시청하고 자쿠지에 앉아서 스무디나 마시는, 죄책감 없이 살찌는 공간으로 사용하지 않는 이상은?

흔히 말하는 것처럼, 사람들이 온갖 여가 활동에도 불구하고 삼사십 년 전보다 붙박이 생활을 하게 된 것일까? 다양한 노동 절약 도구 덕분에 직업 활동에서 육체노동의 비율은 줄어들었을지도 모르지만, 여가 활동에는 운동이 포함되는 비율이 늘어났다. 그러나 노동과 연관된 운동이 비만을 예방하는 데 큰 역할을 한다면, 직업 활동에서 더 많은 열량을 소모하는 육체노동자가 사무직 노동자보다 비만 증가율이 높은 이유는 무엇일까? 부분적으로 이 문제는 수십 년에 걸친 정확한 열량 소모량 자료를 수집하기 힘들다는 사실에서 유래한다. 활용할 엄밀한 사실 자체가 매우 부족한 것이다.

미네소타에 거주하는 가정주부들을 대상으로 한 장기 연구에 따르면, 그들 중 많은 수는 삶이 한결 편안해졌다고 여긴다. 연구자들은 에너지 소모 비율이 집안일에서 텔레비전 시청 같은 앉아서 하는 활동 쪽으로 이동하는 경향을 보였다고 확인했다. 1965년과 비교해 볼 때, 50년 후의 가정주부들은 매일 약 200kcal씩을 덜 소모한다.[24] 그러나 네덜란드에서 1981년에서 2004년까지 실시한, 엄밀하고 대표성을 가지도록 설계한 설문 결과를 보면, 시간 경과에 따라 체지방이 상당히 증가한 것은 사실이지만, 일반적으로 감소했으리라 생각하는 여가 운동의 통계도 살짝 증가하는 경향을 보였다.[25] 1980년대 이후로 미국과 유럽에서 실시된 다른 여러 연구를 종합한 결과를 보면, 일반적인 관점과는 달리 일과시간을 포함한 일일 에너지 총소모량에는 큰 변화가 없었으며, 육체 활동 또한 감소하지 않았다.[26]

운동과 기타 육체 활동은 골격 및 근육의 강도와 밀접한 연관을 보이며, 이는 곧 골다공증성 골절로 이어진다. 특히 전체 여성의 3분의 1이 경험하는 고관절 골절이 그렇다. 1980년대에 나는 두 명의 동료와 함께 엄밀한 자료가 존재하는, 미국과 영국에서 40년에 걸친 고관절 골절의 발병률을 확인했다. 연령을 비롯한 인구 통계의 변화를 보정하고 나니, 1960년대 중반까지는 골절 발병률이 급격하게 증가하다가 이후 감소하기 시작했다는 추세가 나왔다. 영국에서도 고관절 골절은 1950년 이후 계속 증가하다가 1980년대에 들어 증가를 멈추었다. 그리고 추가 분석을 한 동료들에 따르면, 그 이후로 다시 증가한 적이 없다.[27] 당시 우리는 이런 결과에 깜짝 놀랐지만, 이제 우리는 이런 결과가 일반적인 상식과는 달리 미국에서는 1970년대 이후, 영국에서는 1980년대 이후 전반적인 운동량이 크게 변하지 않았다는 증거로 받아들인다.

운동이 실제로 체중 감량에 도움이 될까?

영양사나 체육관 강사들의 보편적인 조언에 따르면, 운동으로 3,500kcal를 추가로 소모하면 지방 1파운드를 태운 것과 같다고 한다. 이런 '체지방을 태우자'는 표어는 분명 체육관 중독자에게는 동기 부여가 될 것이다. 그러나 매주 체육관에 들러 땀이 날 정도의 운동만 하는 사람들의 에너지 소모량은, 슬프게도 운동을 한 보상으로 먹는 커다란 도넛 하나 정도에 지나지 않는다.

나는 이 책을 쓰느라 엉덩이를 붙이고 건강을 해치며 보낸 시간을 벌충하기 위해 드라이애슬론 훈련을 시도했다. 그 정도면 필요한 만큼 열량을 소모할 수 있으리라 생각했다. 바르셀로나에서 안식년을 보내는 동안, 나는 매일 바다에서 1마일 정도 수영하고 주말이면 주변 구릉지에서 40~60마일씩 자전거를 타는 사치를 누렸다. 그리고 매일 30분 정도 산보를 하고 종종 뛰기도 했다(적어도 부상에 발목을 잡히지 않은 동안에는). GPS 스포츠 손목시계의 도움을 받아, 나는 매주 평균 3,500kcal 정도를 추가로 소모한다는 사실을 확인했으며, 평소보다 식사량이 늘지는 않았을 것이다. 그러나 나는 10주 동안 간신히 1킬로그램을 뺐을 뿐이었다. 신비로운 지방-열량 방정식이 옳다면 4.5킬로그램은 빠져야 했는데 말이다. 어딘가 틀린 구석이 있는 것이 분명했다.[28]

내 경험은 물론 신뢰할 수 없는 일화에 지나지 않지만, 다른 사람들도 종종 이런 일을 겪는다. 한 연구에서는 미국의 〈러너스 월드〉 잡지 구독자 중에서 규칙적으로 달리기 운동을 하는 12,000명의 연구 대상을 수년간 추적하여 매주 달린 거리와 체중을 확인했다. 그 결과 달린 거리와 체중 사이에 연관 관계가 성립하기는 해도, 거리와 관계없이 거의 모든 피험자가 매년 조금씩 체중이 증가했다. 연구자들은 일주일에 달리는 거리를 매년 4~6킬로미터 정도씩 늘리면, 운이 좋으면 체중이 그대로 유지될 것이라는 조언을 했다. 그러나 그대로 가면 머지않아 일주일에 95킬로미터 이상 달려야 효력을 볼 수 있게 될 것이다.[29]

수백만 명의 사람들이 운동으로 체중 감량에 성공하지 못하는 이유는 우리 몸에서 보상 작용이 일어나기 때문이다. 우리의 신체는 체지방의 감소를 통해 체중을 줄이는 일을 억제하도록 프로그램되어 있으며, 지방을 없애려면 근육을 없애는 것에 비해 다섯 배의 에너지가 필요하다.[30] 그 과정에서 지방의 일부가 근육으로 바뀔 수도 있지만, 체중계에는 그런 식의 변환은 표시되지 않는다. 어릴 적에 우리는 식욕을 돋우기 위해 밖에 나가 놀라는 말을 듣곤 했지만, 여기에는 다른 이유가 하나 있다. 운동을 하면 다음 날까지 배고픈 상태가 유지되며, 우리 신체와 대사 작용도 미묘하게 느려지는 것이다. 평소 앉아서 생활하는 피험자에게 6개월 동안 격렬한 운동을 시킨 여러 실험에서, 피험자들은 예상한 4.5킬로그램이 아니라 1.5킬로그램밖에 체중을 감량하지 못했다. 식욕과 음식 섭취량이 증가하기는 했으나 고작 하루에 100kcal 정도였고, 이 정도로는 체중 감량에 실패한 이유로 간주하기에는 부족했다.[31] 다른 많은 운동 연구에서는 휴식 기간의 에너지 소모가 낮은 상태로 유지되거나, 운동을 계속하면 30퍼센트 수준까지 떨어진다는 결론이 나왔다. 이렇게 에너지 소모가 감소하는 이유는 주로 대사율이 떨어지거나, 몸을 뒤트는 것처럼 무의식적이지만 열량은 소모하는 운동이 줄어들기 때문이다.

운동만으로는 의미 있는 체중 감량이 불가능할지도 모르지만, 3개월에서 6개월에 걸친 식이요법을 통해 감량에 성공한 다음 체중을 유지하는 데는 도움이 되지 않을까? 간단히 답하자면, 그 또한 불가능하다. 최근에 운동 또는 운동과 식단 조절을 병행한 경우와 식단 조절만 수행한 경우를 비교한 일곱 건의 연구를 메타분석한 결과에 의하면, 운동은 플라시보 또는 통제 개입 외의 다른 어떤 효과도 보이지 못했다. 거의 대부분의 피험자가 체중이 다시 늘었고, 식단 제한을 동반하지 않은 운동은 거의 아무런 효력도 없었다.[32][33]

과체중인가 건강인가?

체중 감량에 도움이 되지 않는데 운동을 할 필요가 있을까? 운동량이 적은 홀쭉한 사람과 운동량이 많은 뚱뚱한 사람 중에서 어느 쪽이 나은지는 오랫동안 흥미로운 주제였다. 그리고 연구 결과는 비교적 일관성을 가진다. 살쪘지만 건강한 쪽이 홀쭉하고 골골한 쪽보다 심장 질환 발병률이나 전반적인 사망률 측면에서 나은 결과를 보인다. 주된 심장병 위험 요인인 흡연과 채소 섭취 부족이, 과도한 체지방보다 악영향이 크다. 30만 명 이상의 유럽인을 대상으로 한 추적 연구에 의하면, 운동을 전혀 하지 않는다는 위험 요소는 비만이라는 위험 요소에 비해 조기사망율에 두 배 이상의 영향을 끼친다. 자리에서 붙박이 생활을 하는 사람(유럽인 다섯 명 중 한 명이 이에 해당한다)은 일주일에 20분 정도 속보로 걷기만 해도 때 이른 죽음의 위험이 4분의 1까지 줄어든다.[34] 따라서 과체중이라 해도 전체적인 건강의 균형을 유지하는 일은 매우 중요하다. 이 규칙의 유일한 예외는 당뇨병 발병률인데, 이 경우에는 체력이 부족하며 운동을 전혀 하지 않더라도 마를수록 위험도가 줄어든다.[35 36]

우리 아버지는 비만도 아니었고 흡연도 하지 않으셨지만, 건강이 매우 나빴고 57세의 나이에 심장마비로 돌아가셨다. 분명 (우리 아버지 같은) 일부 사람들은 반운동 유전자를 극복하기가 다른 사람들보다 힘들겠지만, 그래도 이 점은 기억해두어야 할 것이다. 운동이란 대부분의 사람에게 썩 괜찮은 선행투자다. 매년 270시간 정도만 운동해도, 수명이 3년가량 늘어나며 여러 질병의 발병을 늦출 수 있다.

달리면 활성화되는 미생물

물론 우리 몸의 미생물도 운동이 질병과 조기 사망의 위험을 낮추는 일에 일정 부분 영향을 끼치지만, 그 방법은 아직 제대로 연구가 진행되지 않았다. 운동은 면역계에 좋은 자극을 주며, 이렇게 자극을 받은 면역계는 우리 내장의 미생물들에게 화학 신호를 보낸다.[37] 그러나 다른 영향도 있다. 운동이 장내 미생물 구성에 직접적인 영향을 끼칠 수도 있기 때문이다.

운동하는 쥐를 대상으로 수행한 실험이 하나 있다. 건강한 쥐들은 뛰어다니기를 좋아한다. 우리에 쳇바퀴를 넣은 경우와 넣지 않은 경우를 비교한 결과, 하루 평균 3.5킬로미터를 달린 쥐들은 내장에서 몸에 이로운 단쇄지방산인 부티르산을 생산하는 비율이 두 배 정도 늘었다.

부티르산은 우리 장내 미생물이 생성하는 소형 지방 화합물로서 면역계에 도움을 준다. 운동을 하면 미생물의 부티르산 생성량이 늘어난다.[38] 게다가 적절한 종류의 장내 미생물을 가지고 있으면 보다 빨리 달리고 오래 헤엄칠 수 있게 되는데, 아마도 미생물의 항산화 작용 때문일 것이다. 항산화물은 세포가 유리기 또는 활성산소라 부르는 물질을 배출하지 못하도록 막아주는 중요한 화학물질이다. 유리기는 일련의 화학 작용을 통해 세포의 수명을 줄이기 때문에, 우리는 항산화물을 건강에 도움이 되는 물질로 간주한다. 항산화물은 다양한 종류의 식품에 포함되어 있으며 때로는 미생물이 생성하기도 한다. 어쩌면 장내 미생물에 변화를 주는 것이 올림픽의 최신 도핑으로 유행할지도 모르겠다. 물론 생쥐의 경우에는 장거리 수영 종목의 엘리트한테나 도움이 되었지만 말이다.[39]

양쪽 모두 단면 관찰 연구인 미국 내장 프로젝트와 우리 쌍둥이 연구에서는 3천 명의 피험자를 대상으로 장내 미생물의 풍요도에 영향을 끼치는 요소를 조사했고, 피험자 본인이 보고한 운동량이 가장 주된 요인이라는 결과를 얻었다. 그러나 이런 관찰 연구에서는 건전한 식생활 등의 관련 요소를 분리해

내기가 어렵다. 지금까지 인간을 대상으로 얻어낸 가장 훌륭한 자료는, 엘리트 체육계의 영양학 분야에서 미생물에 관심을 보이며 등장한 여러 독특한 실험에서 나왔다. 이제 수많은 엘리트 체육인이 장내 미생물 프로필을 작성하며, 영양사들은 그에 맞춰 식단을 조절한다.

한 실험에서는 아일랜드 럭비 국가대표팀 소속 엘리트 체육인들이 시즌을 앞두고 혹독한 훈련을 받는 동안 대변을 채취했다.[40] 피험자가 된 근육질 남자들의 평균 체중은 101킬로그램에, BMI(체질량지수) 수치는 29였다. 측정 결과에 따르면 이들 중 40퍼센트는 비만으로 분류되며, 나머지는 과체중이었다(아마 연구진도 대놓고 그렇게 부를 엄두는 내지 못했겠지만). 사실 그들의 몸에서는 체지방을 찾아보기가 힘들 정도였다(평균 16퍼센트였는데, 상당히 적은 수치다). 이 수치는 BMI 수치는 항상 신뢰할 수 있는 것이 아니며, 허리-엉덩이 비율이나 허리 둘레가 차라리 나은 측정 방식인 집단이 존재한다는 것을 알려준다. 연구진은 대조군을 확보하려 했지만 당연하게도 불가능한 일이었다. 코크 시에서 연령과 BMI 수치가 비슷한 남성 23명을 찾아내기는 했지만, 그들은 근육이 아니라 지방 때문에 BMI 수치가 높은 것이었다(33퍼센트). 따라서 그들은 추가 대조군으로 근처의 날씬한 남성들을 확보했다.

결과를 보면 차이는 명백했다. 운동선수들의 장내 미생물 생태계 다양성은 양쪽 대조군보다 훨씬 높았다. 럭비 선수들은 훨씬 많은 열량을 섭취하는데도 염증 및 대사 지표가 훨씬 건강했고, 대부분의 미생물의 개체수가 더 많았다. 미생물 다양성은 높은 단백질 섭취량, 그리고 극도로 높은 운동량의 지표와 비례 관계를 보였다. 연구 대상이 극단적인 엘리트 집단이니 이 연구에서 운동의 효과와 식단의 효과를 분리하는 것은 불가능하겠지만, 식단과 운동 양쪽이 미생물 다양성의 변화를 유발한다는 암시 정도는 될 것이다. 그러나 염두에 두어야 할 것은, 운동이 체중 감량이나 지방 소모에는 (전문 운동선수가 아닌 이상) 별 도움이 되지 않을지도 모르지만, 여러분의 심장과 수명에는 좋은 영향을 끼친다는 것이다. 덤으로 미생물을 건강하게 만들고 다양성을 늘려 주기까지 하니, 좋은 일이라 간주해야 마땅할 것이다.

뇌를 위한 자양분

유전적 또는 문화적인 이유로 육체를 사용한 운동이라는 개념을 견딜 수 없는 사람들이라면, 열량을 태우는 다른 방식을 고려해 봐도 좋을 것이다. 그 방식이란 바로 열심히 생각하는 것이다. 인간의 뇌는 하루 섭취하는 에너지의 20~25퍼센트를 소비하는데, 이는 다른 어떤 동물보다도 높은 비율이다. 예를 들어, 원숭이는 체격에 비해 훨씬 작고 경제적인 뇌를 가지고 있다. 연료를 마구 태우는 대형 리무진을 감당할 수가 없기 때문이다. 유인원이 우리와 같은 비율의 뇌를 가지고 있다면, 하루에 20시간 이상 식사를 해야 연료 공급이 중단되지 않을 것이다. 2백만 년 전, 우리는 진화의 계단을 오르며 뇌를 키우고 창자의 길이를 3분의 1로 줄였다. 특히 대장은 과거와 비교해 보면 엄청나게 짧아졌다. 이런 변화가 가능했던 것은 음식을 조리하기 시작했기 때문이다.

불을 이용해서 섭취할 식물과 육류의 구조를 바꾼다는 단순한 개념이 우리를 현대 인류로 만들었다. 열을 이용해 구근류와 잎채소의 녹말을 분해하기 시작하면서, 우리는 갑자기 매우 짧은 시간만으로도 에너지와 영양소를 추출할 수 있게 되었다. 조리를 시작한 이후, 우리는 소처럼 온종일 식물을 씹으며 보낼 필요가 없어졌으며, 더 멀리 나가서 사냥할 수 있게 되었다. 이는 또한 복잡한 연소 기관, 즉 충분한 시간을 들여 질긴 식물을 소화하는 용도로 만들어진 길고 굵은 창자를 사용할 필요가 없게 되었다는 뜻이기도 하다. 유인원과는 달리, 우리는 이제 장내 미생물이 발효시킨 음식물에서 추출하는 (단쇄지방산 등의) 에너지에 매달릴 필요가 없어진 것이다.

창자의 크기가 줄어들자 우리는 다른 곳에 에너지와 열량을 사용할 수 있게 되었으며, 그중에서도 가장 눈에 띄는 기관은 바로 뇌였다. 열량을 수월하게 섭취할 수 있는 식품 조리의 발견은, 이제 뇌 용적 증가로 이어진 주요 사건으로 평가받는다. 덕분에 등장한 현대 인류는 이내 행성 전체를 지배하게 되었다. 우리의 거대한 뇌는 탐욕스러워서 별로 사용하지 않을 때도 매일 300kcal의 열량을 소모한다. 이 정도면 약한 백열전구 하나와 비슷한 정도의 에너지이며, 심지어 마음대로 끌 수도 없다. 뇌는 우리가 잠들어 있는 동안에도 거의 같은 에너지를 소비한다.

이런 에너지 공급은 주로 포도당의 형태로 이루어지며, 단식이나 수면 중에도 뇌는 굶주릴 생각 따위는 조금도 하지 않은 채 순환계로 온몸에 공급되는 포도당의 절반 정도를 요구한다. 뇌는 우리 몸에서 가장 탐욕스러운 장기로서, 전체 체중의 2퍼센트 정도 무게인데도 안정 에너지 소모량의 5분의 1을 사용한다.[41] 아예 움직이지 않아도, 우리 몸은 하루에 1,300kcal 정도의 안정 에너지를 필요로 한다. 좋은 소식은 에너지를 소모하기가 별로 어렵지 않다는 것이다. 1시간 동안 텔레비전만 시청해도 60kcal가 소모된다. 이 장을 읽는 데는 80kcal가 필요하며, 당신이 살찐 편이거나 독서 자체에서 스트레스를 받는 사람이라면 그 이상 필요할 수도 있다.

우리는 지금까지 열량에 의존해서 살을 빼려는 시도가 종종 오해로 이어지며, 운동만으로 살을 빼려는 시도는 무의미하다는 사실을 살펴봤다. 그러나 보다 나은 체계가 등장하기 전까지는 누구나 열량이라는 개념을 사용할 것이며, 적어도 식품의 전반적인 에너지 함유량을 확인할 때는 이런 개념도 나름 도움이 된다. 식품성분표의 나머지 부분은 식품업계와 정부에서 우리가 봐도 된다고 허락한 기타 주요 영양소의 함량을 알려준다. 물론 어떤 식품이 건강에 도움이 되고, 어떤 식품을 주의해야 하는지를 우리가 직접 판단하도록 하기 위한 것이다. 하지만 많은 사람이 별 의심 없이 받아들이는 식품성분표를, 대체 얼마나 믿을 수 있는 것일까?

나는 이런 고전적인 식품성분표의 분류를 계속 따라가 볼 생각이다. 물론 지나치게 단순하며 환원적이며 오해를 불러일으키기도 하는 내용인 만큼, 나름 반어적이기도 하다. 여기서 내가 말하는 영양소란 우리 몸의 기능에 필요한 작은 단위의 식품 구성 요소를 뜻하는 것이며, 당연하게도 모든 영양소는 중요한 역할을 수행한다. 그리고 모든 유용한 식품은 서로 다른 식품군의 복합체이며 다양한 영양소로 구성되어 있다.

3

지방: 전체

지방을 너무 섭취하면 몸에 나쁘다. 이는 논리적인 명제다. 지방질 음식을 섭취하면 동맥에 지방이 쌓이며, 그 결과 동맥이 막혀 심장마비로 이어질 수 있다. 그리고 지방은 우리 몸속에 축적되어 살이 찌게 만들 수도 있다. 여기서 전통적으로 지목된 악역은 콜레스테롤이었다. 의사가 혈중 지방을 측정할 때 가장 먼저 사용한 물질이기 때문에, 그 이름은 심장마비의 위험성과 동의어가 되었다. 의사들이 1980년대 이래로, 그리고 요즘도 환자에게 들려주는 쉽고 단순한 이야기다. 그리고 애석하게도 실제로도 이야기에 지나지 않는다. 콜레스테롤은 자신의 실제 모습과 관계없이 대악마라는 누명을 썼을 뿐이다. 우리 식단에 포함된 지방은 이로운 영향을 끼칠 뿐 아니라 신체의 필수 영양소에 속한다.

지방은 일반적으로 체중의 3분의 1가량을 차지하며, 인간은 지방이 없으면 생존할 수 없다. 영어권에서 이 단어의 용례는 상당히 혼란스럽다. 지방을 가리키는 영어 단어인 'fat'은 '살찐' 또는 '폭넓은'과 같은 뜻으로 쓰이면서, 동시에 불룩 튀어나온 배 안의 내용물을 가리킬 때는 과학 용어로 사용되기도 한다. 지방이라는 명칭은 지방산으로 구성된 모든 물질에 적용되며, 그런 물질은 여러 다양한 형태를 가질 수 있고 대부분이 우리 세포와 생명 유지에 필수적인 건축 자재로 사용된다. 지방을 구성하는 여러 지방산의 집합은 명확한 용어를 사용하자면 지질lipid이라 불리며, 이 책에서 식단이나 혈액 속의 '지방'을 언급할 때는 이런 지질을 말하는 것이다. 지방은 물이나 혈액에 녹아들지 않는다. 주로 간에서 생산되고 포장되며, 단백질과 결합해서 혈류를 타고 온몸으로 이송된다. 지방은 다양한 형태와 크기로 생산되어 세포를 보충하고 뇌와 같은 유용한 장기에 에너지를 공급한다. 우리는 지방이 없이는 오래 버틸 수 없으며, 식단에서 지방이 사라지면 우리의 간은 지방을 만들어내기 위해서 온갖 일을 벌인다.

단백질과 결합한 지방은 지방단백질이라 부르며, 지방단백질 함량은 콜레스테롤 총량보다 훨씬 유용하고 흥미로운 수치다. 요즘은 혈중 지방단백질을 고밀도와 저밀도로 나누어 정확하게 측정할 수 있으며, 각각 HDL(고밀도지방단백질)과 LDL(저밀도지방단백질)로 부른다. 지방단백질은 콜레스테롤을 온몸으로 나르는 역할을 하는데, 여기서 악역인 LDL은 혈관 벽에 작은 지방질이 들러붙어 찌꺼기가 쌓이게 만들며, 이는 곧 심장 질환이나 뇌졸중으로 이어진다. 간에서 착한 역인 HDL을 많이 생산하면, 대부분의 지방은 부수적 피해 없이 안전하게 목적지까지 수송된다. 지방산이 짧은 사슬을 이루면 지질은 보통 액체 형태(기름)가 되며, 긴 사슬을 이루면 상온에서 고체 형태(지방)를 띠게 된다.

콜레스테롤의 놀라운 오해

콜레스테롤이 (몇 가지 경우를 제외하면) 의학적 지표로서 별로 쓸모없는 이유는 콜레스테롤이 좋은 지질과 나쁜 지질의 혼합물이며, 그 혼합 비율이 사람마다 다르기 때문이다. 총콜레스테롤 수치가 높으면 보통 문제가 되기 마련인데, 평균적으로 볼 때 좋은 지질보다는 나쁜 지질이 많이 함유되어 있기 때문이다. 그러나 여성의 경우에는 남성보다도 지표로 사용하기 힘들며, 노년층에서는 콜레스테롤 총량이 높으면 묘하게도 심장병을 막아주는 효과를 보인다. 이제는 콜레스테롤을 온몸으로 나르는 수송수단인 HDL과 LDL의 비율을 위험 지표로 사용하는 경우가 늘어나고 있다. 아직 LDL을 직접 측정할 수는 없지만 말이다. 체내의 고위험 지질의 양을 측정하는 훨씬 나은 지표는 다른 작은 콜레스테롤 수송체 단백질인 ApoB(아포지방단백질 B)인데, 이 단백질은 콜레스테롤을 잘못된 위치에 축적하고, 혈관에 지질이 쌓이게 해 피해를 유발한다. 예전에는 온몸을 순환하는 총콜레스테롤의 수치가 중요하다고 생각했지만, 이제 우리는 국지적인 콜레스테롤 수치가 중요하다고 생각하며, 이 수치는 신체 부위에 따라 상당한 차이를 보일 수 있다. 대부분의 심장병 전문의는 이렇게 보다 정확한 혈액검사를 통해 위험도를 측정하지만, 이런 검사 방법에는 비용이 추가로 들어가며, 많은 사람이 총콜레스테롤 수치에 집착하기 때문에 충분히 활용되지 않는다.[1]

지방은 우리 식단의 필수 다량영양소이며 다양한 형태를 가진다. 종종 식품성분표에서 전체 지방 함량을 제일 먼저 읽기도 하는데, 지방이 그 종류에 따라 아주 이로울 수도, 아주 해로울 수도 있으므로 사실 별 도움이 안 되는 일이다. 대부분의 식품에는 여러 종류의 지방이 섞여 있다. 그중 가장 흔한 부류는 포화지방, 단일 불포화지방, 다가 불포화지방, 트랜스지방이다. 거기다 이런 각각의 분류마다 하위분류가 존재한다. 예를 들어 포화지방에는 최소한 24가지 종류가 있는데, 보통 식품성분표에서는 하나로 뭉뚱그려진다. 과학자들은 한참 전부터 좋고 나쁜 지방의 조합이 밝혀졌다고 주장해 왔지만, 사실은 아직도 제대로 아는 바가 별로 없다.

보편적으로 이롭게 여기는 지방부터 시작해서 건강에 해로울 가능성이 많은 지방까지 단계적으로 짚고 넘어가자면, 보통은 다가 불포화지방의 일종인 오메가-3가 최상위에 올 것이다. 오메가-3는 필수지방산으로 여겨지며 식품을 통해 섭취해야 한다. 주로 지방이 많은 자연산 생선이나 아마씨와 같은 일부 식품에 함유되어 있으며, 지질과 염증을 억제하기 때문에 (감염 위협에 대한 신체의 반응을 억누르기 때문에) 심장에 이로울 가능성이 크다. 게다가 선전에 따르면 치매와 주의력 결핍과 관절염을 비롯한 인간이 알고 있는 대부분의 질병에 효과를 보인다고 한다.

여기에 묘한 점이 하나 있다. 대부분의 식물성 기름과 견과류, 그리고 콩과 옥수수 사료를 먹인 일부 육류의 지방질이나 양식 어류에서도 찾아볼 수 있는 다가 불포화지방인 오메가-6를 살펴보자. 더할 나위 없이 깨끗한 사촌인 오메가-3에 비해, 오메가-6는 심장 측면에서는 악명만 쌓아 왔다. 예를 들어, 식단에서 오메가-6에 대한 오메가-3의 비율이 높으면 건강에 좋다는 소문이 널리 퍼져 있다. 이는 논리적이지만 단서가 빈약한 관찰 증거에서 나온 결론이다.[2] 실제로 보충제에서 무작위로 함량 비율을 바꾸는 실험을 수행했을 때는 명확한 효과가 확인되지 않았다. 관찰 연구를 세심하게 메타분석한 결과에서도 마찬가지로 명확하거나 유익한 효과는 조금도 확인할 수 없었다.[3] 사실 여러 국가에서 수행한 대규모 혈액 성분 검사에서는, 오메가-6 지방산 비율이 높은 경우가 심장에 훨씬 이롭다는 결과가 나왔다.[4] 따라서 여기서는 오메가-3 보충제에 대한 온갖 과장 광고와 생선기름을 우리에게 먹이고 말겠다는 강한 의지, 그리고 오메가-6에 대한 음해가 우리의 인식에 큰 영향을 끼쳤다고 할 수 있을 것이다.

2015년에 뉴질랜드에서 수행한 한 연구에서는 32개 국가에서 생산된 32개 제품을 조사했는데, 오메가-3 함량이 성분표와 일치하는 제품은 10퍼센트도 되지 않았으며, 대부분의 제품에서는 터무니없이 부족하다는 사실이 확인되었다.[5] 예전에 미국, 영국, 캐나다, 남아프리카공화국에서 실시한 조사와 일맥상통하는 결과였다.[6][7] 많은 생선기름 보충제에서 표기와 실제 성분이 다르다는 점을 고려하면, 이런 보충제를 사용할 때는 주의를 기울여야 할 것이다. 그래도 어쨌든 이런 두 가지 지방은 우리 몸에 이로울 확률이 높다. 적어도 식품으로 섭취할 경우에는.

단일 불포화지방은 주로 올리브유나 유채씨를 짜서 만드는 카놀라유를 통해 섭취한다. 일반적으로 몸에 이롭다고 여겨지기는 하지만, 뒷받침하는 증거들은 질적으로 고르지 못하며, 보통 올리브유 쪽이 더 높은 점수를 받는다. 다가 불포화지방(Polyunsaturated fats; 약어로는 PUFA라고 쓴다)은 보통 자연에 존재하는 식물 기름을 통해 섭취하며, 보통 무해하거나 보호 기능을 가진다. 그러나 식물성 지방인 마가린이 심장을 보호해 준다는 주장은 과장되어 있으며, 이를 뒷받침하는 엄밀한 증거는 존재하지 않는다.

보통 짐승고기와 유제품에서 섭취하는 포화지방은 근원이 되는 식품에 따라 다르기는 해도, 전통적으로 악역을 맡아 왔다. 포화지방의 하위분류 중에는 중쇄 트리글리세라이드라는 물질이 있는데, 주로 팜유와 코코넛유를 통해 섭취하게 된다. 스리랑카나 사모아 같은 국가에서는 이 두 가지 기름을 보편적으로 사용하며, 총열량의 25퍼센트를 이런 지방으로 섭취하기 때문에 전 세계에서 포화지방 섭취량이 가장 많다.[8] 코코넛유에 대한 과장된 기대와 상업성 선전은 갈수록 늘어만 가지만, 실제로 건강에 어떤 영향을 끼치는지는 아직 판단할 자료가 부족하다. 그 주된 이유는 이런 특정 종류의 포화지방, 즉 중쇄 트리글리세라이드가 이로운지 해로운지가 명확하지 않기 때문이다. 여러 홍보 웹사이트에서는 코코넛에 대한 온갖 연구 자료를 들이대지만, 내가 보기에는 대부분 과학적으로 엄밀하지 못한 연구였고, 일부는 대놓고 거짓말이었다.

최악의 부류인 트랜스지방(또는 경화지방)은 가공식품 또는 튀김을 통해서만 섭취하는 완벽하게 인공적인 지방이다. 처음 등장했을 때는 버터보다 몸에 이로운 대체재로 환영받았는데 말이다(트랜스지방에 대해서는 뒤에 따로 자세히 설명하겠다).

미국을 비롯한 여러 국가의 식품성분표에서는 콜레스테롤을 전체 지방 함량의 아래에 별도로 기입한다. 그 '치명적인' 효과를 피하도록 신경을 써 준 것이다. 그러나 식품에서 콜레스테롤 함량을 따로 강조하는 것은 말도 안 되는 짓이다. 비율로만 따지면, 랍스터나 게살이나 생선기름 등의 '건강에 이로운' 식품이 라드나 쇠고기나 돼지고기 등 '건강에 해로운' 식품보다 콜레스테롤 함량이 세 배는 높기 때문이다. 달걀에는 콜레스테롤이 가득 들어차 있으며, 많은 사람은 콜레스테롤을 반드시 피하라는 잘못된 조언에 힘입어 수십 년 전부터 달걀 섭취를 그만두었다. 콜레스테롤은 우리 몸의 거의 모든 세포에 사용되는 복합지질이다. 그 80퍼센트는 체내에서 자연적으로 합성되며 식품으로 섭취하는 비율은 20퍼센트에 지나지 않는다. 콜레스테롤은 세포를 보호하고 양분을 공급하는 내벽을 구성할 뿐만 아니라, 여러 비타민과 필수 호르몬의 주요 구성 요소기도 하다. 혈액에서 손쉽게 검출할 수 있다는 사실과 잘못된 홍보 덕분에 그런 끔찍한 악명을 얻게 된 것뿐이다.

지방은 어떻게 악명을 얻었을까?

　다양한 장소에서 벌어진 여러 사건이 반지방 운동의 촉매 역할을 했지만, 실제 발상지는 미국이라 해야 할 것이다. 가장 큰 이유는 1955년에 아이젠하워 대통령의 심장마비 사건이 대중의 관심을 끌었으며, 이후로 그가 몸에 좋은 저콜레스테롤 식단을 시도했기 때문이다. 이런 식단 변화는 혈중 콜레스테롤 수치의 감소에도, 심장병 방지에도 큰 영향을 끼치지 못했고, 결국 그는 다시 찾아온 심장마비로 사망했다. 반지방 운동의 원동력을 제공한 사람은 미네소타 출신의 병리학자인 안셀 키스인데, 2차 대전에서 미군 군용식 'K-레이션'을 발명해서 명성을 얻은 바 있었다. 그는 영국에서 안식년을 보내면서 당시 영국의 기름진 식단을 목격하고 눈살을 찌푸렸다. 그가 본 영국의 식단이란 신문지에 싼 기름투성이 피쉬 앤드 칩스, 소시지와 으깬 감자, 달걀과 베이컨이 전부였다. 그는 영국에서도 미국과 마찬가지로 대부분의 식재료를 손에 넣을 수 있는 부유한 계층이 심장마비로 사망하기 시작한다는 사실을 발견했다. 그전까지는 상당히 드문 현상이었는데도 말이다. 그는 이런 가설을 증명할 연구비를 얻어내려고 단단히 마음먹고 미국으로 돌아왔다.

　훗날 명성을 얻은 '7개국 연구'에서 그가 세운 가설을 요약하자면, 식단에 따른 지방 섭취량이 서로 다른 7개국에서 심장병 발병률을 조사하면 연관성을 확인할 수 있으리라는 것이었다. 조사 대상이 된 국가는 심장병이 거의 없는 일본에서 여러 부류의 심장병이 발생하는 잉글랜드나 미국에 이르기까지 다양했다. 키스가 증명한 상관관계는 상당히 설득력이 높았으며 결론 또한 명쾌했다. 즉 식단에서 지방이 차지하는 비율이 심장마비 위험도와 비례한다는 것이었다. 사실 그는 22개국에서 조사를 수행했으며, 모든 자료를 종합해 보면 연관성은 그리 명확하지 않았다(그리고 이런 사실은 널리 알려지지 않았다). 하지만 별 상관없는 일이었다. 식단이란 엄밀하게 측정하기 힘들수밖에 없으니까. 이 연구는 언론과 의학계와 대중 여론에 엄청난 파문을 일으켰다. 정부 정책은 지방 섭취량을 줄이는 쪽으로 선회했다.

다른 관찰 연구 결과가 반지방 운동의 주장을 추인해 주었다. 훗날 '중국 연구'라는 이름이 붙은 대규모 인구 추계 연구는, 1970년대 중국 농촌의 65개 현과 120개 집락에서 방대한 식단 자료를 수집했다. 당시 중국은 가난한 국가였고, 주요 교통수단은 자전거였다. 연구진은 수년 전에 수집한 각 현의 자세한 식단 정보를, 연구 시점의 50가지 이상 질병의 발병률 및 일부 혈액검사 지표와 대조해 보았다.[9] 식단의 지방 비중과 혈중 콜레스테롤 농도는 미국의 절반 정도였고, 서구에서 흔히 찾아볼 수 있는 심장병, 당뇨병, 암 등의 질환은 거의 존재하지 않는 것이나 다름없었다.

중국 연구를 수행한 코넬 대학교의 콜린 캠벨을 비롯한 연구진은 동물성 단백질과 지방이 가득 들어찬 유제품의 부재, 그리고 채소 섭취량이 많다는 점이 암이나 심장병이 놀랄 정도로 드문 이유라고 생각했다. 결론은 채소를 섭취하고 육류와 유제품을 완전히 포기해야 한다는 것이었다. 이런 결론은 갈수록 늘어나는 비건vegan 및 채식주의 운동에 힘을 실어 주었고, 앳킨스의 고단백질 운동을 철저히 부정했다. 캠벨의 책 『중국연구』는 세계적인 베스트셀러가 되었다.[10] 빌 클린턴은 심장질환을 겪은 후 이 책을 읽고 식단을 바꾸어 9킬로그램을 감량했다고 한다.

초기의 지방 연구자들은 혈중 콜레스테롤 농도가 정상의 두 배 이상인 일부 가족에서, 청장년기에 심장병으로 사망하는 비율이 높다는 사실을 발견했다. 훗날 밝혀진 바에 따르면, 이들은 과콜레스테롤혈증(즉, 혈중 콜레스테롤 농도가 높은 질병)이라는 유전병을 앓고 있었다. 유전자 이상 때문에 이런 질병을 앓는 환자들은 지방을 철저하게 배제한 식단을 처방받는다. 이런 희귀병 환자의 경우에는 혈중 콜레스테롤 농도와 발병률 사이에 명확한 연관 관계가 성립한다. 이런 경우에는 식이요법이나 약물을 통해 콜레스테롤 농도를 정상 수준으로 낮추면, 사망 위험도 또한 극적으로 낮아진다. 나머지 99퍼센트의 인구에서도 포화지방이 많은 식단을 섭취하면 혈중 총콜레스테롤 수치가 증가한다. 그리고 이 또한 심장병이 일어날 확률을 높이는 요인으로 간주되었다. 이로 인해 콜레스테롤이 만악의 근원이라는 인상은 더욱 강고해졌다.

'지방은 목숨을 위협한다'는 단순한 메시지가 선진국에서 번져나가면서, 우리 식단은 오히려 나쁜 쪽으로 변화했다. 식품의 다양성이 줄어들었을 뿐 아니라, 여러 영양소가 식단에서 배제되어 버린 것이다. 그러나 우리가 지금까지 살펴봤듯이,

식품의 지방은 온갖 형태와 성질을 가지며, 일부는 이롭고 일부는 해롭고 일부는 고약하다. 따라서 반사적으로 선반의 무지방 제품에 손을 뻗기 전에, 우선 지방에 대해 자세히 알아보는 일이 필요할 것이다.

4

포화지방

포화지방 섭취가 그렇게 몸에 해롭다면, 매일 앵글로색슨보다 훨씬 많은 포화지방을 섭취하는 프랑스인의 심장병 발생률이 영국인의 3분의 1밖에 되지 않으며, 평균 수명이 미국인보다 4년이나 긴 이유는 대체 무엇일까? 프랑스의 포화지방 섭취의 거의 3분의 1 정도는 유제품에서 온다. 역학자들이 영국과 프랑스의 사망률 차이가 4배 정도라는 사실을 발견한 1980년대 후반 이후로, 소위 말하는 '프렌치 패러독스'는 온갖 논쟁과 추측의 주제가 되어 왔다.[1]

영국과 프랑스의 라이벌 관계는 럭비나 정치와 무역 분야의 모욕적인 언사에서 사망률 통계를 주고받는 것까지 온갖 분야에서 꾸준히 이어져 왔다. 프랑스에서 정확한 통계 자료를 수집하기 시작한 이래, 프랑스 사람들은 꾸준히 프랑스가 영국보다 심장병으로 인한 사망률이 낮으며 수명도 길다는 점을 강조해 왔다. 프랑스인들은 이 점을 자랑스럽게 여기지만, 내 영국인 동료 중 여럿은 그런 차이는 많은 부분이 '앵글로색슨의 성실성'을 가지지 못한 프랑스인들이 제대로 사망 기록을 남기지 않았기 때문에 발생하는 것이라 말했다. 다른 이들은 그런 분류 실수가 아무리 높아봤자 전체 차이의 20퍼센트 정도밖에 설명할 수 없으며, 실제로 유럽 전역에서 북부와 남부 사이에 비슷한 차이가 존재한다고 지적했다. 심지어 프랑스 국내에서도 남북의 차이는 상당하며, 이를 보면 프랑스의 적은 사망률은 내부분 남부 지방의 건강한 식단에서 유래한 것이라는 결론에 이르게 된다.

프랑스 사람들은 대체 어떻게 이런 놀라운 우위를 획득하게 된 것일까? 목록은 제법 길어진다. 규칙적인 포도주 섭취, 모든 식사에 곁들이는 치즈 또는 요구르트, 저녁 식탁에서 시작되는 정치와 문화와 음식에 대한 기나긴 토론, 혼외정사에 대한 관대한 시각, 주 35시간 노동, 통째로 해변에서 보내는 8월, 주기적인 파업과 가두시위, 70퍼센트에 달하는 부유세까지. 물론 그저 음식을 즐길 줄 알고, 가족이나 친구들과 둘러앉아 여러 번에 걸쳐 나오는 식사를 조금씩 나눠 맛보는 식습관 때문일지도 모른다. 그리고 프랑스인은 식품 선택 측면에서도 영국인과 상당히 다르다. 프랑스인들은 스테이크 타르타르나 레어로 익혀 피가 뚝뚝 떨어지는 스테이크 등 날고기를 종종 섭취하고, 내장으로 만든 흙내 나는 소시지, 저온살균되지 않은 치즈, 생굴과 날 해산물, 달팽이와 개구리 다리 따위를 즐겨 먹는다. 게다가 말 그대로 모든 재료를 마늘과 버터 또는 올리브유로 조리한다.

프랑스인들은 온갖 살아 있는 재료로 만든 음식을 즐겨 섭취한다. 치즈와 포도주와 요구르트에는 재료를 숙성시켜 맛을 더하고 곰팡이가 슬지 않도록 도움을 주는 온갖 미생물이 가득하다. 여러 가설 중에서 가장 인기를 끈 것은 양국의 심장병 발병률 차이가 적포도주 음용에서 비롯되었다는 것이었는데, 나중에 살펴보겠지만 이 가설은 영국과 미국에서 적포도주 판매량을 늘리는 데 큰 영향을 끼쳤다.

지방 덩어리인 치즈가 건강에 이로울 수 있을까?

포화지방 함량이 높은 인기 식품이라면 역시 치즈와 육류를 빼놓을 수 없다. 우선 치즈부터 살펴보자. 혈중 콜레스테롤 농도가 높은 사람이라면 누구나 치즈 섭취를 줄이거나 끊고 콜레스테롤 억제제를 복용하라는 의사의 조언을 귀에 못이 박이도록 들었을 것이다. 대부분의 치즈는 30~40퍼센트가량이 지방으로 구성되어 있으며, 그 대부분은 일반적으로 피하라고 권장하는 포화지방이다. 치즈의 나머지 지방은 단일 또는 다가 불포화지방이다. 실제 콜레스테롤은 1퍼센트 정도에 지나지 않는다.

프랑스인은 매년 1인당 24킬로그램이라는 엄청난 양의 치즈를 섭취하는데, 이는 미국과 영국인의 평균(13킬로그램)에 비하면 거의 두 배에 가깝다. 게다가 프랑스에서는 대부분의 치즈를 직접 구입한 생치즈 형태로 섭취하는데, 미국에서, 그리고 조금 적지만 영국에서도 대부분 가공식품 형태로 섭취하는 것과는 대조적이다. 미국과 영국의 총 치즈 섭취량이 지금의 3분의 1밖에 되지 않던 70년대에는 이런 차이가 훨씬 컸다. 1962년 샤를 드골은 다음과 같은 유명한 질문을 던졌다. "246종류의 치즈가 존재하는 나라를 대체 어떻게 통치하란 말인가?"

자국의 풍요에 대한 드골의 평가는 그답지 않게 겸손한 편이었다. 오늘날 프랑스에는 최소한 1천 가지의 치즈가 있으며, 상당수의 전통 제조법이 법으로 보호되며 포도주와 마찬가지로 원산지 명칭 통제(Appellation d'Origine Controlée)의 대상이 된다. 판매량 10위 내의 치즈 중 최소한 4종은 저온살균을 거치지 않은 제품인데, 프랑스인들은 그쪽이 풍미와 특성이 뚜렷하게 발현된다고 생각한다. 프랑스어에는 치즈의 다양하고 풍부한 맛과 복잡성을 묘사하는 단어가 스물일곱 가지나 있다. 프랑스 치즈에는 박테리아, 효모, 균류를 비롯한 다양한 미생물이 들어 있으며, 그 수만 해도 수백 종에 이르며 변종까지 따지면 알려진 것과 알려지지 않은 것을 더해 수천 종에 이른다.

치즈 제조법이 전통에 가까울수록, 제조 환경이 멸균 상태일 가능성은 줄어들고 치즈 내외에 번식하는 미생물의 다양성은 증가한다. 이런 수백 종의 자연 미생물과 효모와 곰팡이, 특히 치즈 껍질에 존재하는 종류들이, 산업시설에 가까운 환경에서 제조한 치즈와는 비교할 수조차 없이 풍요로운 풍미와 질감을 만들어 준다. 타국 사람들의 두려움에도 불구하고, 치즈와 연관된 식중독 집단발병은 매우 드물다. 프랑스인들은 세계 시장 수출을 뒷받침하기 위한 방대한 규모의 치즈 과학 산업 설비를 갖추고 있으며, 미생물의 역할을 진지하게 연구하는 중이다. 딱히 놀랄 일은 아니지만, 프랑스 치즈 연구센터에서 배출하는 논문은 프랑스 치즈에 대해 전반적으로 호의적인 태도를 보인다.

한 인간 대상 임상실험에서는 항생제를 복용하는 사람들의 미생물 생태계를 지키는 보충제로 치즈를 사용할 수 있다는 사실을 증명해 보였다. 일반적으로 항생제를 사용하면 몸에 이로운 장내 미생물의 상당수가 사멸해 버리기 때문이다. 저온살균을 거치지 않은 경질 치즈를 항생제와 함께 섭취하면, 무균 상태의 공산품 치즈를 섭취할 경우와 비교해서 회복도 빨라지고 박테리아 저항성도 낮아지는 결과를 보였다. 따라서 치즈의 미생물이 우리 내장의 미생물 다양성 유지에 도움이 될 수 있다고 유추할 수 있다.[2]

최근 프랑스 사부아 지방의 친구들을 방문했다가, 수 세기 동안 제조법이 변하지 않은 알파주(고지대라는 뜻이다) 콩테 치즈를 만드는 방법에 대한 설명을 들을 기회가 있었다. 상당한 양의 포도주와 치즈를 곁들인 덕분에 설명을 전부 듣는 데만 1시간이 걸렸지만, 기본 과정만 설명하자면 우선 차가운 우유와 따끈한 우유를 봄의 산바람이 불어오는 야외에서 휘저어 섞어 주는데(다른 치즈의 경우에는 효소를 첨가한다), 이렇게 하면 화학적으로 우유의 단백질이 응고되어 덩어리지며 지방이 엉겨 붙는다고 한다. 이렇게 덩어리진 혼합물을 고운 리넨 천으로 걸러내 일부 수분을 제거한 다음, 축축한 지하 저장고의 낡은 목제 수납장에 보관한다. 그리고 보관하는 내내 유장과 소금물을 섞은 액체가 가득 담긴 통을 저장고 바닥에 놔두고는, 주기적으로 걸레에 그 액체를 적셔 치즈 표면을 닦아 준다. 이렇게 하면 치즈에는 박테리아와 균류를 포함한 온갖 미생물이 득시글거리는 금빛 껍질이 생기며, 미생물에 따라 산도와 풍미가 달라진다. 프랑스 치즈가 보이는 다양한 맛은 그 걸레에 적시는 다양한 액체에 따라 달라진다. 예를 들어 과거에는 말오줌을 사용하는 경우도 있었는데, 독특한 맛과 더불어 산미 또한 확실하게 제공했을 것이다.

대부분의 진짜 치즈는 그대로 숙성될 때까지 방치하며(체다처럼 단단한 치즈의 경우에도 마찬가지다), 이런 치즈의 껍질에는 치즈진드기라 부르는 미생물이 살게 된다. 제법 큼지막한 놈이라 배율이 높은 확대경만 있으면 누구나 그 모습을 확인할 수 있다. 이 욕심 많은 미생물은 껍질의 치즈와 미생물을 먹어치우며 작은 구멍을 내서 풍미를 증진시키지만, 보통 상품으로 출하하기 전에 털어내 버린다. 미몰레트라는 이름의 치즈는 껍질에 득시글거리는 진드기가 너무 많아서 미국 보건당국에서 판매를 금지할 정도였다. 덕분에 숙성된 고다 치즈의 17세기 프랑스판이라 할 수 있는 이 밝은 오렌지색 치즈는 암시장에서 엄청난 인기 상품이 되었다. 치즈 팬들은 특히 흙을 씹는 느낌이 드는 껍질의 맛을 사랑한다. 유튜브 비디오 영상을 보면, 반투명하며 토실토실한 치즈진드기들이 행복하게 치즈를 먹어치우며 옴찔거리는 모습을 확인할 수 있다. 해당 동영상에

는 두 번 다시 프랑스 치즈를 먹지 못하게 될지도 모른다는 경고문이 붙어 있다.[3]

치즈진드기는 치즈 자체가 미생물로 가득한 살아 있는 식품이라는 사실을 환기해 준다. 특수한 유당 박테리아인 유산간균부터, 로크포르나 스틸턴 치즈의 입맛을 돋우는 푸른 줄무늬를 만들어 주는 효모나 균류까지, 치즈 안에는 온갖 미생물이 가득하다. 미국 식품의약국(FDA)은 참으로 현명하게도 치즈에 박테리아가 들어 있는 상황이 (총기와는 달리) 안전하지 못하다는 결정을 내리고, 콩테나 르블로숑이나 보포르 등 저온살균법을 사용하지 않는 다른 생치즈도 판매금지 처분을 내렸다. 최근에는 '옛 방식'으로 목재 표면에서 숙성시키기 때문에 살균이 힘든 부류의 치즈 또한 엄중히 단속할 것이라는 경고를 발표하기도 했다. 미국 대중이 전통 식품과 그보다 '몸에 좋은' 공산품 대체재 중에서 어느 쪽이 위험하다고 간주하는지를 살펴보면, 정부의 건강 및 식단 정책이 위험 평가의 균형을 어느 쪽으로 맞추려 하는지는 명백하다.

그래서 안전밖에 모르는 FDA와 사업가의 마음가짐을 가진 미국 농무부가 생박테리아를 완벽하게 배제한 무균 시설에서 제조한 유사 치즈 공산품에 힘을 실어주는 동안, 프랑스인들은 꾸준히 전통 방식으로 만든 치즈를 섭취해 왔다. 심지어 슈퍼마켓에서 파는 치즈에도 수조 마리의 미생물이 득시글거린다. 이런 치즈를 냉장고에서 꺼내 놓으면, 때로는 박테리아와 효모가 상호 교류를 하고 싸움을 벌이며 형태가 변해가는 모습도 관찰할 수 있다. 이런 미생물은 우유 성분을 분해해서 에너지를 만들어내기 때문이다. 박테리아가 만들어내는 산성 물질은 경쟁하는 미생물을 몰아내고 치즈가 상하는 것을 막아준다.

보통 치즈가 진짜로 상하기 시작한다는 신호는 표면에 생기는 곰팡이 정도인데, 유명한 페니실린 푸른곰팡이가 자라기도 하고, 일부 수분 함유량이 높은 치즈의 경우에는 코를 찌르는 암모니아 냄새를 풍기기도 한다. 탈레조, 림부르흐, 에푸아스 치즈 등에서 이런 현상을 찾아볼 수 있는데, 이렇게 된 치즈는 서둘러 먹을 필요가 있다. 치즈 안의 균류가 생성한 독소는 단독으로는 해로울 수도 있지만, 치즈 안에서 분해된 상태로는 안전하다. 치즈의 규칙에 따르면, 냄새가 어떻든 맛이 괜찮으면 안심하고 먹어도 된다.

나는 프랑스인들이 매일 섭취하는 치즈 속에 들어 있는 상당한 양의 몸에 이로운 미생물이 프렌치 패러독스를 설명할 수 있을지를 알고 싶었다. 그래서 나는 자신(과 내 연구실의 자원자 네 명)을 피험체로 삼아 단기간 프로마주 실험을 구상했다. 다양한 미생물을 섭취하려면 최고의 프랑스 치즈가 필요할 것 같았기에, 동네 치즈 가게의 전문가에게 조언을 요청하기까지 했다.

며칠에 걸친 토의(와 시식) 끝에, 그는 세 종류의 저온살균을 하지 않은 치즈를 선택해 주었다. 브리 드 모, 맛이 강한 블루 치즈인 로크포르, 그리고 잘 숙성되면 스푼으로 떠먹어야 하는 흐물거리고 냄새가 고약한 에푸아스였다. 계획에 따르면 일일 섭취량은 무려 180그램이었다(보통 식당에서 제공하는 분량은 많아봤자 30그램이다). 이 분량을 목구멍으로 넘기기 위해, 그리고 프랑스의 전통을 따르기 위해, 여기에 도수 높은 적포도주를 매일 두 잔씩 허용하기로 했고, 배가 고플 때를 대비해 요구르트 세 그릇을 추가했다. 평소 나는 일주일에 한두 번 정도 치즈를 먹지만, 실험 전 일주일 동안은 치즈 섭취를 자제하고 정상적인 장내 미생물 농도를 측정하기 위해 대변 시료를 채취했다.

치즈 애호가인 나는 이 정도는 누워서 떡 먹기라고 생각했다. 첫날 아침으로는 큼지막한 브리 드 모 한 조각을 호밀빵에 얹어서 아주 가뿐하게 해치웠다. 점심에는 크래커에 로크포르를 얹어 먹은 다음 사과 한 알로 강한 뒷맛을 지웠다. 저녁은 샐러드와 맛있는 에푸아스에 빵과 포도주를 곁들였다. 완벽했다. 이튿째 식단도 똑같았고, 아침은 어렵지 않았다. 그러나 점심으로 로크포르를 먹자니 소화가 안 되는 기분이 들었다. 아마 지방 함량이 31퍼센트나 되기 때문이었을 것이다. 저녁에 먹은 치즈는 여전히 맛있었지만 속이 거북해지기 시작했다.

3일째가 되자 실험이 거의 끝나 다행이라는 생각이 들기 시작했다. 아침 식사 후 나는 온종일 배가 불어오른 느낌을 받았고, 섬유질 섭취량이 감소한 덕분에 이후 며칠 동안 변비에 시달렸다. 총 섭취 열량은 평소와 같은데도 음식이 내려가지를 않았다. 나는 매일 치즈만으로 800kcal와 45그램의 포화지방을 섭취했는데, 이는 '권장량'을 훌쩍 넘어가는 수치였다. 다른 음식과 요구르트는 계산에 넣지 않고서도 말이다. 나는 이후 2주 동안 대변 시료를 수집하며 치즈 미생물의 효과가 얼마나 지속되는지를 확인했다.

10년 전까지만 해도 미생물을 검출하는 유일한 방법은 관찰 가능한 집락을 배양하는 것이었다. 배양지 위에 놓고 몇 주에 걸쳐 온갖 자극을 줘서 자라게 만들어야 했으며, 당시까지만 해도 흥미로운 박테리아는 그리 많지 않다고만 생각했다. 그러나 이후 밝혀진 바에 의하면, 우리 몸의 장내 미생물 중에서 배양이 수월한 종류는 1퍼센트 정도에 지나지 않았으며, 그런 미생물은 주로 우리 몸에 해로운 부류였다. 즉 병원균이었다는 뜻이다. 그러나 이제는 유전자 염기서열 분석 기술로 미생물을 검출할 수 있다. 이 신기술은 이런 상황을 완전히 뒤엎어서, 우리에게 조금도 해를 끼치지 않고 공존하는 나머지 99퍼센트가 존재한다는 사실을 밝혀냈다.

나는 연구 협력자인 롭 나이트와 콜로라도에 있는 그의 연구실 사람들이 보내온 염기서열 분석 정보를 보고 싶어 안달을 냈다(지금 그의 연구실은 샌디에이고에 있다). 그들은 내 대변 시료에서 모든 미생물의 DNA를 추출한 다음, 염기서열 분석기를 이용해 모든 박테리아가 공통으로 가지고 있는 16S라 불리는 유전자를 측정했다. 모든 박테리아 종은 저마다 다른 16S 유전자를 가지고 있으며, 따라서 개별 박테리아의 표지로 사용할 수 있다. 분석을 끝마치자 분류군에 따른 1,000여 종이 모습을 드러냈고, 개별 피험자 사이의 비교가 가능해졌다.

내 기초 분석 결과는 살짝 놀라웠다. 내 대장에서 나온 대변 시료의 미생물 분포는 대부분의 미국인보다는 베네수엘라인 쪽에 가까웠던 것이다. 장내 미생물에서 가장 흔히 찾아볼 수 있는 문門 단위의 분류는 의간균류Bacteroidetes와 후벽균류Firmicutes다. 나는 실험을 시작하기 전부터 후벽균류의 수가 생각한 것보다 많았다. 이 실험에서 내가 품은 주요한 의문 중 하나는, 치즈 미생물이 위와 소장을 거치는 여행에서 얼마나 살아남을 수 있느냐였다. 과거에는 위액이 너무 강해서 모든 미생물을 죽인다고 생각했다. 치즈 미생물에게는 다행스럽게도, 이런 생각은 사실이 아니다. 치즈 식단을 하루 실행한 것만으로도 내 장내 미생물 군집은 변하기 시작했으며, 특히 여러 종류의 유산간균lactobacillus과 발효성 페니실리움의 수가 급증했다.

유산간균의 효과는 치즈 식단을 끊은 후로도 며칠 동안 계속되다가, 천천히 정상 상태로 돌아가기 시작했다. 이 말은 곧 추가 공급이 없으면 유산간균이 생존할 수 없다는 것을 암시한다. 이런 결과는 하버드에서 피터 턴바우가 수행한 훨씬 세밀한 실험의 결과와 모순되지 않을 만큼 유사하다. 그는 여섯 명의 자원자에게 육류와 유제품으로 구성된 식단을 제공했다(이 실험은 나중에 다시 다룰 것이다).[4] 2주 후, 나의 장내 미생물 다양성은 적기는 해도 의미 있을 만큼 증가했다. 그러나 다른 네 명의 자원자들은 치즈 식이요법에서 예상한 결과를 얻지 못했고, 일부는 아예 변화를 보이지 않았다.

어떤 식단을 선택하든, 우리 몸의 미생물은 언제나 사람마다 다르게 마련이다. 이 실험은 우리 장내 미생물의 조합은 상당한 개인차를 보이며, 같은 음식에 다른 반응을 보이는 이유가 바로 그런 차이 때문일 수도 있다는 점을 보여준다. '슈퍼사이즈 치즈' 실험이 끝나고 내장이 정상으로 돌아가는 데에는 거의 2주가 걸렸고, 나는 그런 다음에야 다시 치즈를 먹을 수 있게 되었다. 사탕 가게의 꼬맹이를 보면 알 수 있지만, 맛있는 음식이라도 너무 많이 먹으면 물릴 수밖에 없다.

포화지방 공포의 탈선

1980년대에서 90년대에 걸쳐 유제품 과식이 심장병을 유발할 수도 있다는 공포증이 널리 번졌고, 일부는 아직도 남아 있다. 이런 공포는 부분적으로는 포화지방을 과다섭취한 생쥐나 쥐를 이용한 동물실험에서 온 것인데, 실험에 사용한 쥐들은 혈중 지질이 증가하고 심장병의 지표를 보였다. 그러나 생쥐와 인간은 많은 부분에서 다르며, 특히 식단과 건강에 대해서는 차이점이 상당히 많다. 다른 일부 공포는 역학 쪽에서 왔는데, 이제 우리는 그런 초기 연구에, 특히 관찰 연구의 경우에는 잘못된 부분이 많다는 사실을 알고 있다.

국가별로 심장병 발병률이 큰 차이를 보이는 이유에는 온갖 가능성이 존재하며, 이미 앞에서 그 일부를 논의했다. 권위 있는 반지방 운동의 스승인 안셀 키스를 비판할 정도로 담력 있는 사람들은 그가 실험에서 국가와 자료를 매우 편향적으로 선택했다고 말한다. 심지어 같은 자료를 이용해 다른 결론에 도달한 사람들도 있다.[5] 이후 여러 해 동안 이루어진 추가 연구는 모순되는 결과를 보였으며, 명확한 결론에 이르지 못했다. 그러나 '유제품의 지방이 심장병을 유발한다'는 가설은 굳건히 뿌리를 내렸다.

제법 오랜 세월 동안, 이 가설에 반대 의견을 표명한 의학 및 과학 공동체는 정신 나간 이단자 취급을 당하며 입을 다물어야 했다. 콜레스테롤 억제제인 스타틴의 개발과 광범위한 사용이 가설에 더욱 힘을 실어 주었다. 널리 퍼진 이론에 따르면, 스타틴은 식단 조절로는 불가능할 정도로 혈중 콜레스테롤 농도를 급격히 낮추며 이를 통해 심장병 발병 및 사망률을 낮춰 준다. 영국과 미국의 의료 지침에 따르면 이제 성인 네 명 중 한 명은 스타틴을 복용해야 한다. 그러나 스타틴의 주요 효과는 결국 콜레스테롤 억제 때문이 아닌 것으로 밝혀졌다. 스타틴의 효력은 혈관의 소염 작용에서 오는 것이며, 다른 여러 질병에 이롭거나 해로운 효과를 보일 수 있다.[6] 이제 우리는 보다 명확한 시선으로 지금까지 쌓인 식단 자료를 살펴볼 수 있게 되었다. 2015년의 한 연구는 1970년대와 80년대의 여섯 가지 실험을 다시 점검해서, 식단으로 (당시의 결론과는 달리) 콜레스테롤 농도를 낮출 수는 있지만, 콜레스테롤 농도를 낮춰도 심장 질환 발병률을 낮추는 효과는 전혀 없다는 사실을 발견했다.[7] 한 메타분석은 전 세계의 34만 7천 명을 대상으로 포화지방 섭취를 조사한 대규모 관찰 연구 21건을 분석했다. 이후 20년 동안 심장병이 발병한 11,000명의 피험자에서, 식단 속 포화지방과 심장병 및 뇌졸중의 연관성은 전혀 확인되지 않았다.[8]

이제 증거는 오히려 정반대 방향을 가리키고 있다.

포화지방이라는 문제를 해결하는 이상적인 방법은 유제품

비중이 높은 식단과 낮은 식단을 무작위 최적표준에 따라 공급하는 임상시험을 수행하여 심장병 발병률을 확인하는 것이다. 그러나 이런 실험은 윤리적이지도 않으며(지방을 제거하지 않은 우유와 치즈로 식단을 구성하면 '지나치게 위험'하므로) 실용적이지도 않다(몇 년은 걸릴 테고 상당한 비용이 소모되므로). 한 가지 절충안은 6주에 걸쳐 연구용 식단을 제공하고 심장병 위험 인자의 변화를 확인하는 것이었다. 한 실험에서는 49명의 피험자에게 6주에 걸쳐 저지방 식단을 제공한 다음, 이후 6주 동안 치즈 또는 버터의 형태로 13퍼센트의 열량을 추가했다. 치즈 집단은 혈중 지질이나 콜레스테롤이 전혀 증가하지 않았지만, 버터 집단은 증가했으며, 따라서 모든 포화지방이 같은 효과를 보이지는 않는다는 사실이 증명되었다.[9]

이제 결론은 나름 명백해 보인다. 특히 치즈와 버터를 구분한다면 더욱 명확해진다. 지방을 제거하지 않은 치즈는 포화지방 함량이 높아도 심장병의 위험 요인으로 작용하지 않으며, 오히려 심장병과 그로 인한 사망에서 보호하는 효과를 보인다. 그러나 버터는 그렇지 않다.[10] 따라서 과거에 오해를 불러왔던 역학적 관찰 실험을 신뢰할 수 없다는 점을 감안해도, 이제 전통적인 방식으로 제조한 치즈에 함유된 미생물이 일부 심장 질환과 기타 건강문제를 예방할 수 있다는 합리적인 가정이 가능해진 것이다. 지나친 재처리 과정을 거치거나 끓이거나 구운 치즈에서는 미생물이 거의 살아남지 못하기 때문에 그런 이로운 효과를 볼 수 없다. 뒤에서 다시 살펴보겠지만, 미생물이 함유된 우유와 기타 발효식품에서도 일부 이로운 효과를 확인할 수 있다.

프렌치 (또는 지중해인) 패러독스를 설명할 때 치즈가 어느 정도 해답을 제공하는 것은 분명하다. 그러나 이제 이 수수께끼에 대한 온전한 해법을 얻어낼 가능성은 영영 사라져 버렸다. 30년 전에는 존재하지 않았던 치료법이 등장하면서, 영국과 프랑스를 포함한 서구 세계 전역에서 사망률이 급감했기 때문이다. 심장병으로 인해 목숨을 잃는 사람들의 수는 여전히 상당히 많지만, 우리는 이제 심장마비 환자를 꽤 오래 살려놓을 수 있게 되었다. 주로 막힌 동맥을 뚫는 가벼운 수술이나 피를 맑게 하는 약물, 다양한 혈압 조절 수단이 이 방면에서 큰 도움을 주었다.

치즈피자 다이어트

댄 잰슨은 베이브 루스가 결혼식을 올린 것으로 유명한 메릴랜드의 한 소도시 출신의 39세 남성이다. 그는 피자와 치즈를 아주 좋아했다. 사실 피자와 치즈를 너무 좋아해서, 지난 25년 동안 매 끼니 치즈피자만 먹을 정도였다.

그는 토마토소스 정도만 용납할 뿐 다른 채소 토핑은 하나도 올리지 않았다. 매 끼니 당분이 가득한 콜라를 곁들여서, 45그램의 포화지방과 1,300kcal가 들어 있는 14인치 피자 한 판을 통째로 해치웠다. 강박적 식이장애가 있는 것은 분명했지만, 묘하게도 다른 모든 면에서는 정상으로 보였다. 몸매도 늘씬하고, 어릴 적부터 당뇨병을 앓아서 인슐린이 필요한 것을 제외하면 비교적 건강한 몸이었다. 그를 진찰한 의사들은 건강한 식단으로 바꿀 것을 권하면서도, 그의 혈중 콜레스테롤과 혈압이 정상이라는 점을 확인하고 짜증 섞인 경탄을 흘렸다. 인슐린 수치는 주사를 통해 조절했다. 그리고 지역 도미노피자 매장에서 몇 년 동안 근무하다, 이윽고 목공 사업을 시작했다.

사람들이 "그러다 죽는다고!"라고 놀릴 때마다, 그는 "사람은 누구나 죽어. 나는 적어도 배에 피자를 담은 채로 죽겠지"라고 말하곤 했다. 그와 마찬가지로 채식주의자인 약혼녀 매들린은 그에게 채소를 먹이려 애썼다(토마토는 굳이 분류하자면 과일에 속한다). 그는 약혼녀를 위해 시도는 해 보았지만, 채소 토핑을 조금이라도 올리면 바로 구역질이 나와 한 조각도 제대로 넘길 수 없었다. "훌륭한 피자에 토핑을 올려서 망치는 이유가 뭔데!" 매들린은 이렇게 항변하는 약혼자를 상담 치료사에게 보냈고, 상담사는 그의 문제가 어릴 적에 시작되었다고 생각했다.

"제가 네 살인가 다섯 살인가, 노스캐롤라이나 주의 깡촌에 살았던 적이 있어요. 낮에는 어떤 숙녀분이 자택에서 운영하는 탁아소에서 보냈죠. 그분은 아이들에게 매일 브런스윅 스튜를 먹였는데, 사실 다섯 살 아이한테 먹일 만한 음식은 아니잖아요. 닭고기나 돼지고기나 토끼고기에 통조림 쇠고기를 추가하고, 오크라, 리마콩, 옥수수, 감자, 토마토가 들어갔죠. 저는 그게 먹기 싫어서 도망치려 애썼지만 결국 언제나 붙들렸어요. 맞았는지는 기억이 안 나지만 벽장에 갇혔던 기억은 있어요.

어머니가 와서 데려갈 때까지 두어 시간 정도 갇혀서 울부짖고는 했죠."

주기적으로 면담을 시작한 이후 식습관이 바뀌었는지를 묻자, 그는 이렇게 대답했다. "아뇨. 사실 상담을 받으러 가는 이유는 도시로 나갈 수 있어서예요. 상담이 끝난 다음에 조 스퀘어드(근처의 피자집)에서 피자를 먹을 수 있거든요."

이런 예외적인 이야기는 영양소에 대한 보편적인 상식으로는 설명하기 힘들다. 물론 댄이 바로 내년에 죽을지 백 살까지 살 수 있을지는 아무도 모르는 일이지만, 만약 후자라면 깜짝 놀라게 될 것이다. 그는 엄청난 양의 포화지방을 섭취한다. 대부분 국가의 일일권장량인 20~30그램을 훌쩍 뛰어넘는다. 게다가 섬유질은 거의 섭취하지 않는다. 하지만 실제로 이런 부류의 고지방 식단에 적응해서 건강하게 살아가는 사람들이 있다면 어떨까? 2차 대전 후 안셀 키스가 수행한 영향력 넘치는 '7개국 연구'에서, 크레타 섬은 콜레스테롤 수치와 심장병 발병률이 가장 낮은 지역으로 알려졌다. 특히 콜레스테롤은 당시 미국인의 절반 수준이었다.

크레타의 콜레스테롤과 100세 장수자

크레타 섬의 산악지대에는 고립되고 가난한 마을들이 곳곳에 산재해 있다. 주민의 대부분은 양치기나 어부이며, 삶이 고되고 제대로 된 의료시설이 없는데도 불구하고 100세 장수자의 수가 상당히 많다. 키스와 그의 동료들이 굳이 주목하지 않은 사실은, 이런 마을 주민들이 막대한 양의 동식물 지방과 유제품을 섭취한다는 것이었다. 50년 후에, 내 동료 유전학자인 엘레 제피니는 이런 마을 중 하나를 자세히 관찰하게 되었다. 그 결과 이 지역의 마을은 모두 서로 고립되어 있으며, 마을별로 방언과 습속이 상당히 다르다는 점이 밝혀졌다.

키스가 제대로 살피지 않은 장소 중에는 주민이 고작 4천 명밖에 되지 않는 아노지아라는 이름의 작은 마을이 있었다(그리스어로 '높은 땅'이라는 뜻이다). 마을은 이디 산 북면으로 해발 9백 미터는 되는 장소에 있으며, 주민들은 생선은 거의 먹지 못하지만 매일 많은 양의 염소유 치즈와 요구르트를 섭취한다. 지난 수백 년 동안 식생활의 변화라고는 특별한 때나 입에 댈 수 있던 육류를 (주로 염소고기로) 비교적 자주 섭취할 수 있게 되었다는 것뿐이다. 추가로 상당히 게을러져서 400미터 정도의 거리도 걷지 않고 차를 타고 움직이게 되었다.

이 마을 사람들은 국책 영양학 연구의 일환으로 정기적으로 건강검진과 혈액검사를 받는다. 검사 결과에 의하면 이들의 전체 혈중 콜레스테롤 농도는 전반적으로 높은 편이며 (5mmol/l을 조금 넘는다), 따라서 이론적으로는 그리스의 일부 지역에 비해 건강 상태가 나쁘며 북유럽인에 가깝다고 할 수 있다. 그러나 이 지역에서는 암은 발생해도 그리스의 기타 지역과는 달리 심장 질환 증상은 찾아볼 수 없다.

엘레와 연구진은 이 마을에서는 APOC3이라는 유전자에 돌연변이를 가진 인구 비율이 높다는 사실을 발견했다. 이 사실로 마을 주민의 혈류 속에 이로운 지질 수송체인 HDL의 농도가 훨씬 높으며 해로운 지질 트라이글리세라이드의 농도가 낮다는 점, 그리고 그로 인해 고지방 식단에도 불구하고 심장병에 저항성을 가진다는 점을 설명할 수 있다. 그리고 지구 반대편에 이렇게 고립된 상태로 부분적인 근친교배를 겪어서 모두가 사촌관계인 인구집단이 하나 더 있다. 바로 미국의 아미시파인데, 이들 또한 막대한 양의 치즈와 유제품을 섭취한다. 놀랍게도 이들 또한 보통 5만 명 중에서 1명만 가지는 드문 돌연변이인 심장 보호 유전자를 가지고 있다.[11]

이 이야기는 인구집단이 비교적 짧은 시간에 독특한 식단 및 환경에 적응할 수 있다는 점을 보여준다. 육류와 우유와 피를 통해 많은 지방을 섭취하는 동아프리카의 마사이족이나, 거의 발효된 젖과 육류만 먹고 살아가는 몽골 유목민과도 나름 유사한 점이 있다.

유전자가 변하는 것처럼, 미생물 또한 적응할 수 있다. 미생물은 한 세대가 30분 정도이며, 따라서 우리보다 훨씬 빠르게 적응한다. 아직 피자 섭취의 달인 댄을 검사해 보지는 못했지만, 그 또한 치즈를 좋아하는 유전자 돌연변이를 가지고 있을 수도 있다. 그리고 치즈를 좋아하는 장내 미생물을 가지고 있을 것은 확실하다. 아직 식품성분표에는 미생물이 기록되지 않으며, 따라서 도미노피자의 치즈 토핑에 이로운 미생물이 얼마나 살아 있는지는 확인하기 힘들다. 도미노피자의 토핑은 냉동 치즈와 전분의 혼합물로 만드는 것으로 보인다. 어쨌든 자신의 유전자와 미생물에 대한 완벽한 확신이 없다면 치즈피자 식단은 권하고 싶지 않다.

공산품 치즈는 미국과 유럽의 우유 유행이 끝나면서 만들어진 거대한 우유 호수의 부산물이다. 크래프트 푸드 사와 같은 거대 식품 가공 업체들이 이 산업을 진두지휘했고, 이들은 1950년대에 진열장에서 몇 개월을 버틸 수 있는 치즈를 미국 전역에 수송하는 방법을 개발해 냈다. 이들이 내놓은 히트상품인 '치즈 위즈Cheez Whiz'는 밝은 오렌지색 소스의 형태를 지니며, 유럽의 수제 치즈와는 극단적이라 할 정도로 모든 면에서 정반대인 물건이다. 이런 치즈의 제조에는 치즈를 끓이고 휘저으며 가늘게 자아내거나, 화학물질을 첨가해서 지방과 우유가 섞이게 만드는 과정이 들어간다. 이렇게 만들어진 무균 상태의(즉, 살아 있는 미생물이 없는) 제품에는 추가로 중독성과 일관성이 있는 맛을 첨가하기 위해 온갖 첨가물이 들어간다.

이런 치즈가 가장 잘 어울리는 요리는, 당연하게도 오늘날 세계에서 가장 인기 있는 음식이 된 피자다. 피자 소비량은 두려울 정도로 꾸준히 증가해서, 이제 미국의 가장 큰 포화지방 섭취원(14퍼센트)이 되었으며 전체 섭취 열량의 3분의 1을 차지한다. 그리고 전체 미국인 젊은이의 3분의 1이 매일 피자를 먹는다. 마르게리타 여왕을 기념하기 위해 1889년 나폴리에서 현재의 형태로 정착되었으며 1905년에야 미국에 들어온 음식 치고는 상당히 훌륭한 성과다. 물론 오늘날 우리가 먹는 피자는 이탈리아에서 흔히 즐기는 신선한 수제 식품이 아니라, 미국에서만 400억 달러 규모에 달하는 가공 및 냉동식품 산업의 값싼 산물이다. 광고에 등장하는 일부 피자는 토핑과 크러스트에 치즈를 너무 가득 채워서, 한 조각에 14그램의 지방과 340kcal가 들어 있다. 값싸고 오래 가기만 하면 채우는 치즈의 종류는 아무 상관도 없는 것처럼 보인다.

미국의 치즈 소비량은 1970년 이래 네 배로 증가했는데, 묘하게도 이런 증가 추세는 유지방에 대한 공포로 인한 음용 우유 소비량의 감소 추세와 대칭을 이룬다. 자신들이 직접 만든 권장 식단과는 들어맞지 않는데도, 미국 농무부와 농부들은 이런 상황이 마냥 즐거운 모양이다.[12] '진품' 미국산 치즈피자의 수출도 훌쩍 증가했으며, 특히 멕시코에서 빠른 속도로 유행을 타고 있다.

'자연산 치즈'와 모기

다른 비전통적 치즈 제조법 중에는 특정 박테리아와 우유를 섞는 방법이 있다. 이런 치즈는 사람마다 맞춤 생산을 할 수도 있다. 원하는 사람은 그저 겨드랑이와 배꼽과 발가락 사이를 면봉으로 훑어서 얻은 물질을 우유와 섞어 주고, 유산간균을 조금 첨가해 주기만 하면 된다. 그것만으로 완벽하게 개인의 지표를 가진 치즈가 탄생하는 것이다! UCLA의 크리스티나 아가파키스는 노르웨이의 감각예술가들과 함께 이런 예술작품을 만들어서 최근 더블린에서 〈셀프메이드〉라는 이름의 전시회를 열었다. 그녀가 만든 치즈는 평범한 소 또는 양의 젖으로 만든 치즈와 똑같이 생겼으며 제각기 박테리아를 제공한 사람의 이름이 붙는다. 이런 일이 가능한 이유는, 평범한 치즈를 만들 때 사용되는 박테리아가 우리 몸의 비교적 잘 씻지 않는 어두운 부위에 서식하는 박테리아와 비슷한 종류이기 때문이다.

냄새가 고약하기로 이름난 림부르흐 치즈는 사람들의 발가락 사이에 서식하는 발냄새 유발 박테리아(브레비박테리움 리넨스)로 만든다. 이 부위에 서식하는 박테리아의 구성에 따라 다른 동물이 발냄새에 끌리는 정도가 달라진다. 모기는 특히 이 냄새에 민감한 것으로 보이며, 종에 따라 특정 박테리아의 냄새는 피하고 다른 박테리아의 냄새에는 곧장 달려드는 모습을 볼 수 있다. 절대 벌레에 물리지 않는 사람이 존재하는 현상도 이 사실로 설명할 수 있다. 우리의 운 좋은 영국인 쌍둥이들은, 최근 모기가 가득 든 비닐 구체 안에 손을 집어넣은 다음 물린 곳의 수를 세는 실험에 참여했다. 피험자에 따라 결과는 상당히 달랐고, 모기한테 인기를 얻는 데는 유전자가 상당한 영향을 끼친다는 점이 확인되었다.

UCLA의 연구진이 세심하게 통제한 후각 실험에서 확인한 대로, 냄새란 매우 주관적인 감각이다. 박테리아에서 나는 냄새가 치즈 냄새라고 미리 일러준 피험자들은 냄새가 입맛을 돋운다고 말했고, 몸에서 긁어낸 냄새라고 일러준 피험자들은 역겹다고 말했다. 자신의 '배꼽 치즈'를 맛본 크리스티나는 '평범한 연한 맛 치즈'와 똑같은 맛이라고 말했다. 인간 치즈는 아직 우리 식생활의 일부가 되지는 못했다. 하지만 또 모르는 일이다. 가장 완벽한 셀카라 할 수 있으니 유행을 탈 수도 있지 않을까.

불가리아 건강식

요구르트 또한 흔한 포화지방 공급원이지만, 제조 방식에 따라 함유량은 크게 다르다. 특히 최근 도입된 저지방 요구르트도 염두에 둔다면 말이다. 요구르트는 염소유나 우유나 양유로 만들며, 농도나 점성이 저마다 상당히 다르다. 요즘은 액체를 따라내서 고체에 가까운 형태인 그리스식 요구르트가 유행이다. 전통적인 그리스식 요구르트는 포화지방이 가장 많은 부류로서 때로는 한 컵에 14그램이 들어 있으며, 비타민 B_{12}와 엽산과 칼슘도 풍부하게 함유되어 있다. 기본적으로 전통적이고 자연적인 방식으로 만든 요구르트일수록 포화지방 함량도 높다. 포화지방 함량이 가장 적은 쪽은 당연하게도 요즘 유행하는 저지방 또는 무지방 요구르트지만, 이런 상품은 향미의 부족을 메우기 위해 합성 감미료나 설탕 몇 티스푼이나 그에 준하는 양의 농축 과일을 첨가한다. 게다가 일반적으로 비타민과 영양소의 함유량도 적은 편이다.

1900년대 초엽, 러시아의 면역학 선구자인 일리야 메치니코프는 세계 최초로 요구르트를 진지하게 연구하기 시작했다. 그는 저명한 연구자로서, 1908년에는 (파울 에를리히와 함께) 백혈구가 악당이 아니라 감염에 맞서 싸우는 아군이라는 사실을 밝혀낸 공로로 노벨상을 받았다. 그는 또한 백혈구와 마찬가지로 박테리아 또한 항상 나쁜 편이라는 오해를 사고 있으며, 박테리아와 인간 사이에 공생 관계가 존재한다고 처음으로 주장한 사람이기도 하다. 그는 "내장의 식물계는 우리의 삶이 목표에 이르기 전에 너무 빨리 스러지는 주된 이유다…… 새로운 세기에는 이 중요한 문제에 대한 해법이 등장하기를 바란다"라고 말하기도 했다.

그는 불가리아의 농노들이 많은 양의 수제 요구르트를 섭취하고, 힘겨운 삶을 영위하면서도 장수한다는 사실을 관찰한 다음 새로운 이론을 정립했다. 요즘은 당연해 보이지만 당대에는 혁신적이었던, 신체가 건강할수록 수명이 늘어난다는 이론이었다. 그는 내장에서 부패하는 독성 박테리아가 노화를 유발하며, 우유와 요구르트에서 생성되는 유산간균을 섭취하면 그 효과를 맞받아쳐 수명을 늘릴 수 있다는 이론을 내세웠다. 그는 자신의 이론에 따라 이후 매일 쉰 우유를 마셨다. 그리고 그의 입맛을 따라잡을 수 없었던 두 아내보다 오랜 삶을 누린 후, 파리의 파스퇴르 연구소에서 근무하다 일흔한 살에 세상을 떴다.

그의 추종자 중에는 이삭 카라소라는 카탈루냐 출신 유대인이 있었다. 그는 1차 대전 직전에 발칸 반도에서 일하던 와중에 메치니코프에 대한 이야기를 듣고 그의 연구에 상당한 잠재력이 있다는 사실을 깨달았다. 그의 회사인 다논은 이제 350억 유로 규모의 다국적기업이 되었다. 다른 추종자는 일본인 의사인 시로타 미노루로, 1920년대에 교토에서 감염을 예방하는 방법을 연구하고 있었다. 그는 흔히 말하는 '이로운 유산간균'의 특수한 균주를 배양하고, 겸손하게 자기 이름을 따서 락토바실루스 카세이 시로타라는 이름을 붙였다. 그의 상업 능력은 1935년에 이르러 야쿠르트라는 상표를 전 세계에 홍보하기에 이르렀다. 시로타 본인이 얼마나 많은 요구르트를 마셨는지는 알 수 없지만, 어쨌든 여든세 살까지 살았다.

오늘날 세계적으로 유행하는 그리스식 요구르트를 생산할 때는 환경 문제가 뒤따른다. 요구르트를 걸러내고 남은 유청 단백질은 산도가 너무 높아서 식생과 생태계를 파괴하기 때문에, 통상적인 처리만 거쳐 폐기하면 불법으로 간주한다. 미국 북동부에는 처리를 기다리는 독성 유청이 1억 5천만 갤런의 호수를 이루고 있다. 환경 문제의 선구자들은 유청에 동물 배설물을 섞어서 박테리아 발효로 메탄가스를 생산하는 방법을 연구 중이다. 냄새가 고약하기는 해도, 언젠가 요구르트로 발전기를 돌리는 날이 찾아올지도 모른다.

'건강에 해로운' 포화지방과 열량이 농축되어 있는데도 불구하고, 유제품은 체중 감소에 도움이 될 수도 있다. 유제품이 포함된 식단과 포함되지 않은 식단을 여러 차례에 걸쳐 비교한 결과, 매번 유제품 집단이 체중의 감량 정도가 컸다. 양쪽 모두 동시에 열량 제한도 걸어야 의미 있는 감소 결과가 나오기는 했지만, 유제품을 섭취한 집단은 체지방이 상당히 감소하고 순수 근육량은 증가했다. 이는 유제품에 내장지방을 줄이는 효과를 가지는 성분이 존재할 수 있다는 뜻이 되는데, 사실로 확인된다면 상당한 이점이 될 것이다. 여기에서 포화지방 함량이 중요한 요소인지는 아직 명확하지 않지만, 포화지방을 수송하는 미생물은 중요한 요소일 가능성이 크다.[13]

이 책에서 반복되는 주제 중 하나는, 특정 식품이 건강에 이롭거나 해로운 영향을 끼칠 가능성에 대한 엄밀한 증거가 놀랍도록 부족하다는 것이다. 특히 요구르트 섭취와 체중 감소 사이에는 무작위 임상시험이 두 건밖에 없는데, 그조차도 단기간 수행한 소규모 실험이며 명확한 결론도 도출하지 못했다. 그러나 관찰 연구이기는 해도, 15만 명이 넘는 대규모 집단을 대상으로 장기간에 걸쳐 요구르트 식습관을 추적한 여섯 건의 실난연구가 손재한다. 여섯 건 중 네 건에서는 양의 상관관계가 확인되었는데, 그중 하나는 스페인에서 남녀 8천 명을 대상으로 6년 반 동안 수행한 관찰 연구였다. 이 연구에서는 지방을 빼지 않은 요구르트를 섭취할 경우 가벼운 체중 감소가 일어난다는 점을 확인할 수 있다. 환산해 보면 요구르트 한 컵으로 비만이 될 확률을 적어도 40퍼센트는 줄일 수 있다는 결과가 나온다.[14] 따라서 과거에 생각하던 대로 유제품 섭취를 통한 열량 비중을 높인다고 해서 체중이 증가하는 일은 벌어지지 않으며,[15] 심지어 체중을 줄이고 싶다면 약간이나마 도움이 될 수도 있다는 사실을 다시 한번 확인할 수 있다.

단기간에 걸친 요구르트 실험에서는 오직 장내 미생물의 생산으로만 섭취할 수 있는 비타민 B의 일종인 티아민이 증가했다는 사실을 확인할 수 있었다. 생쥐를 대상으로 한 다른 연구에 따르면 일부 특수한 유산간균(불가리쿠스 계통도 포함한다)의 경우에는 면역력 증진 효과도 보인다고 한다.[16] 그러나 인간의 면역계에 이로운 효과를 보인다는 직접적이고 일관적인 실험 증거는 아직 존재하지 않는다. 소규모 연구에서 노년층을 대상으로 감기 발병률이 줄어든다는 사실을 보인 정도다. 그러나 우리의 쌍둥이 연구에서는 인간의 체내에서 미생물과 식단과 면역계 사이에 명확하고 중요한 연관 관계가 존재한다는 사실이 확인되었는데, 이는 뒤에서 다시 설명하겠다.

초미생물과 활생균

모든 요구르트에는 우유의 발효 과정을 개시하는 균과 같은 분류군의 박테리아가 다량 들어 있다. 이런 박테리아, 즉 유산간균은 이미 앞에서 언급했다. 이들 미생물은 유당의 소화를 돕는다. 요구르트의 종류에 따라 그 함량과 종류는 상당히 다르며, 자연적으로 또는 인공적으로 첨가된 기타 박테리아의 종류에도 차이가 존재한다. 자연적인 방식으로 만든 요구르트에 존재하는 대부분의 박테리아는 보통 우리 내장에 살지 않는 종류다. 소위 말하는 내장에 이로운 박테리아를 식품에 충분히 첨가해서, 건강에 이로운 효과를 보인다고 주장하는 식품에는 이제 활생균(프로바이오틱)이라는 딱지가 붙는다.

이제 프로바이오틱 제품 산업은 규모가 상당히 커졌다. 요구르트나 기타 유제품에 미생물을 첨가하는 일이 건강에 끼치는 영향에 대해서는 상당한 논란이 있었다. 때로는 항생제 효과를 중화시키거나 소화불량에 도움을 준다고 건강식품점마다 별도로 진열해 놓기도 한다. 건강한 사람과 환자 양쪽의 면역력을 증진해 준다는 딱지가 붙기도 하며, 갈수록 괴상해지는 건강 효과의 목록을 덧붙인 홍보가 계속되고 있다. 상업적으로 사용되는 박테리아의 대부분은 유산간균 또는 비피더스균bifidobacteria에 속한다.

프로바이오틱 식품이 실제로 효과가 있다는 과학적 증거를 원한다면, 요구르트 광고가 아니라 항생제 유발 질병이라 부르는, 약물에 민감한 조산아나 노년층 환자에서 종종 발병하며 환자가 사망에 이르기도 하는 여러 고약한 질병에 관한 연구를 확인해야 한다. (나중에 자세히 설명할) 항생제는 특정 병원균이 통제 불가능하게 증식할 경우 감염을 처리하기 위해 사용하는 약품이다. 항생제는 보통 효력이 뛰어나지만, 몸에 이로운 미생물도 상당수 죽이며 자연적인 미생물 생태계를 변화시키는 등 부수적 피해를 일으킨다. 그 결과 천적이 사라진 병원균이 우리 몸을 점령해 버리는 사태가 발생한다. 가장 강력한 항생제에 대해서도 저항성이 생기기 때문이다.

여러 부류의 요구르트에 유산간균과 비피더스균의 혼합물이 투입되는데, 이는 장염을 일으키는 병원균인 클로스트리듐 디피실리균의 감염을 막는 데 도움이 된다. 이 병원균은 항생제 처방을 받은 내장을 순식간에 점거할 수 있으며, 입원 환자, 특히 여성과 노년층의 감염률이 높다. 최근에 21건의 임상시험을 메타분석한 결과에 의하면, 활생균을 3주 동안 복용하면 60퍼센트의 이로운 효과를 볼 수 있다. 항상 통하는 것은 아니지만, 평균적으로 보면 활생균을 8번 처방받을 때마다 C. 디피실리 감염을 한 번 막을 수 있는 셈인데, 비용 효율이 상당히 높다고 할 수 있다.[17]

그러나 프로바이오틱 식품 시장은 대로변에서도 인터넷에서도 제대로 통제되지 않으며, 효력도 터무니없이 과장되어 있다. 뿐만 아니라 수많은 프로바이오틱 식품은 오염되거나 죽은 박테리아를 사용하거나, 사용한 박테리아의 개체수가 최적 수준에 한참 미치지 못하는 경우가 많다. 이런 온갖 이유 때문에, 유럽과 미국의 정부 기관에서는 요구르트 회사들이 제대로 된 실험 없이 건강 광고를 하는 일을 금지했다. 덕분에 요구르트 제조사들은 딜레마에 빠졌는데, 정부 기관에서 활생균을 신약처럼 취급하는 바람에 건강에 이롭다고 광고를 하려면 효력과 안전 양쪽에서 철저한 검증을 거쳐야 하는 상황이 되었으며, 그러려면 수백만 달러가 들어가기 때문이다. 제조사들은 활생균이 단순한 식품일 뿐이며, FDA에 신상품 오트밀이 나올 때마다 검증을 요구할 권한은 없지 않냐고 항변한다. 지금 당장은 양쪽 모두 물러설 기미가 없으며, 인간을 대상으로 한 대규모 활생균 검증 실험은 요원해 보인다.

여러 건의 활생균 실험을 메타분석한 결과에 의하면, 일관적인 이로운 작용이 존재한다는 증거는 거의 없다. 실제로 효과가 없기 때문일 수도, 대부분의 연구가 단기간에 걸친 작은 규모의 실험이기 때문일 수도 있을 것이다.[18] 주목할 만한 예외가 하나 있는데, 락토바실루스 로이테리Lactobacillus reuteri라 부르는 특정 활생균이 과콜레스테롤혈증(앞에서 언급한, 혈중 콜레스테롤 농도가 매우 높은 유전병) 환자 상대로 효력을 보인다는 점은 실험을 통해 입증된 바 있다.

미생물이 새로운 지방 제거제가 될 수 있을까?

미생물과 혈중 지질의 관계는 새롭게 부상하는 연구 주제다. 무균 생쥐는 담낭에 축적되는 담즙산염이라 부르는 주요 물질을 합성하지 못하기 때문에 혈중 지질과 콜레스테롤 농도가 매우 높다. 밝혀진 바에 따르면, 담즙산염이 제대로 피를 걸러내는 역할을 수행하려면 미생물의 도움이 반드시 필요하다. 몬트리올의 연구진은 혈중 콜레스테롤 농도가 높은 환자들을 대상으로, 우선 활생균이 들어간 요구르트를 2주 동안 공급해서 감소 효과를 확인했다.[19] 다음에는 같은 미생물을 캡슐에 넣어 비슷한 환자 집단에 9주 동안 투여했다. 연구진은 모든 해로운 혈중 지질이 10퍼센트 감소하고 보호 작용을 하는 지질이 증가하는 것을 확인했는데, 이는 생쥐의 담즙산염 연구 결과와 일치하는 것이었다.[20]

묘한 일은, 요구르트가 건강에 이롭다는 일반적인 증거는 계속 늘어만 가는데도, 몸에 이로운 활생균 박테리아가 실제로 인간 내장에서 살아남아 증식한다는 증거는 거의 찾아볼 수 없다는 것이다. 가장 기본적인 활생균인 유산간균의 경우, 연구에 따르면 위장의 산성 환경에서 살아남아 십이지장까지 넘어가는 유산간균은 1퍼센트에 지나지 않으며, 이후로는 완전히 흔적이 끊겨 버린다. 대부분의 연구에서는 대변에서 활생균의 흔적을 찾지 못했으며, 대장에서 생존한다는 증거 역시 발견되지 않았다.[21] 요구르트의 미생물 농도를 몇 배 높이거나 조금 다른 종류의 균을 사용하면 나은 결과가 나오기도 했지만, 결과를 종합해 보면 우리 모두에게 보편적으로 적합한 특정 균은 존재하지 않는 것으로 보인다. 요구르트 상품에 사용하는 일반적인 활생균은 어떤 사람에게는 잘 먹히지만 다른 사람에게는 전혀 효력을 발휘하지 못할 수도 있는 것이다.

어쩌면 장 속에서 특정 개인의 화학적 특성 때문에 '나쁜 환경'이 조성되어 있어서일 수도 있을 것이다. 또는 전학생처럼 새로 들어온 미생물이 기존의 미생물에 비해 수적으로 압도당해 제대로 정착하지 못해서일 수도 있을 것이다. 소규모지만 세심하게 수행한 한 요구르트 실험에서는 제법 흥미로운 결과가 나왔다. 이 실험에서는 일곱 쌍의 젊은 여성 일란성 쌍둥이 자원자에게 여러 상품에서 흔히 사용하는 다섯 가지의 잘 알려진 박테리아가 든 요구르트를 제공했다. 피험자는 모두 7주 동안 하루에 두 번씩 그 요구르트를 섭취했다. 미생물 생태계 분야의 개척자인 제프 고든이 이끄는 미국 연구진은 다섯 가지 미생물이 제법 높은 농도로 쌍둥이의 대장에 도달한 것을 확인했으며, 특정 종류의 비피더스균은 요구르트 섭취가 멈춰진 다음에도 일주일 동안 유지되기도 했다.[22]

그러나 예상과는 달리, 이들 활생균은 피험자들에게 별 영향을 끼치지 못했다. 연구진은 원래 상주하던 장내 미생물 구성에서 달라진 점을 발견하지 못했다. 신참이 등장해도 조금도 동요하지 않는 모습이었다. 같은 다섯 종의 미생물을 고도로 통제한 생쥐 집단에 투여한 경우에도 같은 결과가 나왔다. 요구르트 속의 미생물을 검출할 수는 있었지만, 다른 상주 미생물에 영향을 끼치지는 못했다. 이 정도 결과가 나왔으면 실험을 그만두었을 과학자들도 있겠지만, 이 연구진은 거기서 한 발 나아가 일련의 복잡한 실험을 통해 요구르트 속의 미생물이 무대 뒤편에서 중요한 효과를 발휘한다는 사실을 밝혀냈다. 무슨 방법을 썼는지 몰라도, 이 활생균들은 복합 탄수화물과 과일이나 채소에 포함된 복합당류의 분해를 억제하는 유전자의 활성 수준을 엄청나게 올렸다.

따라서 요구르트 미생물을 섭취하면 다른 식품을 분해하고 소염 작용을 시작하는 방식이 변화하는 것이다. 우리 몸의 미생물 군집은 상호작용하는 네트워크를 통해 협력하며, 다양하고 복잡한 방식으로 음식물을 이용한 대사 작용을 펼친다. 따라서 한 가지 미생물만 섭취하는 정도로는 다양한 미생물의 균형을 크게 변화시키기에는 부족할 수도 있으나, 전체 생태계의 대사 균형을 바꾸어 건강에 영향을 끼치는 정도는 가능한 것이다.

여기서 몇 가지 짚고 넘어갈 점이 있다. 나는 수많은 요구르트 상품의 효능이 과대평가되어 있다고 생각한다. 한두 가지 특허를 받은 미생물을 적은 양만 첨가하는 경우에는 더욱 그렇다. 많은 종류의 저지방 요구르트에는 설탕이나 절인 과일이 잔뜩 들어가며, 설탕은 박테리아의 생장을 막기 때문에 효력이 아예 발휘되지 않을 수도 있다. 요구르트 박테리아는 보통 지속적으로 공급해 주지 않으면 체내에서 생존할 수 없으므로, 효과를 보려면 매일 꾸준히 섭취해 주어야 한다. 정확한 박테리아 종 또는 박테리아 생태계를 확인하는 것 또한 중요하며, 이를 통해 최적의 박테리아 친구를 명확하게 판별할 수 있다면 큰 도움이 될 것이다.

맞춤 미생물과 맞춤 요구르트

프로바이오틱(활생균) 연구는 전반적으로 좋은 결과를 얻었으며, 유전자가 비슷하고 같은 환경에서 생활하는 실험실 생쥐를 대상으로는 일관된 결과를 보였다. 그러나 인간을 대상으로 하는 연구에서는 결과를 재현하기 힘들 정도로 불확실한 결과만 나왔다. 어쩌면 인간의 장내 미생물이 놀라울 정도로 다양해서 개인차가 심하기 때문일지도 모른다. 이런 가정은 새로운 질문을 불러오는데, 바로 유전자가 해당 개인에 이끌리는 미생물의 종류에 영향을 끼치는가 여부다. 특정 활생균이나 요구르트가 일부 사람들에게만 효과를 보이는 이유와 연관이 있을지도 모르는 이상, 중요한 질문이라 할 수 있을 것이다.

나처럼 유전학을 공부한 과학자들은 종종 인간의 몸에 존재하는 생물학적으로 유용한 모든 요소가 유전자와 연관이 있다고 생각하곤 한다. 그러나 모든 이들이 동의하는 것은 아니다. 유전학자가 아닌 이들은, 인체에서 찾아볼 수 있는 놀라운 다양성을 생각해 보면 주변 환경과 섭취하는 음식물 또한 주요 결정 요인이 될 수밖에 없다고 말한다. 과거 미국에서 실시한 두 건의 쌍둥이 연구에서는 유전자의 영향에 대한 명확한 증거를 도출해 내지 못했다. 그러나 나는 미생물 생태계의 전문가이자 훗날 공동 연구자가 된 루스 레이가 어느 학회에서 연구 결과를 발표하는 것을 들을 기회가 있었다. 당시 나는 연구의 규모가 너무 작으며, 11,000명의 쌍둥이를 대상으로 하는 내 집단 연구에서 같은 질문을 던지면 적절한 해답이 나올 것이라는 생각을 하게 되었다.

나는 21년에 걸쳐 쌍둥이들을 대상으로 수백 가지의 다른 표현형을 확인했다. 이런 표현형에는 종교 신앙과 성적 선호도에서부터 비타민 D와 체지방률에 이르기까지 온갖 것들이 포함되며, 나는 이런 연구를 통해 특정 성향이나 질병을 유발하는 주요 요인이 유전자인지 환경인지를 확인하려 시도했다. 실험 설계는 단순했다. 일란성 쌍둥이 사이의 유사도와 이란성 쌍둥이 사이의 유사도를 비교하는 것이 전부다. 여기서 일란성 쌍둥이 쪽의 유사도가 높다면 유전자가 연관된 것이 분명하다. 일란성 쌍둥이는 모든 유전자를 공유하고, 이란성 쌍둥이는 보통의 형제자매처럼 50퍼센트의 유전자만 공유하기 때문이다. 단순한 수학을 적용하면 개인차의 어느 정도가 유전자 때문인지를 확인할 수 있다. 우리는 이 수치를 백분율 유전력per cent heritability이라 부른다.

우리를 깊이 신뢰하는 쌍둥이들은 순순히 매우 적은 양의 대변 시료를 제공했고, 우리는 그걸 냉동해서 코넬 대학교의 루스 레이에게 보냈다. 그녀와 연구진은 대변에서 DNA를 추출하여 앞에서 언급한 바 있는 다양성이 높아 종을 분간하는 데 도움이 되는 유전자인 16S의 염기서열을 분석했다. 개인마다 1천 가지의 주요 미생물 집단의 비율을 확인한 다음, 우리는 그 결과를 비교하기 시작했다. 우리가 가장 먼저 주목한 것은 다양성이 엄청나다는 것이었다. 결과가 유사한 사람조차 한 명도 없었다. 심지어 일란성 쌍둥이 사이에서도 주요 미생물 비율의 유사도는 50퍼센트를 조금 넘을 정도였으며, 전체를 놓고 보면 약 40퍼센트밖에 되지 않았다.

이들 미생물을 보다 큰 분류 집단인 문門 단위로 나누고 나서야 훨씬 명확한 패턴을 확인할 수 있었다. 식단과 기타 환경적 요인이 의간균류와 같은 여러 주요 분류군에 큰 영향을 끼치기는 하지만, 유산간균이나 비피더스균 등 식단, 비만, 질병에 영향을 끼치는 하위분류군의 경우에는 유전자의 영향도 받는 것으로 드러났다. 그러나 이런 영향은 어디까지나 부분적일 뿐이며, 이들 박테리아에서도 여전히 60퍼센트 이상은 환경적 요인의 영향을 받는다.[23]

우리의 연구 결과는 이 분야를 연구하는 대부분의 과학자에게 충격을 주었다. 우리의 장내 환경에 가장 적합한 미생물의 수와 종류가 개인의 유전자에 따라 결정된다는 말이나 다름없기 때문이다. 마치 화초나 관목이 종류에 따라 선호하는 토양이 다른 것처럼 말이다. 이 결과는 사람에 따라 효과를 보이는 활생균의 범주가 제한되는 이유도 설명할 수 있다. 더 많은 사람에 작용하는 활생균이 개발되고 대장까지 무사히 수송하는 방법이 개발되기 전까지는, 박테리아 한두 종류를 추가한 프로바이오틱 식품보다는 몸에 이로운 박테리아와 미생물의 번식을 돕는 온갖 비료를 다양하게 함유한 실제 식품 쪽이 대부분의 사람들에게 훨씬 도움이 될 것이다.

우리 연구의 쌍둥이들을 대상으로, 우리는 미국 국립보건원의 마리오 뢰더러와 함께 최근 새로운 실험 하나를 끝마쳤다. 인간의 장과 혈액에서 미생물과 가장 많이 교류하는 조절 T세포라는 면역 세포가 실험의 대상이었다. 우리는 조절 T세포의 개인차가 상당히 심하며, 유전자가 강한 영향을 끼친다는 사실을 발견했다.[24] 따라서 우리의 유전자는 어느 정도까지는 우리 내장에서 어떤 종류의 미생물이 생육하고 번성하는지를 (토양 비유에서 말하는 것처럼) 결정하며, 따라서 우리 면역계가 미생물에 반응하는 방식도 결정하게 되는 것이다.

그렇다면 유전자는 과거에 생각하던 것처럼 융통성 없는 것이 아니라, 조절 스위치처럼 강도를 올리거나 낮출 수 있는 것이다. 인간은 이런 '후성적 과정'을 통해 새로운 환경과 식단에 적응한다. 그리고 이는 우리가 미생물과 교류하는 방법이자, 미생물이 우리의 유전자 발현을 억제하거나 활성화시키며 우리를 조종하는 방법이기도 하다. 우리의 식단(또는 미생물)은 이런 방식으로 천천히 우리 유전자가 대장(의 토양)을 기름지게 만들어서, 다양한 미생물이 정착해서 번성할 수 있도록 도와주는 것이다.

장에 달린 뇌의 목소리에 귀를 기울이자

장내 미생물은 갓난아기들이 정상적으로 두뇌와 신경계를 형성할 때 반드시 필요하다. 다양한 미생물이, 특히 그중에서도 요구르트에 함유된 유산간균과 비피더스균이 뇌와 장의 연결축을 통해 뇌의 주요 부위에 영향을 끼칠 수 있다는 사실을 뒷받침하는 증거가 여럿 있다. 장은 머리를 제외하면 몸에서 두 번째로 큰 신경망이 존재하는 장기로서, 종종 두 번째 뇌라고 불려왔다. 우리 장에 뻗어 있는 신경계를 전부 합치면 고양이의 뇌와 비슷한 크기가 될 것이다. 우리가 교활하고 이기적이며 목숨이 아홉 개나 된다는 이유로 숭상하는 바로 그 짐승 말이다. 아무래도 우리 장의 목소리에도 조금 더 귀를 기울일 필요가 있을 듯하다.

뇌와 장 사이에는 정보 신호를 주고받기 위한 복잡한 시스템이 존재한다. 이 연결통로는 장의 다양한 역할을, 특히 음식을 섭취하고 소화하는 과정의 대부분을 통제하지만, 갈수록 이 신경계의 역할이 추가로 밝혀지고 있다. 예를 들어 우리의 기분에도 이 신경계가 영향을 끼친다. 소화불량 환자들이나 의사들은 예전부터 내장에서 뇌로 보낸 신호가 구역질을 유발하고, 음식 섭취를 억제하고, 활동량을 줄이고 기분이 처지게 만든다는 사실을 알고 있었다. 이런 증상은 단기적인 우울증으로 이어질 수 있다.

우리는 최근 한쪽은 우울하고 한쪽은 행복한 상태를 보이는 드문 쌍둥이들을 연구했다. 그런 현상을 보이는 쌍둥이의 혈액을 살펴보니, 뇌의 주요 화학물질인 세로토닌의 농도에 차이가 있었다. 세로토닌은 일반적으로 음식을 통해 섭취하지만, 굶고 있는 동안에는 장내 미생물이 우리를 위해 만들어주기도 한다. 따라서 장내 미생물이 변화하면 뇌의 주요 화학물질에도 변화가 일어나며, 기분에도 영향을 끼칠 수 있는 것이다. 단식을 통해 기묘한 황홀경에 빠지는 사람들이 있는 이유도 이를 통해 설명할 수 있을지도 모른다.

장내 호르몬이라 부르는 특수한 화학 전달 물질은 적어도 16가지가 존재한다. 이 호르몬들은 장에서 혈류 속으로 방출되며, 뇌에 음식을 더 먹거나 덜 먹으라는 신호를 보낸다. 이런 호르몬은 우리 유전자와 섭취하는 식품에 따라 세심하게 제어된다. 스트레스를 받을 때면, 뇌가 우리의 감정을 통해 장의 역할을 바꿀 수도 있다. 그런 경우에는 다른 호르몬 방출에도 변화가 일어나서, 미생물 생태계에 영향을 주는 여러 증상을 연쇄적으로 일으켜 우울증까지 이어질 수도 있다. 그러나 이런 전달 호르몬은 혼자서는 작동하지 않는다.

우리는 면역계도 장과 뇌를 연결하는 중요한 구성 요소라는 사실을 차츰 깨달아 가고 있다. 앞에서 언급한 조절 T세포는 우리 미생물과 뇌 양쪽에 꾸준히 접촉하고 있으며, 양측 사이의 전령 역할을 맡기도 한다.[25] 인간의 장과 관련된 가장 흔한 불만은 과민성대장증후군인데, 지금까지 알려진 바에 따르면 남성보다는 여성이 영향을 많이 받으며 주로 30대에서 60대 사이에 발병률이 가장 높다. 아직 발병 원인은 명확하지 않지만, 스트레스가 요인의 하나로 작용하는 것은 분명하다. 의사들은 종종 혼란에 빠져서 이런 증상과 질병 모두 환자가 의식적 또는 무의식적으로 꾸며낸 것이 아닌가 의심하곤 하는데, 전혀 이유가 없는 것은 아니다. 환자의 50퍼센트가량이 불안장애나 우울증이나 비특이성 통증 등의 정신적 증상을 동시에 앓기 때문이다.

스트레스와 수영장과 과민성대장증후군

샐리는 지난 27년간 앓아 온 과민성대장증후군에 대해 다음과 같이 설명했다. "가장 고약한 점은, 언제 시작되고 얼마나 오래 갈지를 예측할 수가 없다는 거예요. 면담 직전에도, 내 딸이 습격을 받았을 때처럼 충격을 받은 후에도, 단순히 매우 초조한 기분이 들 때도 일어날 수 있어요. 일단 시작되면 몇 주에서 몇 달까지 계속되죠. 혹시 암인가 하고 검진을 받은 적도 있고요. 웃기는 일은, 저는 성장기에는 사람들이 매일 대변을 본다는 사실조차 모르고 있었다는 거예요. 3주 정도 뱃속에 모았다가 비우는 일이 흔했거든요. 그래요, 배가 아프기는 했죠. 과민성대장증후군이 생긴 후로는 안 좋을 때는 하루에 대여섯 번씩 대변을 봐요. 괜찮을 때는 적어도 하루에 한 번은 보고요."

"1989년에 살모넬라 식중독에 걸린 적이 있기는 한데, 그 때문에 생긴 건 아니었어요. 제 '유발 요인'은 그냥 스트레스인 것 같아요. 제가 열일곱 살이었을 때 언니가 강간당하고 언니 남자친구와 우리 아버지는 구타당한 채로 방치된 사건이 벌어졌거든요. 그로부터 몇 주 후에 증상이 시작됐어요. 다양한 치료법을 실험해 봤는데 별 도움이 안 됐죠. 제 식단이 별로 건전하지 못하다는 건 인정해요. 흰빵도 잔뜩 먹고 맥도널드에도 너무 자주 가거든요. 사실 햄버거 때문에 복통이 생기거나 장이 나빠지는 경우도 종종 있어요. 프로바이오틱 식품이나 건강에 좋은 요구르트를 주기적으로 먹어 본 적도 없어요. 요구르트를 먹기는 너무 무섭거든요!"

샐리는 85킬로그램의 과체중인 성인이며 체중 감량에 성공한 적이 없다. 그녀는 자신의 나쁜 건강과 식습관을 만성적인 스트레스와 실직자로 보낸 10년 탓으로 돌린다. 우리는 샐리의 장내 미생물 구성을 확인하여 1,000명의 대조군 여성과 비교해 보았다. 샐리는 대장에 흔한 의간균류의 수가 대조군에 비해 적었으며, 흥미롭게도 일반적으로 피부에 흔한 방선균류는 일곱 배나 많았다. 게다가 전반적으로 미생물 다양성이 상당히 낮았다.

과민성대장증후군은 50년 전까지만 해도 거의 인식조차 되지 않았으나, 이제 대부분의 조사에서 전 인구의 10퍼센트 이상이 앓고 있다고 하는 증상이다. 그러나 명확한 검사 지표가 없으므로 극도로 정의하기 힘든 병이기도 하다. 이 증후군의 주요 증상으로는 배변 습관의 변화, 복부 팽만 및 통증, 주기적으로 반복되는 변비와 설사 등이 있으며, 환자는 보통 식사를 마치자마자 화장실로 달려간다. 과민성대장증후군 환자를 대상으로 하는 장내 미생물 연구는 이미 스무 건을 넘는다. 결과를 보면 과민성대장증후군 환자들의 장내 미생물 상황이 비정상적인 것은 명백하지만, 어떤 장내 미생물 변화가 증후군을 유발하는지에 대해서는 일관된 결론이 나오지 않았다. 그러나 샐리와 마찬가지로, 모든 피험자는 미생물 다양성의 감소를 보였다.[26]

몇몇 연구에서는 항생제 처치를 시도해서, 제한적이지만 성공을 거두었다. 일부 제약회사에서는 소장과 대장에 이를 때까지 성분이 보호되도록 캡슐에 넣은 항생제를 만들기도 한다. 과민성대장증후군 환자에게 활생균을 투여하여 부분적으로 성공을 거둔 연구가 40여 건을 넘기는 하지만, 대부분은 단기간에 걸친 소규모 실험이며 신뢰도가 떨어진다.[27] 과민성대장증후군 환자의 절반 정도가 적은 양의 화학물질이나 미생물이 장에서 혈액으로 흘러나가는 '장 투과leaky intestines' 증상을 겪는다는 증거가 있다. 그러나 이런 증상이 미생물 다양성의 변화로 인해 일어나는 것인지, 아니면 증후군이 시작된 이후 그런 증상이 시작되는 것인지는 여전히 불명확하다.

식습관과 기분이 연관되어 있다는 사실은 누구나 알고 있다. 스트레스가 체중 감소나 과식으로 인한 혈중 지질 증가로 이어질 수 있다는 사실은 인간과 설치류를 대상으로 한 여러 실험에서 이미 확인되었다.

연구에서 극도의 스트레스에 영향을 받지 않으며 압박 상황에서도 침착하게 행동할 수 있었던 피험자 집단은 하나뿐이었다. 이 '강인한' 브루스 윌리스 집단의 정체는 바로 무균 생쥐로, 내장에 다시 미생물을 심어주자 곧 일반적인 겁쟁이 생쥐로 돌아갔다. 따라서 미생물이 불안을 전달하는 데 중요한 역할을 하는 것은 분명하다. 어릴 적에 동네 수영장에서 엄마를 놓치고 엉엉 울었던 기억이 난다. 아직도 고통스러운 기억이다. 설치류의 스트레스를 측정하는 연구자들은 어린 생쥐를 상대로 같은 짓을 벌였다. 어린 생쥐를 어미에게서 떼어놓은 다음 무릎 깊이의 수영장으로 몰아넣자, 생쥐들의 미생물 생태계는 붕괴했고 미생물 다양성이 감소했다. 불안과 스트레스의 영향은 유산간균이 포함된 활생균을 공급해 주는 것으로 되돌릴 수 있었다. 이 결과를 보면, 수영 후의 간식은 감자칩보다 요구르트가 나을지도 모른다.[28]

인간의 기분에 활생균이 미치는 영향을 탐구한 괜찮은 연구는 한두 건밖에 되지 않는다. 한 연구에서는 4주 동안 활생균을 투여한 피험자에게 여성의 성난 얼굴과 친근한 얼굴을 찍은 사진을 보여주며 뇌의 활동을 측정했다. 기분이 크게 변하지는 않았지만, 부드러운 감정적 반응이 나오기는 했다. 남녀 모두를 대상으로 한 다른 비슷한 실험에서는, 한 달 동안 활생균을 투여한 이후 측정한 결과 스트레스에 의해 증가하는 혈중 코르티솔 농도가 감소했다. 요구르트 회사에서 후원한 한 연구에서는 우유 미생물보다 요구르트 미생물 쪽이 뇌의 주요 중심부를 활성화시키며, 그에 따라 부정적 생각을 약하게 만든다는 사실을 밝혀냈다.[29] 예전에 아이스크림이 비슷한 효과를 가진다는 연구도 있었는데, 그 연구는 결국 하겐다즈의 마케팅 전략인 것으로 드러났다. 그러니 미리 흥분하지는 말도록 하자.[30]

활생균이 전반적으로 건강에 이롭다는 명제는 아직 조심스럽기는 해도 긍정적으로 받아들여도 될 것이다. 활생균은 신체가 가장 약하고 미생물 생태계가 파괴되거나 아직 형성되지 않은 상태, 이를테면 갓난아기나 감염 직후 환자나 노년층에서 가장 효과가 강하다. (실험실 생쥐와는 달리) 건강하고 정상적인 사람의 경우에서는, 정기적으로 복용할 경우 이로운 효과를 볼 수 있다는 명백한 증거는, 적어도 무작위적인 임상시험을 통해서는 도출되지 않았다. 그러나 이 연구는 아직 초기 단계다. 우리는 보호 효과가 있는 미생물의 종류도 아직 충분히 파악하지 못했으며, 어떤 환경이 미생물에게 이상적인지도 제대로 판별하지 못한다.

요구르트 회사에는 지난 70여 년 동안 사용해 온 유서 깊은 미생물이 몇 종류 있는데, 요즘처럼 판매량이 급증하는 상황에서 굳이 승리의 공식을 바꾸려 들지는 않을 것이다. 앞에서 언급한 것처럼, 대부분의 요구르트 상품은 저지방으로 홍보를 하는 동시에 여러 미생물의 생장이나 작용을 저해할 수 있는 다량의 농축 과일과 설탕 또는 감미료를 투입한다. 따라서 이런 제품을 피하고 자연스러운 방식으로 만든 미생물이 풍부한 요구르트를 먹는 편이 좋다. 이렇게 섭취한 미생물은 아주 적은 수만 살아남기 때문에, 확률을 늘리기 위해서는 여분의 미생물이 충분한 진품을 고르는 편이 낫다. 즉 뚜껑에 아주 작은 글자로 인쇄된 집락 형성 단위(CFU)가 10억을 넘는 제품이 바람직하다는 말이다.

결론을 내리자면, 대부분의 사람들에게 포화지방은 무슨 수를 써서라도 피해야 하는 악당 정도의 존재는 아니다. 수많은 사람이 치즈나 요구르트로 섭취하는 포화지방은 흔히 생각하는 것과는 달리 건강에 해롭지 않으며, 오히려 이로울 가능성이 크다. 물론 그 음식이 살아 있는 미생물이 들어가는 '진품'이며, 지나치게 가공하거나 불필요한 화학물질이나 감미료를 가득 넣지 않은 경우에만 해당하는 이야기다.

5

불포화지방

잭 스프랫은 고기기름을 입에 못 대고,
그 부인은 살코기를 못 먹었다네.
그래서 둘은 접시를 가운데 놓고
함께 깨끗이 핥아먹었다네.

   찰스 1세와 그 부인 헨리에타 마리아의 입맛을 일컫는다고
알려진 너서리 라임이다.[1] 하지만 혁명과 참수가 없었더라면
어느 쪽이 더 오래 살았을까? 과거에는 대답하기 쉬운 질문이
었다. 대부분의 사람들은 지방을 좋아하는 스프랫 부인, 즉 왕
비 쪽이 먼저 무덤에 들어갔으리라는 쪽에 판돈을 걸었을 것
이다. 지난 50년 동안 지방에 대한 관점의 변화에 따라, 그리고
가축 교배법과 유전자 검사와 도축 기술의 발전 덕분에, 영국
등의 국가에서는 육류의 모든 부위의 지방 함량이 최대 30퍼
센트까지 감소했다. 하지만 기름기 많은 고기를 피하는 것이

옳은 일일까? 이 또한 신화일 뿐인 것은 아닐까?

산 정상에서 건강 때문에 겁에 질리고 보다 심각한 문제가 생기기 전에 운 좋게 탈출한 이후, 나는 생활습관을 다시 점검하고 변화를 줄 때가 되었다고 느꼈다. 미래에 뇌졸중이나 심장병이 발생할 위험도를 낮추면서, 동시에 얼마가 될지 모르는 남은 시간 동안 정상적으로 삶을 즐기고 싶었다. 가능하면 내가 복용하는 두 종류의 혈압약도 끊고 싶었다. 운동으로 혈압을 낮출 수 있다는 점은 분명했기 때문에, 나는 주말 자전거 운동량을 늘리고 수영도 시작하고 공원에서 가벼운 조깅도 시작했다.

그다음에는 식생활 개선에 생각이 미쳤다. 우리 아버지는 57세에 심장마비로 갑자기 돌아가셨기 때문에, 그분의 유전자의 절반을 공유하는 나는 고위험군에 속한다. 그리고 나는 그런 유전자의 숙명을 피하기로 마음먹었다. 심장과 전문의는 내 혈액에서 기타 위험인자를 측정한 다음 내 혈중 콜레스테롤 농도가 5mmol/l로서 걱정할 필요 없는 수준이라 말했다(영국인 전체 평균은 6mmol/l 정도다). 더 중요한 점은 혈중 지질의 LDL/HDL 비율이 제법 나쁘지 않다는 것이었다. 의사는 그래도 더욱 개선하도록 노력해야 하며, 그러면 심장병 위험이 더 줄어들 것이라고 말했다. 추가로 염분 섭취량을 줄이라는 조언도 덧붙였다. 나도 처음에는 짭짤한 견과류를 좋아한다는 점을 제외하면 제법 쉬운 일이라고 생각했으나, 대부분의 사람들이 염분 섭취량을 줄이는 정도로는 미미한 효과밖에 보지 못한다는 점을 알고 있었기 때문에 뭔가 추가로 할 일을 찾고 싶었다.

나는 식생활을 완전히 처음부터 재조립해서 극단적인 변화를 주기로 마음먹었다. 내가 섭취하는 식품을 진심으로 제대로 돌아볼 때가 찾아온 셈이었다. 마음껏 고기를 먹으며 51년을 보냈으니 이제 채식을 시도해 봐도 될 것 같았다. 글쎄, 온전한 채식은 아니었지만. 고기는 포기해도 해산물은 포기하지 않을 이유가 두어 가지 있었다. 우선 과학적인 견지에서 해산물은 탓할 거리가 조금도 없고, 이후 몇 개월을 세계 최고의 해산물이 가득한 바르셀로나에서 홀로 보낼 예정이었기 때문이다.

당시 나는 심장의 위험을 줄이기 위해 달걀과 유제품(우유, 치즈, 요구르트)도 포기하려고 생각했다. 그때가 『중국 연구』를 독파한 직후였는데, 그 책에서는 유제품 속의 모든 지방과 열량, 심지어 단백질마저도 몸에 해롭다고 말했기 때문이었다. 음주도 포기할까 생각해 보기도 했다. 몇 초 만에 바로 포기했지만. 나는 대부분의 연구에서 가벼운 음주, 특히 적포도주의 경우에는 심장에 이롭다는 결론을 내렸다는 사실에서 위안을 찾기로 했다.

이렇게 해서 나는 육류 및 유제품을 배제한 식생활을 개시했다. 이렇게 철저한 식단을 계획한 것은 난생처음이었다. 놀랍게도 육류를 피하는 일은, 묘하게 매혹적인 구석이 있는 하몽 이베리코를 얹은 타파스를 제외하면 제법 쉬웠고, 이후 몇 년 동안 계속할 수 있었다. 적어도 이 책을 쓰기로 진지하게 마음먹기 전까지는 말이다. 예상치 못한 것은 치즈를 포기하기가 쉽지 않다는 것이었다. 만체고 치즈를 곁들이지 않고 리오하 포도주를 마실 때마다 내 쾌락 중추에는 횅한 구멍이 뚫렸고,

파르미지아노나 신선한 브리 치즈를 두 번 다시 먹을 수 없다는 생각을 하니 도저히 견딜 수가 없었다. 내 유사 비건 체험은 약 6주 만에 끝나고 말았는데, 미국의 한 공항에서 먹을 것이 아무것도 없었기 때문이다. 햄이나 칠면조 고기가 안 들어간 물건은 죄다 미국인들이 치즈라고 부르는 밝은 오렌지색 물질로 덮여 있었다. 나는 결국 굶주림을 견디지 못하고 유혹에 굴복해 치즈피자 한 조각을 사 먹었다.

유제품이 적은 부분 채식으로 구성된 식단을 넉 달 동안 지속하고 나니, 체중도 조금(4킬로그램 정도) 빠졌으며 몸도 건전하고 건강해진 기분이 들었다. 혈압 또한 조금(약 10퍼센트) 내려갔으며 혈압약도 한 종류는 끊고 다른 한 종류(암로디핀)는 최저 함량만 섭취하게 되었다. 혈중 콜레스테롤 농도 또한 15퍼센트가량 감소해서 4.2mmol/l까지 내려갔고, HDL/LDL 비율도 좋아졌다. 하지만 이런 결과가 온전히 저지방 및 저동물성단백질 식단에 의한 것일까, 아니면 다른 원인이 있는 것일까?

갑자기 채식주의자로 전향하면 생기는 문제점 중 하나는, 말문이 막히거나 때로는 분노를 표하는 친구들의 흥미로운 반응에 친절하게 대꾸해야 한다는 것이다. 그보다 더 중요한 문제는 인생 최초로 내 입에 뭐가 들어가는지를 조심스레 살펴야 하는 상황이 찾아온다는 것이다. 종교나 문화나 건강 문제 때문에 음식을 가려 먹어본 적이 없는 사람들은, 보통 눈앞에 놓이는 음식은 뭐든 먹어치우는 경향이 있다. 이제 나는 파티나 회의장에서 권하는 애피타이저의 대부분을 거절하게 되었는데, 진품 혹은 가공 육류가 포함되어 있거나, 거의 같은 빈도로 구성 성분을 판별할 수가 없기 때문이다. 결정을 내리느라 망설이는 시간은 반사적인 식사 충동을 억제해 주는 것과 동시에, 몸속에 쌓이는 원하지 않는 열량도 줄여 주는 듯하다.

모든 육류의 섭취를 중지하면 육류 자체의 불포화 또는 포화지방과 단백질 섭취량이 줄어들 뿐 아니라, 소금과 설탕과 지방이 잔뜩 들어가서 건강에 해로운 가공육의 섭취도 줄어든다. 몸에 이로운 다른 추가 효과는 과일과 채소 섭취량이 훨씬 늘어났으며, 그 과정에서 콩류나 평소에는 이름도 모르던 온갖 채소가 의외로 입에 맞는다는 사실을 발견했다는 것이다. 식당에서 음식을 주문할 때도, 예전이라면 그냥 스테이크와 감자튀김과 샐러드를 시켰을 상황에서 새로운 음식을 시도해 보는 경우가 많아졌다. 식단에 변화를 주는 과정에서, 나는 작은 규칙을 하나 세우는 것만으로도(이를테면 육류 섭취 금지 같은) 큰 효과를 볼 수 있다는 사실을 깨닫게 되었다. 물론 꾸준히 지킬 경우에만 해당하는 이야기다. 가장 맛있는 가공 또는 냉동 식품에는 어떤 형태로든 육류가 들어가기 때문에, 나는 전자레인지 사용을 줄이고 신선한 음식에 의존하게 되었다. 식단을 바꾸는 일의 효용은 단순히 악당 하나를 제거하는 것에서 끝나지 않는다. 악당의 자리를 대체하는 데 필요한 모든 변화가 이런 효용에 포함되는 것이다.

지방이 든 거의 모든 음식에는 포화지방과 불포화지방이 함께 들어간다. 여기서 포화와 불포화는 지방산이 화학결합에서 수소를 추가로 채울 수 있는지를 나타내는 분류다. 카놀라유(유채씨 기름)나 올리브유 같은 식물 또는 채소기름, 견과류와 아보카도는 모두 불포화지방 함량이 높다. 육류는 주로 물(75퍼센트)과 단백질(나중에 따로 설명하겠다)과 많은 양의 지방으로 이루어지는데, 불포화지방과 포화지방의 비율은 다양하다. 물론 정확한 비율은 고기의 종류와 부위에 따라 달라진다.

대부분의 국가에서 육류 총소비량은 1961년 이후 꾸준히 증가해 왔다. 유럽에서는 2003년에 두 배에 도달했지만, 아직도 미국 수준에는 한참 미치지 못한다.[2] 선진국에서는 여전히 붉은살 육류의 비중이 높기는 하지만, 갈수록 많은 사람이 지방이 적다고 알려진 흰살 육류(닭과 칠면조)로 갈아타고 있다. 1991년에서 2012년까지 영국의 육류 소비량은 약간 증가 추세를 보였는데, 37퍼센트가 증가한 가금류 소비가 그중 많은 부분을 차지한다.[3] 흰살 육류와 붉은살 육류의 차이점은 단순히 겉모습에서 끝나지 않는다. 붉은살이 붉은색인 것은 장기간 운동에 특화된 근섬유 속의 미오글로빈이라는 단백질 때문인데, 닭의 근육에는 미오글로빈이 없다. 닭이 잽싸게 도로를 가로지르기는 해도 마라톤에는 참가할 수 없는 이유가 바로 이 때문이다.

닭고기는 전체 지방도 적으며 포화지방의 비율도 가장 낮은 편이다. 쇠고기나 돼지고기나 양고기가 포화지방과 불포화지방의 비율이 거의 비슷한 것과 대조적이다. 물론 짐승의 어느 부위에서 잘라낸 고기인가에 따라 비율은 크게 다르다. 돼지고기도 기름기 없는 부위 중에는 닭고기와 비슷한 수준인 것도 있으며, 다진 쇠고기와 소시지는 포화지방 함량이 10퍼센트를 넘을 수도 있다. 심장병으로 인한 사망률이 20퍼센트나 증가한 사태의 원인을 육류 섭취에서 찾는 것은, 주로 육류에 포함된 다량의 콜레스테롤과 포화지방이 질병을 유발했다고 생각했기 때문이다. 이런 관점은 육류에 포함된 다량의 불포화지방을 무시하는 것이며, 또한 앞에서 살펴보았듯이 포화지방 함량에 대한 최근의 메타분석 연구에 의하면 지방이 문제의 근원이라는 생각 역시 의혹의 대상이 되고 있다. 게다가 최근에 전지구적 규모로 진행된, 우리 식단의 모든 지방을 여분의 (보통고도로 정제된) 탄수화물로 바꾸려는 시도는 결국 전 인류의 건강에 끔찍한 재앙을 초래하고 말았다.[4][5]

그렇다면 이쯤에서 육류 지방에는 어떤 종류가 있는지, 그리고 우리 조상은 어떤 음식을 섭취했는지를 자세히 살펴보는 것도 나쁘지 않을 듯하다.

우리 조상의 스테이크

세계 곳곳의 여러 수렵채집 민족은 육류 섭취량에서 상당한 차이를 보인다. 열대지방에서는 고작 30퍼센트밖에 되지 않으며, 나머지는 식물로 채운다. 오늘날 우리는 살코기 섭취가 자연스럽고 건강한 행동이며, 모든 사람이 주변 지방을 떼어내 버리는 분별 있는 행동을 한다고 간주하는 경향이 있다. 그러나 우리 조상은 정반대의 행동을 했을 가능성이 크다. 1900년대 초반에 미국 출신의 열정적인 괴짜이자 치과 개업의였던 웨스턴 프라이스는, 인생의 25년을 들여 세계 곳곳을 여행하며 고립된 인구집단의 식생활을 기록으로 남겼다. 그는 알래스카에서 아프리카에 이르기까지 세계 곳곳을 여행하며 '현대라는 타락'의 영향을 받지 않은 민족을 살폈다. 여기서 그가 말한 타락이란 식단과 생활습관을 뜻한다. 당시 이런 개념은 상당히 유행을 탔고, 재림교 냉담자이자 콘플레이크의 발명자인 존 하비 켈로그 같은 채식주의자는 직접 실행에 옮기도 했다. 물론 그에 그치지 않고 성적 금욕과 요구르트 관장을 비롯한 기묘한 치료법을 장려하기도 했지만.

프라이스(와 그의 고통스러운 여행에 동참한 아내)는 여행 도중에 전통 음식만 섭취하는 부족에서는 현대적인 질병이 아예 존재하지 않는다는 사실을 발견했다. 이런 원시 부족의 특징 중 하나는 지방질이 많은 고기와 내장을 좋아한다는 것이다. 간, 신장, 심장은 물론이고 창자도 여기에 포함된다.[6] 그는 심지어 미국 원주민들이 사냥감의 살코기를 개에게 주는 모습도 목격했다. 현대 서구인의 관습과는 완전히 정반대인 셈이다. 일반적인 서구인과 극단적으로 다른 환경에 사는 이누이트는 섭취할 식물질이 거의 없으므로 고래껍질이나 순록의 간 등을 찾으려 애쓴다. 날로 섭취하면 그들의 생활환경에서 유일한 비타민 C 공급원이 되어 주기 때문이다. 옛날 사람들은 육체와 전통에 의지해 식품의 어느 부위에 필수 영양소가 있는지를 파악했다. 우리가 지방질을 선호하는 것도, 어쩌면 이런 식으로 진화되어 왔기 때문일지도 모른다.

여기서 중요한 점은, 사람의 신체와 뇌가 음식과 상호 작용하는 과정, 그리고 장내 미생물 생태계가 작동하는 과정 사이에는 분명 강한 연관성이 존재한다는 것이다. 사실 음식을 좋아하는 사람들의 경우에는 행복해진 뇌가 장내 미생물을 자극하는 것일 수도 있다. 앞에서 언급했듯이, 프랑스나 지중해 국가에는 자기네 음식과 식사 전통을 사랑하는 문화가 존재하며, 앵글로색슨에 비해 식사 자체나 음식에 관한 대화에 훨씬 많은 시간을 사용한다. 그리고 음식에 대한 전통이 강한 문화에서는, 조부모가 먹었던 음식이 손자에게도 이로우리라는 가정을 어렵지 않게 할 수 있으며, 따라서 계속 같은 식사를 조리하고 준비하는 방법을 물려받게 된다.

딱히 놀라운 일은 아니지만, 이들은 이런 음식 문화 전통 덕분에 온갖 조언에 과민하게 반응하는 일이 드물다. 이를테면 1970~80년대에 미국에서 흘러들어온, 유지방이 포함된 지방이 악의 근원이라 설파하는 '전문가 경고' 따위에 말이다. 이런 국가들은 개의치 않고 몸에 좋은 요구르트와 고지방 치즈와 육류를 계속 섭취했다. 지방을 정제 탄수화물로 교체하지 않았기 때문에, 지금 살펴보면 건강 상태도 더 나을 것이다. 공통된 음식 문화가 존재하지 않으며 계속 밀려오는 잘못된 조언을 상당한 스트레스와 함께 맞이하게 되는 대부분의 미국인이나 영국인과는 극명하게 대비되는 태도다. 육류나 신선한 치즈같은 진짜 식품을 마가린이나 가공치즈 피자 따위로 대체하는 행동은 자신과 가족의 식단에 대한 잘못된 결정인 것은 물론이고, 그에 동반하는 스트레스와 죄책감 또한 미생물과 건강에 악영향을 끼칠 수도 있다.

기름진 외국 음식

　1960년대 후반, 스페인 남부 지방을 부분적으로 개방해서 대중 관광객을 끌어들이기로 마음먹은 독재자 프랑코 장군은, 영국인을 꼬시기 위해 비키니 금지법을 완화하고 호텔을 짓기 시작했다. 토레몰리노스의 반짝이는 남해안에 처음 도착한 단체 관광객들은 이곳의 햇살 가득한 땅이 정말로 마음에 들었다. 그러나 그들은 이내 눈앞에 놓인 음식을 보고 기겁하며 이렇게 투덜대기 시작했다. "닭고기나 감자 조각이 미끌미끌한 기름호수 속에 둥둥 떠다니거나 마늘로 뒤덮여 있는 게 전부다. 말 그대로 역겨울 지경이다."

　이런 관광객들은 튀김옷을 입힌 피시 앤드 칩스 같은 영국 음식이 훨씬 몸에 좋다고 생각했으며, 얼른 돌아가서 전통적인 영국식 튀김요리를 먹고 싶어 안달이 났다. 스페인 관광지의 호텔 지배인이나 요리사들은 매년 수백만 명씩 도착하는 영국인 관광객들에게 눈치 빠르게 적응했다. 이들은 도전에 분연히 맞서 '집에서 먹는 것과 똑같은 잉글리시 브렉퍼스트와 피시 앤드 칩스'를 내놓기 시작했다. 24시간 내내 차가운 맥주를 제공하고 '몸에 해로운' 올리브유는 몰래 사용하려 애쓰면서.

　지중해 국가에서는 최소한 기원전 4000년부터 올리브유를 만들고 사용해 왔으며, 여러 고대 종교의 예식에도 올리브유가 사용된다. 세계 올리브유 생산량의 40퍼센트는 스페인이 담당하며, 이탈리아와 그리스가 그 뒤를 잇는다. 그러나 올리브유를 가장 많이 사용하는 민족은 아직 그리스인으로, 2010년 조사에 의하면 매년 1인당 24리터를 사용한다. 반면 스페인은 14리터, 이탈리아는 13리터에 지나지 않는다. 그리스인들이 매주 거의 반 리터의 올리브유를 들이켠다는 사실은 솔직히 조금 믿기 힘들기는 하다. 아직도 올리브유로 세수를 하고 머리를 감는 것이 아니라면 말이다. 냉소적이지만 말이 되는 설명을 하나 해 보자면, 암시장에서 이탈리아인들에게 되파는 것일지도 모른다.

영국의 올리브유 소비는 꾸준히 증가해 왔다. 1990년의 수입량은 7백만 리터 정도였지만, 2014년에는 이 수치가 6천만 리터 이상으로 증가했다. 그러나 유행에 민감한 지역을 제외하면, 영국에서 이 정도 양은 여전히 대양의 물방울 하나 정도다. 미국과 마찬가지로, 영국에서도 연간 1인 소비량은 1리터도 되지 않는다. 그리스인들이 2주 동안 소비하는 양과 비슷하다. 1테이블스푼의 올리브유에는 에너지가 잔뜩 들어 있다. 열량 120kcal에 지방이 13그램 정도인데, 이 정도면 살이 통통 불어야 마땅한 양이다.

다른 국가들에 건강한 식단 구성 방법을 시시콜콜하게 알려주는 일을 즐기는 비지중해 국가들에서는, 올리브유를 싸구려 윤활유나 머릿기름으로 간주하며 비웃는 일을 관두고 건강에 이로운 측면이 있을지도 모른다고 생각을 돌리기까지 상당한 시간이 필요했다. 미국인의 식단에 하루에 몇 스푼 정도의 올리브유를 허용한 것은 사실 1995년에 식품 피라미드를 작성하며 슬쩍 끼워넣은 것이 처음인데, 그래도 대부분의 미국인은 알아차리지조차 못했다.[7]

안셀 키스와 최초의 동료 연구자들은 크레타 섬 주민이 일본인 다음으로 심장병 발병률이 낮을 뿐 아니라, 그리스 북부에 비해서도 훨씬 수치가 낮다는 점에 깜짝 놀랐다. 크레타의 어부들을 연구한 결과에 의하면, 1950~60년대에 이들은 엄청난 양의 올리브유를 해치우고 있었다. 매일 섭취하는 열량의 40퍼센트를 올리브유로 섭취할 뿐 아니라, 싸구려 비누의 형태로 소비하기도 했다. 이야기에 따르면 심지어 아침식사 대신 올리브유를 생으로 마시기도 했다고 한다. 그리스 출신 동료들에게 물어보니, 그들이 직접 목격한 적은 없지만 충분히 가능한 일이라고 대답했다. 예를 들어, 새벽녘에 가난한 양치기나 어부가 빠르게 싸구려 열량을 보충해서 하루를 버틸 수 있도록 하는 식으로 말이다. 나도 며칠 정도 이걸 시도해 봤는데, 빈속에 생올리브유는 도저히 권할 만한 식단이 아니라는 결론을 얻었다.

키스 휘하의 연구자들이 마주친 문제점은, 그리스 남부의 식단이 영국이나 미국 식단과는 너무 달라서 정확히 무엇을 이유로 짚어야 할지 알 수가 없다는 것이었다. 그들은 처음에는 이런 식단의 장점이 육류와 유제품을 자기네들보다 훨씬 적게 섭취하기 때문에 포화지방 비율이 적다는 점이라고 가정하고, 올리브유는 큰 영향을 끼치지 못하는 요소로 간주했다. 이후 지방에 대한 지식이 쌓여 가면서, 지방이 항상 해로운 것이 아니라 오히려 이로울 수도 있다는 생각이 천천히 자리를 잡았다.

올리브유 – 기름진 기적의 음료

큰 그림을 무시하고 건강한 신체나 병을 유발하는 단 하나의 마법이 물질을 찾으려 애쓰는 과학자들의 모습을 다시 한번 확인한 셈이다. 식단을, 또는 단순한 식품을 주요 요소로 분해하는 일은 영양학계의 생각과는 달리 상당히 복잡하며, 이런 작업은 보통 오해와 편견으로 가득하다. 심지어 순수한 올리브유 같은 식품도 구조와 길이가 다양한 여러 하위분류의 지방산으로 구성되어 있다. 올리브유를 구성하는 주된 지방산은 이중결합을 가지는 단일 불포화지방산인 올레산인데, 고품질 올리브유에서는 총량의 80퍼센트까지 차지할 수 있다. 그러나 올리브유에는 그 외에도 포화지방산인 팔미트산과 다가 불포화지방산인 리놀레산도 들어 있으며, 그 외의 수백 가지 다른 구성 물질 중에는 30여 종의 페놀 화합물도 포함된다. 어느 요소가 가장 중요한지를 확인하기는 쉽지 않다.

게다가 열을 가하거나 끓이면 올리브유의 구성 성분이 바뀔 수도 있으며, 다른 '보다 나은' 기름의 지지자들은 올리브유가 끓는점이 낮으며 지나치게 가열하거나 태우면 몇 종류의 '독성 화합물'이 발생한다고 공격해 왔다. 이 경우도 영양학 분야의 연구자들이 주기적으로 수천 가지의 새로운 화학물질 중에서 한 가지를 골라서 '치명적'이나 '건강에 이로운' 따위의 이론적 수식어를 붙이는 한 예시가 될 것이다. 보통 이런 비방은 실제 맥락과는 동떨어진 경우가 많다. 사실 조리에 사용한 올리브유가 생으로 섭취할 때보다 효력이 떨어지거나 건강에 악영향을 끼친다는 명확한 증거는 존재하지 않는다.

우리가 마주치는 올리브유는 보통 세 가지로 나뉜다. 고품질의 엑스트라 버진 올리브유는 산도가 0.8퍼센트 미만이라 신선도와 품질을 보증해 주며, 향미가 강하고 때로는 살짝 쓴맛이 난다. 엑스트라 버진 올리브유는 올리브를 빠르게 압출한 첫 기름을 사용하며, 때로는 저온에서 압출해서 '냉압착' 제품으로 홍보하기도 한다. 그 아래 등급의 제품은 버진 올리브유라고 부르며, 산도가 조금 강하지만 향미는 유지된다. 그리고 마지막이 바로 일반 올리브유다. 일반 올리브유는 올리브 찌꺼기를 정제해서 생산하며, 값이 싸고 보통 아무 맛이 없지만, 가끔 엑스트라 버진 올리브유를 조금 섞어서 맛을 첨가하기도 한다. 우리는 이제 올리브유가 종류에 따라 건강에 미치는 영향이 다르다는 사실을 알고 있으며, 오늘날 이탈리아와 그리스에서 생산하는 올리브유는 대부분 엑스트라 버진 등급이다. 품질 좋은 엑스트라 버진 올리브유가 폴리페놀이라 부르는 화학물질이 가장 많이 들어 있다. 폴리페놀은 여러 독특한 성질을 가지고 있으며 아마 올리브유의 몸에 이로운 효과의 상당 부분을 담당하고 있을 것이다. 스프레드나 가공식품에 사용하는 저품질 올리브유는 그에 상응하는 이로운 효과를 주지 못할 가능성이 크다.

지중해식 식단: 푸딩의 증명

식단에 지방을 넣는 일과 혈중 콜레스테롤 농도에 대해서는 온갖 논란이 있지만, 한 가지 사실은 명백하다. 바로 시대를 막론하고, 지중해 국가 사람들이 북유럽이나 미국 사람들보다 심장 질환이나 뇌졸중을 앓는 비율이 보편적으로 낮다는 것이다. 이는 좋은 유전자를 타고 태어났기 때문이 아니라 식단 때문이다. 지중해식 식단은 이제 상당히 종류가 많아졌지만, 이 논의에서는 1950년대 후반에서 60년대 초반에 걸쳐 올리브가 자라는 그리스와 남이탈리아 지방에서 찾아볼 수 있었던 전통적인 식단을 사용하기로 하겠다.

이런 식단의 주된 특징을 정리하자면 다음과 같다. 정백하지 않은 곡물, 레귐콩, 기타 채소, 견과류와 과일의 섭취량이 많다. 비교적 지방 섭취량이 많으며(전체 에너지 섭취량의 40퍼센트가 될 때도 있다), 그 대부분은 올리브유에 포함된 단일 불포화 지방산의 형태로 섭취한다(전체 에너지 섭취량의 20퍼센트 정도). 생선 섭취량은 보통 혹은 많은 편이다. 가금류와 유제품(주로 요구르트나 치즈)도 적절히 섭취한다. 붉은살 육류, 가공육, 기타 육류 식품의 섭취량이 적다. 알코올 섭취량은 보통 정도로, 주로 식사에 곁들이는 적포도주의 형태로 섭취한다.

프렌치 패러독스를 살펴볼 때와 마찬가지로, 지중해 지방의 심장 질환 발병률 차이에도 가능한 설명이 여럿 존재한다. 한때는 햇살이 사람들을 경쾌하게 만들기 때문에 스트레스가 줄어들고 심장도 건강하게 만든다는 생각이 유행했다. 애석하게도 이런 설명은 사실과는 조금 다르며, 가장 행복하고 충만한 삶을 누리는 사람들은 스칸디나비아 지역 사람들이다. 특히 햇빛 쪽으로는 그리 혜택을 누리지 못하는 실용적인 덴마크인들이 종종 설문 조사의 최상위권을 차지한다. 사실 햇살 가득한 지중해 국가의 사람들이야말로 가장 비참하고 불만족스러운 삶을 산다는 점이 이 이론에 철퇴를 내린다. 앞서 언급한 대로, 나는 전통적인 유제품, 즉 치즈와 요구르트의 섭취가 중요한 요소라고 생각한다. 그리고 유제품 외에 북유럽과 남유럽을 가르는 주요한 식품 재료를 하나 더 꼽아본다면 누구나 올리브유를 떠올릴 것이다.

스페인의 한 연구집단은 2000년대 초반에 PREDIMED라는 이름의 독특하고 야심찬 프로젝트를 기획해서, 지중해식 식단의 이점을 암시하는 여러 관찰 연구가 시대의 변화에도 불구하고 적절한 기준을 거친 임상 연구로 입증될 수 있는지를 확인하려 했다. 연구진의 첫 발상은 '스페인인 위험군 환자들에게 그들의 부모가 1960년대에 섭취했을 표준 식단을 제공하는 것'이었다. 연구진은 스페인 전역에서 7,500명의 자원자를 모아들였다. 전원 60대로 심장병 고위험군으로 분류되는 사람들이었다. 연구진은 이들 자원자를 무작위적으로 세 가지 식이 집단 중 하나에 배정했고, 식단을 유지할 수 있도록 피험자 전원에게 지속적인 조언과 보조를 제공했다.

대조군에 속하는 식이 집단은 대부분의 영양학자들이 권장하는 저지방 식단을 섭취했으며, 식사에서 지방으로 섭취하는 열량을 줄이라는 조언을 받았다. 사실 스페인에서는 이미 그 비율이 40퍼센트에 가까울 정도로 상당히 높은 편이었다. 그리고 육류, 올리브유, 견과류, 과자, (저지방을 제외한) 유제품 섭취를 삼가고 생선, 과일, 전곡류whole grain와 채소를 많이 먹으라는 지침을 받았다. 대조군에는 장려 요인으로 (먹을 수 없는) 주방 기기를 추가로 제공했다.

반면 지중해식 식단 집단은 생선과 채소와 과일 섭취량은 늘리지만 유제품, 흰살 육류, 견과류, 올리브유 섭취는 유지하고 포도주를 마시라는 지침을 받았다. 이 집단은 추가로 두 개의 소집단으로 나누었는데, 한쪽에는 매일 먹을 30그램 분량의 견과류를 추가로 지급하고, 다른 쪽에는 매주 조리나 음용에 사용할 엑스트라 버진 올리브유를 한 병씩 추가로 지급했다. 일일 사용량으로 환산하면 4테이블스푼 정도가 될 것이다. 이 연구는 처음에는 실험군의 심장 질환과 당뇨병 발병률을 비교하기 위해 구상되었으며, 10년 동안 계속될 예정이었다.

그러나 4년 반 동안 실험이 원활하게 진행된 후, 독립 위원회에서 개입해 실험을 중단시켰다. 이 위원회는 환자의 안전을 위해서, 즉 자원자들이 건강에 명백한 위험을 끼치는 실험을 강행하게 되는 경우를 방지하기 위해서 설립되었다. 위원회는 그때까지 확보한 결과물을 2013년 〈뉴잉글랜드 약학 저널〉에 발표했다. 이 결과는 고지방 복합 식단 지지자들이 저지방 전통주의자들에게 날린 최후의 일격이 되었다.[8] 지방을 다량으로 섭취한 지중해식 식단 집단은 양쪽 모두 심장병 발병률이 30퍼센트가량 낮았으며 뇌졸중 발병도 적었고, 혈중 지질과 콜레스테롤 농도 및 혈압도 낮았다. 지중해식 집단은 양쪽 모두 저지방 식단보다 상태가 나았지만, 올리브유를 추가로 공급한 집단 쪽이 견과류를 추가로 공급한 집단보다 당뇨병 예방을 비롯한 기타 여러 수치가 더 건강했다.

이런 식단 연구는 심장병 고위험군 환자들의 체중 감소를 의도한 것이 아니며, 우리는 평균적인 60대 사람들이 계속 체중이 증가한다는 사실을 알고 있다. 그러나 실험 참여는 일반적으로 건강에 도움이 되기 마련이며, 정기적으로 식단 권고와 보조를 받은 저지방 집단은 5년 동안 고작 1킬로그램밖에 체중이 증가하지 않았다. 그러나 견과류 집단은 그보다 결과가 나아서 약간 체중이 줄어들었고, 올리브유 집단은 1킬로그램 이상 체중이 줄었을 뿐 아니라 허리둘레 또한 줄어들었는데, 이는 내장지방이 감소했다는 증거가 될 수 있다.

이 실험에서 직접 검증한 것은 엑스트라 버진 올리브유뿐이지만, 값이 싼 올리브유를 쓴 경우도 기록이 남아 있다. 저품질 올리브유는 심장병 또는 당뇨병 위험에 대해서는 명확하게 이로운 효과가 없는데, 어쩌면 올리브유의 품질을 감안하지 않은 과거의 실험에서 모순되는 결과가 나온 이유가 이 때문일지도 모른다.[9][10]

최근까지 올리브유에 함유된 폴리페놀의 이로운 측면은 주로 세포에 피해를 주는 여분의 화학물질을 제거하고 염증을 가라앉히는 항산화 효과에 있다고 생각했다. 다른 연구에 따르면 올리브유는 방법은 몰라도 (아마도 후성적 변이epigenetics를 통해서) 심장 질환으로 이어지는 혈관의 염증 반응을 유발하는 유전자 발현을 억제할 수 있다고 한다.[11] 그러나 올리브유는 장내 미생물 방면으로는 훨씬 큰 도움을 줄 수 있다. 올리브유의 지방산과 영양소의 80퍼센트 이상은 완전히 소화되기 전에 대장에 도착해서 우리 장내 미생물과 접촉한다. 여기서 미생물은 지방산과 폴리페놀이 가득 든 혼합물을 섭식하고 보다 작은 부산물로 분해하며, 이 과정에서 여러 흥미로운 사건이 일어난다.

이런 복합체 중 일부는 항산화물로 작용하며, 폴리페놀을 연료로 사용해서 작은 단위의 지방, 즉 단쇄지방산을 생산한다. 이 화합물은 이름에 비해 훨씬 흥미로운 존재로, 몸에서 해로운 지질의 비중을 줄이고 면역계에 다음에 수행할 작업을 일러주는 신호를 보내는 역할을 한다. 폴리페놀은 특정 미생물의 증식을 적극적으로 활성화시키는데, 이 중에는 혈중 지질 입자를 그러모아 결합시킨 다음 혈류에서 빼내는 역할을 하는 유산간균도 포함되어 있다. 유산간균은 우리가 원하지 않는 미생물이 장내에서 군집을 형성하는 일을 방해하는 작용도 한다. 이 효과로 설사를 일으키는 대장균이나 위궤양을 유발하는 헬리코박터 파일로리, 또는 폐렴이나 충치를 유발하는 병균의 감염률이 줄어든다. 심지어 동맥에 죽상동맥반이 쌓이는 현상조차도 부분적으로는 수수께끼의 미생물이 파손된 혈관에서 벌이는 비정상적인 활동과 연관이 있는 만큼, 폴리페놀이 이런 현상도 줄일 수 있을지 모른다.[12]

PREDIMED 연구는 의학에 근거한 식단 연구의 주춧돌이 되었으며, 지속 가능한 식단이 건강에 어떻게 이로울 수 있는

지를 처음으로 명백하게 알려주었다. 이 연구는 지중해식 식단을 기반으로 하고 추가로 매일 엑스트라 버진 올리브유와 견과류를 섭취하면 질병 및 조기 사망을 방지할 수 있다는 사실을 증명해 보였다. 이렇게 높은 수준의 증거가 존재하는 식이요법은 사실상 지중해식 식단뿐이다. 관찰 연구나 단기 연구로는 위험 지표의 변화 정도밖에 확인할 수 없기 때문이다. 대부분의 견과류는 지방 성분이 가장 많으며(아몬드의 경우는 49퍼센트에 이른다), 따라서 열량도 높다. 지방의 종류는 다양하지만, 포화지방은 10퍼센트 정도밖에 되지 않으며 나머지는 단일 또는 다가 불포화지방이다. 견과류 식단 집단이 올리브유식단 집단에 거의 근접하는 효과를 보였다는 사실은, 두 식품이 우리 미생물에 비슷한 방식으로 영향을 끼칠 수 있음을 의미한다. 견과류에 지방 외에도 단백질이나 섬유질 같은 다양한영양소와 엑스트라 버진 올리브유와 유사한 폴리페놀이 함유되어 있다는 사실을 생각하면 말이 되는 소리다. (견과류는 뒤에서 더 자세하게 다룰 예정이다.)

사실 다른 여러 지중해 지방 식품에서도 폴리페놀을 찾아볼 수 있다. 색이 화려한 채소나 과일, 이를테면 베리류나 야자열매, 일부 녹차나 홍차, 강황이나 적포도주가 그 예가 될 것이다. 어쩌면 우리가 이런 식품들에 시각적으로 끌리는 이유도진화 때문일지도 모른다. 열량이 아니라 색을 기준으로 건강한식품을 선택하는 것도 상당히 일리 있는 방식이다. 그러나 애석하게도 이런 폴리페놀 중에서 생물학적으로 활발한 활동을보이거나 우리 장내 미생물에 영향을 끼치는 게 정확히 어떤 종류인지에 대해서는 아직 밝혀진 것이 별로 없다.

한 연구에서는 여러 종류의 소프리토(지중해 전역에서 사용하는, 토마토와 양파, 마늘, 올리브유를 넣은 소스)를 살펴본 결과 놀랍게도 최소한 40종류 이상의 폴리페놀이 확인되었다.[13] 단일 재료를 다른 재료와 함께 섭취하지 않으면 효력을 충분히 발휘하지 못할 가능성도 있을 것이다. 게다가 이런 과일과 채소를 숙성시켜 피클로 만들거나 술을 빚으면, 생산하는 폴리페놀의 양이 기하급수적으로 증가할 수 있다. 어쩌면 온갖 곳에 사용되는 엑스트라 버진 올리브유가 다양한 식품의 장점을 이끌어내는 필수적인 촉매 역할을 할지도 모른다.

올리브유가 다른 식물성 기름보다 여러 면에서 우월한 이유가, 어쩌면 씨앗만이 아니라 과육 전체에서 추출하는 기름이라는 점에 있을지도 모른다. 그렇다면 이 또한 다양한 경우에 적용되는 보편적 법칙일지도 모른다. 추출 방식이 단순하며 화학물질이나 용매가 필요 없다는 뜻이 되기 때문이다. 지금까지 증명된 장점 중에는 심장병과 당뇨병 발병률 감소와 체중 감소에 도움이 된다는 것이 있으며, 소염작용을 통해 관절염을 완화해 준다는 주장도 존재한다. 그리고 가장 설득력 없는 주장 중에는 테스토스테론을 증가시켜 탈모를 치료하고 남성의 성욕을 증가시킨다는 것도 있다. 물론 그리스나 이탈리아 여성들은 이 주장에 이의를 제기할 자격이 있을 것이다.

이제 올리브유는 새로운 다이어트 교단의 포스터 모델이 되어, 포화지방 섭취가 몸에 나쁘다는 미신을 몰아내는 선두주자 역할을 맡고 있다. 지방을 제거하지 않은 요구르트와 진품 치즈는, 냉동피자 형태로만 섭취하지 않는다면 '금지' 식품의 목록에서 내려와야 한다. 기름기를 먹지 않는 편식쟁이 잭 스프랫은 온갖 풍부한 영양소를 섭취한 스프랫 부인보다 먼저 죽었을지도 모른다. 이런 여러 건강상 이점의 배후에는 미생물이 있으며, 식품회사들이 권장하는 프로바이오틱 함유 식품은 몇 종류의 이로운 미생물을 공급하는 첫 시도로서는 나쁘지 않을지도 모른다. 사람마다 미생물 생태계는 다르므로 이런 한정된 미생물이 모든 사람에게 도움이 될 수는 없겠지만, 지중해 지방의 다양하고 신선한 진짜 음식을 자주 먹으려 시도해야 한다는 점에는 의심할 여지가 없을 것이다.

6

트랜스지방

가장 위험한 부류의 식품은 숨겨져 있어서 식품성분표에 기록되지 않는 부류다. 지금 나는 중국산 하수구 식용유에 푹 빠져 있다. 엑스트라 버진 올리브유의 완벽한 대척점에 있다 고 할 수 있는 물건이다. 재활용한 기름을 다시 조리용으로 판 매하는 끔찍한 악습을 밝혀낸 것은 탐사보도 기자들이었다. 10퍼센트가량의 중국인은 이런 기름을 주기적으로 섭취한다 (보통 극빈층 가정이나 길거리 음식점이다). 이런 기름은 우선 끓인 다음, 공업용 화학물질을 첨가하여 세척하는 방식으로 제 조된다.

하수구 식용유라는 이름은 말 그대로 수채통이나 하수구에 서 퍼올려서 온갖 고약한 고형물질을 제거한 다음 가건물 실 험실에서 처리하기 때문에 붙은 것이다.[1] 중국에서는 수익성 이 좋은 산업이라 아직도 번성하는 중이다. 발암성 화학물질이 들어갈 뿐 아니라 그 기름 자체도 심장 질환을 비롯한 온갖 질병을 유발할 수 있지만 말이다. 작년에는 백여 개 도시에 3백만 리터가 넘는 기름을 공급한 범죄 조직이 체포되었다. 그들은 부패한 짐승 사체에서 빼낸 지방을 첨가해서 향미를 증진했다. 오늘날 중화요리에 나쁜 이미지를 덧씌우는 것은 바로 이런 독성 물질들이며, 안 그래도 빈약한 현대 중국인의 장내 미생물 생태계에도 좋은 영향을 끼칠 리가 없다.

수입한 중국 우유의 맛이 이상하다고 미국에서 항의하는 사건이 발생한 이후, 이런 산업을 불법으로 규정하는 법률이 2009년에 도입되었다. 우유에 가구 제작용 수지인 멜라민이 들어 있었던 것이다. 최근에 벌어진 비슷한 중국 식품 사건으로는 밀랍 껍질을 화학적으로 처리해 만든 가짜 달걀 사건, 속을 비운 호두 껍질에 콘크리트 견과를 채운 사건, 고기 대신 골판지를 넣은 찐만두 사건, 화학물질로 처리한 쥐와 여우 고기를 쇠고기로 판매한 사건 등이 있다.[2] 2014년에 벌어진 중국산 음식 파동에는 맥도널드를 비롯한 여러 사업체가 연루되었다. 주요 공급처에서 폐기된 돼지고기, 닭고기, 쇠고기를 재처리 및 재가공하여 사용한 것이다. 일부는 유통기한을 일 년 이상 넘긴 물건들이었다.

물론 건강에 해로운 화학 처리 식품은 중국인의 발명품이 아니다. 대규모 식품 산업이 시작된 것은 2차 대전 이후 미국에서였다. 요리에 사용하는 버터나 라드는 며칠이면 상하기 때문에, 국제 수송으로 들여오려면 비용이 많이 들고 낭비가 심했다. 그 때문에 이런 조리용 지방을 화학적 방법으로 제조한 식물성 물질로 대체하려는 시도가 이어졌다. 상품의 화학 구조를 안정시키고, 유통기한을 늘리고, 이윤을 증가시키기 위해서 말이다. 이렇게 해서 만들어진 마가린은 미국의 독창성이 이룩한 기적 취급을 받았지만, 사실 처음 만들어진 마가린은 소비자들이 정체를 식별할 수 있도록 황색 색소를 사용하면 안 된다는 처분을 받았다.

색소 금지가 풀리자, '건강해 보이고' 쉽게 포장할 수 있고 몇 개월을 보관할 수 있고 싸기까지 한 조리용 지방인 마가린은 식품업계의 효자 상품으로 등극했다. 1950년대와 60년대에 걸쳐, 면실유 찌꺼기로 만든 '크리스코'와 같은 상품이 프록터 & 갬블 사의 막대한 광고 지원에 힘입어 불티나게 팔려나갔다. 크리스코는 대성공을 거두었고, 온갖 요리책과 유명인사들이 TV 건너편의 가정주부에게 매 끼니 크리스코를 사용하라고 권장하는 상황에 이르렀다.

영국에서는 그에 대응하듯 유니레버 사에서 만든 '스프라이, 크리습 앤 드라이'라는 상품이 '식물성 쇼트닝'이라는 완곡한 이름을 달고 등장해서, 버터와 라드의 가볍고 몸에 좋은 대체품으로 팔려나갔다. 뭐든 쉽게 믿는 대중은 이런 식물성 지방의 분자를 엉기게 만들려면 '수소 첨가'라 부르는 교묘하고 극단적인 화학적 처리가 필요하며, 따라서 이렇게 인공적으로 형성된 견고한 화학결합은 열(또는 신체의 효소나 미생물)로 분해하기가 매우 힘들다는 것을 알지 못했다.[3] 식품산업계는 이렇게 만든 유용한 화학물질을 사랑했다. 다양한 가공식품과 유제품 대체물에 사용할 수 있기 때문이었다.

자연 지방을 배제하겠다는 집착에 사로잡힌 미국의 전폭적인 후원 덕분에 70년대와 80년대에 수소 첨가 지방의 수요는 폭발적으로 증가했고, 그런 식품은 유제품에 대한 '몸에 좋은' 대체품으로 여겨졌다. 1990년대 초반에 이르러, FDA는 비스킷의 95퍼센트와 모든 크래커와 대부분의 기타 과자류에 훗날 '트랜스지방'이라 불리게 된 물질이 들어 있다는 조사 결과를 발표했다. 많은 수의 미국인이 전체 열량 섭취량의 10퍼센트가량을 케이크, 비스킷, 패스트리, 버거, 아이스크림, 감자칩, 기타 튀긴 음식에 포함된 트랜스지방의 형태로 섭취하고 있었다.[4] 세대 하나가 통째로 '몸에 좋은' 마가린과 조리용 기름의 세례 속에서 성장한 것이다. 1980년대에 이루어진 초기 연구 보고들에 의하면, 이런 화학제품이 건강에 끼치는 악영향은 전반적으로 간과되고 있었다.[5]

훗날 밝혀진 바에 의하면, 매일 섭취하는 트랜스지방의 양이 아주 적어도(1~2퍼센트 정도에도) 혈중 지질 수치는 급격히 증가하며, 심장병과 돌연사 확률은 세 배로 훌쩍 뛰었다. 이것도 트랜스지방이 유발하는 암질환은 고려하지 않은 수치다. 추정에 따르면 트랜스지방을 섭취했다는 이유만으로 목숨을 잃은 미국인은 매년 25만 명 정도에 이른다. 그러나 식품업계의 로비 덕분에 한참 후까지도 제대로 된 규제는 이루어지지 않았다.

2004년까지도 도리토스나 치토스 같은 세계적 브랜드의 스낵에는 여전히 상당한 양의 트랜스지방이 포함되어 있었다. 2003년 미국에서는 캘리포니아에 사는 한 남자가 오레오의 생산업체인 나비스코를 상대로 승소했고, 그 결과 나비스코는 오레오에서 트랜스지방을 전부 제거했다. 그러나 크리스코 기름을 건강하다고 선전해 온 스머커 사에 대한 법적 절차가 시행된 것은 2010년에 들어서였다. 이렇게 시간을 끈 것은 물론 우연일 수도 있지만, 세계 최대 규모의 식품회사인 제너럴 푸드 사가 지난 15년 동안 세계 최대 규모의 담배 회사인 R. J. 레이놀즈 산하에 있었다는 사실에도 주목할 필요가 있을 것이다. 다른 무엇보다, 건강 문제와 소송에 대처하는 일에는 도가 튼 곳이기 때문이다.

이제 대부분의 서방 국가들은 트랜스지방 허용량을 줄이거나 완전히 금지하고 있다. 미국 당국은 2015년에도 트랜스지방을 총 지방 섭취량의 4퍼센트(전체 섭취량의 1.5퍼센트 가량)로 제한한 것이 전부지만, 덴마크는 2003년에 이미 트랜스지방 사용을 완전히 금지했다. 맥도널드나 KFC의 스칸디나비아 국가 지점에서는 이미 수년 전부터 치킨너겟과 프렌치프라이를 조리할 때 사용하는 식물성 식용유에서 트랜스지방 사용을 완전히 중지했는데도, 미국은 열심히 얼버무리고 급격한 변화를 막아주면서 식품업계를 감싸고돌고 있다.

영국은 2005년에 여러 압력집단에서 직접 행동에 나선 후에야 임의 제한을 도입하고 성분표 시스템을 개선했으나, 모든 전문가가 안전한 최저량이 없다는 사실에 동의하는데도 불구하고 전면 금지의 도입은 거부하고 있다. 의학계와 영국 국립 의료기술평가기구(NICE)에서는 트랜스지방 사용을 금지하고 가공식품에 포함된 염분과 포화지방을 줄이면 매년 4만 명의 사망을 막을 수 있으리라 생각하고 법령 마련을 추진했으나 실패하고 말았다. 이후 상황은 천천히 개선되었다. 2010년의 영국인이 트랜스지방에서 얻는 에너지는 전체의 1퍼센트 미만이지만, 미국에서는 여전히 2퍼센트 정도를 차지한다. 그러나 이 비율에는 인구집단과 지역에 따라 상당한 차이가 존재하며, 싸구려 튀김이나 가공식품을 즐기는 사람들은 여전히 위험량의 세 배를 섭취하고 있다. 그리고 이런 상황은 전 세계로 수출되기에 이르렀다. 불행한 일이지만 피할 수 없는 사태였을지도 모르겠다.

여러 개발도상국에서 트랜스지방은 여전히 싸구려 조리용 식용유로 사용된다. 파키스탄에서는 주로 전통식품인 기ghee 버터의 모조품으로 팔리는데, 그 사용량은 전체 열량 섭취량의 7퍼센트에 달하며 파키스탄의 심장 질환 발병률 증가의 주요한 원인이 되고 있다.[6] 트랜스지방은 공장에서만 만들어지는 것은 아니다. 고온의 지방에서 식품을 튀기거나, 묘한 일이지만 소의 내장에서 미생물의 정상적인 활동의 결과로도 생성된다. 하지만 다른 경우에는 독극물이나 다름없는 물질인데도, 우유에 소량 포함된 정도로는 우리에게 큰 문제를 일으키지 않는 것으로 보인다.

놀랍게도 일부 유산간균은 극소량의 트랜스지방을 우리 장 속에서 생성하며, 추가로 우리 음식에 포함된 극소량(정말로 적은 양이다)의 트랜스지방을 처리할 수 있는 것으로 보인다.[7] 따라서 가끔가다 트랜스지방이 풍부한 정크푸드를 먹고 싶은 충동을 억제하기 힘들다면, 디저트로 진품 치즈, 요구르트, 프로바이오틱 식품을 선택한다면 보호 효과를 볼 수 있을지도 모른다.

우리가 트랜스지방이 이토록 해롭다고 생각하는 이유 중 하나는, 자연 또는 인공적인 지방에서 만들어지는 지방산 입자에 작용하여 건강에 이롭다는 신호로 간주하게 만들기 때문이다. 지방산은 면역계와 미생물과 지방 대사 작용 사이의 중요한 소통 수단이다. 이런 인공적인 화합물이 생성되어 벌어지는 혼선은, 우리 몸에서 지방산을 이용한 신호 체계를 크게 뒤흔들고 대사 작용을 엉망으로 만들 수 있다.

피부색이 좀 이상해요

열 살 먹은 제이슨은 항상 감자칩을 입에 달고 살았다. 따라서 어느 날 쉬는 시간에, 항상 들고 다니는 큼직한 감자칩 봉지를 비우지 못하자 다들 이상하게 생각한 것도 당연한 일이었다. 묘하게 지치고 무기력한 느낌이 들고, 욱신거리는 두통과 메스꺼움이 찾아오고 식은땀이 흐르기도 했다. 수학 수업에 집중하기도 힘들었는데, 사실 그쪽은 요새 종종 벌어지는 일이었다. 교사는 그를 보건교사에게 보냈고, 보건교사는 즉시 제이슨의 다리가 평소의 두 배 정도로 부어올라 있으며 피부에 누런 기운이 돈다는 사실을 발견했다. 원래부터 날씬한 아이는 아니었지만, 복부도 평소보다 훨씬 불룩해 보였다.

혈압이 오른 것을 발견하자 보건교사는 더욱 초조해지기 시작했다. 제이슨의 부모에게 연락이 되지 않자, 그녀는 아이를 즉시 가까운 대형 병원으로 데려갔다. 런던 남부에 있는 킹스 칼리지 병원이었다. 제이슨은 운 좋게도 바로 특수진료센터에서 진찰을 받을 수 있었고, 의사들은 간질환 증세를 확인하고 바짝 긴장했다. 혈액검사 결과는 끔찍했다. 콜레스테롤과 트리글리세라이드 농도가 터무니없이 높고 간 기능 수치는 정상치를 훌쩍 뛰어넘었다. 간부전과 그로 인한 심장의 압박 때문에 배와 다리에 복수가 찼다. 혈액검사에서는 제이슨이 2형 당뇨병을 앓고 있다는 사실도 밝혀졌다. 최근 들어 유아에서도 발견되기 전까지는 '성인 발병 당뇨'라고 불렸던 질병이었다.

잠시 후 연락이 닿은 어머니가 병원에 도착했고, 의사들은 그녀에게 질문을 던졌다. "항상 저처럼 뚱뚱하고 먹성이 좋은 아이였어요. 아무리 애를 써도 채소는 제대로 먹지 않았지만요. 감자칩만 빼고요. 하지만 감자칩은 채소라고 할 수 없겠죠. 최근 들어 몸무게가 제법 늘어난 것 같고 이제 축구도 안 해요. 부탁이에요, 나을 수 있겠죠?"

병원에서는 제이슨의 체중을 측정했다. 63킬로그램이면 그 연령대 표준 체중의 두 배에 가까웠지만, 여기에는 배에 들어찬 복수의 무게도 포함되어 있었다. 당뇨약으로 혈당치를 내리고 스타틴으로 핏속의 여분의 지방을 조절하는 치료가 이어졌다. 증세가 호전되지 않은 채 2주가 지나고, MRI 촬영과 간 조직검사에서 간 주변 조직이 대부분 지방에 잠식되었다는 사실이 확인되자, 제이슨이 살아남을 가능성은 간 이식밖에 없다는 사실이 분명해졌다.

의사들은 제이슨 같은 환자에 갈수록 익숙해지고 있지만,

20년 전만 해도 이런 증례는 극히 드물었다. 지방간은 평생 알코올을 섭취해 온 사람들에서나 찾아볼 수 있는 질병이었다. 현재 추산에 따르면 미국 어린이의 5~10퍼센트는 혈액검사로 판별할 수 있는 지방간 증상을 보이는데, 남성이고 아시아 또는 히스패닉 유전자를 가지고 있으면 비율이 더 올라간다고 한다. 이런 아이들은 대부분 과체중 또는 비만이며, 모두 영양소 함량이 낮은 고지방 식사를 한다. 이들은 여분의 지방을 저장하는 하한선이 낮다. 간과 지방 저장 세포가 순환계 속의 지방에 압도당해, 염증과 압박이 계속되는 상태에 이르는 것이다. 간 이식 수술은 성공률이 비교적 높은 편이지만, 그래도 5년 안에 세 명 중 한 명은 목숨을 잃는다.[8]

정크푸드 – 완벽한 비만 유발제

정크푸드가 몸에 나쁘다는 소식은 딱히 새로운 것은 아니다. 포화지방, 열량, 당분, 화학물질이 가득하고 섬유질이 거의 없으니 누구라도 알아차릴 수밖에 없을 것이다. 그러나 정크푸드가 식단의 다양성을 해친다는 측면은 쉽사리 간과된다. 앞에서 말했듯이, 가공식품의 80퍼센트는 옥수수, 밀, 대두, 육류라는 네 가지 재료만으로 만들어진다. 장기 연구 결과는 일관적으로 감자튀김이나 감자칩이나 가공육 같은 정크푸드 섭취가 다른 음식에 비해 체중을 훨씬 많이 증가시킨다는 사실을 보여준다.[9]

대부분의 국가에서 가장 인기 있는 패스트푸드 조합은 빅맥과 감자튀김과 사이즈업 코카콜라인데, 미국 기준으로 따지면 순식간에 1,360kcal를 섭취하는 셈이며 이는 하루 평균 섭취 열량의 절반을 넘는다. 게다가 그중 많은 양이 지방이며, 추가로 19티스푼 분량의 설탕이 들어간다. 오늘날 세 명 중 한 명의 미국인은 적어도 하루에 한 번 패스트푸드 식당에 간다. 심지어 영국에서도 10세 이하 유아의 3분의 1이 매일 정크푸드를 섭취한다. 포장 인스턴트식품이 1952년에 발명된 이후 패스트푸드 문화가 우리가 생각하는 가족 식문화를 바꾼 것은 명백하다. 미국인들은 다섯 끼 중 한 끼를 차에서 해치우며, 다른 국가들도 이 선례를 따라가는 중이다.

레이 크록은 1948년에 맥도널드 형제의 사업체를 인수해서 패스트푸드 프랜차이즈의 제국을 건설했고, 이제는 118개국에서 매일 6800만 명의 사람들이 햄버거를 즐긴다. 좋든 싫든 맥도널드는 전 세계에서 미국 문화를 상징하는 회사가 되었으며, 금빛 아치로 만들어진 눈에 띄는 M자 간판은 청결과 능률의 상징이자 동물 보호 단체와 건강 증진 단체의 표적이 되었다. 1974년으로 돌아가 보면, 리처드 닉슨 대통령은 빅맥을 '미국 최고의 버거'라고 칭찬하며 자기 부인의 음식 외에는 무엇도 빅맥을 뛰어넘을 수 없다고 말했다. 1989년에 마거릿 대처는 자기 지역구인 핀칠리로 옮겨온 맥도널드 영국 총본부의 개막식에 참석해서 그들의 사업 모델을 이렇게 칭찬했다. "가성비 좋은 식품을 만들면서 추가로 이윤까지 내고 있지요." 다른 미국 기업들도 엄청난 성공을 거두고 있다. 버거킹, KFC,

타코벨, 피자헛, 서브웨이는 전 세계라는 거대한 시장에서 사람들의 마음과 정신과 위장을 사로잡아 버렸다.

미국의 패스트푸드 시장 규모는 1970년에 이미 600억 달러에 달했으며, 2014년에는 1조 9500억 달러로 불어났다. 진짜 식품은 수십억 달러 규모의 패스트푸드와 가공식품 광고를 이겨낼 수가 없다. 게다가 네 가지 주요 재료에 대한 정부 지원금에 힘입어 상대적으로 가격이 하락하기까지 했는데, 신선한 식품의 가격은 지난 20년 동안 꾸준히 상승했다. 가정식에 대한 외식의 상대적 비용이 감소한 만큼 대체재로 선택할 수 있는 식품의 종류도 줄어들었다. 이제 미국에서는 패스트푸드 식당과 슈퍼마켓의 비율이 5:1 정도이며, 이런 경향 또한 전 세계로 퍼져나가고 있다.

가공식품을 개발하기 시작한 이래, 식품산업계는 미생물에 집착하며 어떻게든 상품이 상하지 않고 선반에 오래 남아 있도록 하려고 애써 왔다. 특히 미국처럼 땅덩이가 커서 유통 문제가 심각한 국가에서는 더욱 그랬다. 요구르트나 사우어크라우트나 피클에는 신선도를 유지하는 데 도움이 되는 박테리아가 들어 있지만, 케이크나 비스킷이나 과자류가 문제였다. 그들은 설탕을 충분히 첨가하면 박테리아의 생장을 억제할 수 있으며, 지방을 많이 넣으면 수분 함량이 줄어들어 박테리아나 균류의 증식이 저해된다는 사실을 깨달았다. 그리고 식품 보존에 도움이 되며 선반에 더 오래 머무르게 해 주는 염분이 추가되면서, 지방과 설탕과 염분이라는 가공식품의 삼위일체가 완성되었다. 이들은 힘을 합쳐 거대한 비만의 폭풍 사태를 일으켰다.

삼위일체의 구성 요소가 전부 들어간 상품은 매우 오랜 기간 버틸 수 있다. 유타 주의 한 남성은 예전에 입던 외투 주머니에서 14년 묵은 포장 상태의 빅맥을 발견했는데, 곰팡이나 균류는 찾아볼 수도 없었다. 부패한 식품은 오이피클뿐이었고, 나머지는 그대로 화석처럼 말라비틀어졌다.[10] 어쩌면 미래에는 이런 유물이 투탕카멘의 유해처럼 박물관에 전시될지도 모르겠다.

이들 회사는 지방과 설탕과 염분을 적절히 조합하면 음식에 곰팡이가 슬지 않을 뿐 아니라 대중의 입맛을 사로잡을 수도 있다는 사실을 발견했다. 최첨단 설비를 갖춘 연구실과 다양한 시식자들을 대상으로, 그들은 각각의 상품을 대상으로 세 가지를 조합해 만들어지는 거부할 수 없는 맛의 균형점을 발견하고, 그것을 '지복점bliss point'이라 불렀다.[11] 여기에다 온갖 향미 증진제를 추가하고 질감을 바꾸기 위해 다양한 재료를 추가하면, 불쌍한 소비자는 도저히 저항할 수 없게 된다. 햄버거, 피자, 케이크, 감자칩에 대형 식품회사의 삼위일체의 재료가 모두 들어가는 것은 당연한 일이다. 게다가 우리가 진짜 식품과는 다른, 이런 염분과 당분과 지방의 새로운 조합을 찾아 나서도록 적응하고 있다는 증거도 갈수록 늘어만 가고 있다.

정크푸드는 쥐의 뇌 활동에 영향을 끼치기도 하는데, 일부 사람들은 그 영향이 코카인 등의 중독성 있는 약물과 유사하다고 생각한다. 최근 미국에서 시도한 연구에서는, 정크푸드(가공도가 높은 베이컨, 소시지, 치즈케이크, 파운드케이크, 설탕

옷, 초콜릿을 적절히 섞은)를 무제한 공급해 준 결과, 고작 5일 만에 일부 쥐의 쾌락 중추가 신경 화학물질인 도파민에 둔감해졌다.[12] 즉 쾌락을 유지하기 위해 더 많은 양이 필요해졌다는 뜻이다.[13] 정크푸드 공급을 중단하니, 비만이 된 쥐들은 건강하지만 맛이 덜한 대체식품을 먹기보다는 2주 동안 천천히 굶어 죽는 쪽을 택했다.[14] 정크푸드가 뇌의 쾌락 중추에 끼치는 영향력은 분명 햄버거나 감자튀김을 먹는 데 걸리는 시간보다 훨씬 오래 남는 것이 분명하다.

다른 연구에서는 임신한 쥐에게 정크푸드를 먹이면 정크푸드 선호 형질이 자식에까지 이어질 수 있음이 밝혀졌다.[15] 유전자 발현을 시작하거나 멈추는 미묘한 후천 유전에 의한 효과일 수도 있고, 모체의 미생물이 출산이나 수유를 통해 전달되는 것일 수도 있을 것이다. 일부 사람들은 자신들이 정크푸드에 중독되었다고 주장하지만, 중독과 유사한 여러 증상을 유발한다고 실제로 중독성 물질로 간주해야 하는지는 논란의 여지가 있다. 실질적으로 본드나 헤로인 등의 합성 화학물질과는 여러 면에서 다르기 때문이다. 일부 사람들(주로 유명인사)이 모든 사람이 갈구하도록 설계된 쾌락 추구 행위인 섹스에 중독되었다고 할 수 있는가가 논란의 대상인 것과 마찬가지다.

미국인 다큐멘터리 제작자인 모건 스펄록은 30일 동안 맥도널드만 먹으면서 〈슈퍼사이즈 미Supersize Me〉라는 다큐멘터리를 찍어 유명해졌다. 그의 혈중 콜레스테롤은 30퍼센트가 증가했고, 통풍과 연관이 있는 요산 농도는 두 배가 되었으며, 간 손상은 검사 결과 세 배 이상 증가했다. 그는 복통과 오한과 주기적인 메스꺼움을 겪었으며, 며칠 후에는 기묘한 허기와 우울증과 두통이 찾아왔고 음식을 섭취해야만 증상이 일시적으로 해소되었다. 30일이 끝날 때까지 그는 5.4킬로그램의 지방과 13.5킬로그램의 설탕을 섭취했으며, 체지방이 7퍼센트 증가했고 그 대부분은 내장지방이었다. 나는 〈슈퍼사이즈 미〉 실험을 재현해 보자는 영감을 얻었다. 그러나 이번에는 장내 미생물에 어떤 영향을 끼치는지도 확인할 생각이었다.

슈퍼사이즈 톰

처음에는 나 자신을 대상으로 실험을 할 생각이었으나, 스물두 살인 아들 톰과 대화를 해 보니 아들이 나보다 패스트푸드 전문가의 자격 요건에 들어맞는다는 사실이 명백해졌다. 톰은 영국의 다른 대학생들과 마찬가지로 끔찍한 식단을 섭취한다. 대학생은 대부분 상당히 체중이 증가하는 경향을 보이며, 이때 증가한 체중을 결국 빼지 못한다. 미국에서는 이렇게 찐 살을 '프레시맨 15'이라 부르는데, 대학교 1학년 때 평균적으로 체중이 15파운드(7킬로그램) 증가하기 때문이다. 학기 동안 톰과 친구들은 일주일에 한두 번 정도 꾸준히 맥도널드를 비롯한 여러 패스트푸드 매장을 드나든다(다만 톰은 대학생답지 않게 요리 실력이 뛰어나긴 하다). 어쨌든 톰은 나보다 그 실험을 기꺼워하는 눈치였고, 학생 연구 프로젝트로 제출할 생각도 하고 있었다. 영국과 미국 대학생의 식습관이 고약한 것은 재정적 문제나 게으름 때문만은 아닐 것이다. 고향집을 떠나 산다는 스트레스도 있을 것이고, 군건한 식문화가 없는 나라에서는 요리가 '쿨하지 않은' 행동으로 여겨지기 때문일지도 모른다.

우리는 열흘 정도면 톰의 학습 활동 또는 그보다 중요한 사교 활동에 악영향을 끼치지 않고 결과를 확인할 수 있으리라 생각했다. 톰이 붙인 유일한 단서는 빅맥 세트의 구성물을 치킨 맥너겟으로 바꿔달라는 것뿐이었다. 설탕 쪽은 보통 크기 코카콜라와 맥플러리 아이스크림 디저트(즉, 600kcal 분량의 설탕과 포화지방)를 곁들이는 것으로 충분했지만, 그래도 부족한 영양분은 결국 저녁에 감자칩과 맥주를 곁들여 보충할 수밖에 없었다.

톰의 대학생 친구들은 협찬까지 받으며 정크푸드 잔치를 벌이는 모습에 부러움을 금치 못했다. 대학생은 항상 열량은 풍부하게 섭취해도 영양소는 부족하기 마련이며, 내 대학생 시절을 돌이켜보면 동료 의대생 중에는 펍을 제2의 집으로 삼다시피 한 친구도 있었다. 그는 두 학기 동안 치즈샌드위치와 비터 에일만 먹다가, 결국 잇몸에 상처가 생기고 피가 나기 시작했다. 몇 달 후에 그는 괴혈병 진단과 오렌지와 레몬 처방을 받았다. 나는 그런 가능성을 배제하기 위해서, 톰에게 실험 전 일주일 동안 신선하고 다양한 과일과 채소를 충분히 섭취하게 했다.

톰이 자주 가는 매장은 걸어서 15분 거리였지만, 운 좋게도 자동차를 타고 드라이브 스루를 할 수 있는 곳이 있어서 귀중한 에너지와 시간을 절약할 수 있었다. 톰은 거기서 아침까지 먹을 수는 없다고 주장했지만, 나는 녀석이 아침 일찍 일어나긴 너무 게을러서 그런 소리를 한다고 짐작했다. 결국 우리는 아침을 거르는 쪽으로 합의를 보았다.

처음 며칠 동안 톰은 열심히 매장에 다니며 종업원들을 이름으로 부르는 수준에 이르렀고, 종종 다른 학생 고객들을 동반하기도 했다. 그러나 사흘째에 접어들자 톰은 물리는 기색을 보였고, 나흘째부터는 저녁 외출을 꺼리기 시작했다. 닷새째가 되자 톰은 과일과 채소를 간절히 원하기 시작했다. 엿새째가 되자 식사를 마치면 거북하고 둔해진 느낌이 든다고 말했다. 여드레째에는 식사 후에 진땀을 흘리고 이후 세 시간 동안 피로에 시달렸다. 게다가 잠도 설치기 시작했다. 남은 사흘은 피로감이 증가해서 더욱 힘들었고, 아흐레째가 되자 중독된 쥐들과는 달리 저녁 너겟을 쳐다보지도 못하고 아예 식사를 거르기에 이르렀다. 생산성도 감소했고 과제 수행에도 평소보다 오랜 시간이 걸렸다. 친구들은 톰의 피부에 누른빛이 도는 것 같다고 말했고 실제로도 몸이 안 좋아 보였다.

고통스러운 실험이 끝나자 톰은 정말로 안심한 듯 보였다. 톰은 그동안 체중이 2킬로그램이 늘었고, 실험이 끝나자마자 바로 슈퍼마켓으로 달려가 채소와 과일 샐러드를 사 오는 평소답지 않은 행동을 했다. 톰은 6주가 지난 후에야 다시 빅맥을 먹을 수 있게 되었는데, 자기 말로는 최장기록이라 했다. 그리고 그것조차도 숙취 해소를 위해 먹은 것이었다. 이 실험을 통해 톰은 정크푸드에 끌리기는 해도 중독된 것은 아니었다는 사실이 밝혀졌다. 톰은 스펄록과는 달리 경련도, 강렬한 식욕도, 두통도, 구토도 겪지 않았다. 유전자 때문일 수도 있고, 이미 훈련이 된 상태라서일 수도 있을 것이다.

열흘 동안 햄버거와 너겟만 먹은 톰의 장내 미생물 생태계 상황은 상당히 놀랍게 변화했다. 의간균류 비율은 25퍼센트에서 58퍼센트로 상승했고, 후벽균류 비율은 70퍼센트에서 38퍼센트로 줄어들었다. 몸에 이로운 비피더스균의 비율 또한 절반으로 감소했다. 그보다 더 중요한 점은 미생물 다양성이 치명적인 수준으로 감소했다는 것이다. 고작 사흘 만에 톰은 탐지 가능한 미생물 종의 40퍼센트를 잃어버렸다. 톰의 대장에 남은 미생물은 주로 공격적이고 염증을 일으키는 지방 분해 미생물로서, 특히 쓸개에서 분비하는 과다한 양의 담즙에 저항성을 가지는 종류였다. 톰의 전체 미생물 생태계 프로필은 앞서 언급한 건강한 베네수엘라 시골 사람에 가까운 상태에서 평균적인 미국인에 가깝게 변했다. 몇 가지 희귀한 미생물이 이런 식단에서 특히 번성했는데, 그중에는 보통 면역결핍 환자들에게서만 찾아볼 수 있는 라우트로피아류의 미생물도 있었다. 톰의 장내 미생물 생태계는 일주일 후까지도 비정상 상태를 유지하다가, 이후 아주 천천히 원상태로 복귀되었다.

하버드의 한 연구진은 기간은 짧아도 훨씬 세심한 실험을 수행했다. 연구실의 자원자들은 사흘 동안 살라미, 육류, 달걀, 치즈로 구성된 고지방 고단백에 탄수화물이나 섬유질은 전혀 없는 식사를 섭취했다. 독특한 점은 자원자 중 한 명이 평생에 걸친 채식주의자로 실험을 위해 처음으로 살라미와 햄버거를 입에 댄 사람이라는 것이었다. 그는 이틀 만에 다른 사람들보다 극적인 변화를 보였다. 그 또한 톰처럼 의간균류가 증가하고 후벽균류가 감소했다. 그리고 채식주의자의 내장에서 번성하며 식단의 섬유질 함유량을 반영하는 프리보텔라균의 비율은 급감했다.[16]

이런 단기간이지만 극단적인 정크푸드 실험은 사실 많은 사람이 실생활에서 실천하고 있는 것인데, 이는 결과적으로 장내 미생물 종의 거의 절반을 쓸어가 버릴 수 있다. 이런 연구는 우리의 장내 미생물 구성이 과거에 생각하던 것보디 훨씬 간단히, 며칠 만에 바뀔 수 있다는 사실을 알려준다. 이렇게 달라진 미생물 생태계는 새로운 구성의 대사 및 화학물질을 생산하며, 이는 단순한 지방과 설탕의 효과를 넘어 보다 극적인 방식으로 우리 몸에 변화를 끼칠 수 있다. 좋은 소식이 하나 있다면, 우리 몸의 미생물 생태계는 상당히 유연하기 때문에 식단에서 입은 해로운 효과를 부분적으로는 되돌릴 수 있다는 것이다.

독성 식품과 패스트푸드 생쥐

보스턴의 한 연구진은 생쥐에게 빅맥과 같은 수준의 영양소를 액체 형태로 공급하여 그 신체와 장내 미생물을 일반적인 사료를 섭취한 생쥐의 경우와 대조해 보았다. 양쪽 모두 먹이는 원하는 만큼 공급해 주었다. 딱히 놀랍지 않게도 패스트푸드 생쥐 쪽이 훨씬 살이 많이 쪘으며, 특히 위험한 내장지방

쪽이 증가했다. 이렇게 살찐 생쥐들은 미생물 생태계에 큰 차이를 보인 것은 물론이고 염증 전pro-inflammatory 단계의 지표 또한 상당히 높았다. 즉 세포들이 공격당할 때처럼 경보 상태로 들어가, 화학적 방어수단을 활성화시키는 신호를 보내서 세포 투과 현상을 일으켰다는 뜻이다.[17] 염증은 짧게 터졌다 사그라지면 일반적인 방어 반응으로 끝나지만, 상태가 지속되면 건강에 해롭다. 설치류를 대상으로 한 다른 여러 연구에 의하면 고지방 고당분 식단을 섭취하면 이런 항시적 염증뿐 아니라 장 투과 현상까지 일어난다. 즉 장내 미생물과 화학물질이 혈류 속으로 스며들 수 있는 상태가 된다는 것이다.[18]

지방과 설탕과 소금이라는 치명적인 조합에 보존제와 화학물질을 더한, 대부분의 가공식품에서 찾아볼 수 있는 조합이 염증 전 단계를 유발할 수도 있다는 착상 자체는 사실 한동안 존재해 왔으나, 과거에는 명확한 증거가 부족했다. 그러나 이제는 위에서 언급한 것과 같은 여러 대규모 설치류 연구에서 고지방/고당분 식단을 제공하면 육체가 실제로 공격을 받는 것과 유사한 반응을 보인다는 사실이 밝혀졌다. 어쩌면 그런 음식 자체가 지방 세포의 확장을 유발하고 염증 전 반응을 일으키는 것은 아닐까?

최근까지 사람들은 지방 세포가 신체의 다른 부분과는 거의 연관이 없는 단순한 창고 역할만 한다고 생각했다. 우리는 이제 지방 세포가 신체의 다른 부분과 소통하는 일을 돕는 면역 세포(조절 T세포)로 뒤덮여 있다는 사실을 알고 있다.[19] 비만이 되어 지방 세포가 변형된 사람의 경우에는, 이렇게 반응을 억누르는 조절 T세포가 지방 세포의 표면에서 사라지며, 온갖 염증 신호가 사방으로 풀려난다. 우리는 미생물과 조절 T세포가 서로 대화를 나눈다는 사실을 알고 있다. 그러면 혹시 미생물이 우리가 살찌는 데 핵심적인 역할을 하는 것은 아닐까?

무균 생쥐에게는 이런 고지방 식단을 먹어도 별다른 일이 벌어지지 않는다. 체중을 불리려면 미생물을 추가해야 하며, 이런 실험을 통해 미생물이 실제로 중요한 역할을 한다고 확신할 수 있다. 보스턴 실험을 비롯한 기타 여러 연구에서, 우리의 친구인 유산간균이나 비피더스균 같은 활생균을 더해주면 생쥐가 정크푸드의 영향을 받는 일을 막을 수 있었다.[20] 식단의 지방 함량이 급격하게 증가하면, 세포벽이 두터워 방어 능력이 뛰어난 특정 종류의 박테리아도 따라 증가한다. 이런 세포벽은 지질다당(LPS: lipopolysaccharide)이라는 물질로 만들어져 있으며, 그 파편은 순식간에 쌓여서 인간이 매우 민감하게 반응하는 체내의 독성 물질, 즉 내독소를 만든다.

LPS가 중요한 요소라는 것을 아는 이유는, LPS로 인한 내독소를 쥐에 주사하면 정크푸드를 먹을 때와 똑같은 일련의 반응을 보이기 때문이다. 물론 순간의 짜릿함은 없을 테지만 말이다. 여기에는 장 내벽에서 염증 작용의 시작 반응을 유발하는 것도 포함된다.[21] 그러면 장 내벽은 누출이 심해지며, 이런 독성 조각은 혈류를 타고 들어가 지방 조직이나 간 등의 다른 기관에 도달하게 된다. 뒤이어 연쇄반응이 일어나며 신체는 무증상 염증이라 부르는 높은 경보 상태에 들어간다. 말하자면 '코드 오렌지' 테러 경보의 생물학적 형태라 할 수 있을 것이다.[22] 최근 프랑스에서 45명의 과체중 및 비만 피험자를 대상으로 한 실험에 의하면, 현재 체지방 여부와는 관계없이, 채소를 거의 섭취하지 않은 상태로 정크푸드를 섭취하면 미생물 다양성과 풍부함은 감소하고 혈중 염증 지표는 증가한다고 한다.[23]

이런 낮은 수준의 염증 반응이 우리 몸에 어떤 영향을 끼치는 것일까? 혈류를 통해 우리 몸에 스트레스 증가 신호를 보내서 세포분열 속도를 늘리고, 그를 통해 수명이 단축될 가능성이 있는 것뿐 아니라, 지방 세포에도 영향을 끼친다. 그러면 더 많은 염증 반응 화학물질과 신호가 생성되어 혈중 인슐린이 증가하고, 이런 일이 지속되면 효율적인 포도당 대사를 저해하게 된다. 그 결과 더 많은 지방을 저장하라는 불필요한 신호가 내려진다. 특히 복부의 내장지방 쪽에 저장이 시작되는데, 오늘날 우리는 그게 안 좋은 일이라는 점을 아주 잘 알고 있다.

정크푸드 감염

미생물이 직접 살이 찌게 만드는 것인지, 아니면 단순히 고약한 식단과 여분의 지방이 문제인지를 판별하려면 머리를 굴려 훌륭한 실험 설계를 할 필요가 있다. 운 좋게도 쌍둥이와 무균 생쥐가 이번에도 구원자로 등장해 주었다. 세인트루이스에서 현지의 쌍둥이를 살펴보던 제프 존스의 연구진은 '비만도에서 차이를 보이는(즉, 한 명은 비만이고 한 명은 아닌)' 20대 미국인 여성 쌍둥이를 몇 명 발견했다. 한 쌍은 일란성이고, 세 쌍은 이란성이었다.

예상대로 쌍둥이의 장내 미생물은 서로 달랐다. 날씬한 쪽은 보통 장내 미생물이 다른 쪽보다 풍요롭고 건강했으며, 비피더스균과 유산간균의 수치도 높았다. 뚱뚱한 쪽은 미생물 다양성도 낮고 염증이 있는 신체와 유사한 수치를 보였다. 이어 연구진은 쌍둥이들의 대변 시료 8건을 가져다가 무균 생쥐에 무작위로 이식한 다음 결과를 확인했다.

결과는 놀랄 정도로 깔끔했다. 뚱뚱한 쪽의 대변 시료가 이식된 생쥐들은 순식간에 16퍼센트만큼 살이 더 쪘으며, 특히 염증성의 내장지방이 불어났다. 비만과 연관된 미생물이 진짜로 독성을 가지며 감염성 질병처럼 전파될 수 있다는 명백한 증거였다.[24] 이런 독성 미생물은 내장에서 순식간에 증식할 수 있으며, 공동체가 균형을 잃거나 다른 미생물이 억제되거나 전반적인 다양성이 부족해지면 문제를 일으킬 수 있다.

일반적인 무균 생쥐는 격리된 우리에서 무균 상태로 제왕절개로 꺼낸 다음 사육하는 방식으로, 즉 홀로 고립된 상태로 사육한다. 미생물을 바꿔서 다른 생쥐를 살찌거나 날씬하게 만들 수 있는지를 확인하기 위해서, 연구자들은 생쥐에게 감방 동료를 들여 주었다. 생쥐는 다른 설치류와 마찬가지로 자신의 배설물을 먹지만, 살짝 다른 맛이 필요해서인지 동료의 배설물도 맛보는 경향이 있으며, 그 과정에서 이로운 미생물을 교환한다. 그리고 연구진은 놀라운 결과를 발견했다.

처음부터 건강한 미생물을 가지고 있던 날씬한 생쥐는 비만 미생물을 가진 동료에게 전혀 영향을 받지 않았다. 오히려 그 반대가 성립했다. 독성 미생물을 가진 생쥐는 홀쭉한 생쥐의 미생물(특히 의간균류)을 내장에 받아들이자 비만과 염증 현상을 보이지 않게 되었다. 다른 중요한 발견은, 고지방/저섬유질 식단을 제공하면 이런 건전한 전염을 막을 수 있으며, 생쥐가 살찌게 된다는 것이었다. 반대로 건강에 좋은 저지방/고식물성 식단은 건전한 전염을 돕는 것처럼 보이는데, 아마도 원주민인 비민 미생물의 생장을 저해하기 때문일 것이다. 우리는 앞서 언급한 인간 쌍둥이의 대변 시료로 비슷한 실험을 시도해 보았다. 우리는 날씬함과 연관된 미생물을 무균 생쥐에 이식했다. 크리스텐세넬라라는 이름의 잘 알려지지 않은 미생물인데, 생쥐가 고지방 식단을 섭취해도 살이 찌지 않도록 막아주는 역할을 한다.[25] 이 미생물을 가지고 있는 인간은 비만이 되지 않는 것으로 보이는데, 애석하지만 수가 많은 편이 아니다.

이런 독성 미생물 감염 현상은 인간에게서 벌어지는 여러 관찰 결과를 설명할 수 있다. 예를 하나 들자면 뚱뚱한 어머니의 아기는 과식하지 않아도 뚱뚱해지는 경우가 있다. 갓난아기는 무균 생쥐와 별 차이가 없다는 사실을 기억하자. 임신한 여성의 식단을 바꾸면 이런 고난의 연쇄를 끊을 수 있을지도 모른다. 우리가 지금까지 얻은 결과에 의하면, 원래부터 마른 사람이나 고섬유질 식단을 택하는 사람들은 고지방 또는 정크푸드 식단에 대해 약간의 내성을 가진다. 그 이유는 정확하게 파악하지 못하고 있지만, 아마도 그런 사람들은 부티르산 같은 몸에 이로운 단쇄지방산을 더 많이 생산하는 미생물을 가지고 있을 것이다. 이런 단쇄지방산은 조절 T세포를 만족시켜 염증 상태를 억제한다. 물론 이런 보호 기제는 고지방 고당분의 정크푸드를 열심히 섭취하고 섬유질을 전혀 섭취하지 않으면 며칠 안에 무너져 버린다.

중국식 죽과 악당 박테리아

중국 산시성에 사는 우는 항상 급우들보다 뚱뚱했다. 그의 체중은 18세에 120킬로그램, 29세에 175킬로그램에 이르렀고 체질량지수는 놀랍게도 59나 되었다. 키가 172센티미터밖에 되지 않기 때문에 커다란 맥주통처럼 보였다. 우는 복용하는 약은 없었지만 당뇨병, 고혈압, 고콜레스테롤, 비정상적인 간 수치 등 온갖 질환의 보고였으며 염증 지수도 매우 높았다. 한마디로 몸이 엉망이었다. 그는 담배를 피우지도 않고, 음주는 아주 가끔 할 뿐이었다. 국수와 기름기 많은 고기를 좋아하고 같은 연령집단의 대다수 중국인보다 식사량이 많기는 했지만, 이런 비정상적인 비만 상태를 설명할 수 있을 정도는 아니었다.

비만과 미생물의 전문가인 상하이의 자오리핑 교수가 우를 진료했다. 그는 우의 질환이 상당히 특이하다고 생각하고, 우선 기본적인 검사를 통해 다른 질병일 가능성을 배제한 다음, 그의 장내 미생물 생태계 구성을 살펴보기로 마음먹었다.

대변에서 채취한 DNA 시료를 살펴보니, 그의 미생물 생태계는 엔테로박테리아라 부르는 박테리아 종류가 점거하고 있었다. 이 박테리아는 건강한 사람들의 체내에 소량으로 존재할 때는 보통 아무 해도 없지만, 그의 경우에는 잔인한 무법자로 군림하며 B29라 부르는 내독소를 다량 생산하고 있었다. 이 내독소는 경쟁자 장내 미생물의 세포벽을 공격하는 역할을 한다. 이런 공격적인 확장으로 인해 몸에 이로운 미생물은 거의 사멸해 버렸고, 신체 곳곳에서는 염증 반응이 일어나고 있었다.

자오는 우에게 특수 설계한 식단을 제공했다. 그는 기초 필요 열량의 3분의 2, 즉 하루 1,500kcal를 탄수화물 70퍼센트, 단백질 17퍼센트, 지방 13퍼센트의 구성으로 섭취하도록 당부받았다. 특이한 점은 그 내용물이 정백하지 않은 곡물, 중국 전통의 약용 식품, 그리고 '프리바이오틱'이라 부르는 이로운 미생물의 생장을 촉진하는 물질로 구성되어 있었다는 것이다. 겉보기에는 평범한 죽처럼 보이는데도, 놀랍게도 그가 처방한 식사는 빠른 효력을 보였다.

우는 9주 만에 30킬로그램을 감량했고, 넉 달 후에는 51킬로그램을 추가로 감량했다. 이런 체중 감소는 바로 혈액 성분에 반영되어 모든 결과가 정상치로 돌아갔고, 혈압 또한 마찬가지였다. 이런 죽을 9주 동안 섭취한 후, 엔테로박테리아 개체수와 배출하는 독소는 30퍼센트에서 2퍼센트까지 감소했고, 6개월 후에는 검출되지 않았다. 이런 효과는 염증 증상의 호전으로 이어졌다. 독성 미생물이 전멸하자, 우는 계속되는

허기 또한 멎었다는 사실을 깨달았다.[26]

이 사례에서도 원인과 결과를 분리하기는 쉽지 않다. 비만 상태 그 자체가 면역계의 약화를 불러와서 미생물과 독소가 장내를 점거하고 이상 활동을 보이게 만든 것일까? 아니면 미생물 그 자체가 비만을 유발한 것일까? 자오 교수는 우에게서 추출한 엔테로박테리아를 무균 생쥐의 장에 이식하는 영리한 실험을 계획했다. 그리고 앞서 확인했듯이, 장내 미생물이 없는 생쥐는 고지방 식단을 다량 섭취해도 살이 찌지 않는다.[27] [28] 그러나 고지방/저섬유질(정크푸드) 식단을 제공하고 이 한 종류의 박테리아를 이식했더니, 생쥐들은 놀라운 속도로 고도 비만이 되어버렸다.

처음 며칠 동안 생쥐들은 살이 빠졌다. 무법자 박테리아가 배출하는 염증을 유발하는 B29 내독소의 부작용이었다. 이어 일주일 안에 모든 생쥐가 체중이 증가하기 시작했고, 머지않아 당뇨병과 고지질증과 염증 증세를 보이기 시작했다. 이번에도 고지방 식단과 독성 미생물의 조합이 치명적이었고, 일반적인 사료를 먹은 생쥐에서는 미미한 효과밖에 확인할 수 없었다.

단 하나의 독립 사례이기는 해도, 이 사례는 한 종류의 미생물이 마치 염증을 유발할 때처럼 비만 또한 직접적으로 유발할 수 있다는 것을 보여준다. 물론 인간의 희귀한 유전자 돌연변이처럼 비정상적인 사례일 가능성이 클 것이다(솔직히 그랬으면 좋겠다). 연관 미생물 여러 종을 사용한 다른 실험에서는 이 정도로 극적인 효과를 얻어내는 데 실패했다. 일반적으로 설치류를 살찌우기 위해서는 서로 교류하는 미생물 공동체 전체가 필요하며, 그 점은 인체에서도 마찬가지다.

치료가 끝나서 날씬하고 힘이 넘치게 된 우는 결과에 너무 만족해서 이후 1년 동안 추가로 특제 죽을 먹었고, 그 결과 살이 더 빠졌다. 자오 교수도 이 결과에 만족했고, 이제는 텔레비전에 출연하고 6백만 명이 드나드는 블로그를 운영하는 유명 인사가 되었다. 온갖 연령층의 고도비만 중국인들이 특수 식단 치료를 받으러 그를 방문하고 있다.

야팡은 중국 북서부에서 온 3세 여아로, 부모가 정상 체중인데도 몸무게가 46킬로그램에 달했다. 이 아이는 식욕을 조절하지 못해서, 음식을 얻기 위해 히스테리컬하게 울부짖는 것을 비롯한 온갖 수단을 동원했다. 좌절한 부모는 상하이의 치료소 근처로 이사해서 3년 동안 자오의 엄격한 식이요법을 따랐다. 그녀가 살이 빠지고 정상적인 미생물 및 식욕을 되찾을 때까지의 놀라운 이야기는 최근 중국의 한 방송국에서 다큐멘터리로 제작되었다.[29]

지금까지 1천 명이 넘는 중국인이 그의 방법을 따라 치료를 받았고, 그중 많은 수가 장내 미생물 생태계의 체계적 연구 대상이 되었다. 그는 자신의 전문 기술을 자세히 노출하기는 꺼렸지만, 자신이 개발한 특수한 채식 식단의 초기 결과는 일부 논문으로 공개했다.

한 연구에서, 자오는 상하이에서 93명의 비만이며 당뇨병 초기인 자원자를 모아들여, 자신이 WTP라 부르는 식이요법을 사용했다. 12가지의 정백하지 않은 다양한 잡곡, 중국 전통 한방식품, 몇 종류의 프리바이오틱 식품을 섞은 것이었다. '퀘

이커 오츠Quaker Oats' 오트밀 대신 아침 식사로 시도해 보고 싶은 사람들을 위해 자세히 설명하자면, 이 죽에는 귀리, 율무, 메밀, 흰강낭콩, 옥수수, 팥, 대두, 얌, 대추, 땅콩, 연자육이 들어간다고 한다. 일부 환자의 식단에는 여주도 들어갔다. 그의 식이요법은 이런 식으로 매일 1,350kcal와 엄청난 양의 섬유질을 9주 동안 섭취하며, 이어지는 유지 식이요법까지 총 5개월을 시행한다. 대부분의 자원자는 혈중 염증 지표와 인슐린 저항성이 감소했으며, 평균적으로 5킬로그램을 감량했고 아예 실패한 사람은 9퍼센트에 지나지 않았다.[30] 그는 연구를 확장하여 연구에서 언급한 유아의 다수가 과식을 유발하는 확진되지 않은 유전적 질환(프레이더-윌리 증후군 같은)을 가지고 있다는 사실을 확인했다. 어쨌든 그런 아이들도 이런 식이요법의 효과를 보았으며, 음식을 향한 과도한 갈망도 완전히 억제할 수는 없어도 줄일 수는 있었다.

거의 6개월 동안 식이요법을 지속하게 만드는 것만도 이미 상당한 도전이다. 그러나 런던에서 직접 만나 본 자오리핑은 자신이 해법을 알고 있다고 말했다. "중국에서도 식이요법을 준수하게 만들기는 다른 곳과 마찬가지로 상당히 어렵습니다. 하지만 이 식이요법의 목적이 미생물 공동체에 변화를 주어 배고픔을 비롯한 다른 여러 문제를 해결하는 것이라고 알려주면, 상황은 제법 달라집니다. 상처 감염의 경우처럼 지속적인 치료로 받아들이게 되는 거지요. 매주 식이요법사를 만나고 2주마다 의료진이 검진을 합니다. 그러면서 체내 미생물이 어떤 식으로 변하고 있는지를 보고해 주지요. 이런 특수식 말고도 채소나 두부나 단맛이 덜한 과일로 식단을 보충해도 된다고 권장해 줍니다. 감자는 금지고요." 그는 지금 비만 환자의 대장에서 가장 흔한 50종의 미생물을 날씬한 사람의 대장에서 가장 흔한 50종의 미생물로 교체하는 계획을 세우고 있다. 주요 생물종을 교체해서 건강한 생태계를 구성하려는 생각이다. 자오가 사용하는 한방 약초 중 많은 수는 몇 세기 동안 사용되며 시행착오를 통해 충분한 검증을 거친 것들이다.

금액을 경계하라

4세기 동진 왕조 시절, 유명한 한방의漢方醫인 갈홍은 식중독이나 심한 설사병을 앓는 환자에게 특수한 약초를 배합하여 만든 약물을 처방한 것으로 이름을 알렸다. 그의 치료법은 결과가 훌륭했고, 중국 최초의 구급약 전서인 〈주후비급방肘後備急方〉에는 기적에 가까운 치료법이 여럿 수록되었다.[31] 여기서 독보적인 최고의 치료제는 바로 '금액金液'인데, 온갖 강력한 약초와 건강한 사람의 대변과 진흙을 섞은 다음 항아리에 담아 땅속에서 20년 동안 숙성시킨 물질이다. 보통은 환자에게 차로 타서 먹인다.

'금액'이 자오의 열두 가지 약초에 포함되지 않은 것은 안타까운 일이다. 그의 열두 가지 약초 중 하나인 황련은 상세한 연구로 검증된 바 있다. 황련에서는 베르베린이라는 물질을 추출할 수 있는데, 고지방 식단을 섭취한 쥐의 염증 피해를 예방할 수 있으며 프리바이오틱 물질과 같은 효과를 내서 몸에 이로운 미생물이 번식하도록 도울 수도 있다.[32] 중국에서 소규모로 벌인 여러 임상시험을 메타분석한 결과에 의하면, 베르베린은 당뇨병의 대체 치료제로 사용될 수 있으며, 인터넷에서는 기적의 치료제라고 추켜세워지고 있다고 한다. 그러나 구매자들은 주의할 필요가 있다. 이런 부류의 약초는 종종 매우 독하며, 상품의 품질과 효력 또한 검증되지 못한 경우가 많기 때문이다.

우리는 이제 중국발 임상시험의 질적 신뢰도 평가라는 문제에 직면하게 되었다. 최상위의 중국 과학자들이 학계 최고의 논문을 배출하는 것은 사실이지만, 반대쪽 극단에는 돈만 내면 무슨 논문이든 실어주는 학술지도 있다. 요즘은 성공은 하고 싶은데 시간도, 아이디어도, 그리고 가장 중요한 실제 데이터도 없는 사람들을 위해, 수천 달러를 내면 가짜 논문을 집필하고 발표해 주는 대규모 사업체가 존재한다. 심지어 수신자부담 전화번호까지 있다.[33] 슬프게도 가짜 학술지 문제는 중국에만 국한되지 않으며, 전 세계의 학계에서 문제를 일으키고 있다.

자오리핑의 인생 역정은 상당히 흥미롭다. 그는 산시성의 작은 농촌 마을에서 태어나 자랐고, 문화대혁명의 여명기에 태어난 대부분의 중국인들처럼 남동생 두 명과 함께 소박한 어린 시절을 보냈다. 그의 아버지는 고등학교 교사였고 어머니는 방직공장에서 일했다. 양친 모두 전통 한방의 신봉자였다. 자오는 아버지가 B형간염을 이겨내기 위해 하루에 두 번씩 냄새가 고약한 탕약을 들이켜던 모습을 기억한다.

자오는 분자식물병리학 박사 학위를 취득하고 1990년대 초반 미국 코넬 대학교에서 몇 년 동안 식단과 건강 분야를 연구했다. 동시에 미국식 식단을 몸소 경험하며 허리둘레가 상당히 늘어나기도 했다. 산시성으로 돌아와 자기 연구실을 가지게 된 자오는 식물의 감염을 조절하는 이로운 박테리아의 사용 연구에 매진했다. 1990년대 내내 그는 돼지의 감염증을 조절하는 박테리아가 인간에게도 통할지 모른다는 가능성을 계속 탐구했다. 그러는 동안 그의 가족의 건강은 엉망이 되어가고 있었다. 과체중이 된 부친의 혈중 지질 농도는 극적으로 상승했고, 뇌졸중을 두 번 겪었다. 두 동생 또한 비만이 되었다. 그는 자신의 연구 주제를 식물에서 동물로, 이어 인간의 건강으로 바꾸기로 마음먹었다.

미국의 미생물 생태계 이론 선구자인 제프 고든이 장내 미생물이 비만에 영향을 끼칠 수도 있다고 주장한 2004년 논문을 읽은 후, 그의 관심에 다시 불이 붙었다. 대규모 지원금을 끌어올 수 없었던 그는 자신을 기니피그로 삼아 체중 증가에 연관된 미생물을 판별해 내려 애썼다. 자오는 저열량 식단과 격렬한 운동을 병행하는 서구식 체중 감량 방식이 터무니없다고 생각했다. "영양학적으로 볼 때 육체는 이미 상당한 압박을 받고 있습니다. 그런데 거기다 물리적 압박까지 추가하는 겁니다. 체중이 줄어들 수는 있겠지만 동시에 건강도 해치게 되지요."

그는 아버지의 탕약을 떠올리고 전통적인 방법을 시도해 보기로 했다. 그는 마와 여주로 만든 발효 프리바이오틱 식품과 정백하지 않은 곡물로 구성된 식단을 섭취하며 소화기관 내부의 박테리아 생태계에 변화를 줄 수 있는지를 확인해 보았다. 자신을 대상으로 이런 실험을 하면서, 그는 2년 만에 20킬로그램의 뱃살을 빼는 데 성공했다. 10년 전에 미국에서 찌워온 살이었다. 그의 미생물 생태계는 다양성이 늘어났으며, 특히 소염 능력이 있는 파이칼리박테리움 프라우스니치가 큰 폭으로 증가했다. 그는 이런 결과를 통해 특수한 프리바이오틱 식단을 사용하면 해로운 미생물을 이로운 미생물로 교체할 수 있다는 확신을 얻었다. 여기서 힘을 얻은 그는 기금을 모아서 비만이 된 동포들을 치료하고 연구하기 시작했다.

대후진 운동

오늘날 살아 있는 중국인 중 많은 수는 1950년과 1960년에 광신적인 정부 집산화 정책이 불러온 기근을 기억하고 있다. 모순적이게도 그 정책에는 '대약진 운동'이라는 이름이 붙었다. 수백만 명의 중국인이 그 때문에 굶어 죽었다. 앞서 우리는 1980년대의 '중국 연구'에서 중국인의 심장병과 암 발병률이 극도로 낮다는 사실에 주목해서, 중국식 식단이 서구의 구세주가 될 수 있다고 홍보했다는 사실을 살펴봤다.

2천 년 전의 한방서인 『황제내경黃帝內經』은 비만을 엘리트 계층에서 드물게 찾아볼 수 있는 질병으로서, '기름기 많은 고기와 정백한 곡물'의 과식이 발병 요인이라고 기록했다. 그렇게 보면 대부분의 현대 중국인은 이런 '엘리트 계층'으로 신분이 상승했다고 생각할 수도 있을지도 모른다. 이제 중국에는 다른 어느 나라보다도 비만 환자가 많기 때문이다. 중국인들의 몸매가 변하는 모습은 미국 및 영국인들이 지난 30년 동안 겪은 변화를 고속 재생한 것처럼 느껴진다. 중국 성인 인구의 4분의 1 이상이 과체중이나 비만이며, 유아 인구의 7퍼센트가 의학적으로 비만 판정을 받는다. 이 아이들이 나이를 먹으면 중국의 문제는 더욱 심각해질 것이다. 좌절한 부모들은 음식에 대한 자제력이 약하고 운동할 생각은 전혀 없는 이 토실토실한 아이들을 미국식 비만 캠프에 보낸다. 비만의 창궐로 이미 1억 명의 당뇨병 환자와 5억 명의 전당뇨 환자가 발생했다. 게다가 중국인은 유럽인에 비해 유전적으로 당뇨병에 취약하고 내장지방을 더 쉽게 축적하는 경향이 있으며, 이제 심장병 발병률마저 큰 폭으로 늘어나고 있다. 최근 10년 동안 평균 열량 섭취량은 증가하지 않았으나, 소득 증가 덕분에, 현대 중국인의 식단에는 채소가 중심이던 1980년대에 비해 두 배 이상의 기름과 육류가 들어간다.

이런 체지방 증가에도 불구하고, 모순적이게도 농촌 지역의 많은 어린이는 비타민 결핍증과 성장 장애에 시달린다. 따라서 고속성장을 경험하고 있는 개발도상국인 인도나 아프리카의 여러 지역처럼, 우리는 영양결핍과 영양과다가 동시에 발생하는 기묘한 상황을 목도하고 있는 셈이다. 이는 아마도 육체가 지속적인 특정 영양소 결핍 상태에 처하면, 지방 세포가 보호를 위한 지방질 축적을 늘리려는 경향을 보이기 때문일 것이다. 이런 신호에도 미생물이 연관되어 있을 가능성이 크다.

따라서 품질이 떨어지고 섬유질과 영양소가 부족한 정크푸드 또는 가공식품의 섭취가 늘어나면, 신체는 여러 '부족한 요소'를 보충하기 위해 더 많이 먹으라는 신호를 보내며, 그로 인해 비만과 영양 결핍이 반복되는 치명적인 악순환이 일어난다. 그리고 이런 정크푸드는 단순히 패스트푸드 음식점이나 싸구려 슈퍼마켓에서 공급되는 것만이 아니다. 나라마다 고유의 정크푸드가 존재하기 때문이다.

자오는 현대 중국의 비만 급증에는 두 가지 주된 요인이 있다고 생각한다. 하나는 (육류를 통한) 단백질과 지방 섭취의 증가고, 다른 하나는 미생물 증식을 촉진하고 염증을 제거해 줄 전곡류와 섬유질과 영양소의 부족이다. 유제품 섭취 증가는 이유가 아니다. 북부 지방에서 살던 어린 시절에, 그가 먹던 국수와 밥은 항상 뿌연 회색이었다. 깔끔하게 도정하지 않아서 섬유질과 영양소가 풍부했기 때문이다. 요즘 먹는 눈처럼 새하얀 국수와 밥에는 미생물에 도움이 되는 섬유질과 영양소가 없으며, 이런 추세는 계속 증가하기만 한다.

많은 중국인은 노동 시간이 길어서 아침을 먹을 시간이 없다. 점심은 보통 고용주가 제공하는 음식을 푸짐하게 먹는다. 저녁은 고객들과 함께 정찬을 즐기러 갈 수도 있다. 모든 요리에 고기가 들어가며, 전곡류나 채소가 들어갈 자리는 거의 없다. 이제 여성도 노동을 하기 때문에 요리할 시간이 없으며, 현대의 중국 여성은 음식을 준비하거나 직접 요리하는 방법을 모른다. 따라서 식당이나 패스트푸드에 대한 의존은 갈수록 커지고 있다. 중국에는 이제 맥도널드 매장이 2천 개가 있다. 자오리펑은 현대 중국인이 영양학적으로 미국인보다 더 미국인답다고 생각한다. 칭찬으로 받아들일 말이 아니다.

미생물의 정신 조종과 햄버거 좀비

이런 고지방/고당분 가공식품이 몸에 나쁘다는 것을 알고 있는데도 먹고 싶은 충동이 끊이지 않는 이유가 무엇일까? 대체 무엇이 우리 내면의 욕망을 자극하는 것일까?

어쩌면 범인은 여러분 몸속의 미생물일 수도 있다.[34] 미생물이 뇌에 작용하는 화학물질을 생성해 우리의 기분이나 불안이나 스트레스에 영향을 끼칠 수 있다는 점은 앞서 살펴본 바 있다. 미생물은 종마다 선호하는, 즉 섭식과 번식에 필요한 식품의 종류가 다르다. 따라서 이들은 최적의 환경 요인을 유지하려는 쪽으로 진화해 왔으며, 생존하기 위해서는 뭐든 할 수 있다. 이들의 행동 중에는 숙주로 삼은 인간에게 신호를 보내서 자기네가 번성하기에 유리한 정크푸드를 계속 섭취하게 만드는 것도 포함된다.

이런 발상은 이제 단순한 가설로 끝나지 않는다. 특정 면역 수용체(TLR5)가 존재하지 않도록 인공적으로 만든 생쥐를 대상으로 입증되었기 때문이다. 이 수용체가 없으면 장과 면역계 사이의 정상적인 소통이 불가능하며, 따라서 배고픔을 유발하는 장내 미생물에 변화가 일어난다. 이런 미생물을 정상 생쥐에 이식하면 배고픔을 유발할 수 있으며, 항생제를 사용하면

효과를 되돌릴 수 있다. 미생물이 중요한 요인이라는 증거인 셈이다.[35]

인간에게서는 아직 이런 작용이 검증되지 않았지만, 독성 미생물이 특정 개인의 미생물 생태계를 점거할 수 있다는 점은 사실일 가능성이 크다. 우의 엔테로박테리아의 경우처럼 말이다. 작은 미생물이 큰 숙주를 조종하는 경우는 자연계에서 흔히 찾아볼 수 있다. 예를 들어, 어떤 균류는 개미의 뇌에 침투해서 '좀비'로 만들어 자신의 사악한 계획을 수행하게 만든다. 이런 개미들은 식물 위로 올라가라는 충동을 받으며, 올라간 다음에는 잎의 뒷면을 먹고 살다가 아래쪽의 감염되지 않은 개미들에게 포자를 흩뿌린다. 어떤 박테리아는 초파리가 인슐린을 추가로 생산해서 살이 찌도록 만든다. 이러면 박테리아의 증식에는 유리하지만 불쌍한 파리에게는 전혀 도움이 되지 않는다.[36]

따라서 미생물이 뇌에 작용하는 화학물질을 보상으로 제공해서 우리 식습관에 영향을 끼치며, 햄버거를 더 먹으라고 유도한다는 착상도 별로 미친 소리는 아니다. 사실 고도로 특화하는 방향으로 진화한 우리 몸속의 미생물에게는 누워서 떡 먹기일 것이다.[37]

이제 우리는 인간의 신체와 식단 속 지방의 관계가 극도로 복잡하다는 점을 잘 알고 있다. 그리고 모든 지방 섭취량을 줄여야 한다는 단순한 교리에 과학적 근거가 없다는 점도 알게 되었다. 소금과 설탕이 잔뜩 들어간 가공식품 속 지방이 몸에 해롭다는 것도, 인공적으로 만든 트랜스지방은 그보다도 해롭다는 사실도 잘 알고 있다. 반면 포화지방처럼 과거에 몸에 해롭다고 비난받았던 여러 종류의 지방에는 우리 몸에 반드시 필요한 화학물질과 영양소가 포함되어 있으며, 동시에 우리 몸의 미생물 다양성 확보에도 도움이 된다는 사실이 밝혀졌다. 다양한 형태의 지방은 여러 식품의 필수 구성 요소이며, 따라서 몇 가지 하위 분류군에만 신경 쓰는 일은 별 의미가 없다. 게다가 다양성과 색채와 신선함에 중점을 두어야 하는 지중해식 식단처럼 건강한 고지방 식단을 충분히 검토하지 못하게 만들기도 한다. 따라서 '무지방' 스티커는 건강이 아니라 가공의 징표로 받아들여야 한다. 식품성분표라는 인공적인 세계를 벗어나면, 지방과 단백질은 분리할 수 없다.

그럼 이제 다양한 형태의 단백질이 건강에 어떤 영향을 주는지를 알아보기로 하자.

동물성 단백질

윌리엄 밴팅은 서부 런던에서 상당한 성공을 거둔 장의사로, 왕족의 장례식을 주관하는 유명한 가문 출신이었다. 그는 항상 건강했으나 몸무게는 좀 나가는 편이었다. 30대에 들어서자 그의 문제는 계속 심각해졌고, 허리둘레는 어느새 또래에서 견줄 사람이 없을 지경으로 부풀었다. 친구들과 영양사는 식단을 바꾸라고 권고했고, 주치의는 운동량이 부족하다고 말했다. 이에 그는 살을 빼기로 결심했다. 이후 30년 동안 그는 여러 종류의 제한적 식이요법과 다양한 운동을 시도했다. 몇년 동안은 하루에 한두 시간씩 노젓기 운동을 했지만, 그저 배만 더 고파질 뿐이었다. 하루에 몇 시간씩 수영을 해 보기도 했지만, 이번에도 별로 도움이 되지 않았다. 경보도 해 보고, 스파에서 증기욕을 시도해 보기도 했다. 그러나 체중은 전혀 변하지 않았다. 뭘 해도 아무런 효과도 없었다.

마침내 그는 하비 박사라는 사람을 찾아가 개인 상담을 받았다. 하비 박사는 런던의 이비인후과 전문의로, 식단 조언에도 살짝 발을 들여놓은 사람이었다. 그는 육류와 과일만 섭취하는 식이요법을 권했고, 지금까지 수많은 실패를 거듭해 온 윌리엄은 그 결과에 깜짝 놀라고 말았다. 다음 한 해 동안 그는 29킬로그램을 감량했으며, 81세에 사망하기 전까지 그 체중을 유지했다. 그가 집필한 소책자인 「비대증에 대한 소고, 대중에 권하는 조언」은 1864년의 영국에서 논란을 불러일으키며 베스트셀러가 되었다. 앳킨스가 등장하기 1세기 전의 일이었다.

우리가 식단에서 얻는 거의 모든 단백질은 적은 수의 식품으로부터 온다. 그중 쇠고기나 닭고기 같은 육류는 단백질 함량이 30퍼센트 정도다. 연어나 참치 같은 생선은 20퍼센트, 콩과 견과류는 24퍼센트, 대두는 12퍼센트가 단백질로 구성되어 있다. 단백질 함량이 높은 인공식품에는 대두 추출물이나 우유에서 얻은 유청 단백질을 사용한다. 채식주의자나 비건 또한 정상적인 양의 단백질을 섭취할 수 있지만, 그러려면 음식 섭취량을 늘려야 한다. 1년에 5백억 마리의 닭을 사육해서 잡아먹는 세계에 살면서도, 육류 섭취가 몸에 이로운지는 여전히 우리 시대의 가장 큰 논쟁거리 중 하나다.

일부 사회 역사학자들은 행복한 수렵채집 문명에서 억압당하는 농경 문명으로 넘어온 것이야말로 '인류의 가장 큰 실수'라고 말한다.[1] 농경을 시작하지 않은 1만 년 전 조상들의 식생활을 따르는 행위는 얼핏 보면 논리적으로 보인다. 구석기 식이요법은 놀랄 정도로 성공을 거둔 앳킨스 식이요법의 변종으로, 미국에서 상당히 유명해져서 수천 가지의 구석기 요리책이 등장하고 구석기 식당 또한 유행을 타고 불어나는 중이다(포도주는 예외로 치는 모양이다). 구석기 식단은 단백질이 가득하며 탄수화물 함량이 낮고, 곡물과 대부분의 당류는 들어가지 않는다. 로스앤젤레스에서 온 여성을 만난 적이 있는데, 그녀는 헬스 수업에서 구석기 식이요법을 하지 않는 사람이 자기뿐이라는 사실을 부끄럽게 여기고 있었다(도저히 빵을 포기할 수 없었다고 한다).

고단백질/저탄수화물 식이요법의 지지자들은 이런 방식이야말로 다른 어떤 방식보다 빠르게 살을 뺄 수 있으며 빠진 상태를 유지할 수 있다고 말한다. 게다가 당뇨병을 억제하거나 증세를 되돌릴 수도 있고, 콜레스테롤과 심장병도 감소시키며, 알레르기와 자가면역결핍증도 치료할 수 있다고 한다. 대부분의 서구 국가에서 육류 섭취율이 감소하기는 했지만, 우리는 여전히 열량 섭취, 문화, 가족 정찬 등에서 많은 부분을 동물성 식품에 의존한다. 영국인들은 매년 평균 84킬로그램가량의 고기를 섭취하는데, 이는 유럽의 이웃 나라들과 비슷한 수치다. 그러나 버거와 스테이크를 좋아하는 미국인의 섭취량은 이보다 많아서, 매년 127킬로그램 정도를 해치운다. 육류가 비교적 값싼 음식이 되어 사방에 가득한 이상, 이제 우리 모두가 '육류라는 뿌리로 돌아가는' 친환경 철학에 따라야 하는 것은 아닐까?

앳킨스 신앙

디키는 침실 거울에 비치는 자신의 모습이 마음에 들지 않았다. 럭비와 스쿼시를 즐기던 시절은 이제 끝나 버렸다. 이제는 자신이 뚱보라고 인정할 수밖에 없었다. 눈앞에 자기 배가 퉁퉁하게 튀어나와 있는데 어떻게 부정하겠는가. 한동안 뭐라도 좀 하라고 귀찮게 굴어 온 아내의 말이 옳았다. 이젠 그도 한창때가 아니었다. 55세의 외과의사인 그의 건강은 이미 젊은 시절과는 한참 달라졌다. 피로가 금세 찾아왔다. 온종일 선 채로 수술을 하면 탈진해 버렸다. 심지어 골프조차 힘겨운 노동이었고 무릎이 쑤셨다. 뭔가 하고는 싶었다. 고기를 좋아하는 그에게는 앳킨스 식이요법이 괜찮아 보였다. 앳킨스 요법을 시도한 그의 남동생은 9킬로그램을 뺐고, 6개월이 지난 후에도 여전히 괜찮아 보였다.

처음 며칠은 쉬웠다. 베이컨과 달걀로 하루를 시작하고, 점심으로는 삶은 달걀 한두 개나 치즈 오믈렛을 먹었다. 저녁에는 생선 또는 스테이크에 샐러드를 곁들였다. 하루에 한두 번 정도는 별생각 없이 비스킷이나 빵조각이나 포도송이를 손에 들었다 내려놓기도 했다. 2주가 지나자 기분이 밝아지고 허리둘레도 줄어들기 시작했다. 벌써 몇 파운드 정도 감량에 성공했다. 묘하게도 처음에 생각했던 것만큼 배가 고프지는 않았다.

그는 추가로 한 달 동안 식이요법을 수행해서 6킬로그램 정도를 감량했다. 자신의 의지력이 자랑스럽게 여겨졌고, 가족들도 지원을 아끼지 않았다. 그러나 기분 나쁜 부작용이 몇 가지 눈에 띄기 시작했다. 변비가 조금씩 심해지고, 아침에 일어나면 입냄새가 고약했으며, 잠시 폭발적으로 치솟던 에너지도 사그라들기 시작했다. 그는 병원 동료를 한 명 붙들어 혈액검사를 받았다.

혈중 지질 검사에 의하면 그의 총콜레스테롤 수치는 5퍼센트가량 상승했는데, 측정 오차 이내라서 큰 도움은 되지 못했다. 몸에 해로운 저밀도지방단백질(LDL)이 살짝 증가하긴 했지만, 몸에 이로운 고밀도지방단백질(HDL)의 양을 보면 균형을 이루고도 남을 정도였다. 그보다 걱정되는 쪽은 약간 나빠진 간 수치와 통풍의 위험인자인 요산 수치였다. 그는 남동생에게 전화를 걸어 조언을 구했지만, 그는 비슷한 증상을 전혀 경험하지 못했으며 이제 거의 탄수화물을 섭취하지 않으면서 줄어든 체중에서 안정된 상태였다. 낙심한 디키는 치즈와 과일을 얹은 맛있는 빵 한 조각을 머릿속에서 곱씹기 시작했다. 그는 결국 천천히 포기하고 옛날 식습관으로 돌아갔으며, 애석하게도 허리둘레 또한 그에 따라 원상태로 돌아왔다.

앳킨스 식이요법이라는 혁명은 1970년대에 유행하던 온갖 저지방 또는 저혈당 식단의 대체재로 등장했다. 앳킨스 박사는 밴팅으로부터 백 년 후에 등장한 사람인데도 불구하고 여전히 시류를 거스르는 위치에 있었으며, 그의 식이요법이 주류가 되기까지는 상당한 시간이 필요했다. 그러나 성공한 종교가 흔히 그렇듯이, 그의 식이요법은 수백만 명의 신실한 신도들에게 퍼져나갔다.[2] 나는 전에 펴낸 책에서 앳킨스 본인도 과체중이며 심장 질환을 앓았을지도 모른다는 '의혹'이 있다고 말했다. 이 언급의 문제점을 지적하는 독자 편지는 다른 어떤 주제와도 비교할 수 없을 정도로 많았다.

그의 착상은 분명 성공을 거두었으며, 당대의 대부분의 식이요법과 비교해 볼 때 여러 면에서 혁신적이었다. 단순하고 매력적이며, 양적 제한은 전혀 없었으니까. 온갖 식품군을 섞고 대체하고 식사 시간과 섭취 열량과 매 끼니의 분량을 조절하느니 혼란에 빠진 다이어트 대상자들은 이 점이 마음에 들었다. 탄수화물을 피하고 단백질은 원하는 만큼 섭취해도 된다니, 참으로 단순하고 효율적인 메시지였다. 이 방식을 따른 사람들은 대부분 한두 주 안에 체중 감량에 성공했으며, 상당수는 몇 개월 동안 그 체중을 유지했다.

앳킨스식 식이요법을 이용한 체중 감소는 종종 저지방 방식에 비해 빠르고 눈에 띈다는 쪽에 중점을 두어 보도되었다. 연구에 따르면 처음 6개월 동안은 그 사실에 의심할 여지가 없지만, 1년 이상 수행했을 때의 결과를 비교하면 증거가 불명확해진다고 한다. 검사 결과에서는 그 외에도 몸에 이로운 HDL의 증가 등 부수적인 이로운 효과도 확인되었다.[3] 고단백질과 저탄수화물의 조합은 케톤 생성 식이요법이라 부르기도 하는데, 신체는 포도당이 부족해지면 간 속의 여러 지방산을 엮어 케톤체를 생성해서 연료로 사용하기 때문이다. 케톤체는 연소 효율은 떨어지지만, 우리 뇌와 다른 필수 장기에 에너지를 공급하는 수단의 하나로서 매우 중요한 역할을 한다.[4]

케톤 생성 식이요법을 수행하는 사람들의 몸에서 일어나

는 대사 작용의 변화는 여러 부작용을 동반하는데, 이 중에서는 특정 질환을 치료할 때 묘한 이점으로 작용하는 것들도 있다. 예를 하나 들자면, 케톤 생성 식이요법에는 간질을 앓는 유아의 발작을 예방하는 효과도 있다. 고단백질 식이요법은 저지방 식이요법보다 단기적으로는 체중 감소 효과가 더 클 수도 있는데, 단백질과 지방은 탄수화물에 비해 에너지 전환 효율이 훨씬 떨어지기 때문이다. 따라서 같은 일을 해도 더 많은 열량을 소모하게 된다. 다른 이유는 지방과 단백질 쪽이 대부분의 탄수화물보다 포만감이 크기 때문인데, 여기에는 호르몬을 분비해 뇌에 신호를 보내는 장이 큰 역할을 한다. 고단백 고지방 섭취가 지방 축적을 조금 늦출 가능성은 분명히 존재하지만, 이조차도 논란의 여지가 있다. 그리고 다른 여러 식이요법에서처럼, 먹을 수 있는 식품의 종류가 줄어들면 자연스럽게 섭취 총열량이 줄어들게 되기도 한다.

디키와 같은 사람들은 몇 개월 이상 식이요법을 지속하는 일이 상당히 힘들다. 사실 체중 감량을 시도하는 사람 중에서 10퍼센트의 체중 감소를 12개월 이상 유지하는 사람은 6명 중 1명도 되지 않으며, 사실 이런 결과조차 과대평가일 가능성이 크다.[5] 물론 지루함과 다양성 부족도 영향을 끼치겠지만, 어쩌면 대사 작용의 문제가 얽혀 있을지도 모른다.

세심하게 통제한 연구에서 밝혀진 바에 의하면, 어떤 식이요법이든 6주 동안 엄격하게 수행해서 10퍼센트의 체중 감량을 성공한 후에는, 신체가 과거의 지방 저장량을 복구하려고 시도하기 때문에 에너지 소모와 대사 작용이 감소하게 된다고 한다. 임상시험 결과 일반적으로 저지방 식이요법이 이런 재설정 작용을 불러오기 쉬우며, 고단백질/저탄수화물의 앳킨스 식이요법이 가장 영향이 적은 것으로 확인되었다.[6]

그러나 고단백질 식이요법조차도 신체를 그리 오래 속일 수는 없다. 시간이 지나면 코르티솔 수치가 상승하고 갑상선 수치가 감소하는데, 양쪽 모두 지방 저장량을 유지하고 에너지 사용을 줄이는 효과를 보인다.[7] 따라서 정확한 작용 자체는 식이요법에 따라 다르기는 하지만, 신체는 어느 경우에든 지방 저장고를 원래대로 되돌릴 방법을 확보하고 있는 것이다. 누구나 주변에 특정 식이요법이 유달리 몸에 맞거나, 모든 식이요법을 시도하는 족족 실패하는 사람이 한둘씩은 있을 것이다. 이런 현상은 단순한 의지력의 문제가 아닐 수도 있다. 의지력이 충만한 사람들이라도 신체가 식이요법에 반응하기 힘들게 만드는 다른 요소를 가지고 있을 수도 있다. 대부분의 식이요법은 한두 주 정도는 효과가 있지만, 이런 초기의 감량분은 대부분 수분이다. 신체가 장기적으로 적은 열량에 적응하기 시작하면 얼마나 쉽게 지방을 태울 수 있는지, 그리고 그에 보상하기 위해 얼마나 대사 작용의 속도를 줄일 수 있는지에서 개인차가 발생한다. 이런 작용은 상당히 복잡하며, 장이나 뇌의 화학물질에 의한 것이든, 아니면 심리적인 요소에 의한 것이든(앞서 살펴본 쌍둥이의 식이요법에서 본 것처럼), 모두 유전자와 미생물에 강한 영향을 받는다.

고단백질 식이요법의 여러 이점과 부작용을 놓고, 정확히 어느 부분이 탄수화물의 부재 때문에 발생하고 어느 부분이 단백질의 추가 섭취 때문에 발생하는지를 판별하기는 쉽지 않다. 앳킨스 식이요법의 경우에는 최근 진화를 거듭하고 있다. 배후에서 수십억 달러 규모의 사업을 운영하는 교단의 사제들은 갈수록 완전한 탄수화물 금지가 아닌 소량 섭취가, 육류 섭취를 늘리는 것보다 중요하다고 강조하고 있다. 또한 더 많은 식물성 섬유질을 식단에 포함시키라고 권장하기도 한다. 그러나 이런 자유주의 개량 교리가 번져나가도, 여전히 일부 사람들은 통풍, 변비, 구취와 같은 부작용을 겪는다. 묘하게도 22주간 앳킨스식 식단을 공급한 생쥐들 또한 건강이 나빠졌는데, 인간으로 환산하면 수년 정도가 된다. 이런 생쥐들은 비정상적인 콜레스테롤 및 지질 수치, 염증전 상태, 간 지방의 증가, 포도당 저항성, 췌장 수축 등의 증세를 보였다. 게다가 이렇게 고생을 했는데도 체중은 조금도 감소하지 않았다.[8]

미생물이 체중 감소를 예견한다

신체의 특정 대사 상태가 특정 식이요법에 대한 여러 반응에 영향을 끼칠 수도 있다. 내 동료인 더스코 에를리히는 EU에서 2천만 유로 규모의 지원을 받는 '메타-히트Meta-Hit'라는 이름의 미생물 생태계 프로젝트를 담당하고 있었는데, 이를 통해 주요한 일부 질문에 대한 해답을 얻어냈다. 연구진은 통상적인 방법대로 유전자 하나의 DNA를 분석해서 장내 미생물을 확인하는 대신, 모든 미생물의 모든 유전자를 확보한 다음 거대한 지그소 퍼즐처럼 다시 맞춰 나갔다. 이런 방식은 샷건 메타-유전체분석이라 부르는데, 엄청난 크기의 데이터가 생성되며 조각을 다시 맞추는 데 막대한 계산력이 필요하기 때문이다. 게다가 1인당 수천 유로의 비용이 들어간다.

연구진은 미생물이 다이어트에 어떻게 반응하는지를 시험했다. 49명의 자원자가 특별 준비한 저열량 식단(1,200kcal)을 6주 동안 섭취해서 체중을 감량했다. 이 식단은 44퍼센트의 몸에 이로운 고섬유질 탄수화물과 35퍼센트의 고단백질 성분으로 구성되었다. 체중 감소가 끝난 다음에는 6주 동안 20퍼센트의 열량을 추가로 공급했다. 자원자들은 첫 6주 동안에는 예상한 대로 체중이 줄어들다가 이후 안정화됐다. 일부 사람들은 빠르게 다시 살이 찌기도 했다. 체중 감소가 가장 심한 사람을 예측하는 데에는 개인의 의지력이나 시작 체중이 아닌, 장 속의 내용물이 근거가 되었다.[9]

6주에 걸친 저열량 고단백 식단 섭취는 모든 피험자에게 이롭게 작용했지만, 미생물 생태계의 풍요도와 다양성이 가장 부족한 사람이 가장 작은 효과를 보았다. 혈중 염증 수치도 감소하지 않았으며, 식이요법 이전의 체중으로 가장 빨리 복귀했다. 프랑스인 자원자 중 40퍼센트와, 보다 큰 실험의 일부인 292명의 덴마크인 자원자 중 23퍼센트가 이런 다양성 부족 집단에 속했다. 다양성 부족 집단은 평균적으로 비만이 더 심했으며 인슐린 및 내장지방 수치와 이상 지질 수치가 높았다. 즉 당뇨병과 심장 질환을 앓을 위험이 더 크다는 뜻이다.[10]

연구진은 풍요롭고 다양한 미생물 생태계를 가진 건강한 피험자에서는 항상 발견되지만, 건강하지 못한 집단에서는 수가 적거나 아예 없는 특정 미생물종을 선별해 냈다. 여기에는 비피도박테리아인 파이칼리박테리움 프라우스니치나 유산간균 같은 앞서 살펴본 친숙한 미생물과, 고대부터 존재해 온 메탄가스 생성균인 메타노브레비박테리아가 포함된다. 말하자면 다양성 부족 집단은 생태학적 다양성이 높은 환경의 주요 생물종, 이를테면 옐로스톤 국립공원의 늑대가 멸종된 후 재도입된 경우로 비유할 수 있을 것이다. 특정 주요 생물종이 없으면 생태계의 균형은 그대로 무너져 내릴 수밖에 없다.

연구진은 다양성이 높은 집단에서 염증 수치가 낮고 몸에 이로운 지방산인 부티르산이 많다는 사실을 발견했다. 그리고 우리 장 속의 다양성(또는 풍요도)을 검사하는 것이야말로, 건강검진 및 훗날 당뇨병을 비롯한 여러 질병에 걸릴 확률을 확인하는 보다 나은 방법이라고 제안했다. 지금 이들은 임상실험 방법을 개발하는 중이다.[11]

미생물 다양성이 부족한 건강하지 못한 집단에서도, 저열량 고단백 식단은 완전히 실패한 것은 아니었다. 6주 후에는 체중이 줄었으며 미생물 생태계의 다양성도 상당히 증가했다. 문제는 이후 찾아오는 반작용이었다. 이 실험의 기간과 강도를 고려하면 미생물 생태계를 영구적으로 변하게 할 정도로 뒤흔들지는 못했을지도 모른다. 게다가 이 연구만으로는 미생물에 주된 영향을 끼친 요인이 열량 제한인지, 탄수화물 부족인지, 단백질 증가인지도 명확하게 판별할 수 없다.

과일과 채소와 섬유질 섭취가 부족하면 미생물 생태계 다양성이 감소한다는 점은 이미 여러 연구를 통해 입증된 바 있지만, 어쩌면 그 역도 성립할지 모른다. 직접 시험해 본 것은 아니지만, 고강도 저탄수화물/고단백 식이요법의 효과를 강화하고 싶다면 미리 6주 동안 과일과 채소를 충분히 섭취해서 미생물을 최적화시키는 것도 하나의 방법이 될 수 있을지도 모른다.

축소주의자가 세상을 구한다

체중 감량이 주된 목표가 아니라면, 정기적으로 육류를 섭취하는 행위가 건강에 어떤 영향을 끼치는지를 알아보는 것은 어떨까? 채식주의자들은 인간에게는 육류 섭취가 불필요하며, 오직 동물들에게 고통을 안겨주고 지구온난화에 일조하는 행위일 뿐이라고 말한다. 여러 연구에 따르면 현대의 산업적 목축으로 소를 키울 경우의 에너지 비효율 때문에, 낙농업은 전 지구의 온실효과 기체의 약 5분의 1을 배출한다고 한다. 여기서 사람들은 건강이나 동물 애호와는 무관하게, 오직 우리 행성을 구하기 위해서만이라도 육류 섭취를 제한하는 '축소주의자'가 되어야 한다고 주장하기 시작했다. 정확한 정의에 따라 결과가 달라지기는 하지만, 거의 10퍼센트의 영국인은 자신이 채식주의자 또는 육류 비섭취자라고 주장하고 있고, 이런 경향은 여러 서구 국가에서 가속되는 중이다.

우리는 영국에서 태어난 평균 연령 56세의 3,600쌍의 쌍둥이를 대상으로, 설문 조사를 통해 육류를 섭취하지 않는 이유를 파악하려 시도했다. 양쪽 모두 채식주의인 일란성 쌍둥이는 모두 104쌍(9퍼센트)이었고, 그에 비해 이란성 쌍둥이는 55쌍(7퍼센트)이었다. 이는 곧 유전적 요인이 존재하기는 하지만, 주된 요인은 환경 및 살아오면서 한 경험이라는 뜻이다. 이런 요인에는 배우자와 또래집단과 거주 지역 등의 요소도 포함된다. 채식주의자들은 종종 달걀과 유제품과 육류까지 포기하는 비건vegan 집단이 길고 행복한 삶을 영위한다는 연구 결과를 인용한다. 그러나 그 말이 과연 사실일까?

제7일안식일재림교(미국에 존재하는 수많은 개신교 교파 중하나다) 신도들은 건강한 삶을 갈망하며, 그중 많은 수가 비건이다. 신도 3만 4천 명을 대상으로 한 연구에서, 연구자들은 재림교 남성 신도가 육류를 섭취하는 일반적인 미국인 남성에 비해 홀쭉하며 평균적으로 7년을 더 산다는 점을 발견했다(여성의 경우는 4년이었다).[12] 뒤이어 미국 전역에 거주하는 7만 명의 재림교도를 대상으로 연구를 확장하자, 집단 내에 비슷한 비율로 존재하는 육류를 섭취하는 교도와 섭취하지 않는 교도를 비교할 수 있게 되었다.

채식주의 재림교도는 사망률이 15퍼센트가량 낮지만(주로 심장 질환과 암에 의한 사망 쪽이었다), 이렇게 보다 엄밀하게 조사해 보니 수명 자체는 고작 2년 정도 증가했을 뿐이었다. 이런 결과는 피험자가 캘리포니아인이며 운동을 즐기고 술을 마시지 않으며 매우 종교적인 삶을 살아간다는 등의 여러 요인을 통제해야 한다는 점을 명백하게 보여준다.[13] 재림교도 피험자들은 신께서 그들이 최대한 건강한 생활습관을 가지기를 원한다고 믿었다. 어쩌면 성스러운 힘이 도움을 준 것은 아닐까? 여러 연구에서는 강한 종교적 신념이 식단과 별도로 건강에 이로운 효과를 가진다고 주장한다. 흥미롭게도 네덜란드 쌍둥이를 대상으로 한 심리학 실험에 의하면, 강한 종교적 관점을 가질수록 설문에 대해 거짓으로 답하는 비율이 올라간다고 한다. 의도적으로 거짓말을 하는 것이 아니라, 상대방이 듣고 싶은 말을 해 주려는 경향이 높아서 답변이 왜곡된다는 것이다.[14]

영국의 채식주의자 비율은 미국의 두 배가 넘으며, 이런 차이는 해마다 벌어지고 있다. 종교인의 수와는 완벽하게 대치되는 상황인데, 영국에서 종교인은 갈수록 줄어만 가는 반면, 미국의 종교 인구는 영국의 세 배를 넘을 정도로 완전히 압도해 버렸기 때문이다. 어쩌면 단순한 우연의 일치가 아닐지도 모른다. 우리의 쌍둥이 연구에 따르면 신에 대한 믿음 또한 부분적으로는 유전자의 영향을 받는다. 비건처럼 엄격한 식단 관리를 추종하는 성향도 마찬가지다. 세계 여러 곳에서 채식주의는 힌두교 등의 종교 활동의 일부로서 시작되었으며, 종종 다른 종교 집단과 자신들을 구분하는 수단으로 사용되었다.

3만 명의 영국인 채식주의자와 어식주의자(물고기까지 먹는)들이 식단을 통해 얻는 건강상의 이득에 대한 연구는, 전반적으로 재림교도에 대한 연구 결과보다 모호했으며, 정확한 원인이 육류 금지인지 건강에 대한 높은 의식 수준인지를 판별하기도 쉽지 않았다. 대부분의 연구에서 암질환(15년에 걸친 추적 조사에서 최대 40퍼센트)과 심장 질환(20퍼센트)의 발병률이 감소한 것은 확인되었으나, 뇌졸중을 비롯한 다른 질병이 증가한 덕분에 전체 사망률의 감소는 거의 또는 전혀 확인할 수 없었다.[15][16] 추가로 영국인 채식주의자가 미국인 채식주의자보다 덜 건강하다는 주장도 있는데, 이는 문화와 생활습관의 차이 때문일 수도, 종교적 신념의 부재 때문일 수도, 또는 영국의 채식주의 식단에 포함되는 별로 건강에 이롭지 않은 요소, 이를테면 베이크드 빈이나 감자칩이나 여분의 설탕 때문일 수도 있을 것이다.

일란성 쌍둥이 연구는 문화와 유전자 요인을 보정하고 관찰 연구에서 찾아볼 수 있는 편향성 없이 연구를 수행하게 해 준다. 우리는 영국 쌍둥이 연구(Twins UK)에 자원한 영국인 일란성 쌍둥이 중에서 육식 경향성이 다른 122쌍을 살펴봤다. 한쪽은 채식주의자나 비건이고 다른 한쪽은 육류를 섭취하는 이들이었다. 놀랍게도 BMI 측정 결과 양쪽의 비만도에서는 미미한 차이밖에 확인할 수 없었다. 채식하는 쪽이 평균적으로 1.3킬로그램 정도 가벼울 뿐이었다(다만 쌍둥이 한 쌍은 40킬로그램이나 차이가 나기는 했다). 이런 수치는 재림교도에서 확인할 수 있는 4~5킬로그램에 비하면 상당히 작은 수치로, 쌍둥이가 아닌 집단을 대상으로는 확인하기 힘든 유전자와 문화라는 요인도 상당한 영향을 끼친다는 점을 보여준다.

흥미롭게도 우리 연구에서는 주기적으로 고기를 먹는 사람이라도 채식하는 여자 형제가 있으면 일반적인 영국 쌍둥이보다 건강해진다는 결론이 나왔다. 더 날씬하고 흡연 가능성도 적다는 것이다. 선천적 불균형 쌍둥이 사이에서 육류 섭취량이 차이가 있는 경우는 염두에 두지 않았지만, 유전자와 양육 환경을 고려하지 않은 연구에서 확인되는 육류 회피로 인한 체중 차이는 과장되었다고 간주할 수 있을 것이다.

육류 섭취자와 구석기 식단 개종자들은 인간의 진화 경로를 다이어트 이론의 군건한 근거로 제시한다. 채소와 고기를 포함한 다양한 음식을 섭취할 수 있는 신체와 소화기관을 볼 때, 인간이 잡식동물이라는 점에는 의심의 여지가 없다. 우리의 턱뼈와 이빨은 질긴 음식을 씹을 수 있도록 만들어져 있으며, 조리로 소화를 도울 수 있다고 해도 분명 과일을 주로 먹는 일부 영장류 짐승과는 다르다. 게다가 우리는 단백질을 분해할 수 있는 온갖 호르몬과 효소라는 무기를 잔뜩 갖추고 있다. 물론 언제나 도움을 주는 미생물도 잊어서는 안 될 것이다.

식단에서 육류를 완전히 배제하면 안 되는 가장 큰 이유는, 쉽게 섭취할 수 있는 여러 영양소가 부족해진다는 것이다. 많은 비건과 일부 채식주의자는 영양소 문제에 직면하게 되는데, 육류에는 비타민 B_{12}나 아연이나 철분 등 채소에서는 상당히 발견하기 힘든 필수 영양소가 들어 있기 때문이다. 육류를 섭취하지 않는 사람들 사이에서 비타민 B_{12} 결핍증은 아주 흔한 증상이며, 이런 증상이 채식의 이점의 일부를 상쇄해 버릴 가능성도 염두에 두어야 한다.

영국인은 여전히 정형화된 모습 그대로 열심히 고기를 먹어치운다. 프랑스 사람들은 아이러니를 담아 우리를 '레 로스비프les rosbifs'라고 부른다(그리고 우리는 때로 프랑스인을 '개구리'라고 부른다). 영국 전통 요리가 이렇게 맹맹한 이유에 대한 가설 중에는, 우리가 지난 수세기 동안 비옥한 토양과 촉촉하게 젖은 잔디밭 덕분에 비교적 높은 품질의 육류를 섭취할 수 있었기 때문이라는 것도 있다. 그에 반해 프랑스와 이탈리아에서는 비쩍 마른 짐승고기의 저급한 맛과 육질을 감추기 위해 맛이 강한 소스의 개발에 창의성을 쏟아야 했다는 것이다. 그러나 2015년 현재, 영국의 채식주의자 수는 프랑스의 네다섯 배에 달한다. 프랑스인들이라면 우리가 지나치게 익힌 맹맹한 고기에 물려서 고기 자체를 피하기 시작한 것이라고 말할지도 모르지만.

비건 비타민

앞서 나 자신도 잠시 비건이 되었다고 밝힌 바 있다. 이런 시험은 6주밖에 지속되지 못했는데, 치즈가 없으면 삶이 너무 힘들고 해외여행을 할 때면 훌륭한 식사를 할 수가 없었기 때문이다. 그러나 생선을 다시 먹기 시작하니 육류를 포기하는 정도는 딱히 문제가 되지 않았다. 나는 1년 동안 이런 식단을 유지하다가, 정기검진을 받으러 가서 혈중 비타민 B_{12}와 엽산 수치가 낮으며 심장병 위험 지표가 되는 호모시스테인 수치가 높다는 사실을 발견했다. 채소를 상당히 섭취하고 있었기 때문에 엽산 자체의 섭취량은 부족하지 않았지만, 육류에서 섭취하는 필수 비타민인 B_{12}가 부족해서 엽산의 흡수가 저해된 것이었다.

체중을 몇 킬로그램 감량해서 기분도 좋았던 만큼 짜증이 나는 일이었다. 그러나 혈압은 살짝 올랐고, B_{12} 수치가 낮으니 건강이 나빠질 가능성도 있었다. 매일 아침 먹는 B_{12} 보충제 양을 계속 늘려도 내 혈중 수치에는 거의 영향을 주지 못했다. B_{12}가 풍부한 달걀을 매주 적당량 섭취해 봤지만, 이번에도 효과가 없었다. 마침내 좌절한 나는 엉덩이에 B_{12} 주사를 놓기까지 했다. 이번에는 효과가 있었고, 내 B_{12} 수치, 뒤이어 호모시스테인 수치까지도 정상에 가까워지기 시작했다. 몇 달 후 (내 아내의 지시에 따라) 다시 엉덩이에 주사를 놓을 준비를 하고 있노라니, 문득 이런 생각이 들었다. 이건 한심한 짓거리다. 건강하고 튼튼해지고 싶어서 시작한 일인데, 매달 한 대씩 주사를 맞고 있다니 아무리 생각해도 별로 건강하지도, 딱히 자연스럽지도 못한 상황이 아닌가.

나는 한 달에 스테이크 한 덩이만 먹으면서 무슨 일이 벌어지는지 확인해 보자고 결심했다. 그리고 한 달에 한두 번씩 레어로 익힌 스테이크나 프랑스식 스테이크 타르타르를 섭취하기 시작하자, 모든 문제가 말끔히 해결됐다. 인공적인 보충제에 의존하지 않고도 필요한 비타민을 전부 얻을 수 있었다. 그리고 이 작은 실험을 통해, 나는 내 육체가 육류를 배제한 식단에 맞춰 변할 만큼 적응력이 뛰어나지 못하다는 점을 깨닫게 되었다. 하지만 그게 다가 아니었다. 심지어 내 미생물도 필요한 영양소를 전부 생산하지 못하는 상황에 놓이게 되는 것이었다.

나한테는 약간의 고기가 분명 도움이 되었다. 그렇다면 이런 특성은 개인적인 것일까, 아니면 진화에 의해 모든 사람이 공유하는 것일까?

구석기인의 눈으로 보는 세계

엄격한 구석기 식이요법에서는 곡물, 콩류(땅콩도 포함된다), 우유, 치즈, 정제 탄수화물, 설탕, 알코올, 커피를 금한다. 게다가 가지과의 작물인 토마토, 감자, 가지는 장 누출을 통해 자가면역질환을 유발한다고 생각하기 때문에 전부 금지한다. 구석기 식이요법에서는 목초로 사육한 유기농 육류와 가금류, 생선, 코코넛과 올리브유와 기타 채소, 그리고 적은 양의 과일을 섭취할 것을 권장하며, 일부 추종자는 과일 중에서도 베리류만 섭취하기도 한다. 대부분의 종교와 마찬가지로, 구석기 신앙 또한 그 정통성과 엄격함에 있어 종파별로 다양한 층위가 존재한다. 이 식이요법은 최근의 역사시대에 이르기 전까지 우리가 백만 년 동안 섭취해 왔으리라 생각하는 식품, 즉 우리가 완벽하게 적응했으리라 보편적으로 생각하는 식품의 섭취를 목표로 삼는다.[17] 이 요법의 이론적 근거는 (곡물을 섭취하지 않는 다른 식이요법에도 흔한 논리지만) 우리 신체가 진화하거나 적응하기에는 시간이 부족했다는 것이다. 하지만 이런 논리에는 큰 허점이 있다.

내가 보기에 이 이론의 가장 큰 문제는 최신 유전학 또는 진화학 연구가 반영되지 않았으며, 인간을 변하지 않는 뻣뻣한 자동기계 취급한다는 것이다. 그리고 우리 몸에 사는 수조 마리의 미생물도 함께 적응하고 진화할 수 있다는 점을 고려하지 않는다. 게다가 애초에, 우리 조상들이 실제로 무엇을 먹었는지 확신할 방법이 있을까? LA에 사는 체육관 광신도들이 상상하는 것처럼 살코기 스테이크와 겨자 샐러드를 먹고 살았을까? 우리 조상들은 요리책이나 DVD를 남기지 않았기 때문에, 이를 파악하려면 얼마 남지 않은 수렵채집 부족의 관찰 결과, 뼈를 비롯한 고고학의 유물, 그리고 고대 인간의 대변 분석 결과 등을 조합하고 상당한 부분을 추측에 의존해야 한다.

5백만 년 전에서 2백만 년 전까지 살았던, 오스트랄로피테쿠스와 같은 초기 인간과의 구성원들은 체적이 현대인의 절반 정도였고 어금니도 훨씬 컸다. 이런 고대 인류는 아마 곤충이나 파충류를 제외하면 별로 고기를 섭취하지 않았을 것이다. 사체를 제외하면 직접 고기를 확보할 만큼 빠르거나 날쌔거나 영리하지 못했기 때문이다. 2백만 년 전쯤 빙하기가 찾아오며 아프리카의 기온이 내려가고 열매가 희귀해졌다. 우리의 조상 호모 에렉투스는 생존을 위해 수렵 및 채집 기술을 발전시켜야 했다. 침팬지를 연구한 결과를 보면, 침팬지는 날고기를 제대로 소화하려면 11시간 동안 씹어야 한다. 따라서 그 시간에 더 나은 일을 하고 싶었던 인류는 이 문제의 해결책을 찾아야 했다. 그들은 머지않아 구근이나 뿌리나 날고기를 잘게 조각낼 수 있는 돌 도구를 만들어냈다.

그리고 백만 년 전쯤 훨씬 중요한 발전이 일어났다. 불을 제대로 다루어 음식물을 조리할 수 있게 된 것이다(남아프리카의 한 동굴에서 발견된 잿더미에서 얻은 정보다). 이로 인해 온갖 가능성이 열렸다. 음식물을 조리하면 독소가 줄어들고 식중독에 걸릴 가능성도 줄어들며, 짧은 시간에 음식물로부터 훨씬 많은 에너지를 뽑아낼 수 있기 때문이다. 가장 중요한 점은, 우리가 질긴 뿌리를, 그리고 때때로 날고기를 모아들이고 먹고 소화하는 데 필요한 귀중한 시간을 절약할 수 있게 되었다는 것이다.

조리된 음식을 먹게 된 우리는 소화액이나 효소도 예전만큼 필요하지 않게 되었고, 발효에 필요한 시간도 줄어들었다. 우리 소화기관의 아랫부분은 그에 맞춰 길이가 줄었다. 장에서 소모하는 에너지가 줄어들고 조리한 채소와 고기에서 더 많은 에너지를 받아들일 수 있게 되자, 우리의 뇌는 빠르게 커지기 시작했고 훌륭한 열량 공급원인 고기를 사냥하는 기술도 놀랍도록 발전했다.

얼마 남지 않은 수렵채집 부족의 식단과 미생물을 통해, 우리는 과거 우리 조상들의 식생활을 어느 정도 짐작할 수 있다. 물론 일단 연구를 하면 완전한 고립이 깨진다는 위험이 존재하기는 한다. 이런 집단 중 하나는 초기 인류의 요람 근처인 탄자니아의 리프트 계곡에 사는 하드자 부족이다. 이들은 30명에서 40명 정도의 탄력적인 집단을 이루어 돌아다니며, 성별에 따라 식품 확보 역할이 달라진다. 남성은 소집단으로 사냥을 하거나 가끔 벌꿀을 채집하며, 여성은 식물과 열매를 모으고 구근을 파낸다. 사냥의 수확량은 계절에 따라 달라진다. 우기에는 수확이 매우 적으며 짐승들이 물을 찾아다니는 건기가 되면 높아진다. 이 부족은 현대의 가공식품이나 의약품이나 항생제 등은 거의 또는 아예 가지고 있지 않다.

미국 장내 미생물 프로젝트의 공동 창립자이며 상당히 괴짜인 내 동료 제프 리치는 이 부족과 6개월을 함께 보내며 그들의 식단과 생활양식을 따른 다음, 자신의 신체와 몸속 미생물이 그 식단에 어떻게 적응하는지를 확인하고자 했다. 외부 세계와 접촉하는 수단은 매주 블로그를 쓸 때 사용하는 노트북 컴퓨터에 딸린 위성 인터넷뿐이었다.

그의 보고에 따르면, 처음 도착해 서구식 식단을 유지하는 동안에는 미생물 또한 아프리카의 환경에 맞추어 아주 조금만 변했을 뿐이었다. 그런 다음 몇 달은 원주민과 똑같은 식사만 하면서 보냈다. 여기에는 얼룩말과 쿠두와 딕딕의 고기, 벌꿀과 온갖 구근 및 열매가 포함되어 있었다. 그는 자신을 비롯해 눈에 띄는 모든 것들을 면봉으로 문질러 댔지만, 결국 그의 미생물 생태계 프로필이 조금 나아지기는 했어도 여전히 진짜 하드자가 아닌 '서구식' 형태라는 사실을 발견하고 낙심하고 말았다.

구석기 수렵채집인과 상당히 유사한 다른 집단으로, 아마존 밀림에서도 가장 오지인 브라질과 베네수엘라의 국경지대에 사는 야노마뫼 족이 있다. 이들은 여전히 조상들과 근본적으로 유사한 방식으로 생활하며, 100명 단위의 마을 200개에 흩어져 살아가고, 일부는 몇 년마다 주거지를 옮긴다. 이들은 가축은 기르지 않지만 보통 조리용 바나나와 마니옥(카사바)을 비롯한 다양한 작물을 재배하고, 채소와 과일과 곤충을 먹으며, 주기적으로 원숭이, 페카리, 새, 개구리, 나비나 딱정벌레의 애벌레, 어류를 사냥하기도 한다. 검사 결과 이들은 인류 집단 중 혈중 지질 수치가 가장 낮은 축에 속했으며, 비만의 징후는 조금도 찾아볼 수 없었다.[18] 두 군데 연구진이 개별적으로 적절한 접선책과 허가증과 벌레퇴치제를 손에 넣은 후, 가장 외따로 떨어진 마을의 족장들과 협상을 벌여 부족 구성원의 대변 시료를 얻어냈다. 그 결과물은 놀랍고 인상적이었지만 동시에 우려를 불러오는 것이기도 했다.[19 20]

가장 충격적인 결과는, 부족의 모든 남성과 여성이 유럽인들에 비해 미생물의 종 다양성이 터무니없이 크다는 것이었다. 게다가 모든 부족에서 미생물의 20퍼센트 정도는 우리가 아예 본 적도 없는 종류였다. 대장균 단 한 종류만 살펴봐도, 지금까지 알려지지 않은 변종이 56가지 이상 발견되었다. 대장균은 지금까지 가장 포괄적으로 연구된 박테리아인데도 말이다. 유럽인의 장에서 흔히 찾아볼 수 있는 미생물 중 일부 종류는 부족민의 장에서는 아예 발견되지도 않았다. 예를 들어, 우리가 요구르트에서 섭취하며 모든 서구인이 가지고 있는 몸에 이로운 비피더스균의 경우, 모든 하드자 원주민과 대부분의 야노마뫼 인들에게서 아예 찾아볼 수조차 없었다.

양쪽 부족민 모두 곡물 위주의 식단을 섭취하는 집단에서 찾아볼 수 있는 프레보텔라균은 충분히 가지고 있었고, 거기에 추가로 식물질을 분해하는 박테리아가 풍부했다. 묘하게도 서구에서는 이런 '이로운' 미생물이 관절염과 같은 자가면역질환과 연관이 있다고 여겨진다. 남성과 여성의 미생물 조합에도 차이가 있었는데, 아마도 식량 채집과 섭취에서 다른 역할을 맡기 때문일 것이다. 남성은 사냥을 담당하기 때문에 식사 시간이 불규칙하며 육류를 더 많이 섭취한다. 그리고 여성은 주식인 마니옥을 준비하는 데 상당한 시간이 든다. 서구에서는 남성이든 여성이든 언제나 슈퍼마켓에 갈 수 있으므로 이런 차이가 존재하지 않는다.

이런 두 가지 연구는 특정 인구집단에서 건강에 해로운 미생물이라도, 환경이 심각하게 달라지면 정반대의 효과를 가질 수 있다는 사실을 보여준다. 또한 한두 종의 미생물보다는 전체 미생물 생태계가 더 중요하다는 사실도 알려준다. 그리고 농경과 제초제와 항생제의 도입 이후로 얼마나 많은 장내 미생물이 사라졌는지도 유추할 수 있다.

슬픈 일이지만, 이제 우리 장내 미생물 생태계는 조상들에 비해 터무니없을 정도로 적은 종류의 미생물로 구성되어 있는 것이다.

고기와 심장과 미생물

서구 국가에서 지금까지 수행한 육류 섭취에 대한 관찰 연구에 따르면, 가공육이 아닌 가금류 섭취가 몸에 해롭다는 명확한 증거는 존재하지 않지만, 붉은살 육류 섭취는 일관적으로 심장 질환 및 암의 발병률과 전체 사망률 증가와 연관을 보여

왔다. 제대로 무작위 대조 시험을 하기는 힘들지만 - 수년 동안 이런 극단적인 식단을 강요하기는 쉬운 일이 아니다 - 이제는 대규모 관찰 연구 결과를 취합하여 나름 괜찮은 자료를 확보할 수 있다.

미국에서 실시한 두 건의 대규모 연구에서는, 84,000명의 간호사와 38,000명의 건강 관련 남성 전문직 종사자를 대상으로, 개인 시간을 전부 합치면 3백만 년에 달하는 추적 조사가 이루어졌다. 이 연구의 결과에 따르면, 하루에 붉은살 육류를 한 덩이씩 추가로 먹는 것만으로도 전체 사망률이 상승한다고 한다. 붉은살 육류는 13퍼센트, 가공육은 20퍼센트가 상승했으며, 심장 질환에는 이보다 조금 더 효과가 강했고 암 발병률은 16퍼센트가 올랐다고 한다.[21]

얼마 후 유럽에서 실시한 '영양소와 암의 관계 예비 조사 (EPIC)'에서는 10개국 45만 명을 상대로 추적 조사를 한 결과, 붉은살 육류를 섭취할 경우 사망률이 10퍼센트 상승한다는 수수한 결과를 발표했다. 반면 소시지, 햄, 살라미 등의 가공육 또는 즉석식품에 포함된 정체불명의 고기를 섭취한 경우에는 위험도가 최고 40퍼센트까지 훌쩍 뛰었다.[22] 하버드 연구진은 이런 데이터를 이용해서 육류 섭취를 하루 반 인분(45그램) 이하로 줄이면 미국의 사망률이 8퍼센트 감소할 것이라 추정했다. 영국의 성인 남성을 상대로 비슷한 효과를 내려면 육류 섭취량을 지금의 절반으로 줄여야 한다.

매일 베이컨 샌드위치나 핫도그를 하나씩 먹으면 수명은 2년 줄어든다. 조금 더 충격적으로 써 보자면, 샌드위치 하나에 1시간이 줄어든다고 생각하면 된다. 비교하기 위해 덧붙이자면, 담배 한 갑으로는 수명이 5시간씩 줄어든다. 참고로, 이런 경고는 아직 유럽인들에게만 성립한다. 아시아인의 경우에는 전체적인 붉은살 육류 섭취량이 적기는 해도 심장병 발병률과 마찬가지로 계속 증가하고 있다. 그러나 서구의 연구와는 달리, 30만 명의 아시아인을 대상으로 한 연구에 의하면 아직 육류와 심장병 발병률 사이의 명확한 상관관계는 입증되지 않았다.[23] 붉은살 육류 섭취의 영향이 모든 사람에게 동일하게 나타나지 않는다는 점은 명백하며, 그 외의 여러 다른 요소가 개입하는 것이 분명하다.

육류 속 지방이 사망률을 증가시킨다는 이론이 무너진 이상, 이제는 다른 어떤 요인이 존재하는지, 그리고 우리 조상들이 무엇을 먹었는지를 더 세심하게 살펴야 한다. 우리가 앞서 살펴본 것처럼, 떠돌이 치과의사 웨스턴 프라이스는 고립된 부족들이, 그리고 아마 우리 조상들도, 종종 가장 기름기 많은 부위의 고기를 선호한다는 사실을 밝혀냈다. 그런 부위에는 영양소와 비타민이 풍부하기 때문이다.

앞서 언급한 대로, 많은 양의 육류를 섭취하는 서구인 중에서 어떤 사람들은 아무 문제도 없이 건강하게 살아가고, 어떤 사람들은 심장병과 암에 걸리는 이유는 아직 제대로 해명되지 않았다. 한 가지 가설은 육류와 연관된 심장병 유발 유전자에 개인차가 있다는 것이지만, 이는 아직 제대로 증명된 바가 없다. 2013년에 수행된 우리 장내 미생물과 연관된 일련의 실험 덕분에, 육류와 우리 신체의 관계에 대한 관점에는 상당한 변화가 생겼다.

심장병 전문의들은 무해해 보이지만 구린 냄새를 풍기는 트리메틸아민(TMA)이라는 물질이 축적되어 죽상동맥경화증을 일으키는 주요한 요인이 된다고 의심해 왔다. TMA는 곤죽 같은 찌꺼기로 동맥에 쌓이며, 심부전과 고혈압과 심장마비를 유발할 수 있다. 그러나 사실 이런 해로운 효과는 TMA에 산화물 분자가 추가되어 고약한 친척인 트리메틸아민산화물(TMAO)로 변할 때만 일어난다. TMAO는 냄새가 나지 않는 고체 물질로, 상어를 비롯한 일부 어류에서 다량 찾아볼 수 있다. 생선이 상할 때 나는 고약한 냄새의 일부는 TMAO가 비린 냄새를 내는 액체인 TMA로 되돌아오면서 나는 것이다.

클리블랜드의 한 미국인 연구진은 환자 수천 명의 혈액에서 TMAO 수치를 측정해서 이런 의심이 사실임을 확인했다. 이 연구진은 TMAO 수치가 평균 이상이면 주요 심장 질환의 발병률이 거의 세 배 가까이 치솟는다는 사실을 발견했다.[24] 연구진은 더 나아가 붉은살 육류의 두 가지 주요 구성성분인 콜린과 L-카르니틴에서 유도한 TMAO가 함유된 사료를 쥐에게 먹였다. 그 결과 TMA를 몸에 해로운 형태인 TMAO로 바꾸고, 이를 통해 죽상동맥경화증을 유발하는 쥐의 장내 미생물을 발견할 수 있었다.

인간의 경우에도, 잡식 식습관을 가진 자원자들에게 8온스 스테이크를 먹여 같은 결과를 확인할 수 있었다. 장내 미생물은 L-카르니틴을 탐욕스럽게 소모해 에너지를 만들며, 그 과정에서 L-카르니틴 내의 TMA를 TMAO로 바꾸어 몇 시간 후에 폐기물로 배출한다. 흥미로운 점은 광범위 항생제(대부분의 장내 미생물을 쓸어버리는 부류)를 투여한 후 실험을 반복했을 때는 독성 TMAO가 전혀 생성되지 않았다는 것이다. 이 실험은 특정 장내 미생물이 L-카르니틴을 섭식하고 고약한 아민 화합물을 배출한다는 점을 명확히 보여준다. 즉 장내 미생물을 조절해서 심장 질환을 막을 가능성이 존재한다는 뜻이다.

항생제의 효과는 일시적일 뿐이며, 이후 한두 주에 걸쳐 계속 고기를 먹자 TMAO 또한 다시 생성되기 시작했다. TMAO의 생성량은 혈액검사를 통해 확인할 수 있으며, 개인차가 상당히 심한 편이다. 장내 미생물이 L-카르니틴이나 육류를 마주치는 일이 거의 드문 비건과 채식주의자 집단에 (아마도 협박 없이) 스테이크를 먹인 경우에는, 눈에 띄는 효과는 거의 없었으며 TMAO 수치도 전혀 변하지 않았다.

이는 모든 사람이 특정 식품에 대해 같은 식으로 반응하지 않는다는 사실을 재차 입증해 준다. 채식주의자는 고기를 먹는 사람들과 미생물 프로필이 다를 뿐 아니라 유전자도 선천적으로 다르다. 여러 연구자는 사람들의 미생물 공동체를 크게 서너 종류의 집단으로 나눌 수 있다는 점을 발견했는데, 우리는 이런 집단을 엔테로타입이라 부른다. 엔테로타입은 어느 정도는 혈액형과 비슷하다고 생각할 수 있다. 이들 중에는 육류 섭취로 인한 위험이 커지는 집단도, 육류 섭취의 부작용으로부터 보호받는 집단도 있다. 이런 보호 효과를 보이는 집단은 전반적으로 프레보텔라균 수치가 낮고 의간균 수치가 높지만, 아마지나치게 단순화한 설명일 것이며 명확한 판별을 위해서는 대규모 피험자 집단을 대상으로 한 임상시험이 필요하다.

따라서 채식주의자들은 보호 효과를 보고 있다고 할 수 있으나, 미리 몇 주 전에 주기적으로 육류 또는 L-카르니틴이 포함된 식단으로 바꾸게 되면 그때까지 드물던 고기를 좋아하는 박테리아가 깨어나서 증식을 시작하며, TMAO를 더 많이 만들어낸다.[25] 이런 연구는 채식주의 생쥐를 대상으로 한 것이지만, 원리는 기본적으로 동일하다. 주기적인 육류 섭취를 시작하거나 중지하면 장내 미생물 생태계가 좋거나 나쁜 방향으로 변할 수 있다. 그러나 주기적으로 육류를 섭취하는 사람의 경우에는 육류/카르니틴 휴식일을 지정하면 미생물 생태계가 호전될 가능성도 있다. 다른 말로 하자면, 가끔 스테이크를 즐기는 정도는 해롭지 않을 수도 있다는 뜻이다. 하지만 혹시 걱정해야 하는 대상이 고기 자체가 아니라 L-카르니틴인 것은 아닐까?

생선과 근육 추형증

우려가 바로 전면 금지로 이어지면 곤란하다. 한 가지 문제는 생선에도 L-카르니틴이 함유되어 있다는 것이다. 예를 들어, 대구, 농어, 정어리, 대하, 오징어에는 모두 100g당 5~6mg 정도의 L-카르니틴이 함유되어 있다. 물론 이는 95mg에 달하는 쇠고기에 비하면 10분의 1 정도에 지나지 않는다. 물고기는 플랑크톤을 먹으며, 플랑크톤 또한 L-카르니틴을 섭취하여

TMAO를 배출한다. 누구나 생선이 몸에 좋으며 D나 E처럼 몸에 좋은 비타민을 제공한다고 생각한다. 세상에서 가장 오래 사는 민족, 이를테면 오키나와 사람들이 생선과 탄수화물로만 구성된 식단을 섭취한다는 사실은 누구나 알고 있다.

그렇다면 생선을 장수하는 삶의 필수 요소로 간주해도 좋을까?

부모는 아이들이 생선을 거부할 때마다 짜증을 낸다. 내 아들은 빵조각 사이에 숨겨 놓아야 간신히 먹을 정도였으며, 우리는 그 물건을 '바다닭'이라는 애칭으로 부르곤 했다. 아이가 닭은 헤엄을 못 친다는 사실을 깨닫기 전까지는 나름 먹히는 전략이었다. 묘하게도 아이들은, 특히 세 살에서 다섯 살 사이의 가장 까다로운 연령대에서는, 종종 생선을 피하려 한다. 그리고 이런 성향에는 유전적 요인이 존재하기 때문에 종종 성인이 되어서까지도 이어지곤 한다. 랍스터 알레르기 같은 질환은 제법 드문 편이니, 진화적 이점이 있으리라고는 생각하기 힘든데도 말이다.

건강 관련 뉴스에 생선이 끼어드는 경우는 주로 수은, 다이옥신, 폴리염소화비페닐(BCP)등에 오염된 경우인데, 이런 물질은 갓난아기에게 영향을 끼치거나 뇌손상 혹은 (이론적으로는) 암을 유발할 수 있다. 이런 오염은 주로 상어나 새치처럼 오래 사는 어류의 경우에 심각한 영향을 끼치며, 소형 어류에서는 큰 문제가 되지 않는다. 나는 앞서 여러 연구에서 생선기름에 함유된 다량의 다가불포화지방산 오메가-3가 심장 질환을 막아주는 효과를 보인다는 점이 입증되었으며, 그 때문에 생선 섭취가 널리 권장된다고 언급했다. 그럼에도 불구하고, 생선이 완벽한 건강식품이라는 주장에 대한 엄밀한 과학적 근거는, 놀랍게도 신뢰도가 떨어진다.

대부분의 연구는 실제 생선이 아니라 보충제를 사용해서 이루어졌다. 생선기름 섭취에 대한 최근의 메타분석 결과에 의하면, 생선기름 보충제의 이로운 효과는 검출하기 힘들며 과대평가된 경향이 있다고 한다.[26] 생선 섭취자를 대상으로 한 관찰 연구를 메타분석한 결과, 전체 사망률은 17퍼센트가 감소했고 심장병으로 인한 사망률은 36퍼센트가 감소했지만, 이런 결과는 건강에 이로운 생활방식의 효과일 수도 있다고 한다.[27]

미국의 다른 계획 연구에서는 중년기부터 생선을 먹기 시작한 사람들을 조사해서, 여성에서는 심장병으로 인한 사망률이 고작 9퍼센트 감소했을 뿐이며, 남성에서는 아예 아무런 이로운 효과를 찾을 수 없었다는 결과를 얻었다.[28] 물론 이런 결과가 나온 이유가 관찰 연구라서 투박하기 때문인지, 아니면 생선의 효과를 과대평가했기 때문인지는 확신하기 어렵다. 어쩌면 이 경우에는 생선기름의 가벼운 이로운 효과와 L-카르니틴과 이를 섭식하는 미생물의 해로운 효과가 서로 균형을 맞추기 때문일지도 모른다.

따라서 생선이 해롭지 않으며 여러 좋은 영양소를 함유하고 있기는 해도, 모두를 만족시키는 영생의 비밀이 될 수는 없을지도 모른다. 영생을 누리기 위해 꼭 오키나와 사람이 될 필요는 없다. 세계 곳곳에 사는 여러 장수 민족 중에는 생선을 거의 또는 전혀 먹지 않는 이들도 있다. 사르디니아 섬의 산악 마을 사람들이나 캘리포니아의 제7일재림교도들이 한 예가 될 것이다.

우리가 생선이나 육류, 우유와 기타 여러 식품에서 섭취하며 심장병을 유발할 수 있는 L-카르니틴은 꽤나 독특한 영양소다. 동물은 대부분 체내에서 두 가지 아미노산을 섞어서 이 복합물질을 만들지만, 분해하려면 미생물의 대사 작용이 필요하다. 영양 관련 웹사이트에서는 보충제로 널리 선전하며, 체내의 에너지 세포인 미토콘드리아의 포도당 대사를 도와서 지방을 태우도록 도와준다는 주장이 곁들여진다. 당뇨병과 (용감한) 심장병 환자들에 L-카르니틴을 투여한 짧고 신뢰도 떨어지는 실험에서는 놀랍게도 부분적인 성공을 거두었다는 결론이 나왔다. 심지어 최근 영국에서는 식전에 섭취하는 체중 감량 음료라고 홍보되기도 했다. 이 '풀 앤드 슬림'의 제작사에서는 이 영양소가 위장 밴드와 같은 효과를 보인다고 주장한다.[29]

뿐만 아니라 체육관 맹신자들이나 보디빌더들 또한 카르니틴을 애용한다. 일부 의사들은 보디빌더를 '근육 추형증 환자bigorexics'라고 부르는데, 강박적인 식이 및 행동 장애를 앓고 있다는 뜻이다. 이들은 카르니틴을 지방을 태우고 근육을 불리는 약물로 간주하며, 하루에 2~4그램씩 섭취할 것을 권장한다. 사실 바로 이런 행위가 이 집단에서 심장 질환이 증가하는 이유 중 하나일 수도 있다. 게다가 많은 이들이 동시에 합성 대사 스테로이드도 남용한다. 최근 여러 체육관에서 실시한 설문조사에 따르면, 보디빌더의 61퍼센트가 고용량의 L-카르니틴 보충제를 섭취한다고 한다.[30] 자연 식품으로 매일 4그램의 카르니틴을 섭취하려면 스테이크를 상당히 많이 먹어야 할 것이다. 내 계산에 따르면 20덩이 정도는 필요하다. 평균적인 육류 섭취자는 하루에 120mg 정도의 카르니틴을 섭취하며, 비건의 경우에는 하루에 10mg 정도만 섭취하는데도 눈에 띄는 결핍 증상은 찾아볼 수 없다. 적어도 심장에 있어서는, 카르니틴 보충제가 불필요하며 극도로 나쁜 효과를 불러온다는 점은 분명해 보인다. 물론 다른 식품을 염두에 두지 않고 초건강식품으로 홍보하는 화학물질이 현실에서는 정반대의 효과를 보이는 또 하나의 예시이기도 하다.

아웃백의 수렵인

구석기 식이요법에 생물학 또는 진화학적으로 타당한 논거가 부족하다는 점은 사실이지만, 그렇다고 반드시 단기적으로 몸에 해롭다는 의미는 아니다. 특히 정제 탄수화물 대신 과일과 채소의 섭취량이 늘어나므로 더욱 그렇다. 실제로 1980년대에 인간 집단을 구석기 시대로 돌려보내 얼마나 버티는지 확인한 현실 속 실험이 있었다.[31] 오스트레일리아 원주민은 전통적인 수렵채집 생활방식을 상실해서 큰 고통을 겪었으며 여러 질병의 발병률이 상당히 높다. 심지어 오늘날까지도, 오스트레일리아 원주민 남성의 절반가량은 45세가 되기 전에 목숨을 잃으며, 상황이 개선되고 있다는 명확한 징조는 전혀 찾아볼 수 없다.

용감무쌍한 오스트레일리아 연구자인 케린 오디어는 현대적인 주거지에 거주하는 열 명의 원주민 자원자를 선발했다. 모두 중년에 과체중이고 당뇨병을 비롯한 다양한 서구 질병을 앓고 있었다. 그녀는 그들을 설득해서, 자신과 함께 7주 동안 수풀 속으로 돌아가 조상들처럼 대지의 산물을 먹고 살도록 만들었다.

일행은 과거 그들의 부족이 살았던 인적 없는 외딴 지역으로 향했다. 웨스트오스트레일리아주 북단의 더비라는 마을 근처였다. 그들은 그곳에서 고단백질(65퍼센트), 저지방(13퍼센트), 저탄수화물(22퍼센트)의 식단을 섭취했다. 주요 식품은 크게 세 가지로, (지방이 거의 없는) 캥거루 고기, 민물 생선, 탄수화물 공급원인 얌이었다. 가끔 거북, 새, 설치류, 곤충, 기타 채소나 벌꿀 등의 별미를 맛볼 수도 있었다. 이렇게 목록으로 늘어놓으면 푸짐해 보이지만, 건강도 좋지 않고 숙련도도 떨어지는 이 채집수렵 집단은 하루에 간신히 1,200kcal 정도를 확보하는 게 고작이었다. 고난이 막을 내렸을 때, 이 집단은 평균적으로 8킬로그램 정도 몸무게가 줄었다. 혈당 수치는 정상이 되었고 몸에 해로운 지질과 트리글리세라이드 수치도 극적으로 떨어졌다.

오디어는 이런 (구석기) 식단의 성공 요인을 명확하게 짚어내기 힘들다는 점을 인정했다. 열량, 단백질, 탄수화물 섭취량이 모두 동시에 감소했고 운동량은 증가했기 때문이다. 이 실험은 이후 재현되지 않았지만, 여러 구석기 식이요법 웹사이트에서는 비만과 당뇨병을 치료할 수 있다는 증거로 인용되었다. 물론 감탄스러운 결과이긴 하지만, 다른 엄격한 열량 제한 식이요법으로도 단기간이기는 하지만 비슷한 결과를 얻은 경우가 여럿 있다. 그리고 몇 년이 흐른 후 피험자 원주민들이 어떻게 되었는지는 아무도 모른다.

의지력 강한 개인이 철저한 열량 제한과 운동을 통해 혈당을 정상 수준으로 낮추고 심장병 위험 수준을 정상으로 되돌린 일화는 수도 없이 많다. 때로는 탄수화물 섭취를 아예 끊은 경우도 있다.[32] 그러나 동기 부여가 강한 개인 수준에서는 이런 일이 가능할지 몰라도, 현실에서 대부분의 환자는 장기적으로 상당히 다른 운명을 겪는다. 미국인 당뇨병 환자 5천 명을 대상으로 9년 동안 영양 섭취 지원과 추적 조사를 수행했던 한 실험은, 막대한 비용이 들어갔지만 결국 처참한 실패로 막을 내렸다. 집중 감량 집단은 체중이 고작 3퍼센트 추가로 줄었을 뿐이며, 당뇨병과 연관된 합병증은 전혀 예방할 수 없었다.[33]

명확한 성공담은 쿠바에서 수행한 대규모 사회실험에서 나온 것이 유일하다. 쿠바인들은 1990년대 중반에 5년에 걸친 경제 위기를 맞아 상당한 고통을 겪었다. 동력 교통수단이 모두 멈추자 국가에서는 무료로 자전거를 배급했으며, 식량도 부족해져 직접 작물을 재배해 먹어야 했다. 그 결과 쿠바 사람들은 전반적으로 운동량이 늘었고, 양은 줄었어도 몸에 이로운 식사를 하게 되었으며, 전 국민의 평균 체중은 5.5킬로그램가량 감소했다. 이는 당뇨병 발병의 극적인 감소와 53퍼센트에 달하는 심장 질환 발병률 감소로 이어졌다.[34] 애석하게도 경제 위기가 끝나고 생활방식도 예전으로 돌아가자, 쿠바인들은 다시 심장병 문제를 겪게 되었다.

오스트레일리아 원주민은 과거 잡식 식단을 유지하던 시절에는 매우 건강했으나 서구식 식단을 받아들이며 건강이 망가진 인구집단의 대표적 예시라 할 수 있다. 이 경우를 보면 주된 문제는 단백질 섭취가 아닐 수도 있다. 다른 묘한 예가 하나 더 있는데, 대량의 육류와 우유를 섭취하지만 채소는 거의 먹지 않는 동아프리카의 마사이족이다. 1960년대에 400명의 부족민을 대상으로 한 설문 조사에서는 심장병 증상을 거의 발견할 수 없었고, 콜레스테롤 수치도 중국의 농촌과 비슷할 정도로 낮았다.[35] 이들은 분명 뱃속에 상당히 흥미로운 미생물을 가지고 있을 것이다.

수 세기 동안 많은 양의 동물성 단백질과 지방을 섭취하도록 진화해 온 인류 집단은 전반적으로 큰 문제를 겪지 않는 것으로 보인다. 이는 우리 몸의 미생물이 그에 맞춰 적응해 왔기 때문일 수도 있다. 우리 몸의 주력 미생물들이 제대로 진화하지 못해 문제가 생기는 것은, 식단이 단기간에 극적으로 바뀔 때뿐이다.

내 경우에는 가끔 고기를 한 조각씩 먹어주는 것이 건강에 좋을 수 있다는 사실을 깨닫게 되었지만, 매일 붉은살 육류를 섭취하거나 장기간에 걸친 엄격한 고단백질 식이요법 수행은 너무 지나칠 것 같다. 흰살 육류의 경우에는, 패스트푸드나 가공육만 배제하면 딱히 문제가 될 만한 부분은 발견하지 못했다. 적어도 건강 측면에서는, 매년 전 세계에서 도축되는

500억 마리의 닭은 아무 문제도 없다. 물론 닭 입장에서는 동의하기 힘들 것이다. 열악한 사육 환경과 면역계 이상 때문에 주기적으로 살모넬라균과 캄필로박테리아 감염을 겪어야 하기 때문이다. 육류를 연구해 본 결과, 품질이 의심스럽거나 출처가 불명확한 고기를 종종 사용하는 가공식품은 피하는 편이 좋다는 내 결론은 한층 강화되었다. 일주일에 한두 번 정도 생선을 섭취하는 것은 아마 몸에 이로울 것이며, 어식주의자를 상대로 한 관찰 연구 결과에서도 채식주의자들과 비슷한 건강상의 이점을 누리고 있다는 것이 확인된 이상, 나도 일단은 계속 해산물을 즐길 생각이다.

'채식주의'의 정의가 갈수록 모호해지고 '융통성 있는 채식주의'는 너무 느슨한 용어인 상황이니, 이제는 모두 축소주의 식단을 고려해 볼 때가 아닌가 싶다. 우리 건강을 위해서가 아니라면 적어도 지구온난화 현상을 줄이기 위해서라도 말이다. 모든 사람이 일주일에 한 번이라도 고기를 먹지 않는다면, 모두가 함께 그 결실을 누릴 수 있게 될 것이다. 명확한 근거가 부족하기는 하지만, 유기농 가축의 고기를 섭취하면 조금이나마 건강에 도움이 될지도 모른다. 호르몬과 항생제를 사용하지 않았으리라 기대할 수 있으며, 따라서 가축들도 조금 더 건강한 삶과 건강한 미생물을 누릴 수 있을 것이기 때문이다. 다른 무엇보다 유기농 축산물은 비싸기는 하지만 탄소 중립적이다. 다시 생각해 보면, 구석기 식이요법에 따라서 열심히 체육관에 드나들며 스테이크를 먹어치우는 것보다는, 가끔 채집수렵인의 삶을 시도해 보는 쪽이 나을지도 모른다. 언제나 육류를 공급받을 수 없었던 우리 조상들은 다른 단백질 공급원에 주기적으로 의존해야 했으니까.

8
비동물성 단백질

여러 콩류 작물, 씨앗이나 견과류, 그리고 버섯류는 육류나 생선을 섭취하지 않는 사람들이 가장 흔히 접할 수 있는 단백질 공급원이다. 그리고 다른 여러 채소나 곡물에서도 추가로 약간의 단백질을 섭취할 수 있다. 대부분의 채식주의자는 이런 여러 식품이 들어간 다양한 식단을 통해 무리 없이 충분한 단백질을 섭취할 수 있다. 잠두와 렌즈콩은 전 세계에서 가난한 자들의 고기로 널리 알려져 있는데, 고기와 마찬가지로 체내에서 단백질을 합성하는 데 필요한 모든 주요 아미노산을 가지고 있기 때문이다. 콩류는 모두 복합식품이며, 단백질은 우리 건강과 미생물에 영향을 끼칠 수 있는 콩의 여러 구성 요소 중 한 가지일 뿐이다. 많은 채식주의자는 대두와 대두를 발효시켜 굳힌 덩어리, 즉 두부 또는 보다 인공물스러운 이름을 가진 '대두 단백질로 만든 합성고기' 등을 대체 단백질원으로 이용하는데, 이 또한 곡물에서 만들어진다. 지난 수십 년 동안 고기의 대체식품 시장은 빠르게 성장해 왔으며, 특히 패스트푸드 매장에서 채식 버거라는 이름을 달고 널리 퍼졌다. 최근 들어서는 육류를 뺀 식품의 매출이 감소하는 경향을 보이는데, 아마 고기 대체식품의 건강에 대한 우려가 불거짐에 따라 대중매체에서 주목하기 시작했기 때문일 것이다.

대두 – 호르몬 버거와 암

대두에서 추출한 대두 단백질이 처음 등장한 것은 1930년대였고, 기묘하게 들릴지도 모르지만 식품에 사용할 수 있다는 점이 알려지기 전까지는 소화용 거품 발생용으로 사용되었다. 다른 콩류와 마찬가지로 대두에도 탄수화물, 지방, 비타민, 단백질이 고루 들어 있다. 대부분의 콩류는 단백질 함량이 20~25퍼센트 정도지만, 대두는 36~40퍼센트가량으로 콩류에서도 단연 최고 수준이다.

단호한 육류 섭취자들은 대두와 두부를 일본인이나 채식주의자들이나 먹는 가짜 고기로 치부한다. 그러나 널리 알려지지는 않았지만, 이제 미국인과 영국인은 거의 일본인만큼이나 대두를 많이 섭취한다. 이는 우리의 식습관이 극적인 변화를 겪었기 때문이 아니라, 대두(또는 많은 경우에, 대두의 단백질 추출물)가 전체 가공식품의 3분의 2 정도에 사용되는 첨가제이기 때문이다. 이런 '콩 혐오자' 중에서도 상당수가 대두를 먹는 반추동물의 젖이나 유제품에서 검출 가능할 정도의 대두를 섭취하고 있다.[1] 미국에서는 옥수수와 마찬가지로 대두 농사를 짓는 농부들에게도 십억 달러 규모의 지원금을 제공하며, 유전자 조작 대두의 상업적 대규모 생산으로는 미국을 앞서는 나라가 없다. 45억 달러 규모의 시장이 된 미국산 대두는, 사실 대부분 육류 생산용 가축의 사료로 사용된다.

영양학계에서 대두는 가장 많은 논란을 불러일으키는 주제 중 하나인데, 궁극의 건강식품이라 주장하는 쪽과 건강을 해치는 주된 요소라 주장하는 쪽에 각각 나름의 근거가 있기 때문이다. 대두와 두부는 수 세기 동안 아시아에서 자연 식단의 일부였고, 아시아의 모든 대두 식품에는 박테리아, 균류, 효모가 개입하는 복잡한 발효 과정이 필요하다. 대두에 약하기는 해도 유방암 억제 효과가 있으며, 같은 질병이 반복되어 일어나는 것을 막아줄 수 있다는 일리 있는 증거도 존재한다.[2] 전립선암에 대해서도 보다 약하지만 비슷한 효과를 보인다는 근거도 있다.[3]

관찰 및 실험 연구 중에서는, 아시아인의 경우에 치매나 알츠하이머병에 대한 예방 효과를 가진다는 신뢰성 부족한 결과도 있으나, 유럽인을 대상으로는 비슷한 증거가 아예 발견되지 않았다. 아시아에서는 대두를 우리와 다른 방식으로 섭취한다. 발효식품의 형태로 먹는 경우가 더 많은데, 발효를 거치면 대두의 성분이 바뀌기 때문에 건강에 끼치는 영향의 차이 중 일부를 이런 사실로 설명할 수 있을지도 모른다. 오랫동안 믿어온 건강 상식 중 일부는 이제 타파되었다. 예를 들어, 이젠 아무도 대두가 갱년기 증상이나 골다공증에 효력을 보인다고는

생각하지 않는다.[4]

이 책의 앞부분에서 확인한 대로, 같은 식품이라도 민족에 따라 상당히 다른 효과를 보일 수 있다. 같은 대두 가공식품이라도, 유럽인에 끼치는 효과와 아시아인에게 끼치는 효과는 상당히 다르다. 대두에는 이소플라본이라는 독특한 항산화 화합물이 존재하는데, 장에서는 이 물질을 제니스테인 같은 활성화된 내분비 교란 물질로 변환한다. 이 물질은 호르몬 전달 경로를 엉망으로 만들고 유전자를 교란시킬 수 있다. 이런 부류의 화학물질은 에스트로겐과 비슷하지만 보다 약한 효과를 보이며 암 유발 위험성을 늘릴 수도 있다고 알려져 있다. 이 분야에 뛰어든 초기에 나는 이 가설을 열정적으로 연구했으며, 전체 대두 섭취량을 국가별 췌장암 발병률과 연결짓는 관찰 연구 논문을 발표하기도 했다.[5] 이 논문은 결국 편견에 의해 잘못 만들어진 역학 인과관계의 새로운 실례로 남았으며, 지금까지 대두가 췌장에 악영향을 끼친다는 신뢰성 있는 증거는 전혀 발견되지 않았다.

우리는 이제 대두에 함유된 이소플라본이 에스트로겐 수치에 직접적으로 영향을 끼치지는 않지만, 대신 에스트로겐 수용체를 자극하여 유전자의 발현을 후성적으로 변화시킨다는 사실을 알고 있다. 즉 이소플라본은 우리 유전자의 발현을 시작하거나 멈출 수도 있고, 호르몬에 대한 신체의 반응을 미묘하게 변화시킬 수도 있는 것이다. 따라서 정자 수와 태아 발달에 영향을 끼치는 등 생식 활동에 악영향을 초래할 수 있다. 우리가 가공식품을 통해 무의식적으로, 그리고 아기에게 두유를 먹이는 등으로 의식적으로 많은 양을 섭취하고 있다는 점을 고려해 볼 때, 장기간에 걸친 부작용을 면밀하게 연구해야 할 것이다.

장내 미생물은 이런 활성화된 대두 화합물을 우리 몸속에서 생성하는 과정에도, 그리고 그런 화합물을 제거하는 속도에도 중요한 열쇠가 될 수 있다. 유럽인들과 장내 미생물 구성이 다른 아시아인들은 몸속에서 대두를 분해해서 활성화된 이소플라본 화합물도 더 많이 생산한다.[6 7] 미국에서는 (이미 상당한 규모의 지원금을 받는) 대두 식품 로비 집단의 힘으로, 비교적 불확실한 관찰 증거를 통해 대두 단백질이 심장 질환 예방에 도움이 된다는 건강 정보를 사실로 받아들였다. 그러나 대두에서 건강에 이로운 물질을 섭취하려면 아주 많은 양의 가공식품 또는 정크푸드나 정량의 일본식 미소 된장국이나 풋콩이나 템페를 하루에 세 번, 총량 100그램 정도를 섭취해야 한다.

현대 가공식품으로 시선을 돌리면, 정확한 구성 성분이 문제가 된다. 운이 매우 좋다면 식품성분표에서 약간이나마 단서를 찾을 수 있을지도 모른다. 다른 여러 콩류와 마찬가지로, 대두 또한 복합식품이며 수백 가지의 성분으로 구성되어 있다. 그중에는 피트산염처럼 독성을 가지며 영양소 흡수를 방해하는 물질도 있고, 섬유질이나 불포화지방처럼 건강에 이로울 수 있는 성분도 있다. 그러나 가공 과정을 거치면 보통 남는 것은 대두의 단백질 성분뿐이며, 추가로 이 단백질을 다른 여러 구성 성분으로 분해하는 것도 가능하다. 이런 식으로 다른 자연 성분이 없이 지나치게 응축한 대두 단백질은 몸에 해로울 수도 있다. 진실을 털어놓자면 우리는 아직 이쪽으로 아는 것이 별로 없다. 자연적인 콩류의 여러 복합 요소와 상호작용을 하는 것이 분명한 장내 미생물도 응축된 단백질 앞에서는 무력할 수도 있다.

두유의 판매량 또한 여러 나라에서 빠르게 증가해 왔으며, 이제 가장 보편적으로 섭취하는 대두 가공식품이 되었다. 우유 알레르기가 있는 아동에게는 훌륭한 단백질 공급원이기는 하지만, 이제 이 치료제는 빠른 속도로 문제로 변하고 있다. 대두 알레르기도 빠르게 증가 중이며, 이제는 대두의 대체식품도 등장한 상황이다. 앞서 언급한 내분비 교란 물질인 제니스테인 같은 대두의 구성 성분이, 종종 이유식에 걱정될 만큼 많이 들어가기도 한다. 여기서 우려가 되는 것은, 유전자 발현 과정이 계속 변하며 역할을 세심하게 조율하고 새로운 단백질을 생산하는 첫 3년이 아이의 발달에 있어 가장 중요한 기간이기 때문이다.

대두의 이소플라본이 암에 대해 일반적으로 이로운 후성적 효과를 가지고 있다는 점을 감안해도, 민감한 아기들에게 대두를 먹일 때에는 지금보다 훨씬 주의를 기울여야 할 것이다. 대두의 후성적 효과가 다른 내분비 교란 화합물, 이를테면 많은 플라스틱 젖병에서 검출되는 비스페놀 등과 조합되면, 아기의 식사 준비 과정이 아주 끔찍한 독극물 칵테일을 제조하는 과정이 될 수도 있다.[8]

바닷말 식사

독특한 단백질 공급원 중 하나로 해조류가 있다. 물론 건강에 도움이 될 만큼 섭취하려면 아예 회전초밥집에 살다시피해야 할 텐데, 바닷말에는 단백질이 2퍼센트 정도밖에 함유되어 있지 않기 때문이다. 나머지는 소화하기 힘든 녹말로 구성되어 있다. 해조류는 식감과 색이 다양하며, 갑상선 질환을 예방할 수 있는 요오드 성분이 풍부하고, 몸에 이로울 수 있는 항산화 물질을 함유하고 있다. 해조류는 새로운 식품을 받아들여 소화하기 위한 인간의 적응력을 잘 보여주는 훌륭한 예시의하나다. 이런 변화는 비교적 최근 들어 일어났으며, 초밥을 좋아하는 일본인들 덕분에 우리의 관심을 끌게 되었다.

몇 세기 동안 바닷가 근처에 살던 일본인들은 국이나 샐러드에 추가하거나 날생선을 싸는 등 다양한 방식으로 해조류를섭취해 왔다. 그들 또한 처음에는 대부분의 유럽인처럼 해조류의 복합 녹말을 소화하는 데 필요한 효소를 지니고 있지 않았다. 그 말은 곧 인간이 사용할 열량도, 미생물이 사용할 영양소도 뽑아내지 못한 채 그대로 장을 통과해 버렸다는 뜻이다. 그러나 다행스럽게도, 주기적으로 해초류를 먹어 온 사람들의 장내 미생물은 차츰 해초류를 소화시켜 에너지와 영양소를 뽑아내는 능력을 익히게 되었다.

오늘날의 평균적인 일본인은 해초를 식단의 일부로서 꾸준히 섭취하는데, 매년 1인당 5킬로그램이라는 어마어마한 양을해치운다. 이는 일본인이 소화하는 데 어려움을 겪는 유제품 섭취량의 거의 세 배에 근접한다. 다른 아시아 국가들 또한 해초에 매료되었고, 이제는 매년 20억 톤의 해초를 식용으로 채취한다. 식용 해초는 주로 다시마나 미역 같은 갈조류에 속하며, 김 같은 홍조류는 주로 초밥이나 마사지용 젤이나 피부용품에 사용된다. 환경에 적응하는 인간의 능력이 발휘된 또 하나의 예로서, 우리의 몸이 사람마다 다른 방식으로 프로그램될 수 있다는 증거라 할 수 있다.

바닷말과 유전자 조작 인간

이렇게 다양한 식물질을 가뿐히 소화하는 모습을 보면, 우리 몸의 미생물의 유연성에 감탄하지 않을 수 없다. 박테로이데테스 테타이오타오미크론이라는 단 하나의 박테리아 종만 해도 식물 구조체를 분해하는 특수 효소를 260가지 이상 가지고 있으며, 관계된 유전자는 200가지가 넘는다. 반면 숙주인 우리 인간은 고작 30가지 남짓한 효소를 가지고 있을 뿐이다. 이는 우리가 얼마나 미생물에 의존하고 있는지 잘 보여준다.

과학자들은 우리 미생물이 이토록 놀라운 다양성을 유지하는 방법 중 한 가지를 밝혀냈다. 바로 유전자 교환이다.

먼 옛날 조벨리아라는 이름의 해양 미생물(이 미생물도 의간균류에 속한다)이 바다의 홍조류를 먹어치우며 행복하게 살고 있었다. 어느 날 조벨리아는 모험을 떠나기로 마음먹었다. 그래서 물고기의 몸에 잠시 탑승했다가 인간의 뱃속으로 옮겨

탔고, 그곳을 자신의 새집으로 삼았다. 어둑한 인간의 대장 속에서 조벨리아는 다른 미생물을 만났고, 자신을 먹어치우지 않는 대가로 기꺼이 그들에게 없는 유전자 일부를 빌려주기로 했다.

이 해양 미생물은 수평 유전자 전달이라는 행위에 합류한 셈이다. 박테리아 사이에서 유전자 교환은 상당히 흔한 일로서, 항생제에 저항하거나 바이러스를 물리치는 능력 등이 여기서 온다. 따라서 해초를 먹는 일본인들의 장내 미생물은 이제 해초를 분해하는 능력을 가지고 있으며, 숙주인 인간도 여기서 이득을 볼 수 있다.[9] 해초에 노출되지 않은 평균적인 유럽인이 이런 필수적인 해양 미생물을 받아들이려면 얼마나 오랜 시간이, 또는 몇 양동이의 해초가 필요한지는 아직 알 수가 없다. 바닷가에 사는 웨일스인이나 아일랜드인 중에서는 이미 가지고 있는 사람이 있을지도 모르지만.

최근 밝혀진 사실에 따르면, 인간의 유전자 속에는 다른 종으로부터 이런 식으로 '건너뛰어 온' 유전자가 적어도 145개는 된다고 하는데, 이 정도면 유전자 조작 동물의 좋은 예로 들 수 있을 법하다.[10] 어쩌면 혈액형 유전자나 비만 유전자의 일부도 박테리아나 해조류로부터 얻은 것일지도 모른다.

수평 유전자 전달을 연구하는 해양생물학자들은 육상동물의 장내 미생물 속에 수생 미생물의 유전자가 남아 있다는 증거를 찾으려 시도했다. 그들은 인터폴처럼 행복하게 살아가는 해양 미생물에서만 발견되는 고유 효소를 추적해서, 미국과 멕시코와 유럽 사람들의 장내에서도 발견된다는 사실을 발견했다. 때로는 바다에서 아주 멀리 떨어진 곳에 사는 사람들에서 까지.[11] 이들의 성공은 결국 이런 과정이 한 번 일어나고 끝나는 것이 아니며, 우리 중 일부가 새로 얻은 능력은 단순히 해초나 기타 조류를 소화하는 것뿐 아니라 다른 온갖 새로운 식품에도 적용할 수 있음을 입증했다. 보다 흥미로운 일은, 이런 능력은 단순히 에너지와 영양분을 공급해 줄 뿐 아니라 다른 건강상의 이점도 있다는 것이다.

해초에는 온갖 새로운 화합물이 존재하는데, 그중에는 소염 효과가 있으며 항산화 및 항암 작용을 하는 우리 친구 폴리페놀 같은 단백질과 화합물들이 있다. 해초류의 세포벽 일부는 섬유질 공급원으로서 중요하며, 분해하면 프로피온산 같은 몸에 이로운 단쇄지방산이 된다. 자원자를 대상으로 한 소규모 실험에 의하면 해조류는 체중 감량을 도울 수도 있는데, 섬유질 성분에 입맛을 줄이는 효과가 있기 때문일지도 모른다. 따라서 일본인이 유럽인에 비해 건강하고 날씬하며 심장병과 암 발병률이 낮은 것도 해초 때문일지도 모른다.[12]

앞서 언급한 것처럼, 일본인, 특히 남쪽의 오키나와 주민들은 전 세계에서 가장 장수하는 민족이며 100세 이상 장수하는 사람들의 비율도 가장 높다(1백만 명당 743명). 여기에 가장 중요한 역할을 하는 것이 바로 해조류 섭취. 영국과 아일랜드의 해안도 600종이 넘는 해조류가 서식한다는 점에서는 일본과 별로 다르지 않으나, 우리는 그런 해조류에 대해 아는 것이 거의 없다. 영국인은 일본인과는 달리 고작 몇 종류만 깊이 조사해 봤을 뿐이지만, 그래도 적어도 30종은 식용 가능한 종류로 간주한다. 전통적으로 해변에 사는 사람들은 칼슘과 요오드 공급원으로 해초를 섭취하곤 했다. 브르타뉴와 웨일스 지방에서 오늘날까지 먹는 해초는 래버위드(포르피라속)라는 종류인데, 귀리와 섞어서 래버브레드(웨일스어로 하면 바라 라브르bara lawr)를 만들 수 있다. 아일랜드에서는 요즘에도 딜스크라는 해초를 과자로 먹으며, 젤리나 푸딩을 만들 때는 카라긴(아이리시 모스)이라는 해초를 사용한다.

요즘은 미식 물리학이라 부르는 새로운 미식 운동이 일어나는 중인데, 감칠맛 등의 여러 맛을 육류나 소금이나 MSG 대신 해초류에서 얻어낸다. 영국과 아일랜드에서는 해초 양식이 상업적인 관심 대상이 되기도 하는데, 주로 작물의 비료로 사용되지만 갈수록 식품 첨가물로 쓰이는 비중도 높아지고 있다. 유럽과 미국의 생산량은 일본의 대규모 해초 양식장에 비하면 하찮은 수준이지만, 수요는 갈수록 증가하고 있다.

당신 또는 다른 가족 구성원이 주기적으로 생선을 섭취하지 않거나 해변 근처에 살지 않는다면, 해초류를 섭취한다고 해도 온전한 이득을 볼 만큼의 미생물 유전자나 효소가 없을지도 모른다.[13] 물론 일본으로 이사하거나 초밥을 충분히 섭취하기 시작하면 머지않아 생길 가능성이 크겠지만 말이다. 우리 몸의 미생물은 언제나 그렇듯이, 30분마다 새로운 세대가 태어나기 때문에 우리가 섭취하는 식품에 우리 자신보다 훨씬 빠르게 반응한다. 해조류의 이야기는 인간의 신체가 가진 적응 능력과 미생물과의 공생 관계 양쪽을 잘 보여주는 예라고 할 수 있다.[14]

마법 버섯과 균류

버섯은 분류가 힘들다. 식물이 아닌데도 불구하고 전통적으로는 채소의 일종으로 분류되어 왔는데, 사실 외부에서 양분을 섭취해야 한다는 점에서는 동물에 가까울지도 모른다. 이들은 분류학적으로는 균계, 혹은 진균류에 속하며, 여기에는 효모도 포함된다. 버섯은 사실 커다란 미생물의 집합체로서, 썩어가는 유기물에 자리를 잡고 양분을 흡수해서 성장하고 번식한다. 버섯은 토양, 식물, 과일 등에 살지만, 때로는 인간의 몸에서 양분을 섭취하기도 한다. 특히 어둡고 습한 장소를 좋아하기 때문에, 우리의 발, 특히 발가락 사이에 살면서 무좀을 이루거나 겨드랑이나 사타구니에 살면서 암내를 유발하기도 한다. 버섯에는 지방은 전혀 없으며 보통 거의 같은 비율의 단백질과 탄수화물을 함유하고 있다. 우리 세포의 독성 화학물질을 처리하는 이로운 항산화물인 셀레늄이 가득 들어 있으며, 비타민 B도 풍부하고, 햇빛을 받고 자랐다면 때로는 비타민 D까지 들어 있기도 한다. 육류와도 잘 어울리며, 때로는 대체재로도 사용될 수 있다. 감칠맛을 감지해서 귀중한 단백질을 섭취하는 중이라고 뇌에 알리는 역할을 하는, 우리 혀의 미각 수용체를 자극하기 때문이다.

진균류는 또한 효모의 형태로 우리 장 속에 살 수도 있다. 과거에는 대장에서 검출되는 진균류는 질병 때문에 발생한 것으로 생각했지만, 새로운 방식의 염기서열 분석에 의하면 건강한 사람의 신체에서도 장내 총생물량의 4퍼센트가량은 진균류가 차지한다. 하지만 우리는 이런 부류의 진균류에 대해서는 거의 아는 것이 없다. 진균류는 다른 미생물이 수를 제한하지 못해서 마구 증식하는 경우에만 문제를 일으킨다. 많은 진균류가 장 속에서 우리 인간이나 다른 미생물들과 행복하게 공존하며 살아간다. 일부 대체의학 사용자들은 종종 다양한 증상을 칸디다균 과다 증식 탓으로 돌리는 잘못된 진단을 내리며, 기묘할 뿐 아무 효력 없는 처방으로 우리 몸의 일부를 제거하려 시도한다. 평소 우리 몸속에 있는 박테리아는 대규모 진균류 침공을 막는 데 중요한 역할을 맡는다. 위협을 받은 미생물은 주로 면역계에 신호를 보내는 식으로 이런 역할을 수행한다. 그러나 항생제를 투여하거나 면역계의 문제가 있을 때는 이런 미묘한 균형이 깨지며, 그 결과 보통 구강이나 혀에서 발견되는 효모 칸디다 감염증 등이 발생한다.

많은 여성은 평생 한 번쯤은 질 또는 구강의 칸디다 감염증을 겪는다. 평소에는 요구르트에 사는 우리의 친구 유산간균이 칸디다 수를 조절한다. 따라서 인터넷에서는 요구르트가 칸디다 감염증의 치료제로 인기를 끈다. 실제로 그 효용을 제대로 실험해 본 경우는 별로 없지만 말이다. 오스트레일리아의 한 연구가 그런 드문 예인데, 항생제를 투여하기 직전의 여성 270명을 섭외해서 구강 감염의 발병 여부를 추적했고, 이후 피험자의 4분의 1가량이 증세를 보였다. 연구진은 무작위로 유산간균이 함유된 활생균 식품 또는 유사품을 구강 또는 질에 투여했다. 그 결과, 슬프게도 프로바이오틱 식품은 진균류 감염 예방에는 아무런 효과도 없다는 결론이 나왔다.[15] 지방을 제거하지 않은 천연 요구르트를 질에 투여하는 실험은 제대로 수행된 적이 없지만, 실제 효력은 어떨지 몰라도 많은 여성이 진정 효과가 있다고 느낀 모양이다. 면역학자들은 지금 질 바이러스를 물리치고 HIV/에이즈 환자의 감염증을 줄일 수 있는 유전자 조작 유산간균을 개발 중이다.[16] 질에 투여하는 요구르트가 건강식품으로 유행할 수 있을지는 두고 봐야겠지만, 분명 가능성은 충분하다.

중국인들은 수 세기 동안 버섯을 약으로 사용해 왔다. 인간을 대상으로 한 버섯 실험이 시도된 적은 없지만, 6주 동안 생쥐에게 양송이를 먹인 연구에 따르면 건강에 이로울 수 있다고 한다. 이 생쥐들은 장내 미생물 다양성이 증가하고 의간균류가 늘었으며, 위장 감염이나 염증에 대한 보호 효과도 보였다고 한다.[17] [18]

사람들이 흔히 정체를 모른 채 섭취하는 균류 중에는 인조 쇠고기, 즉 '퀸Quorn'이 있다. 이 균류는 실험실에서 재배하는데, 원래는 흙 속에서 흔히 발견되는 종류이다(푸사리움 베네나툼). 우리는 조상들이 여러 식물을 상대로 한 것처럼, 이 균류를 작물로 만들었다. 퀸은 44퍼센트에 달하는 높은 단백질 함량을 자랑하며, 달걀 알부민을 섞으면 여러 육가공품의 질감을 재현할 수 있다. 유럽에서 퀸은 가장 쉽게 찾아볼 수 있는 육류 대용품이다.

대두가 막대한 후원을 받는 미국에서는 퀸은 그만큼 성공하지 못했으며, 오히려 심각한 비판의 대상이 되었다. 대중 홍보에서는 완전히 다르고 유연관계도 없는 양송이와 비슷한 상품으로 취급되었다. 새로운 상품이 직면하게 마련인 대중매체의 온갖 괴담에도 불구하고, 퀸이 우리 몸에 해롭다는 증거는 단 하나도 발견되지 않았다. 치즈로 섭취하든 맛 좋은 버섯의 형태로 섭취하든, 이런 곰팡이는 우리 몸에 이로울 가능성이 클 것이다.

결론을 내리자면, 대자연은 고기를 피하는 사람들을 위해 다양한 단백질 함유 식품을 선사해 주었다. 그리고 다양한 식품을 고루 먹기만 한다면, 육류 없이도 비타민 B_{12}를 제외한 거의 모든 필수 영양소를 섭취할 수 있다. 그런 식품을 소화시키는 능력은 우리의 다양한 장내 미생물이 생산하는 화학물질과 호르몬에 따라 차이가 있을 수 있다. 우리가 미생물 친구들의 힘을 빌려 해초 섭취에 적응했다는 사실을 보면, 양쪽의 유연성과 종을 뛰어넘는 유전적 교환을 통해 '유전자 변형' 생물로서 수월하게 적응할 수 있다는 사실이 명백해진다. 믿기 힘들지도 모르지만, 한때는 우유조차도 해초만큼이나 우리에게 낯선 식품이었다.

9

유제품 단백질

1970년대 영국에서는 '우유 강탈자' 마거릿 대처가 7세 이상의 학생에 대한 우유 무상공급을 차단해서 악명을 떨쳤다. 당시에는 수많은 사람이 여기에 분노하여 대규모 가두집회를 벌였다. 그러다 이내 감정의 물결은 잦아들었고, 우유도 지방 함량이 줄어들고 판매량과 학내 부식 선택률이 차츰 감소하면서 유행에서 밀려나기 시작했다.

우유는 다양한 영양소의 혼합물로서, 귀중한 단백질(3퍼센트)과 열량 공급원이며 2~3퍼센트에 달하는 지방은 대부분 포화지방으로 구성되어 있다. 그 외에도 칼슘을 비롯한 여러 종류의 영양소가 들어 있다.

내가 어렸을 때 우유는 성장기 어린이에게 필수적이며 가장 자연스럽고 건강한 식품으로 여겨졌다. 50년 전에 나를 가르친 교사들은 날이 더워서 조금 쉰 우유조차도 반드시 마시게 시켰다. 젖이란 우리 입술을 처음 적시는 식품이며, 대부분의 사람이 첫 1년 동안 주요한 영양원으로 섭취하는 식품이니, 우리 몸에 좋을 수밖에 없지 않겠는가? 사람들이 인간의 모유와 우유 사이에는 엄연한 차이가 있으며, 우유 섭취는 고작 6천 년 전에야 시작되었다는 사실을 깨닫고 나자, 이런 태도는 바뀌게 되었다. 알레르기와 유당불내증lactose intolerance의 사례 보고도 늘었고, 우유에 대한 신뢰도는 떨어져만 갔다. 식단에 포함된 일부 지방에 대한 대중매체의 부정적인 보도는 이런 몰락을 부추겼다. 우유는 차츰 두유나, 최근 등장한 아몬드유 등으로 대체되기 시작했다.

하지만 우유를 포기하는 것이 과연 옳은 일일까?

막대한 정부 지원을 받던 1980년대의 축산업계는 이 책에서 앞서 언급한 영향력 있는 중국발 역학 연구, 즉 '코넬 중국 연구'를 마주하게 되었다. 이 연구는 여러 국가에서 10년 전에 얻은 자료 및 50가지를 넘는 질병의 발병률을 중국 농촌에서 얻어낸 자료와 비교했다.[1] 연구진을 지휘한 콜린 캠벨은 우유 섭취와 고혈압 사이에 강하고 유의미한 연관 관계가 있으며, 따라서 기득권층이 강제로 떠안기는 유제품의 섭취를 피해야 한다는 결론을 발표했다.

그의 발표에서 명확히 서술되지 않은 내용은, 연구를 진행한 65개 현 중에서 아예 유제품을 섭취하지 않는 현은 62개뿐이며, 유제품을 섭취하는 나머지 세 곳에서도 고혈압 증례는 찾아보기 힘들었다는 것이다. 이런 현들은 전부 몽골과 카자흐스탄에 가까운 북부 지방에 있었으며, 기후와 생활습관 및 식습관에서 다른 곳들과 큰 차이를 보였다. 이런 사실은 위험 요인에 대한 기존의 지식을 공급해 온 관찰 연구에 어떤 문제가 있을 수 있는지를 다시 한번 명확하게 보여준다. 즉, 비논리적인 인과관계를 상정할 수 있다는 것이다. 이런 결과는 체중 증가나 나트륨 섭취량 증가나 채소 섭취 부족으로 인한 것일 수도 있고, 심지어 유제품을 섭취하는 북부 사람들이 유전자 구성이 상당히 달랐기 때문일 수도 있다.

이 연구에서는 워낙 많은 자료를 수집했기 때문에, 연구진은 여러 질병과 영양소 사이의 연관 관계를 수천 가지나 만들어낼 수 있었다. 20번 중 1번의 오류는 인정한다는 관례를 고려하면, 이런 연관 관계 중 많은 수는 단순히 확률적으로도 거짓일 수 있다. 캠벨이 유제품의 위험성을 지적하기 위해 사용한 다른 무시무시한 발견은, 우유 속 단백질인 카세인을 다량 섭취하면 실험실 동물에서 간암을 유발할 수 있다는 것이다. 훗날 밝혀진 바에 의하면, 비동물성 단백질을 사용한 비슷한 실험에서도 유사한 결과가 나오는 것이 확인되었다.[2 3] 게다가 중국 농촌 사람들이 섭취하던 유제품이 서구에서 마시는 위생 처리와 저온살균을 거쳐 냉장고에 보관하는 부류가 아니라는 점은 명백하다. 주로 발효시킨 야크젖이기도 하고. 이런 발견은 또한 나머지 62개 현의 중국인들이 우유를 전혀 마시지 않은 이유라는, 영양학의 범주를 넘어서는 질문으로 이어질 수밖에 없다.

우리는 우유 돌연변이다

고전적인 설명에 따르면, 우리는 농부가 된 이래로 새로운 음식에 맞춰 유전자를 적응시킬 시간이 부족했다. 우리가 농경을 시작한 지는 5백 세대밖에 지나지 않았다. 반면 우리가 아프리카를 떠난 후로는 5천 세대가 지났고, 침팬지류와 결별한 이후부터 세면 25만 세대에 걸쳐 선택과 개량을 거듭해 온 셈이다. 따라서 농경 이후의 인간 역사는 진화라는 거대한 물결 속에서는 작은 티끌 하나에 지나지 않는다. 변화하기에는 너무 짧은 시간임이 당연하지 않은가?

최근까지는 이런 관점이 지배적이었다. 적어도 세계적인 우유 섭취 추세의 연구를 통해 변화의 속도에 대한 개념이 수정되기 전까지는 말이다. 250ml의 우유를 거북함 없이 마실 수 있는 사람은 전 세계 인구의 35퍼센트밖에 되지 않는다. 이 비율은 북유럽에서는 90퍼센트 이상으로 치솟고, 남유럽 국가들에서는 40퍼센트까지 내려간다. 그러나 여기서 문제가 있는 쪽은 우유가 거북한 65퍼센트가 아니라, 성공적으로 돌연변이를 일으켜 고작 200세대 만에 전 세계에 유전자를 퍼트린 35퍼센트의 우유 섭취자들이다.[4] 지금까지 발견된 가장 오래된 우유 돌연변이는 6500년 전 한 시체의 유전자에서 확인되었다.

갓난아기는 유산간균의 도움을 받아 모유 속 유당을 분해하는 효소인 락타아제를 생성하지만, 이런 활동은 고형식을 먹기 시작하면 멈추게 된다. 즉 이후로는 포도당과 갈락토스가 튼튼한 화학결합으로 합쳐진 당류인 유당을 소화할 수 없어진다는 뜻이다. 유당은 상당히 독특한 물질로, 유아의 신체에 영양소를 공급한다는 목적에 모든 면에서 부합한다. 동물의 젖에서만 발견되며, 지방과 당분과 단백질과 비타민 D를 비롯한 여러 비타민의 훌륭한 공급원이며, 뇌의 발달과 골격의 칼슘 흡수를 돕기도 한다. 우유를 치즈와 요구르트의 형태로 만들면 구역질을 유발하지 않고 안전하게 섭취할 수 있다는 사실을 처음 발견한 사람들은 터키(일부는 폴란드라 생각한다) 지방의 초기 농부들이었다.[5] 이런 두 가지 식품은 숙주인 인간에는 없는 유당 분해 능력을 가진 유산간균과 같은 박테리아로 발효시켜 만든다.

유당 분해 능력을 갖춘 신종 돌연변이들은 단백질과 에너지가 듬뿍 든 휴대용 식량을 손에 넣은 셈이 되었다. 이런 이점을 이용해 이들은 가축의 수를 늘리고 더 멀리까지 이동할 수 있게 되었다. 신선한 우유 공급원 확보와 일부 농부들에게서 우연히 일어난 돌연변이는 생존에 유리하게 작용했을 것이며, 중동을 떠나 북쪽이나 서쪽으로 이동하는 사람들 사이에서 이 유전자는 빠르게 번져나갔다. 우리 유전자에 이런 대규모 변동이 일어나려면 적어도 출산율이 18퍼센트는 증가해야 하는 것으로 추산된다. 따라서 락타아제 돌연변이가 없는 북유럽인이나 그 자손들은 살아남아 번식할 확률이 낮았던 셈이 된다. 정확한 이유는 아무도 모르지만.

우유는 장염에 걸린 아이들의 목숨을 구하거나, 가뭄에 대체 음료가 되거나, 오염된 물로 인한 감염을 줄이는 등으로 생존율을 올렸을 수도 있다. 젖떼기에 걸리는 시간이 단축되며 출산 간격이 줄어들어 출산율이 증가했을 수도 있다. 정확한 이유는 알 수 없지만, 이 돌연변이는 극적인 충격을 일으켜 유전자를 널리 퍼트렸다. 가장 주된 돌연변이는 유럽에서 일어났고, 아프리카와 중동에서도 그보다 작은 규모의 돌연변이가 일어났다.[6] 이런 상황은 우리 유전자가 새로운 주요 식품에 진화의 관점에서 볼 때 제법 빠르게 적응할 수 있다는 사실을 다시 한번 보여준다. 해당 유전자가 성인이 되어서도 영구적으로 발현되도록 만드는 락타아제 유전자 돌연변이는 인류 역사에서 중요한 사건이었다.

우리 유전자에 일어난 보다 미묘한 후천적 변화(식단이나 환경에 반응해 유전자의 발현이 시작되거나 멈추게 되는 과정) 또한 중요할지도 모른다.[7] 이런 변화는 수 세대 안에 일어나서 바로 영구적으로 고착될 수 있다. 지금으로서는 추측일 뿐이지만, 미생물 또한 락타아제 유전자 변화의 주요 요인 중 하나였다는 신빙성 있는 증거도 존재하리라 생각한다. 처리와 저온살균 과정을 거치지 않은 원유에는 온갖 영양소가 풍부해서 다양한 미생물을 먹여 살릴 수 있다. 이 중에는 몸에 이로운 유산간균이나 비피도박테리아도, 병을 일으킬 수 있는 미생물도, 우리가 아직 역할을 모르는 기타 미생물도 포함된다.[8] 원유는 그대로 마실 수도 있고, 저온살균을 거치지 않은 전통적인 방식의 치즈를 만들 수도 있다.

초기 우유 섭취자가 누린 이득에는 우유를 소화해서 얻을 수 있는 단백질과 열량이라는 명백한 이득 외에도, 개인 미생물 생태계를 확장해 건강과 면역력을 증진할 수 있다는 이득도 포함되어 있었을 것이다. 반면 세계의 다른 지역에서 유전자 돌연변이가 성공하지 못한 상황은 다소 설명하기 힘들다. 동아시아 지역에서는 더욱 그런데, 전체 중국인의 1퍼센트만 해당 유전자를 가지고 있기 때문이다. 어쩌면 우유가 마시기 전에 상해 버려서 감염증을 유발할 수 있는 온난한 기후 등이 영향을 끼쳤을지도 모른다. 그러나 이런 기후 가설은 우유와 정맥혈을 마시는 마사이족이 유당에 적응한 이유는 설명해 주지 못하므로, 아직은 수수께끼로 남아 있다고 해야 할 것이다.

다른 묘한 점은, 돌연변이에 실패해서 락타아제가 없는 10퍼센트의 북유럽인도 한 컵의 우유 정도는 별 증상 없이 마실 수 있다는 것이다. 게다가 락타아제 유전자가 있는데도 유당불내증을 보이는 사람들도 존재한다. 이런 현상은 어떻게 설명해야 할까? 오늘날 유당불내증인 사람은 흔히 찾아볼 수 있다. 유당불내증인 사람들은 우유나 연관 제품을 섭취하면 복부 팽만, 위경련, 통증 및 설사 등의 증상을 보인다. 유럽과 아시아와 아프리카의 유전자 풀이 뒤섞인 미국 같은 나라에서는 유당불내증 환자의 비율이 높은데, 일부 홍보용 웹사이트의 주장에 따르면 4천만 명이 이 증상을 앓고 있다고 한다. 그러나 진실을 말하자면 유당불내증을 수월하게, 또는 정확하게 확인하는 방법은 존재하지 않는다. 따라서 실제 비율은 알 방법이 없다.[9]

영국에서는 다섯 명 중 한 명꼴로 우유를 마시면 구역질과 복부 팽만을 경험한다고 알려져 있지만, 이 중에서 명확한 증세를 보이거나 확인을 거친 사람은 3분의 1도 되지 않는다. 신약 실험의 위약(僞藥) 복용 피험군에서 20퍼센트가량은 위경련 증상을 보고한다는 점을 기억하자. 대부분의 증상은 락타아제 유전자의 결핍이나 임상시험 결과와 일치하지 않는다. 여기서 임상시험이란 50그램의 유당을 섭취한 다음 호흡이나 혈당에 끼치는 영향을 측정하는 것을 말한다. 많은 의사는 이런 경우를 심리학적 요인으로 간주하고 무시한다. 어쨌든 유전자 상태나 검사 결과와는 무관하게, 많은 사람이 자신을 유당불내증으로 간주한다는 사실은 확인할 수 있다. 이런 사람들은 종종 불필요하게 모든 유제품을 피하며, 갈수록 칼슘 및 비타민 D 결핍증이 심해지는 경향을 보인다. 특히 유아에서 이런 경우가 많다.[10]

지금까지는 주로 우유의 탄수화물 성분(유당)을 소화하는 문제에 집중해 왔지만, 단백질 성분도 문제를 일으킬 수 있다. 특히 알레르기 반응에서 그렇다. 오스트레일리아의 한 회사는 우유의 단백질인 카세인에 유전적인 차이가 존재한다는 점을 확인하고 상용화를 시도했다. 젖소에 유전자 조작을 가해 성분이 다른 우유, 예를 들어 저지방 우유를 생산하게 만드는 기술은 이제 딱히 새로운 것이 아니다. 우유에 포함된 대부분의 단백질은 A1 카세인 형태지만, 일부 젖소는 약간 다른 형태지만 맛은 동일한 A2 카세인이 함유된 우유를 생산한다. 일반적인 우유에 알레르기 증상을 보이는 사람들을 위해서, 요즘은 유전자 조작 젖소를 이용해 단백질 성분이 다른 A2 카세인 우유를 생산하기도 한다. 내가 보기에는 아무래도 문제를 다른 곳으로 옮기는 것뿐인 듯하지만, 일단 두고 볼 일이다.

인도 설사와 불내성

우리가 제니와 메리를 처음 만났을 때, 두 사람은 잉글랜드 남서부 지방인 스윈든에 사는 네 살의 일란성 쌍둥이였다. 양쪽 모두 어릴 적에는 아무 문제 없이 우유를 마셨고, 어른이 되어서도 차와 커피에 우유를 넣었다. 그러다 메리는 35세가 되어 끔찍한 이혼을 겪고 친구와 함께 인도를 다녀온 후로 소화 장애를 겪기 시작했다. 주기적으로 복통이 찾아와 밤에 잠을 이루지 못했으며, 간헐적이지만 격렬한 설사 증세를 보였다. 이런 증상은 수년 동안 계속되었다. 그녀는 주치의를, 뒤이어 정신상담사를 방문했다. 우리가 연구 대상인 모든 쌍둥이에게 실시하는 기본 유전자 연구에서는 2만 개의 유전자에서 5만여 가지의 다양성을 확인한다. 우리는 두 사람이 일란성 쌍둥이임과 더불어, 메리와 쌍둥이 언니가 대부분의 유럽인과는 달리 2번 유전체의 락타아제 돌연변이를 가지지 않는다는 사실 또한 확인했다. 그녀가 겪는 문제는 이 점으로 설명할 수 있었다. 우유가 문제였던 것이다. 실제로 우유를 끊자, 2주 만에 모든 증상이 완전히 사라졌고, 반신반의하던 메리는 깜짝 놀라게 되었다.

메리한테는 잘된 일이었지만, 이것만으로는 그녀가 과거에 같은 문제를 겪지 않은 이유나 완전히 같은 유전자 구성을 가진 그녀의 쌍둥이 언니가 비슷한 식단을 따르면서도 문제를 겪지 않은 이유는 설명할 수 없다. 이번에도 문제는 그들의 장내 미생물 생태계였다. 유당불내증 환자를 대상으로 한 다른 연구에서도, 우유에 대한 반응은 마찬가지로 다양하게 나타났다. 그러나 꾸준히 증상을 겪는 환자들에게 일반적으로는 소화할 수 없으나 미생물 생태계를 변화시키는 프리바이오틱 물질인 GOS(갈락토올리고당)를 투여하자, 위약을 투여한 대조군에 비해 증상이 극적으로 호전되었다. 두 달 만에 그들의 미생물 생태계는 상당히 극적으로 변화했다.[11]

보다 자세하게 질문하자, 메리는 여행의 막바지에 델리에서 심각한 소화기 감염 증상을 앓았으며, 다양한 종류의 항생제를 여러 번 장기간 복용했다는 사실을 떠올렸다. 이런 강력한 약물이 그녀의 장내 미생물 구성을 변하게 만들고, 다양성을 감소시킨 것이 분명했다. 남은 미생물만으로는 대장에서 유당을 분해하기에는 역부족이었던 것이고, 따라서 일반적인 유당불내증 증상이 일어난 것이다. 같은 유전자를 가지고 있더라도, 장내 미생물 구성의 사소한 차이 때문에 우유에 대한 반응이 달라질 수 있다는 것이다. 이런 차이는 다른 여러 식품에 대한 반응에도 영향을 끼칠 수도 있다.

우유를 마시면 덩치가 크고 건강해질까?

과거에는 누구든 신체가 제대로 성장하려면 우유를 마셔야 한다는 소리를 듣고 살았다. 유전자 세계지도를 펼쳐놓고 락타아제 돌연변이 유전자가 있어 우유를 마실 수 있는 나라들에 색을 칠해 보면 우유 섭취가 신장과 연관이 있다는 점은 명백해진다.[12] 전반적으로 락타아제 유전자 비율이 낮은 남유럽인은 키도 작지만, 일부 락타아제 유전자 돌연변이를 가진 소집단은 평균보다 키가 크다. 하지만 앞서 살펴본 다른 사례들처럼, 연관성을 보인다고 해서 우유가 키를 크게 만드는 요인이라 말할 수는 없다. 다른 여러 요인, 이를테면 부유함 또는 전반적인 영양 상태를 나타내는 지표일 수도 있는 것이다.

내 키는 178센티미터에 조금 못 미치며, 우리 아버지의 키는 170센티미터였고, 할아버지의 키는 162센티미터였으며, 1876년 러시아에서 태어난 증조할아버지의 키는 159센티미터에 지나지 않았다. 4세대 만에 20센티미터가 커진 셈이다. 이는 단순한 일화일 뿐이지만, 비슷한 경향성을 보이는 사례는 제법 손쉽게 찾아볼 수 있다. 과거에는 유럽 본토를 방문해서 나이 든 남유럽인 곁에 서 있으면 종종 거인이 된 느낌을 받곤 했다. 반면 네덜란드에 가면 난쟁이가 된 기분이 들었다. 5만 명의 유럽 쌍둥이를 상대로 한 합동연구 결과에 따르면, 키는 80퍼센트 이상 유전이다(즉 개인차의 80퍼센트가량은 유전자에 의한 것이다).[13] 훗날 25만 명을 대상으로 한 연구에서, 우리를 비롯한 여러 연구진은 697가지 이상의 명확한 키 관련 유전자를 발견했으며, 이를 통해 미소한 효과를 보이는 수천 가지 유전자가 키의 결정 요인으로 작용한다는 사실을 증명했다.[14] 이 사실과 유전학의 전통적인 시각을 고려해 보면, 생활습관에 속하는 우유 섭취와 같은 요소가 키를 키울 가능성은 별로 없다고 생각하게 될지도 모르겠다.

그러나 역사 기록을 자세히 살피면, 이런 '대부분 유전적인 형질'에서도 시대에 따른 다양한 양상을 확인할 수 있다. 신장은 인류 역사의 다양한 지점에서 극적인 변화를 보였으며, 아마 중세 유럽도 고점의 하나였을 것이다. AD 800년을 전후해서는 샤를마뉴를 비롯한 많은 유럽인이 180센티미터에 도달했으니 말이다. 이후 17세기에 들어 소빙하기가 찾아오고 공업화된 도시로 이동한 인간은 다시 상당히 작아져 버렸다. 혁명 당시 프랑스 극빈층의 평균 신장은 150센티미터를 간신히 넘을 정도였다. 이제 우리는 천천히 다시 커지기 시작했지만, 민족에 따라 그 성장 정도에도 차이가 있다.[15] 네덜란드는 이제 세계에서 가장 키가 큰 국가다. 전국 통계치와 신병의 건강 검진 결과에 따르면, 네덜란드 사람들은 4세대 만에 평균적으로 18센티미터 정도 커진 셈이다.

하지만 어떻게 이런 일이 벌어지는 것일까? 우리 유전자에 변화가 일어나려면 수백 세대가 필요하다. 락타아제 유전자처럼 최근 들어 '신장 돌연변이'가 발생한 것이 아니라면 말이다. 하지만 그렇다면 지금쯤 발견했어야 마땅하니 가능성은 적을 것이다.

60년 전까지만 해도 미국인은 세계에서 가장 키가 큰 민족이었다. 그러나 이제 네덜란드 남성의 평균 키는 182.5센티미터로, 172.5센티미터인 미국 남성보다 10센티미터나 크다. 손쉬운 설명은 네덜란드인이 미국인보다 우유를 더 좋아하고 많이 마신다는 것이다. 네덜란드의 병원과 대학을 방문해 본 경험에 따르면, 대부분의 네덜란드 학생들은 아직도 점심시간마다 우유를 큰 컵으로 한 잔씩 마신다.

락타아제 유전자 돌연변이가 차지하는 비율을 근거로 해서 전 세계 국가들의 우유 음용 인구를 추적해 보면, 앞서 살펴본 대로 우유 섭취와 신장 사이에는 명확한 관계가 존재한다. 스칸디나비아인과 네덜란드인이 양쪽 모두 최상위권에 들어간다. 네덜란드의 우유 소비량은 1962년에 이미 600만 톤이었으며, 1983년에는 1350만 톤으로 최고점을 찍었다. 그리고 이후 천천히 감소했는데도 여전히 1100만 톤에 달한다. 네덜란드인은 여전히 미국인의 두 배에 달하는 유제품을 섭취한다. 그리고 국가별 평균 신장은 이제 세계보건기구에서 그 나라의 건강과 번영을 측정하는 훌륭한 지표의 하나로 인정받고 있다.

식민지 초기에, 갓 징집된 건강한 미국인 신병은 영국인의 평균치(보다 조금 높은 군대 평균치)인 160센티미터에 비해 7.5센티미터 정도 더 컸으며 20퍼센트 더 많은 열량을 섭취했다. 그리고 독립전쟁 이후 미국 징집병은 더 체구가 좋아졌고, 1800년에는 평균 수명이 10년 길 것으로 예측되었다. 이후 1960년대까지, 영양 공급이 좋은 미국인은 세계에서 가장 키가 큰 민족이었다. 그러나 미국인의 성장은 (적어도 위쪽으로는) 갑자기 멈춰 버렸고, 아무도 그 이유를 파악하지 못했다. 설탕과 육류의 섭취량은 1950년대부터 증가하기 시작했고, 1980년대에 들어서자 육류와 채소 섭취량이 함께 감소하며 지방과 설탕이 그 자리를 대체했다. 미국의 유제품 생산 및 소비량은 1950년대와 60년대 동안 꾸준히 증가했으며, 1970년대에 비하면 이제 세 배 정도가 된다. 수치만으로 보면 자못 놀라울 정도다. 그러나 전체 유제품 수치에서 확인할 수 없는 사실 하나는, 우유 자체의 소비량은 1945년에 최고점을 찍었으며 이후 꾸준히 감소하여 이제는 당시의 절반 정도에 지나지 않는다는 것이다. 특히 학생 연령층에서 이런 경향이 심하다.[16]

혹시 음용 우유에서 가공치즈로 바뀐 미국인의 식습관이 평균 신장에 영향을 끼치고 미국인의 성장을 저해한 것은 아닐까? 많은 미국 어린이가 몸에 좋은 미생물과 영양소의 손쉬운 공급원을 잃어버리고, 대신 지방에서 열량을 얻기 시작한 것은 분명 사실이다. 나머지 세계 사람들이 키가 크는 동안, 이민자를 제외한 미국인의 평균 신장은 제자리걸음만 했다. 칼슘이나 비타민 D 섭취량의 미미한 변화는 성장을 억제할 정도는 아니었을 것이다. 그리고 미국의 골다공증 발병률은 1970년대에 최대치를 찍었다.

예전에 쓴 책인 『같으면서 다르다Identically Different』에서, 나는 미국인과 유럽인의 체형이 다른 이유가 세계대전을 겪은 세대가 서로 다른 경험을 했기 때문이라는 가설을 내놓았다. 20세기 전반이라는 시대는 많은 유럽인의 정신에 깊은 상흔을 남겼다. 대규모 이민, 전쟁, 인플루엔자, 영양실조, 배급, 때로는 기아가 수많은 나라를 휩쓸었다. 1944년 네덜란드의 악명 높은 '굶주림의 겨울'이 한 예가 될 것이다. 신장 변동의 추세를 보면 1900년에서 1945년 사이의 세대가 겪은 고통과 상관관계를 가진다는 점을 확인할 수 있다. 스트레스가 심한 환경과 나쁜 영양 상태가 조합되면 유전자의 후천적 변화를 유발할 수 있다. 즉, 발달 중인 태아를 향해 살아남고 싶으면 빨리 성장하라는 신호를 보낼 수 있는 것이다.

이 과정에 유전자뿐 아니라 미생물도 관여할 가능성은 없을까? 우리는 앞서 원유에 미생물이 듬뿍 들어 있으며, 오늘날에는 감염의 위험성 때문에 원유를 바로 마시는 사람은 거의 없다는 사실을 살펴봤다. 여기서 저온살균 우유가 등장한다. 이런 과정은 20세기 초반에 브루셀라병, 선회병, 폐결핵 등의 우유로도 전파되는 질병을 박멸하기 위해 도입되었다. 동시에 가끔씩 급성식중독의 주요한 원인이 되는 대장균을 비롯한 미생물의 전파도 줄어들었다.

저온살균은 우유를 72℃로 15초 동안 가열한 다음 빠르게 냉각해서 병에 담는 방식으로 해로운 미생물을 제거한다. 대부분의 사람들은 신선한 저온살균 우유가 완전히 무균 상태라 생각하지만, 새로운 염기서열 검출 방식을 사용하면 살아 있는 미생물의 현황을 파악할 수 있다. 가열 과정은 열에 민감한 미생물을 죽일 뿐이며, 내열성을 가진 미생물은 살아남는다. 심지어 열에 민감하고 위험성을 가진 미생물조차도 전부 죽는 것이 아니라, 그저 함량이 낮아질 뿐이다. 사실 원유와 저온살균 우유의 미생물 구성은 놀라울 정도로 비슷하며, 24가지 이상의 과에 속하는 박테리아를 확인할 수 있다. 그중에는 우리 친구인 유산간균과 프레보텔라균과 의간균 등, 우리 건강과 관련된 종류가 제법 많다.[17] 따라서 미생물 함량 자체가 훨씬 적기는 해도, 저온살균 우유 또한 장을 통해 우리 건강에 영향을 줄 수 있는 것이다. 고양이가 인간은 아니지만, 1936년에 프랜시스 포텐저는 원유와 날고기를 먹인 고양이 쪽이 끓인 우유를 먹인 고양이에 비해 여러 세대에 걸쳐 훨씬 오래 산다는 점을 보인 바 있다. 살아 있는 미생물이 죽은 미생물보다 낫다는 점을 잘 보여주는 실험이라 할 수 있을 것이다.[18]

웨일스 레빗

쌍둥이 연구차 런던에 들른 티나와 트레이시를 처음 만났을 때, 나는 자기네가 일란성 쌍둥이가 아니라는 주장을 거의 믿을 뻔했다. 두 사람은 웨일스에서 온 25세의 금발 여성이었는데, 트레이시는 162.5센티미터라는 아담한 체구인 언니보다도 1.5센티미터가 더 작았다. 자매의 어머니에 따르면, 산파가 두 개의 태반을 확인하고 이란성 쌍둥이라고 알려주었다고 한다. 이는 일란성 쌍둥이에서 상당히 흔한 오해기도 하다. 그러나 두 사람의 얼굴 생김새와 표정은 똑같았고, 어린 시절에 친구들이 두 사람을 헷갈렸다는 이야기까지 듣자, 나는 두 사람이 일란성이라고 확신할 수밖에 없었다. 일란성 쌍둥이의 3분의 1가량이 태반이 분리되어 있다는 점도 물론 감안할 필요가 있었다. 두 사람의 DNA가 100퍼센트 일치한다는 사실이 확인되어 내 짐작을 추인해 주었다.

두 사람은 항상 같은 식품을 비슷한 양 섭취했으며, 처음에는 키도 같았다. 두 사람은 8세 때 트레이시가 소아 류머티스

관절염이라는 드문 질병을 앓은 후로 키가 달라졌다고 회상했다. 이 병은 무릎과 손목이 고통스럽게 부어오르며 산발적인 고열도 동반한다. 트레이시는 속이 메스껍고 자주 병원을 방문했으며 피로가 계속되었던 느낌을 기억하고 있었다. 소염제를 복용하자 관절 상태는 천천히 나아지기 시작했고, 14세가 되자 통증이나 기타 문제는 전부 사라졌지만, 이후로는 계속 언니보다 키가 작은 채로 성장했다.

물론 트레이시가 그렇게 작을 이유는 수도 없이 많다. 예를 들어, 그녀가 몇 달 동안 코르티코스테로이드를 복용한 사실도 일시적이지만 영향을 끼칠 수 있다. 보다 가능성 있는 원인은 육체가 관절부에 존재하는 가상의 적을 공격하는, 이른바 '자가면역반응'에 의한 장기 염증 상태에 있었기 때문이라는 것이다. 내 환자들의 말에 의하면, 이런 염증은 낫지 않는 약한 감기를 계속 앓는 것과 비슷한 기분이 든다고 한다. 트레이시의 피로감도 이 때문이었을 것이다. 염증의 다른 부작용 중에는, 육체의 방어기제가 항상 고양된 상태라 장내 미생물에 악영향을 끼친다는 것도 있다. 여러 연구에 따르면, 류머티스 관절염 초기 환자의 장내 미생물 생태계를 관찰하면, 식단의 변화나 약물 복용만으로는 설명할 수 없는 변화를 확인할 수 있다고 한다.[19] 우점종 미생물(프레보텔라)은 염증 환경에서 번식하여 다른 일반적인 미생물(의간균류 등)을 배제하는 것으로 보인다.

트레이시의 성장 저해는 그녀의 장내 미생물 변화 때문일 수도 있다. 무균 생쥐가 여분의 사료를 공급해도 정상적인 성장을 하지 못하는 것처럼 말이다. 장내 미생물의 변화가 면역계에 신호를 보내고, 신호를 받은 면역계가 공격을 받고 있다고 착각하고 성장을 막았을 수도 있다.

따라서 식단의 변화와 그에 따른 미생물의 변화가 최근 세계적인 신장 변화 추세에 영향을 끼치고, 네덜란드인이 미국인보다 훨씬 커지게 만들었을 수도 있다는 것이다. 약물과 항생제의 사용량 증가 또한 영향을 끼쳤을 수 있지만, 이 점은 뒤에 따로 설명하겠다. 인간의 모유는 우리와 수백만 년 동안 함께해 왔으며 대중적으로도 인상이 좋은 편이다. 반면 수천 년 전에 식단에 등장한 가까운 친척인 우유는 그새 많은 수의 사람들이 적응하는 법을 익혔다. 우유는 지방 함량, 알레르기, 유당불내증 등으로 인해 그리 좋은 인상을 심어주지 못했다. 그래도 우유와 요구르트와 치즈 섭취가 많은 사람의 건강에 이롭다는 증거는 분명 존재한다. 정제 및 가공을 거치지 않은 제품일수록 더 유익한 것으로 보이는 것은 물론이다.

탄수화물: 당류

"설탕은 우리 시대에 가장 위험한 약물이지만 여전히 어디서나 손쉽게 얻을 수 있다…… 술이나 담배와 마찬가지로, 설탕 또한 약물이나 다름없다. 여기서는 정부의 역할이 중요하다. 설탕의 사용에 제약을 걸고 그 사용자에게 위험을 알려야 한다." 암스테르담의 공공 보건 담당자는 반설탕 공포증이 최고조에 달한 시점에서 이런 말을 했다.[1] 비슷한 주장을 하는 여러 책은 베스트셀러의 반열에 오르기도 했는데, 그중에는 아예 설탕을 독극물로 취급하는 로버트 러스티그의 책도 있었다.

주로 첨가물로 사용되는 이 독극물은 포도당과 과당이 1:1로 혼합된 형태의 특수한 탄수화물이다. 사실은 수크로스라는 이름이 있지만, 우리는 보통 '설탕'이라고만 부른다. 그중에서 온갖 관심을 끌어모으는 악역은 과당 쪽이다. 의사와 언론인이 힘을 합쳐 설득력 있는 훌륭한 기소장을 내보이며, 단 음식이야말로 현재 우리를 위협하는 비만과 당뇨병 창궐의 최대 원인이라 말한다. 우리 중 많은 수는 아직도 지방과 콜레스테롤 논쟁 때문에 혼란에 빠져 있다. 그런데 이제는 설탕까지 경계해야 한단 말인가?

설탕의 화학적 구성 물질 중 하나인 포도당은 아주 살짝 단맛을 띨 뿐이며 그것만 따로 먹거나 마시지는 않는다. 포도당은 우리 몸에서 사용하는 천연연료로서, 혈류를 타고 온몸을 돌아다니며 근육과 뇌와 장기에 필수 에너지를 공급한다. 우리 세포는 포도당을 사용해서 온갖 작용을 일으킨다. 설탕의 나머지 절반인 과당은 단맛을 제공하며, 모든 과일의 천연 구성 성분이기도 하다.

앞서 말한 것처럼, 나는 5년쯤 전부터 중년에 접어든 사람들이 흔히 그렇듯이 내 식단과 전반적인 건강 상태에 더 신경을 쓰기 시작했다. 나는 그때까지 주워들은 내용에 따라 포화지방 섭취량을 제한하여 심장병 발병 가능성을 줄이고, 추가로 살도 조금 빼기로 마음먹었다. 가장 먼저 바꾼 것은 아침 식단이었다. 커피와 토스트와 버터와 마멀레이드 잼, 그리고 일요일마다 즐기던 달걀과 베이컨이 사라졌다. 이제 내 아침 식사는 경건한 의식이 되었다. 저지방 고섬유질 식품인 뮤즐리와 '올-브란All-Bran' 시리얼에 몸에 좋은 두유를 붓고, 홍차 한 잔과 플로리다산 무지방 농축액 무첨가 자연산 오렌지주스 한 컵을 곁들였다. 거기다 일주일에 몇 번은 저지방 또는 무지방 요구르트도 먹었다.

이보다 건강한 식단이 존재할 수 있을까? 어차피 설탕이란 그저 열량 덩어리일 뿐이며, 같은 무게의 지방의 절반에 해당하는 열량을 가진다. 설탕을 군이 걱정할 필요가 있을까? 사실을 말하자면, 있을 가능성이 크다.

이제는 누구나 330ml 들이 코카콜라나 펩시콜라 캔에 140kcal의 열량이 들어가며, 이를 설탕으로 환산하면 8스푼이 넘는다는 사실을 잘 알고 있다. 마스 초코바는 7스푼이며, 토피 팝콘 한 봉지를 전부 해치울 만큼 정신이 나간 사람이라면 30스푼 이상의 백설탕을 섭취하는 셈이라는 것도 다들 알고 있나. 넉분에 군것질을 할 때마다 죄책감이 들기는 하지만, 적어도 자신이 무슨 짓을 하는지는 명확히 알고 있는 상태다. 나는 이런 눈에 띄는 설탕류 악당들을 조심스레 피해 왔지만, 그러는 와중에도 다른 사람들처럼 식품업계의 사기에 고스란히 넘어가고 있었다. 식품성분표에는 설탕 함유량이 그램 단위로 표시되는데, 알아보기 쉬운 수치로 바꾸고 싶다면 4로 나누면 티스푼 단위가 된다. 따라서 설탕 8그램은 2티스푼과 같은 의미다.

내 '몸에 좋은' 저지방 아침 식사용 시리얼은 귀리와 통밀과 견과류로 충분한 양의 섬유질을 공급해 주지만, 동시에 20그램, 더 직관적인 표현을 사용하지만 다섯 티스푼 분량의 설탕을 먹는 셈이었다. 거기다 유제품이 아닌 저지방 두유로 추가로 한 티스푼, 비싸고 농축액을 사용하지 않은 백 퍼센트 순수 플로리다산 오렌지주스로 추가로 네 티스푼을 섭취했다. 사실 이 오렌지주스 자체도 그리 순수하다고는 할 수 없는데, 대부분의 오렌지주스 제품은 저온살균한 오렌지를 산소를 뺀 무균 용기에 몇 달 동안 보관해 놓은 다음(이때쯤이면 맛도 거의 남지 않게 마련이다) 다양한 향미료로 새로 맛을 첨가한 것이기 때문이다. 사실 냉동 농축액을 물에 타서 만드는 싸구려 오렌지주스도 당분 함량에서는 큰 차이가 없다. 오렌지에는 천연 당분이 잔뜩 들어 있기 때문에, 애초에 설탕을 추가할 필요가 별로 없기 때문이다. 어쨌든 여기까지만 해도 설탕이 열 티스푼이며, 여기에 일주일에 두 번 무지방 요구르트를 먹으면 다섯 티스푼이 추가된다. 하지만 내 혀는 이 정도로 많은 설탕을 섭취했다는 사실을 알아차리지 못했다. 식품업체의 능숙한 화학물질 사용 및 가공법, 인공적인 질감과 추가 염분 등에 속아넘어갔기 때문이다. 게다가 '무가당'이라는 꼬리표에 손쉽게 넘어가 버리기도 했다.

설탕을 싫어하는 사람은 없다. 설탕에 노출된 적 없는 갓난아기들조차 그 맛을 찾도록 프로그램되어 있으며, 울거나 고통에 시달리는 아기들은 단맛을 보면 진정한다. 일반적인 영국인은 매일 15스푼 정도의 설탕을 섭취하며, 많은 사람이 그보다 훨씬 많은 양을 먹는다. 즉시 사용할 수 있는 에너지와 비타민 C를 확보할 수 있는 달콤하고 독 없는 과일을 찾아다니는 것은 인간의 자연스러운 본능일 것이다. 이런 반응을 보이는 다른 이유를 찾아보자면, 추수철에 과일을 실컷 먹어 둬야 겨울을 나기에 충분한 필수 영양소를 섭취할 수 있기 때문이라는 이유도 있을지 모른다. 우리 조상들은 액상 과일이나 벌꿀을 일 년 내내 무한히 포식할 수 있게 되리라고는 상상조차 하지 못했을 테니까.

그렇다면 하루에 15티스푼의 설탕을 섭취하는 일이 자연스럽다고 할 수 있을까? 더 중요한 문제를 추가해 보자면, 우리 몸에 해롭지는 않을까?

과거의 영국에서 설탕이란 설탕 그릇에 담아 식탁에 올려놓고 차나 커피나 디저트를 즐길 때 추가하는 것이었으며, 사각형 종이봉투에 담겨 나왔다. 그 시절은 이제 되돌아오지 않는다. 우리는 이제 식품에 별로 설탕을 첨가하지 않는다. 편리하게도 미리 첨가된 상태로 나오기 때문이다. 이제는 미국과 영국에서 판매하는 가공식품의 약 65~75퍼센트에 설탕이 첨가되어 있다고 추산된다.

순수한 에너지인가, 순수한 사기인가?

과당은 자연계에서 가장 단맛이 강한 물질이며 포도당에 비해서도 상당히 달다. 자연계에서 과당은 오직 과일류에서만 찾아볼 수 있지만, 현대 식품공학의 마법 덕분에 이제는 모든 곳에서 찾아볼 수 있게 되었다. 최근까지 우리가 지방을 범인으로 지목하는 일에만 몰두하고 있었기 때문에, 설탕은 훌륭한 에너지원이라는 영리한 상업 광고를 이용해 손쉽게 혐의를 비껴갔다. 가공식품에서, 설탕은 느리지만 도도하게 지방이 빠진 자리를 메워 나갔다.

수크로스든 포도당이든 과당이든, 설탕은 추가적인 영양소 가치가 없다는 뜻으로 항상 '빈 열량empty calories'이라고 불려 왔다. 식품업계는 '빈'이라는 단어를 교묘하게 사용해서 설탕이 체지방 증가의 주요인이 아니라 순수한 에너지일 뿐이라는 인상을 심었다. 홍보팀은 과당 부분은 자기 편할 대로 잊어버리고 포도당 부분에만 초점을 맞추면서, 운동선수들은 누구나 고에너지 포도당이 가득 든 스포츠음료를 마신다는 사실을 지적했다. 마라톤(이제는 스니커즈)이나 마스 같은 초콜릿 바는 '작업과 휴식과 놀이에 도움이 된다'라는 광고 등으로, 사람이 하루를 버틸 에너지를 공급해 준다고 선전했다. 심지어 마라톤도 완주하게 해 준다고.

한때는 설탕으로 병을 이겨낼 수 있다는 광고까지 있있다. 루코제이드처럼 설탕 함량이 높은 음료는 (증거가 없는데도 불구하고) 병상에서 회복을 돕는다는 (그리고 최근에는 스포츠 부상의 회복을 돕는다는) 대대적인 홍보를 펼쳤다. 루코제이드에는 한 병에 12티스푼이 넘는 치료용 설탕이 들어간다. 거의 설탕으로 만들어진 것이나 다름없는 아침용 시리얼(실제로 과자보다 설탕이 더 많이 들어간다) 또한 아이들이 힘찬 하루를 시작할 수 있도록 돕는다고 홍보되었다. 충치를 유발한다는 사소한 문제를 제외하면, 값싼 설탕이야말로 별 단점 없는 훌륭한 천연 에너지의 공급원으로 보였다. 물론, 당신이 건강한 상태라면.

따라서 이런 '몸에 좋은' 아침 식사 덕분에, 나는 매일 아침 10에서 15티스푼 정도의 완벽한 무지방 설탕과 함께 기운찬 하루를 시작하게 되었다. 코카콜라나 펩시콜라로 따지면 두 캔에 해당하는 양이다. 섬유질을 제법 괜찮게 섭취했기 때문에 과당과 포도당의 흡수 속도를 줄여서 어느 정도 피해를 방지할 수 있었을지도 모른다. 그러나 비었든 아니든, 여분의 열량은 어떤 식으로도 도움이 되지 않는다. 나는 사기당한 기분이 들었다.

이런 오류를 깨달은 후로, 나는 식품점에 갈 때마다 항상 뭔가를 배워 왔다. '지방 0퍼센트', '고섬유질', '무가당', '하루에 다섯 조각' 등의 메시지는 종종 큼지막하게 적혀 있어서, 확대경과 수학 박사 학위가 없으면 해석하기 힘든 설탕 함유량을 눈에 띄지 않게 만든다. 설탕과 연관된 꼬리표는 일부러 혼란을 불러일으키는 식으로 만들어진다. 탄수화물 함량, 자연당, 정제당, 용설란 시럽, 옥수수 시럽, 과당, 천연 과일 당류(완벽한 건강식품이기라도 한 것처럼 붙여 놓는다) 따위가 뒤섞여서 1회 섭취량과 실제 이름과 비율을 분간할 수 없게 만든다.

오늘날 서구 국가들에서는 평균적으로 매일 1인당 100kcal를 과일주스의 형태로 섭취한다. 대부분의 사람들은 과일주스야말로 손쉽고 건강하게 과일과 비타민 C를 섭취하는 방법이라 생각한다. 그러나 98퍼센트의 과일주스는 설탕이 엄청나게 들어간 과일주스 농축액으로 만들어진다. 사실 같은 용량의 코카콜라나 펩시콜라보다 설탕이 많을 정도다.

두 배로 나쁜 물건은 핑크색의 '옛날 스타일' 레모네이드와 진저에일, 그리고 기타 여러 과일맛 음료와 과일 칵테일이다. 여기에는 훨씬 많은 설탕이 추가로 들어가며, 한 잔에 10티스푼 정도까지 들어갈 수 있다. 유기농 요구르트 같은 식품에도 비슷하게 많은 양의 설탕이 들어가는데, 이 경우에는 식품 회사들이 교활하게 '유기농 과일 추출' 따위 수식어를 붙이거나 '유기농 전화당 시럽'이라고 부른다. 설탕 대신 용설란 시럽을 첨가하는 경우도 있는데, 상품 포장을 보면 설탕보다 몸에 이로우며 (박쥐가 꽃가루를 나르는) 테킬라 선인장으로 만들고 15퍼센트 더 달다고 적혀 있다. 그러나 슬프게도 그런 이국적인 특성은 건강에 이로운 요소로 환원되지 않는다. 그 '마법 같은' 단맛은 과당 성분이 70퍼센트에 달할 정도로 높아서 생기는 것이기 때문이다.

슈퍼마켓 통로를 거닐다 보면 호비스 사를 비롯한 여러 건강에 이로워 보이는 통밀빵 제품에도 설탕이 들어가 있다는 사실을 발견하게 된다. 일반적인 햄버거용 빵은 설탕이 너무 많이 들어가서, 꼬마피클이라도 하나 올려 균형을 맞추지 않으면 디저트로 분류해야 할 정도다. 추가로 작은 케첩 한 그릇마다 설탕이 한 티스푼씩 들어간다. 스테이크 파이, 수프, 베이크드 빈 통조림, 라자냐, 파스타 소스, 소시지, 훈제 연어, 맛살, 건강해 보이는 샐러드, 다이어트 샐러드, 뮤즐리 바, 겨로 만든 시리얼, 즉석 카레에도 설탕이 들어간다. 토마토 수프 통조림 한 그릇에는 사실 설탕을 입힌 프로스티 시리얼 한 그릇보다 많은 설탕(12그램)이 들어간다.

기본적으로 포장용 상자나 깡통에 든 식품 중에서는 설탕을 잔뜩 넣지 않은 물건을 찾기가 더 힘들다. 물론 포장에 깨알처럼 적힌 글자를 읽을 수 있다면 말이다. 그 설탕이 과일이나 기타 '더 나은' 식품으로 만든 것이라 해도 아무 소용없다. 섬유질 함량이 적거나 없으면 우리 몸은 뭐든 똑같이 받아들이기 때문이다.

왜 이런 온갖 식품에 전부 설탕이 들어가는 것일까? 부분적으로는 우리가 설탕을 좋아하기 때문이다. 아무래도 우리는 이미 입맛이 변한 것 같다. 우리는 이제 부엌 탁자에 놓인 설탕그릇에서 설탕을 하나씩 집어들지 않는다. 현대인은 모든 음식이 더 달아지기를 바란다. 생선은 짜고 말린 과일은 시큼하던, 좋았던 옛 시절로 돌아가고 싶은 사람은 아무도 없다. 섭취하는 음식이 더 달콤해지고 가공식품과 주스에 더 많은 설탕이 들어갈수록, 단맛에 대한 역치閾値도 상승해서 더 많은 단맛이 있어야 만족할 수 있게 된다. 게다가 저지방 또는 무지방 식품은 일반적인 사람들이 좋아하는 맛과는 거리가 있으며, 최근들어 염분 함량도 살짝 내려갔기 때문에, 친절한 식품회사들은 우리의 불우한 미각 수용체에 다른 첨가물로 보상을 해 주기로 마음먹었다. 바로 설탕이라는 물질을 사용해서.

우리가 설탕을 좋아하는 데는 문화와 유전자의 영향이 동시에 작용한다. 모든 사람은 어느 정도까지는 설탕을 선호하지만, 앞서 언급한 단맛의 미각 수용체 유전자의 차이에 따라 상당한 개인차가 존재한다. 비만 경향성은 유전적으로 설탕 선호와 강한 연관성을 보인다. 2015년에 우리는 대규모 국제 협력연구를 통해 거의 백 가지의 비만 유전자를 밝혀냈는데, 이 유전자들은 저마다 아주 미소한 영향을 끼치며, 이 목록은 계속 늘어나고 있다.[2] 그리고 때로는 특정 음식을 마주하기 전까지는 이런 민감성 유전자가 발현되지 않는 사람들도 있다.

3만 명의 미국인을 대상으로 한 어느 연구에서는 가장 흔한 비만 유전자 32종의 변형체를 연구했다. 운이 나빠서 10가지 이상의 비만 요인 유전자를 물려받은 사람들은 단맛이 강한 음료의 효과에 특히 민감했다. 이들은 매일 캔음료 하나씩만 마셔도 이후 5년 안에 비만이 될 위험성이 두 배로 불어났다.[3] 설탕이 비만 유전자와 이 정도로 강하게 상호작용하는 이유는 아직 아무도 모른다. 그러나 우리 몸이 설탕을 적극적으로 요구하도록 설계되어 있다는 점만은 분명하다. 어쩌면 섭취할 수 있는 탄수화물을 찾는 방법의 하나일지도 모른다. 흥미롭게도, 설탕과 상호작용하는 유전자는 대부분 뇌에 작용하는 것으로 밝혀졌다.

핀란드 연구진과 함께 실시한 쌍둥이 연구에서, 우리는 설탕 선호도 차이의 50퍼센트가량이 유전에 의한 것이며, 나머지는 주변의 식단 또는 설탕 섭취 문화에 의한 것이라는 사실을 발견했다.[4] 우리는 또한 20퍼센트 설탕 수용액이 입에 맞는 정도와 기타 단맛이 나는 음식을 먹는 빈도 사이에도 양의 상관관계가 명확하게 존재한다는 사실을 발견했다.[5] 어린 시절에는 유전자가 설탕과 연관된 행동에 부분적으로 영향을 끼치는 것으로 보이지만, 성장 과정에서 꾸준히 높은 설탕 농도에 노출되면 단맛에 대한 역치가 상승하며, 최종적으로는 더 많은 설탕을 원하게 된다.

각국 정부는 식음료의 설탕 함량에 제한을 거는 일을 꺼려왔다. 이 경우에는 트랜스지방 때보다 한층 심해서, 식품업체의 '자발적인 논의'에 맡기는 편을 선호할 정도다. 2002년에 세계보건기구가 처음으로 설탕으로 섭취하는 총열량을 성분표 총량의 10퍼센트 수준으로 제한하자고 제안했을 때 (예를 들어, 탄수화물 중 설탕의 양을 제한하는 식으로), 식품업계는 격렬하게 반발했다. 미국에서는 옥수수당 업계가 국회에서 로비를 벌여서 WHO 기금을 철회하겠다는 압력을 넣기까지 했다. 그러나 WHO는 굴하지 않고 2014년 기초 보고서를 통해 처음의 10퍼센트 권고가 여전히 적절하며, 각국 정부는 이 규제를 콜라 한 캔 수준인 5퍼센트까지 낮출 것을 권장한다고 언급했다.[6]

실제 입법이 따르지 않으면 이런 권고는 아무 효력도 없다. 평균적인 영국인과 미국인은 이 두 배를 넘는 양을 섭취하며, 10대의 경우에는 훨씬 많기 때문이다. 쉽사리 예상할 수 있는 일이지만, 산업계는 증거가 빈약하며 모든 설탕을 뭉뚱그려 건강에 해롭다고 할 수는 없다고 주장하기 시작했다. 영국 정부 또한 비슷한 로비에 힘입어, 의사 집단과 의료 총책임자와 건강 관련 집단의 압력에도 불구하고 함량 제한이나 설탕세 부과 등의 실질적인 변화에 저항하고 있다. 그와는 대조적으로, 덴마크는 2013년에 이미 과거의 포화지방세를 철폐하고, 설탕을 사용한 식품에 붙어 있던 적은 세금을 실질적으로 섭취량이 줄어들 만한 수준으로 인상했다.

서구 식단에서 최근 들어 급격하게 설탕 사용량이 늘어난 이유는 경제적 또는 정치적 맥락에서 찾을 수 있다. 1960년대 초반, 쿠바 미사일 사태로 쿠바산 사탕수수 공급이 끊기며 설탕 가격이 치솟자, 미국은 설탕의 자급자족을 꾀하기 시작했다. 햄버거를 사랑하던 리처드 닉슨은 식료품 가격 억제 정책을 우선시해야 대중의 만족도를 유지하고 빈민층의 폭동을 막을 수 있다고 믿었다. 정부는 싸구려 식품에 보조금을 지원할 준비가 되어 있었고, 거대 식품회사들은 기꺼이 요구에 응했다. 녹말 생산용 싸구려 옥수수가 과다 생산되고 미 정부의 풍족한 지원금이 흘러들자, 과당 함량이 높은 옥수수 시럽 (HFCS)이 1970년대 초반부터 대규모로 사용되기 시작했다. 이 옥수수 시럽은 과당 함량이 조금 더 높은 (과당과 포도당의 비율이 55대 45인) 설탕 혼합물로서, 사탕수수나 사탕무로 만든 전통적인 설탕과 맛이 거의 흡사하다. 모든 수단을 동원해서 옥수수 산업을 보호하려 애쓰던 미국 정부는, 수입 실딩에 관세를 부여해서 미국의 옥수수당이 무조건 더 싸게 만들었다. 이는 곧 탄산음료나 가공식품에 값싸게 설탕을 추가할 수 있다는 뜻으로, 거의 비용을 추가하지 않고도 판매량을 늘리는 효과를 낳았다.

유럽에서는 경우가 달랐다. EU는 개별 지역(주로 프랑스)의 사탕무 산업을 후원하기 때문에 옥수수당 사용을 원하지 않았다. 이들은 주로 두 가지 방법으로 일을 처리했는데, 양쪽 모두 악명 높은 유럽연합 공동농업정책을 매개체로 이용했다. 하나는 사탕무 농부들에게 안정적인 가격을 보장하기 위해 연간 15조 유로의 세금을 투입하는 것이고, 다른 하나는 수입 사탕수수에 톤당 300유로의 세금을 부과해서 가격을 두 배로 올리는 것이었다. 영국은 과거 대영제국 시절의 영광 덕분에 주로 사탕수수에 의존해 왔으나, 이제는 EU의 정책 덕분에 설탕 그 자체와 동의어였던 테이트&라일과 같은 회사들조차도 사탕수수 사업을 매각해 버릴 수밖에 없게 되었다. 이 모든 정책의 종합적인 결과로, 전 세계적으로 설탕이 값싸게 공급되는 체제가 구축되었다. 우스꽝스럽게도 납세자들의 세금에서 나오는 막대한 보조금 덕분에 말이다. 이런 상황은 지난 30년 동안 설탕을 첨가한 음료수의 판매량 증가에 크게 기여했다. 인류 역사상 처음으로, 액상 열량이 식단의 주요한 부분을 차지하게 된 것이다. 적어도 서구 세계에서는.

1970년대에는 현대인의 비만을 유발한 범인이 설탕인가 지방인가를 놓고 격렬한 토론이 벌어졌다. 영국의 생리학자이자 영양학자인 존 유드킨은 안셀 키스가 제창한 고지방 식단이 질병을 유발한다는 이론에 대한 가장 영향력 있는 비판가였다. 그는 1972년에 초판을 찍은 『설탕의 독Pure, White and Deadly』이라는 훌륭한 책에서 지방이 아니라 설탕이 건강의 주적이라는 평결을 내렸다.[7] 당대의 숙적이었던 키스와 유드킨은 양쪽 모두 엄밀한 임상시험은 시도해 보지도 못했고, 오류가 있을 가능성이 큰 역학적인 관찰 연구 결과를 주장의 근거로 제시했다. 결국 유드킨보다 정치력이 훨씬 뛰어났던 키스가, 적어도 정부와 연관된 측면에서는 논쟁에서 '승리'했다. 권력자들의 구미에 맞는 명쾌한 반지방 표어를 드러내기 위해, 설탕에 대한 우려는 눈에 띄지 않는 곳에 숨겨졌다.

유드킨은 정제당이 비교적 최근에 인간 식단에 추가된 요소이며, 현대인과 과거의 식단을 비교해 보면 지방 섭취량은 크게 변하지 않았으나, 설탕 섭취량은 과거의 20배로 늘었다는 주장을 펼쳤다. 초기 농경사회 이전에 당분을 섭취할 수단은 잘 익은 과일과 벌꿀뿐이었으며, 따라서 대부분의 사람들은 아주 드물게만 설탕을 맛볼 수 있었다. 농경문화가 발달하면서 사탕수수의 재배가 시작되었지만, 여전히 높은 생산 비용 때문에 벌꿀처럼 사치품 취급을 받았다. 16세기의 설탕은 현대의 캐비어 정도의 가격이었다. 노예무역의 도움을 받아 카리브해 연안에서 시작된 사탕수수의 플랜테이션 재배는 사탕수수의 물량 증가와 품질 개선으로 이어졌고, 결국 가격도 천천히 내려가기 시작했다.

최근의 설탕 섭취량 변화는 명확하게 측정하기 힘든데, 너무 많은 양이 식품 첨가물의 형태로 투입되기 때문이다. 그러나 19세기 말에 비해 20배 정도 상승했다는 유추는 가능하다. 1990년 이후 영국의 설탕 섭취량은 10년마다 10퍼센트씩, 전체 지방 섭취량의 감소를 메우는 것처럼 증가해 왔다.

문제는 여전히 해결되지 않았다. 단순히 중량으로 따지면 지방이나 단백질보다 더 많이 섭취하는 이런 '빈 열량'이, 과연 건강에 해로운 것일까, 아니면 이로운 것일까?

바빠진 이빨요정과 죽음을 부르는 구강 청결제

"병에 든 주스는 몸에 좋을 줄 알았어요." 빌리의 부모는 온갖 영양소와 비타민 C가 가득한 과일음료가 몸에 좋으리라 생각했지만, 이들의 부주의는 아이의 몸에서 부패의 연쇄를 일으키는 결과로 이어졌다. 하루에 두 번 불소치약으로 이를 닦는데도, 다섯 살 빌리의 이는 완전히 썩어 버렸다. 빌리는 맨체스터 치대 부속병원에서 전신마취 상태로 열 개의 이를 뽑았다. 현재 영국의 의료지침에서 한 번에 뽑을 수 있는 최대 개수다. 담당의는 열다섯 개를 뽑고 싶었지만, 그러려면 대기자 목록에서 9개월을 기다린 다음 병실에서 하룻밤을 보내야 한다. 빌리는 이제 이빨이 열 개 남아 있다. 윗니 네 개, 아랫니 여섯 개다. 잇몸을 뚫고 나오기 전부터 썩기 시작한 나머지 유치는 이후 6개월에 걸쳐 전부 빠져서 영구치가 나올 자리를 마련해 줄 것이다. 그리고 잠자리에 들기 전에 마시는 과일주스는 절대 금지 항목이 되었다.

빌리가 처음 문제를 겪은 것은 2년 6개월이 되었을 때였다. 25세의 컴퓨터 기술자인 빌리의 모친은 이렇게 말했다. "빌리의 치아를 어떻게 보살펴야 하는지 아무도 조언해 주지 않았어요. 아마 제 잘못이겠지만 저는 아무것도 모르고 한 일이었다고요. 저는 빌리가 균형 잡힌 식사를 한다고 생각했고, 애초에 주스나 탄산음료나 초콜릿을 그리 많이 먹는 아이도 아니었어요. 그런데 이제 시간이 문제였다는 거예요. 설탕이 하룻밤 내내 이빨에 영향을 끼치니까 잠자기 전이 가장 안 좋다나요."

영국에서는 매주 500명의 아이들이 충치를 뽑기 위해 병원을 찾는다. 다섯 살 아이들은 열 명 중 한 명이 충치를 앓고 있으며, 현재 진행 중인 주스 광풍은 성인에게도 문제를 일으키고 있다. 설탕의 부작용에 대해 처음 불평을 시작한 전문가 집단은 치과 연구자들인데, 이들은 2차 대전 이후 설탕이 배급용 규제 물자 목록에서 빠지자마자 충치의 발생률이 급증하는 현상을 발견했다.[8] 당시 어머니들은 여전히 분유와 고무젖꼭지에 설탕을 바르고 있었지만, 많은 치과의사는 충치를 때우며 받는 추가 수당에 만족해 버렸다. 당시의 치과의사들은 환자들의 식습관을 바꾸려 지나치게 노력하는 대신, 이빨을 열심히 닦아야 한다고 충고하는 정도로 그쳤다. 반면 치과의사의 가족은 밤에는 단 음료를, 심지어 우유로 만든 것조차 마시지 못했고, 덕분에 마법처럼 충치 문제를 전혀 겪지 않았다. 충치가 예방 가능하다는 좋은 증거라 할 수 있을 것이다.

1960년대에 급격하게 유행한 유아 충치는 매년 5퍼센트씩 발생률이 감소하다가 이내 사그라들었다. 여러 국가에서 수돗물과 치약에 불소를 섞으며 설탕에 맞서 싸우기 시작했기 때문이다. 의대 시절 생동감 넘치는 강의가 인상에 남았던 오브리 셰이험과 같은 치과 연구자들은, 설탕 섭취량 증가에 대해 전문가 집단도 정부도 전혀 행동에 나서지 않는다며 비판을 가했다. 1980년대 중반에 이르자 개발도상국에서 설탕으로 인한 충치 발생률은 그새 절반으로 감소한 서구를 넘어섰다. 따라서 셰이험은 영국의 치과의사들이 '국적을 바꾸거나 골프를 더 열심히 쳐야 한다'는 조언을 하기에 이르렀다.[9] 따라서 새로운 식습관에 우리 몸이 적응하지 못한 정도가 아니라, 실제로 해를 입었다는 사실은 1960년대부터 명확했던 셈이다.

서구에서 충치 발생률이 극적으로 감소하는 동안, 일부 치과의사들은 수돗물에 불소가 도입되지 않거나 양치질 방법이 크게 개선되지 않은 지역에서도 비슷한 현상이 일어나는 것을 발견하고, 그 이유가 유아를 상대로 항생제 사용이 증가했기 때문이 아닌가 하는 추측을 하기 시작했다.[10] 사실 치아 사이의 공간을 벌리는 것은 여분의 설탕이 아니라 미생물이었던 것이다.

우리 몸의 평범한 미생물들은 설탕이 풍부한 상황에 익숙하지 못하다. 그러나 스트렙토코쿠스 무탄스(충치균)라는 독특한 미생물은 이런 새로운 음식을 좋아해서 이빨과 잇몸 주변의 설탕을 정신없이 먹어치우며 빠르게 증식했다. 애석하게도 다른 무해한 미생물과는 달리, 충치균은 설탕을 이용해서 젖산을 만들어내고 이 젖산은 치아의 에나멜질에 작은 구멍을 뚫는다. 충치균은 입속 플라크에 유착해서 치아에 들러붙는다. 우리에게 너무도 익숙한 이 플라크라는 물질은 사실 600여 종의 무해한 박테리아 군체가 엉긴 것으로, 한데 모여 끈적한 점액질의 생물막을 형성한다. 이들은 설탕을 섭취하여 끈적거리는 물질을 생산하고, 이 물질을 이용하여 치아에 매달려 안전하게 영양소를 섭취한다. 아이러니한 일이지만, 매일 구강청정제를 이용하는 사람들은 몸에 이로운 미생물을 박멸해서 해로운 미생물이 지배하게 만드는 것일 수도 있다. 그렇게 하면 잇몸과 치아의 여러 질병은 한층 심각해질 뿐이다.[11] 한 소규모 연구에 의하면, 이런 습관은 혈압 및 심장병 발병률을 높일 수 있다고도 한다.[12]

충치 유행이 절정에 이르렀을 때조차, 15~20퍼센트의 유아는 비교적 영향을 받지 않았다. 이들은 아침으로 설탕이 잔뜩든 시리얼과 콜라를 먹고 이빨도 거의 제대로 닦지 않는데도 증상을 보이지 않았다. 이런 운 좋은 사람들은 충치균의 설탕 섭취를 억제하는 타액 단백질을 생산하는 유전자를 가지고 있다.[13] 내 동생과 나는 이런 유전자가 없었기 때문에 (그러니까, 좋은 쪽 유전자 말이다) 어린 시절 충치 유행을 몸소 겪었다. 우리는 틈만 나면 아침용 시리얼 먹기 경쟁을 벌여서 짧은 당분 급증 상태에 빠지며 미생물을 포식시켜 주고는, 그 대가로 심하게 배앓이를 하곤 했다.

여러분 중에는 슈가 스맥, 허니 스맥, 슈가 퍼프, 코코팝, 올스타, 프로스티 등의 시리얼을 먹어본 기억이 있는 사람들도 있을 것이다. 그러나 당시 여러분은 이런 시리얼 구성 성분의 35퍼센트 정도가 정제당이라는 사실은 몰랐을 것이다. 미국에서는 같은 상표의 제품에 추가로 10퍼센트의 설탕이 더 들어간다. 우리 형제는 동네 치과에서 길고 행복한 시간을 보냈는데, 그 치과의사는 우리가 계속 시리얼을 먹도록 방치하면서 챙긴 치료비로 뒤뜰에 커다란 수영장을 지었다. 걱정되는 사실은, 40년이 지난 지금까지도 똑같은 시리얼이 (일부는 상표에서 '슈가'를 빼기는 했다) 건강에 이로운 영양소를 강조하는 포장에 든 채로, 위험성에 대한 경고는 조금도 없이 팔리고 있다는 것이다. 지나치게 열정적인 오스트레일리아 출신 치과의사가 유발한 것을 제외하면 치아 문제는 전혀 겪지 않고 수십 년을 살아온 내 이빨에도 이제 작은 구멍이 한두 개 생겨 버렸다. 단순히 운이 나빴던 것일까, 아니면 저지방 완전 건강 아침 식사로 섭취한 여분의 설탕이 충치를 일으킨 것일까?

최근의 연구에 따르면, 유산간균과 같은 이로운 박테리아는 산성 물질을 방출하는 충치균에 대해서도 일정 정도의 보호 효과를 보인다고 한다. 한 독일 회사는 (설탕 없는) 활생균 과자를 개발해 냈는데, 하루에 다섯 번 빨면 미생물 수치가 줄어든다고 한다.[14] 이 프로바이오틱 식품은 치즈에서 발견되는 유산간균과 비슷한 종류를 사용하지만, 미리 가열해서 죽여 버린다. 이 미생물은 죽어서도 여전히 구강 미생물에 들러붙어 군집 형성을 방해하며, 따라서 우리 이빨의 플라크에 들러붙는 일을 억제한다고 한다. 이렇게 떨어져 나온 충치균은 타액에 씻겨 내려간다. 비슷한 활생균을 이용한 장기간 실험 결과에 따르면, 이런 미생물은 계속 입속에 남아서 몇 주 동안 효과를 발휘한다고 한다.[15] 임상시험 결과, 자연적인 방식의 치즈나 설탕을 넣지 않은 요구르트도 유아의 구강에서 같은 작용을 할 수 있음이 확인되었다.[16]

오늘날 충치는 불소의 세례에도 불구하고 다시 돌아오고 있다. 대부분의 국가에서 발생률이 증가하고 있으며, 전 지구 인구의 3분의 1가량이 치료받지 않은 충치를 지니고 있다.[17] [18] 전혀 문제를 겪지 않는 이들은 수렵채집인이었던 조상들처럼 육류나 생선에 의존해 살아가는 몇 안 되는 부족 집단뿐이다. 심지어 농경을 통해 녹말을 주식으로 삼았던 신석기인들조차 충치를 앓았다는 점이 확인되었다. 영국에서는 이제 발치가 유아를 대상으로 하는 가장 흔한 치료가 되었으며, 그 비용은 전국적으로 4500만 파운드를 넘어섰다. 물론 주된 용의자는 탄산음료와 주스의 형태로 공급되는 여분의 당분이다. 이런 당분이 치아 미생물과 힘을 합쳐 불소의 보호 효과를 압도해 버린 것이다.

우리는 설탕이 구강 박테리아에 어떤 영향을 끼치는지는 제법 잘 알고 있지만, 장내 미생물에 끼치는 영향에 대해서는 훨씬 아는 바가 적다. 이는 대부분의 연구가 고지방 식단이나 고지방과 고당분의 복합 식단에만 주목하고 있기 때문이다. 우리 조상이 벌꿀은 아주 가끔 맛보고 스무디는 만들 줄 몰랐다는 점을 감안하면, 인간의 신체와 장내 미생물은 고농도 설탕에 그리 잘 적응하지 못하고 있을 것이다. 특히 액상 설탕에는.

씹는 탄수화물과 마시는 탄수화물

우리 몸의 소화계는 체계적으로 소화의 작용을 하나씩 유발하고 관리하도록 구성되어 있다. 처음에는 뇌에서 음식을 생각하면 위액이 분비되고 호르몬이 흐르기 시작하며, 아밀라아제 효소가 섞인 타액이 분비된다. 다음에는 저작咀嚼 운동 차례다. 몸은 우리가 음식을 천천히 잘 씹어서 목으로 넘겨주기를 기대한다. 질긴 육류나 채소를 잘게 자르고 전체 소화기관이 원활히 작동하게 만들려면 보통 40회 정도 음식물을 씹어 줘야 한다고 간주한다. 우리 조상들에 비하면, 현대의 우리는 씹는 힘이나 턱의 근육을 최대한 사용하는 일이 별로 없다. 턱의 발달이 저해되고 턱의 크기가 달라지면서 함몰 사랑니라는 현대적인 증상이 유행하는 것을 보면 이 사실을 확인할 수 있다.

잘 씹어서 잘게 다진 음식물은 보통 소화기를 타고 아래로 내려가며, 장 내벽과 간과 췌장과 쓸개에서 분해를 돕는 호르몬을 분비하라는 신호를 보낸다. 동시에 포만감의 신호가 뇌로 전달된다. 췌장은 인슐린을 분비해서 혈중에 풀려나간 포도당을 빠르게 처리한다. 쓸개는 담즙산염을 분비하고, 이 물질은 몸속 깊숙한 대장에 사는 미생물에게 도착하는 음식물을 소화하라는 신호를 보낸다.

따라서 대용량의 당분으로 가득한 음료를 다른 음식, 이를 테면 정제 탄수화물로 만들어서 거의 씹을 필요도 없는 파스타 한 그릇과 함께 섭취하면, 신체는 적절한 신호를 보낼 시간조차 거의 얻지 못한다. 고용량의 당분은 위장에 도착하자마자 순식간에 대부분의 당분을 흡수하는 소장으로 흘러내려간다. 이런 과정은 비정상적이며 시간을 맞추지 못한 인슐린 분비를 유발해서 포도당 분해 과정에 변화를 일으킨다. 담즙산염에는 예상치 못한 다량의 당분이 섞이고, 당분 찌꺼기를 섭식하는 몸에 해로운 미생물이 정상적인 미생물의 자리를 대체한다. 이런 비정상 미생물은 새로운 전문을 보내 호르몬 신호와 담즙산염 분비를 바꿔 버린다. 그 결과 소화계 전체에 상당한 장애가 발생하게 된다. 열량만 가득한 식품에서 기대하던 영양소를 섭취하지 못한 미생물은 계속 당분을 보내라는 신호를 뇌로 보내고, 그 와중에도 포도당은 계속 지방으로 변환되어 비축된다. 종종 몸에 해로운 내장지방의 형태로.

미생물이 우리 몸을 과당으로부터 보호할 수 있을까?

과당이 '과일에 함유된' 자연식품이라는 신용장에도 불구하고 다이어트 업계의 최신 혐오식품이 된 이유는, 사실 설명하자면 제법 복잡하다. 40년 전 유드킨은 자신의 책에서 악역일 가능성이 큰 물질은 바로 과당이며, 식물성 녹말에서 얻은 포도당과는 상당히 다른 효과를 보인다고 지적했다. 그의 주장은 대부분 무시당했다. 그러나 탄산음료의 당 함량이 높다는 사실은 이내 사람들의 시선을 끌게 되었다.

2004년이 되어, 권위 있는 비만 연구자인 조지 브레이가 설탕 논쟁에 다시 불을 지폈다. 그는 관찰 연구를 통해 미국의 설탕 섭취량과 비만율의 증가 사이에 명확한 연관성이 있다는 점을 지적해 보였다.[19] 대부분의 국가에서 설탕이 든 음료의 소비량은 1950년 이후로 세 배에서 다섯 배까지 증가했으며, 2009년의 영국인은 전체 열량 섭취량의 20퍼센트를 과당 함유량이 높은 음료의 형태로 섭취했다(일부 10대에서는 이보다 높았다).[20] 전 세계적으로 이런 변화는 비만 및 당뇨병의 증가와 연관성을 보였다.[21] 다른 대규모 관찰 연구를 메타분석하여 얻어낸 역학적 보강 증거에 의하면, 음료 소비가 훗날 비만 및 당뇨병 위험 요인으로 이어진다는 사실은 명백하다고 할 수 있다.[22]

과당과 포도당을 비교해 보면 대사 과정에서 몇 가지 주요한 차이점이 발견되는데, 그중 많은 수가 우려의 대상이 된다. 과당은 대부분 장에서 흡수되어 바로 간으로 이동하며, 그곳에서 포도당으로 전환된 다음 에너지로 사용되거나 지방으로 축적된다. 그러나 포도당과는 달리, 과당이 혈액을 통해 보내는 인슐린 신호는 매우 약하다. 거만한 의사들은 처음에는 당뇨병 환자들에게 과당을 넣은 군것질거리를 권했는데, 정말로 한심한 생각이 아닐 수 없다. 과당이 포도당과 다른 식으로 작용하는 것은 사실이지만, 동시에 뇌로 전달되는 일반적인 식욕 신호에도 간섭하기 때문이다. 장에 남은 과당과 포도당 찌꺼기가 장내 미생물과 어떤 식으로 상호작용을 하는지는 우리도 아직 거의 아는 바가 없지만, 여러 스포츠음료에 함유된 과당이 미생물 발효를 일으켜 복부 팽만과 거북함을 유발하기도 한다는 사실은 알려져 있다.[23] 이런 과당불내증 증상은 유전적 요인을 가진다. 증상을 보이는 사람들은 과당을 분해하지 못해 혈중 과당 농도가 높아지는데, 자연계에서는 벌어지기 힘든 일이다.

과당 대사와 포도당 대사의 차이를 확인하기 위한 실험은 인간에게는 수행하기 힘들기 때문에, 많은 실험이 설치류를 대상으로 삼았다. 쥐에 과당을 투여하면 정크푸드나 고지방 식단에서 살펴본 것처럼 독성 미생물, 특히 지방간을 유발하는 미생물이 증식한다. 그러나 이런 부작용은 사실 항생제로 호전시킬 수 있다.[24] 고농도의 과당을 섭취한 설치류는 내장지방이 급격하게 증가했다.[25] 인간을 대상으로 한 무작위 과당 실험의 결과는 그리 명확하지 않지만, 종종 몇 개월 안에 대사 및 내장지방에서 변화를 확인할 수 있었다.[26] 과당과 청량음료가 내장지방에 끼치는 영향은 과소평가되었을 가능성이 크며, 겉보기로는 살이 찌지 않은 사람들 사이에서도 당뇨병이 유행하는 중동 지방의 현상 또한 이 때문일지도 모른다. 중동 사람들은 엄청난 양의 청량음료를 소비하기 때문이다. 이런 사람들은 TOFI(겉보기는 말랐지만 속으로는 뚱뚱한)라고 불리는데, 신진대사 상태가 상당히 나쁘다.

과일에는 다량의 과당이 들어 있는데, 그렇다면 과일 또한 지나치게 먹지 않도록 조심해야 하는 걸까? 이 문제에 있어서는 쓸 만한 자료가 부족하지만, 과일을 통째로 먹으면 훨씬 덜 해로운 것으로 보인다. 브라질에 사는 당뇨병 고위험군의 일본인 이민자 425명을 대상으로 한 연구에서, 과일을 먹은 사람들은 정상적으로 인슐린이 증가하는 경향을 보였다. 반면 같은 양의 과당을 음료로 섭취한 사람들은 인슐린 고점이 두 번 반복되는 양상을 보였다.[27] 보다 소규모이며 상세하게 수행한 실험에서도 비슷한 결과가 나왔다는 점을 볼 때, 과일에는 일종의 보호 성분이 존재한다고 간주해도 될 듯하다. 뒤에서 다시 설명하겠지만, 아마 섬유질을 추가로 섭취했기 때문일 것이다.

지나치게 많은 당분을 섭취하는 일은 어떤 형태든 몸에 해롭지만, 액체로 공급되는 열량이 그중에서도 가장 해로워 보인다. '건강 주스'로 가장해도 그 사실은 변하지 않는다. 그러나 이런 온갖 추측에도 불구하고, 과당이 몰아내야 마땅한 악마라는 증거는 아직 명확하지 않다. 과당 대사 작용과 우리 몸이 과당을 대하는 방식은 분명 포도당의 경우와는 다르며, 이론적으로는 과당이 우리 몸에 훨씬 나쁠 가능성이 크지만, 포도당 과잉의 경우에도 지방이 축적된다는 사실은 기억해 둬야 할 것이다.[28]

과당에 대한 마녀사냥을 비판하는 사람들은 자료에 오류가 존재한다고 말하며, 그 이유를 여럿 제시한다. 그중 몇 가지를 들어보자면, 우선 총열량만 조절하면 과당이 다른 당류보다 딱히 해로울 이유가 없다는 주장이 있다. 설치류에게 지나치게 과당 비중이 높은 사료(전체 열량의 60퍼센트)를 공급했다는 주장, 설치류의 간은 인간의 간과 다르다는 주장, 인간을 대상으로 한 연구가 전반적으로 너무 소규모이며 저질이고 부적합했다는 주장노 있다.[29] 심지어 학자들이 같은 연구를 메타분석한 결과에서도 불일치점이 발견된다.[30 31 32]

건강하고 날씬한 사람은 가끔 과당 음료를 마셔도 몸에 별다른 문제가 발생하지 않는 것으로 보인다. 인간은 상당히 많은 부분에서 쥐와 다르기 때문에, 세심한 연구를 수행할 충분한 후원금이 투입되지 않은 현 상황에서는 확답을 내리기 힘들다. 따라서 우리는 아직 과당으로 얻는 여분의 열량이 포도당으로 얻는 여분의 열량보다 몸에 해롭다는 점을 증명할 수 없다. 그렇다면 더 많은 것을 알게 될 때까지는, 과당을 희생제물로 지목하는 환원주의적인 실수를 피하고 큰 그림에 주의를 기울이는 편이 옳을 것이다. 현재 나는 너무 많은 설탕이, 특히 액상을 비롯한 자연에서 찾아볼 수 없는 형태일 경우에는 몸에 해롭다고 확신하고 있다. 그러나 과당이 같은 양의 포도당이나 기타 당류보다 훨씬 해롭다고 확신하기에는 여전히 증거가 부족하다.

내가 예전에 섭취했던 이상적인 아침 식사를 다시 살펴보자면, 당분으로 가득한 뮤즐리와 과일 요구르트와 과일주스 대신 진한 블랙커피와 자연적인 방식으로 만든 요구르트를 먹어야 할 것 같다. 솔직히 털어놓자면, 나는 먼 옛날의 오트밀과 달걀과 베이컨으로 돌아가는 것은 어떨지를 진지하게 고민하는 중이다.

11

탄수화물: 당류 외

퍼거스는 남부 아일랜드의 코크 시 근교에 사는 농부였다. 그는 70세라는 늦은 나이에 은퇴했으며, 이제 더 남은 의무도 없었다. 건장하고 튼튼한 육체의 소유자인 퍼거스는 48년을 함께 살아온 아내 메리와 함께 평화로운 전원에서 느긋한 삶을 누릴 수 있으리라 생각했다. 그런 어느 날 메리는 유방에 이 물감을 느꼈고, 전이된 종양이라는 진단을 받았다. 6개월 후 그녀는 세상을 떴다. 퍼거스는 일종의 은둔자가 되어, 자기 오두막 근처에서만 돌아다니며 근처 마을을 방문하거나 이웃들과 어울리는 일을 피하기 시작했다. 3년 후 어느 맑은 날, 드물게도 여유 시간이 생긴 지역 보건의는 그를 방문하기로 마음먹었다. 퍼거스는 여러 해 동안 그에게 진료를 받았으나, 실제로 병원을 방문한 것은 아내의 치료를 도울 때뿐이었다. 그는 직접 의사를 방문하는 일이 없는, 의학의 도움을 구하지 않는 부류의 사람이었다.

보건의가 기억하는 퍼거스는 나이에 비해 아주 건강하고 늘 씬한 육체를 가진, 흡연도 하지 않고 활발하게 몸을 움직이는 사람이었다. 따라서 그는 퍼거스의 달라진 모습에 충격을 받았다. 잿빛이 감도는 피부에는 병색이 완연했고, 이빨도 몇 개 빠졌으며 전체적으로 수척해 보였다. 그는 이렇게 말했다. "건강검진을 받으러 병원으로 좀 나오셔야겠습니다."

검사 결과 높은 콜레스테롤 수치, 가벼운 당뇨병, 고혈압이 확인되었으며, 골반의 관절염 때문에 다리도 절고 있었다. 게다가 기억력 또한 감퇴 중인 것으로 보였다.

지역 보건의는 그 이유를 고민하다가, 결국 아일랜드에서 의사들이 가장 흔히 입에 올리는 두 가지 질문을 던졌다. "혹시 기분이 우울하십니까?"와 "술을 드십니까?"였다.

"그래요, 선생. 바로 맞히셨소." 퍼거스는 이렇게 대답했다. "정말로 가슴이 뒤틀리고 눈물이 날 것 같아서 술을 지나치게 마셨다오. 하지만 처음 6개월 동안만이었소. 그 후로는 제정신을 차리고 가끔 기네스를 입에 대는 것 말고는 술을 끊었다오. 이젠 다 괜찮소."

최근 그의 상태가 악화된 이유를 밝혀낸 사람은 지역 실무 간호사였다. 과거에는 그의 아내가 모든 요리를 도맡았기 때문에, 그는 달걀 하나도 제대로 삶을 줄 모르는 사람이었다. 그리고 도움을 청하기에는 너무 자존심이 강했다. 그는 지난 3년 동안 차와 치즈 샌드위치만 먹으며 살았다. 퍼거스는 몇 달 후 지역 요양원으로 이송되었다. 당뇨병은 치료되었으나, 결국 그는 6개월을 넘기지 못하고 잠자리에서 심장마비를 일으켜 세상을 떴다.

당시 코크 카운티에서 근무하고 있던 동료 미생물 연구자인 폴 오툴은 해당 지역에 흔한 사례라며 이 이야기를 들려주었다. 이 지역에서는 노년층의 영양 상태의 급격한 변화가 질병보다 심각한 문제인 경우가 잦았다. 폴의 연구집단은 미생물 생태계가 노년층에 끼치는 영향을, 특히 식단의 영향에 중점을 두고 연구하고 있었다. 어떤 주요 연구에서, 그들은 지역 요양원에 서수하는 70~102세 사이의 178명의 아일랜드 노년층을 상대로 설문 조사를 벌였다. 대상의 절반은 낮에만 시설에 머물렀고, 나머지 절반은 시설에 영구적으로 거주했다.[1]

연구진은 시설의 따분하고 규칙적인 식사를 해 온 영구 거주자 전원이 6개월 만에 같은 미생물 생태계를 가지게 되었다는 사실을 발견했다. 애석하게도 이들의 생태계는 구성이 그리 건전하지 못했으며, 다양성은 물론이고 몸에 이로운 여러 미생물도 부족했다. 이는 더 높은 염증 수치로 이어졌다. 종종 직접 요리도 하고 시설 밖에서 식사를 하기도 하는 부분 거주자들은 공동 식사를 하는 사람들에 비해 건강한 미생물 생태계를 가지고 있었다. 개인차가 존재하기는 하지만, 장기 요양원에 들어간 거주자들은 모두 1년 안에 비슷한 형태의 해로운 미생물 생태계를 가지게 되었다.

노년층의 육체가 쇠퇴하는 이유는 복잡하고 다양하다. 여기에는 운동 부족으로 인한 근육량 감소, 우울증, 사회적 상황, 인지 능력의 감퇴 등이 포함된다. 치아의 손실, 타액 성분의 변화, 항생제를 비롯한 약물 사용량 증가도 미생물 생태계에 영향을 끼칠 수 있다. 나이가 들면 우리 몸을 보호하는 조절 T세포의 수와 기능 또한 감퇴한다. 조절 T세포는 우리 몸의 미생물과 상호작용을 하지만, 노년기에 들어서면 면역계를 과도하게 억제할 수 있다. 그러나 이런 모든 요소를 고려한다고 해도, 미생물 생태계와 미생물이 노년층에 끼치는 영향을 결정하는 주요 요인은 결국 식단과 영양소다. 장내 미생물 다양성이 부족한 노인일수록 허약하고 다양한 질병에 시달릴 가능성이 컸다. 그리고 이유를 막론하고, 높은 확률로 1년을 넘기지 못하고 사망했다.

우리 연구실의 클레어 스티브스는 홀로 살며 건강이 안 좋은 노년기의 영국인 쌍둥이 400명을 살펴본 결과, 그들의 미생물 생태계 다양성이 평균보다 떨어지며, 염증이나 장 누출을 억제하는 파이칼리박테리움 프라우스니치와 같은 미생물의 비율이 낮다는 점을 발견했다. 게다가 몸에 이로운 유산간균의 수도 적었다. 이 결과는 더 건강이 나쁜 노년층을 상대로 한 과거의 소규모 실험과 일치하므로, 단순히 운의 문제로 치부하기는 힘들다.[2] 나는 식단의 변화가 미생물의 변화를 유발했고, 미생물 변화가 신체 능력의 저하로 이어졌을 가능성이 크다고 생각한다.

요양원 식단에서 이런 극적인 효과를 불러일으킨 결핍 영양소가 무엇인지는 확인하기 힘들다. 요양원에서는 음주를 권장하지 않는다. 보리 비율이 높은 기네스 맥주는 한때 건강에 좋은 것으로 여겨지기는 했지만, 회사 차원에서 건강에 좋다는 광고를 그만둔 지도 한참이 되었으니, 기네스 결핍이 주된 문제일 가능성은 별로 없을 것이다. 식단의 단조로움이라는 눈에 띄는 요소를 제외하고 나면 가장 가능성이 큰 용의자는 신선한 과일 및 채소의 결핍이다. 즉, 탄수화물 결핍이라는 소리다.

우리는 식물과 과일에서 다양한 형태의 탄수화물을 섭취한다. 그리고 어떤 탄수화물을 섭취했느냐에 따라 에너지를 추출하는 난이도가 결정된다. 헷갈리기는 하지만 그리스어로 설탕을 뜻하는 단어에서 온 '사카라이드(당류)'라는 단어를 혼용하기도 한다. 한두 개의 분자가 결합한 작은 크기의 탄수화물 분자는 각각 단당류와 이당류라고 부른다. 우리가 흔히 당이라 부르며 가공식품에 사용하는 탄수화물이 이런 종류다. 분자가 이보다 길어지면 다당류라고 부르는데, 에너지를 저장하거나 식물의 몸을 구성하는 물질, 즉 섬유질을 만드는 데 사용된다.

우리 식단에서 섭취하는 탄수화물은 대부분 녹말이다. 녹말은 식물의 주요 에너지원이며 감자, 빵, 쌀의 주요 구성 성분으로, 포도당 분자가 길고 단단하게 결합된 사슬 형태를 가진다. 일부 형태는 간단히 분해할 수 있으나 상당히 견고한 것들도 있다. 앞서 살펴보았듯이, 인간에게는 섭취하는 온갖 복잡한 구조의 탄수화물을 분해할 효소가 서른 가지 정도밖에 없다. 그러나 운 좋게도 우리의 장내 미생물들은 분해 효소를 6천 가지 이상 지니고 있다. 작업을 기다리고 있는 미생물들이 없다면, 우리가 섭취하는 대부분의 탄수화물은 그저 턱 근육 발달에나 도움이 될 뿐이다.

날음식과 독성 토마토

구석기 식이요법에 열광하는 사람들은 우리가 지난 1만 년 안에 생산한 새로운 음식을 섭취할 수 있을 정도로 진화하지 못했다고 주장한다. 물론 앞서 살펴봤듯이 이 주장은 거짓이다. 그리고 생식 추종자들은 한 단계 나아가 같은 논리를 조리한 식품에도 적용한다. 음식을 조리하기 시작한 지는 백만 년은 되었는데 말이다. 이런 날음식 운동은 조리를 거치면 자연적인 영양소와 유용한 효소가 상당량 파괴된다는 주장을 펴는 비건의 한 분파로 이어졌다. 이쪽 방면의 식이요법은 그 엄격함과 정통성에 따라 실로 다양하게 나뉘는데, 과일만 먹는 분파, 녹즙만 마시는 분파, 새싹만 먹는 분파 등이 여기에 속한다.

가장 자유로운 교리를 가진 분파는 채소를 천천히 45℃까지만 가열하면 영양소나 효소가 파괴되지 않는다고 설파한다. 그러려면 음식을 가볍게 오랜 기간 조리할 수밖에 없는데, 이런 조리법에는 나름 과학적 근거가 존재한다. 일부 최상급 레스토랑에서는 '하이포-퀴송hypo-cuisson'이라는 방법을 사용해 최대 24시간까지 육류와 생선과 채소를 조리한다. 나는 최근 브뤼셀의 미슐랭 별점을 받은 (따라서 비쌀 수밖에 없는) 식당에서 이런 음식을 경험해 봤는데, 맛도 질감도 아주 훌륭했다. 나중에 '콤 셰-수아Comme Chez-Soi'의 주방을 방문할 기회도 있었는데, 부엌이라기보다는 우주정거장 실험실에 가까운 모습이었다.

어쨌든 대부분의 날음식주의자들은 고기를 먹지 않으며, 맛보다는 건강상 이득에 관심이 있다. 그들의 말에 따르면 '귀중한 효소를 원래 그대로' 먹는 것이 중요하다고 한다. 우리 몸의 소화기관은 들어오는 모든 효소를 아주 효율적인 방식으로 즉시 비활성시키는데도 말이다. 우리는 지난 백만 년 동안 꾸준히 진화를 거듭해 왔고, 계속 날음식만 먹어 온 머리가 굳은 자들은 한참 전에 죽어 사라져 버렸다. 생각해 보면 이유는 뻔하나. 소금이라도 조리를 하지 않으면, 식품에서 충분한 열량과 영양소를 추출하기가 힘들기 때문이다. 조리법의 발전에 따라 우리는 전체 장의 3분의 1을 잃어버렸으며, 그와 함께 날음식을 먹는 능력도 잃어버렸다. 현대 사회에서야 살을 빼는 좋은 방식이 될 수도 있겠지만, 이는 마법적인 효소의 가호 덕분이 아니라, 복잡한 구조의 탄수화물을 효율적으로 분해해서 에너지를 추출하지 못하기 때문이다.

날음식이나 구석기 방식의 제한적 식이요법에는 분명 나름의 이점이 있으며, 사실 정제 탄수화물 섭취를 줄이고 가공식품을 피하는 것만으로도 큰 장점이라 할 수 있다. 그러나 넓은 범주의 식품을 통째로 배제해서 선택과 다양성의 폭을 줄이는 일은 큰 실수다. 예를 들자면, 구석기 식이요법은 앞서 언급한 대로 '몸이 적응할 시간이 부족했던' 독성 식물이 많은 가지과의 일원이라는 이유로 토마토를 배격한다. 이건 한심한 짓이다. 토마토나 가지과 식물이 자가면역질환의 원인이라 간주하는 것도 매우 그릇된 판단이며, 유사과학을 끌어들여 수백 가지 화학 성분 중 한두 가지의 부작용에 집중하는 행위는 더욱 고약하다. 지금까지 토마토가 질병을 유발한다는 명확한 연구 결과는 존재하지 않으며, 토마토는 지금까지 심장 질환 발병률을 줄여 준다고 확인된 유일한 식이요법인 지중해식 식이요법에서 빼놓을 수 없는 요소기도 하다. 게다가 그보다 세심한 연구에 의하면, 토마토에 함유된 여러 화학 성분 중 하나인 리코펜은 암 예방에 도움이 된다고도 한다. 분명 토마토를 배척할 만한 이유라고는 할 수 없을 것이다.[3]

다양성 부족, 특히 신선한 작물과 그 안의 영양소를 배제하는 행위가 우리 몸에 나쁜 것은 분명하지만, 인터넷에서는 반대쪽 극단에 속하는 이야기만 넘치고 있다. 생과일과 견과류 외에는 아무것도 먹지 않는 사람들, 즉 과일식주의자들의 화려한 성공담 말이다. 이들은 기적에 가까운 힘과 활력을 얻을 수 있다고 선언하지만, 주방에서 자르고 즙을 내면서, 또는 화장실에서 오랜 시간을 보내지 않고서 이런 식이요법을 장기간 계속할 수 있는 사람은 그리 많지 않다.

그런 드문 예외 중에는 바나나걸 프릴리라는 사람이 있는데, 한때 폭식증을 앓았던 경험이 있는 애들레이드 출신의 여성이다. 그녀는 지난 10년 동안 전체 식단의 90퍼센트를 과일로만 섭취했고 가끔 여기다 조리한 채소를 곁들이는 정도였다. 그녀는 현재 50킬로그램의 체중과 건강한 몸매를 유지하며, 그녀의 웹사이트에 따르면 퀸즐랜드의 자택에서 노출이 심한 비키니만 걸친 채로 바나나와 사진사들에 둘러싸여 살고 있다고 한다. 그녀는 하루에 51개의 바나나를 먹어치우고 코코넛 밀크를 마시는 유명한 동영상을 올린 적이 있는데, 이론적으로는 4천 kcal 이상을 섭취하는 셈이다.

하지만 그녀는 열량을 제한하지 않는데도 늘씬한 몸매를 유지한다. 평소에는 하루에 21개의 바나나만 먹으며, 배가 고파지면 다른 과일을 먹는 양을 늘린다. 언제나 오후 4시까지는 날음식만 섭취하고, 저녁으로는 가볍게 익힌 채소를 먹기도 한다. 그녀는 다양한 식이요법과 요리책을 고안해냈으며, '하루에 바나나 30개' 다이어트는 널리 홍보되었다. 그리고 그 결과를 살펴보면 놀라운 성공과 극단적인 실패가 혼재한다.

그녀의 건강요법 신청서에 서명하기 전에 미리 말해 주자면, 그녀는 식이요법 때문에 9개월 동안 월경이 멈추는 것을 긍정적인 신호라 생각하며, 암을 치료하려면 화학요법을 시도하는 대신 과일을 섭취해야 한다고 믿는다.[4] 다른 유명한 과일식주의자로는 아무래도 사업체도 식단의 영향을 받은 듯한 고 스티브 잡스, 마하트마 간디, 그리고 논란의 여지는 있지만 레오나르도 다 빈치가 있다. 물론 르네상스기의 피렌체에서 망고나 바나나를 손에 넣기는 힘들었겠지만 말이다. 심지어 울트라마라톤 주자 중에도 과일만 먹으며 과일이 특별한 힘을 준다고 주장하는 사람들이 있다. 하지만 많은 사람에게 이런 식습관은 현대인이 겪는 다양한 식이 장애 중 하나일 뿐이다.

녹즙과 기적의 디톡스

"양 한 마리를 통째로 삼킨 것처럼 보이는군." 2007년, 조

크로스라는 시드니에 거주하는 주식 중개인은 문득 거울을 들여다보고 자신이 끔찍하게 살쪘다는 사실을 깨달았다. 그는 조금도 망설이지 않고 60일에 걸친 녹즙 식이요법에 들어갔다. 그의 목표는 영구적으로 체중을 감량하고, 온갖 약물에 의존하게 만든 자가면역질환을 없애는 것이었다. "내 삶의 제어권을 되찾고 싶었습니다." 그는 어릴 적부터 식탐이 심했고 정크푸드와 단맛 음료를 좋아했지만, 운동을 즐겼기 때문에 항상 날씬한 몸매를 유지했다. 이런 식습관은 성인이 될 때까지 이어졌으며, 한 번은 내기를 걸고 앉은 자리에서 열한 개의 빅맥을 먹어치운 적도 있었다. 하루에 네다섯 캔의 코카콜라를 마시고, 근무 중 점심으로 먹는 중국 음식에 맥주를 곁들이기도 했다. 게다가 손쉽게 중독에 빠지는 성격이라 한동안 알코올 문제로 고생했으며, 부친과 마찬가지로 도박을 즐기기도 했다.

그는 수년 동안 부와 성공을 거두는 일에 매진했고, 그동안 그의 체중은 꾸준히 증가했다. 예전에도 온갖 종류의 단기 식이요법과 치료법을 시도해 보기는 했다. 심지어 한 달 동안 과일 식이요법을 시도해 보다가 포기하고 예전으로 돌아가기도 했다. 그가 2010년에 제작한 다큐멘터리 영화 〈뚱뚱하고, 병들고, 사망 직전Fat, Sick and Nearly Dead〉을 보면 그의 상황이 명료하게 서술되어 있다. 40세의 조 크로스는 몸무게가 140킬로그램이 넘었고, 두드러기성 혈관염이라는 희귀한 자가면역질환을 앓고 있었다. 심장마비와 당뇨병 위험도 또한 상당히 높은 상태였다. 친구들의 말에 따르면, 유쾌하고 부유하고 맥주를 끼고 사는 오스트레일리아 사람의 뒷면에는 자살 직전에 몰린 한 남자가 존재했다고 한다.

그의 혈관염 증상은 10년 전에 캘리포니아에서 골프를 치던 도중 난데없이 발병했다. 혈관염은 온몸의 모세혈관이 다양한 종류의 자극에 과민 반응하여 히스타민을 생성하는 기묘한 질병이다. 대형 대학병원에 근무하는 나조차도 실제 사례는 몇 번밖에 보지 못했고, 증상이 계속되면 관절염을 유발할 수도 있다. 이 질병은 알레르기 반응과 자가면역질환 양쪽이 성질을 모두 가진다. 열기나 접촉이나 심지어 오염 물질에 의해 발동이 걸리면, 피부가 쐐기풀이나 말등에한테 쏘인 것처럼 붉게 부풀어오른다.

때로는 악수만으로도 증상이 일어나서 즉시 피부가 붉게 부풀어오르기도 한다. 그러면 신체는 누출이 일어나는 혈관으로 체액을 이동시키며, 심한 알레르기 반응을 겪을 때처럼 피부에 두드러기가 일어난다. 이 질병에는 치료법이 없지만, 스테로이드나 기타 면역 억제제로 증상을 완화할 수 있다. 그는 스테로이드제인 코르티손을 복용했다. 그러나 코르티손은 다른 자가면역질환에서 흔히 그렇듯이 처음에는 큰 도움이 됐으나, 장기적으로는 식욕을 자극해 체중 문제를 악화시키게 되었다(물론 다른 부작용도 여러 가지가 있었다).

60일 동안 조는 자신이 선택한 채식 식이요법을 지켰다. 아침, 점심, 저녁 식사의 자리를 녹즙이 대체했다. 아침에는 가끔 과일을 곁들이기도 했지만, 그의 주식은 '철저한 녹색'이라고 이름붙인 케일 잎 6장, 오이 한 개, 셀러리 네 줄기, 녹색 사과 두 개, 레몬 반 개와 생강 한 조각이 들어가는 녹즙이었다. 그는 어딜 가든 녹즙기와 휴대용 발전기를 가지고 다녔다. 알코올, 차, 커피는 절대 금지였고 다른 음식이나 음료도 섭취하지 않았다. 그의 말에 따르면 첫 3일은 끔찍하게 힘들었지만, 이후로는 익숙해졌다고 한다.

그는 그러는 동안 미국 횡단 여행을 하면서 사람들의 반응을 살폈다. 그의 말에 따르면 지구 최고의 정크푸드 국가에서 계속 유혹을 마주하며 의지력을 시험해 보고 싶었다고 한다.

녹즙 여행이 끝날 때쯤 조 크로스는 37킬로그램을 감량했는데, 거의 하루에 0.5킬로그램씩 뺀 셈이었다. 그리고 콜레스테롤 수치도 50퍼센트 내려갔다. 그는 아주 기분이 좋고 몸에 활기가 넘친다고 감상을 밝혔다. 이런 건강한 상태는 생과일과 채소를 먹기 시작한 뒤에도 그대로 유지됐다. 혈관염 증상도 천천히 사라져서 의사의 관리하에 코르티손 투여를 중단하기에 이르렀고, 이후 혈관염 증상은 재발하지 않았다. 그는 또한 애리조나에서 만난 자기보다 뚱뚱한 트럭 운전사를 자신의 방법론으로 개종시켰는데, 묘하게도 그 또한 희귀한 혈관염 증상을 앓고 있었다. 그는 크로스의 방법론을 따라 성공을 거두었다.

조 크로스의 이야기는 여러 사람에게 영감을 제공했다. 많은 사람이 그의 방법론을 따라서, 주로 2일 또는 10일간의 녹즙 단식을 시도했고, 다양한 정도의 성공을 거두었다. 그러나 그에게는 아주 작지만 명확한 강점이 하나 있었다. 그는 부유한 독신자로, 60일의 휴가를 누릴 수 있었으며, 건강과 식단에 조언을 해 줄 수 있는 의사와 영양사를 대동하고 다녔다. 물론 영화 촬영진도 대동하고 있었지만, 그의 말에 따르면 별로 도움은 안 되었다고 한다. 다들 함께 맥도널드로 몰려가는 동안 홀로 차에 앉아 있어야 했기 때문이다.

다른 무엇보다, 그에게는 병을 치료하고 자신의 고난을 영화로 기록해야 한다는 명확한 동기가 있었다. 그러나 진정한 도전은 식이요법을 완수할 수 있느냐가 아니라, 새로 도달한 건강한 체중을 계속 유지할 수 있느냐였다. 5년 후까지도 그의 상태는 여전히 괜찮아 보였다. 채소로 구성된 완전 건강식에 가끔 녹즙 다이어트를 곁들이며, 그는 빠진 체중을 유지하고 심지어 추가 감량에도 성공했다.

녹즙과 디톡스는 체중을 감량하고 몸을 '리부트'시키는 방법으로 널리 받아들여진다. 녹즙에 대한 과학적 연구나 임상시험은 거의 존재하지 않으며, 정보는 거의 개인의 일화나 인터넷의 홍보 사이트에서 가져온 것뿐이다. 그래도 인기가 좋은 것은 분명하며, 여러 나라에서 값비싼 녹즙기와 미리 조합한 채소의 판매량이 치솟기도 했다. 많은 양의 신선한 과일과 채소가 이상적인 영양 공급원이라는 점은 사실이다. 게다가 그 영양소의 대부분은 육류와 정제 탄수화물에서는 얻을 수 없는 것들이다. 여러 영양 관련 웹사이트에서 선전하는 개념에 따르면, 온전한 식사 대신 녹즙을 섭취하면 소화기관에 편안한 '휴가'를 주어 다양한 이로운 효과를 볼 수 있다고 한다. 이 말이 과연 사실일까?

이런 주장에 따르면 영양소는 아무 노력 없이도 손쉽게 흡수되며, 그 과정에서 수수께끼의 방법으로 독소도 제거해 준다고 한다. 이런 '독소'에 명확한 이름이 붙는 경우는 없지만, 사이트에 따라 산성 물질이나 죽은 세포나 부패물이라 부르기도 한다. 이런 독성 물질은 아무래도 위험 수준에 이를 때까지 세포 속에 계속 축적되는 모양이다. 이들 '죽은 세포와 독소와 산성 물질'은 결국 '혈액 속으로 흘러넘쳐' 염증을 유발한다. 그 결과 만성질환과 면역계 약화, 인간이 알고 있는 대부분의 질병의 발병률 증가 등의 악영향이 등장한다. 그러나 구원자는 바로 눈앞에 있다. 초영양분으로 가득한 초농축 녹즙을 마시며 단식을 동반하면, 독소가 제거되고 혈중 pH는 균형을 찾으며 온몸이 정화되는 것이다.

지금쯤이면 온갖 책과 웹사이트에서 반복해 설파하는 이런 이야기가 슬프게도 터무니없는 헛소리라는 점을 다들 눈치챘을 것이다. 신선한 녹즙의 영양소는 물론 몸에 좋지만, 녹즙 단식으로 디톡스를 할 수 있다는 유사과학적인 주장은 제대로 된 과학자나 의사라면 누구나 진지하게 받아들이지 않는다. 그 발상 자체는 완하제나 거머리나 사혈로 몸을 정화하려던 중세의 개념과 일맥상통하는 것이지만, 우리 몸은 (SF 영화 속의 세계가 아닌 이상) 여분의 독소를 축적하거나 산성 물질이 흘러넘칠 정도로 많아지거나 주기적인 재조정을 필요로 하지 않는다.

미생물 생태계를 정화하는 단식

많은 사람이 녹즙 식이요법을 통해 체중을 줄이지만, 사실 생각해 보면 형태만 바꾼 단식일 뿐일지도 모른다. 단식의 명확한 정의는 존재하지 않지만, 일반적으로는 통상적인 일일 섭취량의 0에서 30퍼센트에 달하는 식음료만 섭취하는 행위를 의미한다. 2013년에는 단식에 기반한 식이요법 책이 출간되어 영국의 모든 판매 기록을 갈아치웠다. '단식 다이어트'의 홍보대사는 영국의 텔레비전 진행자인 마이클 모슬리였다.[5] 마이클은 식이요법과 단식을 다루는 BBC 다큐멘터리를 제작하면서 다양한 방식을 직접 시험해 보았다. 그중 하나는 며칠 동안 하루에 수백 kcal만 섭취하는 지속적 단식이었다. 이런 순수한 형태의 영구적 단식은 열량 제한(CR: Calorie Restriction) 단식이라 부르는데, 오직 굳건한 의지를 가진 사람만 지속할 수 있다. 마이클은 이 방식을 시도해서 체중을 줄였지만, 일상을 영위하는 대부분의 사람들에게는 육체 및 정신적으로 부담이 과하리라는 느낌을 받았다.

다른 과학자들과 논의를 거친 후, 그는 한 주에 이틀만 통상의 3분의 1 미만으로 섭취량을 줄이고(즉, 여성은 500kcal, 남성은 600kcal) 나머지 닷새는 정상적으로 식사를 하는 보다 현실적인 식이요법을 시도해 보았다. 단식일에는 아침으로 달걀하나와 과일, 점심에는 견과류 한 줌과 당근, 저녁에는 생선과채소를 섭취하고 허브티를 듬뿍 마셨다. 마이클은 원래부터 뚱뚱하다고 부를 체구는 아니었지만 이 방법을 통해 5주 만에 상당히 손쉽게 7킬로그램을 감량했으며, 단식일을 제외하면 좋아하는 음식과 음료를 마음껏 즐길 수 있었다. 그의 체지방률은 놀랍게도 더 빠른 속도로, 27퍼센트에서 20퍼센트까지 내려갔다.

나도 단순히 지속 가능성을 검증하기 위해서 이 식이요법을 2주 정도 시도해 본 적이 있다. 병원 일이 바빠서 식사 생각을 할 겨를도 없을 때면, 나는 이론적으로는 다음 날이면 원하는 대로 뭐든 먹어도 된다는 생각을 떠올리며 어렵지 않게 버틸 수 있었다. 다른 사람들과 마찬가지로 절식한 다음 날에는 묘하게도 영국식 아침식사를 해치울 마음이 들지 않았으며, 왠지 우쭐해지고 더 건강해진 기분이 들었다. 마이클과 촬영진은 체중이 줄고 대사 작용이 개선되는 이유가 신체가 단기간의 단식에 대한 반응으로 IGF-1 호르몬의 분비량을 늘리기 때문이라는 결론을 내렸다. 이 호르몬은 일부 동물에서 항노화 효과를 보이며, 세포 스트레스와 염증 반응을 전반적으로 감소시킨다고 알려져 있다. 그러나 IGF-1이 건강에 이롭다는 신뢰할 수 있는 증거는 대부분 지렁이와 파리의 수명이 늘어난다는 실험 결과에서 유추한 것이다.[6] 설치류 실험 결과는 그 정도로 명확하지 않으며, 이 호르몬 수치가 높은 동물은 초기 발달이 둔화되고 활력과 성적 반응이 감퇴하는 경향을 보인다. 이런 부작용을 감수하려면 적어도 영생 정도는 누려야 마땅할 것이다.

간헐적 단식의 결과는 단순한 열량 감소의 효과를 훌쩍 뛰어넘는 것으로 보인다. 인간을 대상으로 한 근래의 장기간 연구는 존재하지 않지만, 1956년 스페인에서는 - 프랑코 장군 시절이고, 당연히도 윤리위원회는 존재하지 않았다 - 요양원 하나를 골라 재현 불가능하고 잘 알려지지 않은 실험을 수행한 적이 있다. 이 요양원은 마드리드의 성 요셉 수도회에서 파견한 힘 좋은 간호사들이 운영하는 곳이었다. 연구진은 장기간 병을 앓아 온 (따라서 처음부터 토실토실했을 가능성은 별로 없는) 120명의 노인을 두 집단으로 나누었다. 한쪽 집단에는 매일 번갈아 불균등하게 열량을 배분한 식사를 제공했다. 하루는 고작 900kcal(우유와 과일 약간으로)를 제공했고, 다음날은 2,300kcal를 제공했다. 다른 집단은 매일 1,600kcal를 공급했는데, 체격과 연령을 고려한 통상적인 필요량이었다. 3년이 지나 실험을 종료했을 때, 번갈아 열량 공급을 바꾼 이들은 사망률이 대조군의 절반에 지나지 않았으며(6 대 13) 독감이나 염증이나 기타 문제로 병실에 머문 날짜도 절반에 지나지 않았다.[7]

물론 인류는 종교의 이름을 내걸고 지난 수천 년 동안 간헐적 단식을 해 왔다. 사실 기독교, 이슬람교, 유대교, 힌두교, 불교를 비롯한 모든 주요 종교에서는 전통과 규율로서 단식을 수행한다. 아무래도 식단에 변화를 주고 건강에 도움이 되는 단식을 곁들이지 않으면 새로운 종교를 창시하기가 힘들었던 모양이다. 대부분의 종교적 금식 조항에는 건강에 이로울 가능성이 깃들어 있으니, 단식에도 비슷한 지위를 허용해야 할지도 모르겠다.[8]

많은 야생동물에게 단식은 자연스러운 행위다. 다람쥐처럼 동면하는 동물의 경우, 동면 전후의 배설물을 조사해 보면 계절에 따라 장내 미생물이 상당히 달라진다는 사실을 확인할 수 있으며, 이런 변화는 긍정적으로 작용하는 것으로 보인다. 이런 동물의 장내 미생물 다양성은 봄이 되어 음식 섭취를 재개하고 2주 후, 즉 몸에 이로운 부티르산 수치가 상승하기 시작할 때에 가장 높아진다. 장 내벽의 찌꺼기만 먹으며 동면하는 미생물이 번성하고, 섭취한 음식에 의존하던 미생물은 사라진다.[9] 몸 길이가 5.5미터까지 자라는 버마비단뱀은 쥐부터 돼지까지 온갖 동물을 잡아먹는 포식자지만, 다음 식사가 언제 나타날지 확신할 방법이 없다. 따라서 이들은 길면 한 달에 이르는 단식을 할 수밖에 없는데, 그동안에는 위장 또한 수축된다. 비단뱀의 배설물을 조사한 대담한 연구자들에 의하면, 단식하는 비단뱀의 미생물 생태계 또한 단식하는 다람쥐와 비슷한 변화를 겪으며, 푸짐한 식사를 하고 하루 이틀 정도가 지나면 다시 대규모 변화가 벌어진다고 한다.[10] 단식과 미생물 사이의 연관 관계는 모든 동물에서 찾아볼 수 있으리라 생각한다.

실험실 생쥐를 대상으로 한 실험에서는, 정상적인 야간의 음식 섭취를 방해하고 인간과 비슷한 주기로 음식을 섭취하게 만든 생쥐는, 장내 미생물이 몸에 이롭지 않은 쪽으로 바뀌며 자연스러운 하루 단위의 미생물 변환 주기도 흐트러진다고 한다. 반면 모든 음식 섭취를 6~8시간 주기로 몰아넣고 식사 사이에 18시간의 공백을 주면, 생쥐는 더 건강하고 홀쭉해지며 심지어 고지방 사료의 해로운 효과에도 저항성을 가지게 된다고 한다.[11] 단식을 선호하는 주요 미생물은 장 내벽을 갉작이며 청소하는 아케르만시아균인데, 이들은 묘하게도 다른 미생물종의 다양성을 증가시키는 효과를 보인다. 그러나 너무 오래 단식을 지속하면, 이 미생물은 장 내벽을 손상시켜 다양한 문제를 일으킬 수 있다. 미국과 영국의 장내 미생물 프로젝트를 수행할 때의 선행조사에서, 가장 몸에 이로운 미생물 변화는 절식으로 미생물 다양성을 크게 증가시킨 집단에서 일어났다.

단기간의 절식이 이렇게 미생물에 도움이 된다면, 아예 식사시간을 바꾸는 편이 낫지 않을까?

든든한 아침이 하루의 건강한 시작이라는 표현은 진실일까?

영양학의 잘 알려진 가정 중 하나는, 대사 장애와 그를 벌충하려는 과식을 피하기 위해서는 규칙적으로 간격을 두고 식사해야 한다는 것이다. 다른 가정으로는 소화를 돕기 위해서는 식사 간격을 항상 같도록 유지해야 한다는 것이 있다. 고의적인 단식이라는 개념은 많은 이들에게 해괴하게만 보이지만, 사실 대부분의 사람들은 밤마다 10시간에서 12시간에 걸친 단식을 별다른 문제 없이 수행한다. 그렇다면 낮 동안에도, 저혈당 증세를 호소하며 초콜릿 쿠키에 손을 뻗는 일을 멈추고 4시간에서 6시간 정도 추가로 단식을 해도 괜찮지 않을까? 건강한 대사 작용을 유지하고 과식을 피하기 위해서는 항상 아침을 먹어야 한다는 앵글로색슨 세계의 도그마는 갈수록 강해져 왔다. 반면 스페인, 프랑스, 이탈리아의 전체 인구의 3분의 1은 아예 아침을 거르며, 일부는 버스를 기다리며 가볍게 에스프레소 한 잔을 마시는 정도로 끝낸다. 그러나 이들은 제법 건강해 보이며, 오후 2시가 되기 전까지는 거의 아무것도 먹지 않는 경우도 흔하다.

진실을 털어놓자면, 우리는 아침용 시리얼 회사들의 세뇌 공작에 넘어가고, 일련의 부실한 단면 연구에 농락당해 온 것이다. 이들은 주기적으로 아침을 거르는 사람들이 비만이 될 가능성이 크며, 혈당 조절에도 문제가 발생하고, 오후에 과식할 가능성이 크다고 말해 왔다.[12] 이런 연구의 문제는 앞서 살펴봤듯이 소규모이며, 이미 대사 작용에 문제가 생긴 비만 환자를 대상으로 하는 단면 연구라는 것이다. 최근 두 건의 연구에서는 실제로 몇 주 동안 아침을 거른 다음 체중 변화를 확인했다. 그리고 양쪽 모두 아침을 거른다고 체중이나 총열량 섭취량이 나쁜 쪽으로 변화하지는 않는다는 결론을 내렸다. 대상이 뚱뚱하든 날씬하든, 아침을 걸러도 대사율에는 전혀 변화가 없으며, 총열량 섭취량은 오히려 감소하는 경향을 보인 것이다.[13] 아이들이 아침을 거르면 몸에 나쁘다는 가정 또한 증거가 빈약하며, 적절한 실험은 아직 수행된 적이 없다.[14] 따라서 의무적인 아침 식사 또한 이제는 떨쳐버려야 할 식생활의 미신이라고 간주해야 할 것이다.[15]

그래도 반드시 아침을 먹어야 한다는 필요성을 느끼는 사람들은 존재한다. 여기에는 문화와 유전자 양쪽이 영향을 끼친다. 우리의 쌍둥이 연구에 따르면, 유전자는 아침형 인간인지 저녁형 인간인지를 결정할 때 명확한 영향을 끼치며, 이런 24시간 시간표의 차이는 당연히 선호하는 식사시간에도 영향을 끼치게 된다.[16] 아침을 먹어야 할지, 그리고 나머지 식사시간을 언제로 잡을지는 교리나 지침에 휘둘리지 말고 우리 몸이 알아서 결정하게 해야 할 것이다.

하루 세 번이라는 식사 주기는 놀랍게도 근대의 발명품이며, 서구에는 빅토리아 시대에 도입되었다. 확신할 수는 없지만, 구석기 시대의 조상들은 하루에 한 번 식사했을 것으로 추측된다. 그리스인, 페르시아인, 로마인, 초기 유대인은 모두 하루에 한 번 대량으로 음식을 섭취했는데, 주로 그날의 업적을 기리기 위해 푸짐한 저녁 식사를 택했다. 영국에서 하루 두 번의 규칙적인 식사가 널리 퍼진 것은 16세기에 들어서였으나, 이조차도 부유한 이들만 가능한 일이었다. 당대의 장수하는 삶을 위한 최신 신조는 다음과 같았다. "여섯 시에 기상해서 열 시에 정찬을 들고, 여섯 시에 저녁을 들고 열 시에 취침하는 사람은, 열의 열 배에 달하는 삶을 누릴 수 있다." 가장 부유한 사람들조차 하루에 두 번밖에 식사하지 않았다는 사실을 명확하게 제시한 사람은 랜즈펠드 공작 부인인데, 그녀는 1858년에 쓴 글에서 동료들의 식습관을 다음과 같이 묘사했다. "이 식사가 끝나면 저녁 시간이 될 때까지, 오전 9시에서 오후 5~6시에 이르는 기나긴 단식이 이어지게 될 것이다."[17]

이런 증거를 고려할 때, 식사 횟수를 줄이거나 간격을 압축해서 단식 기간을 늘리는 일은 실제로 우리 몸에 이로울 수도 있어 보인다. 설령 매일 섭취하는 열량에는 변화가 없을지라도. 스페인 요양원 실험에서 기간만 압축한 것처럼 보이는 다른 연구에서는, 자원자들에게 구성과 총열량이 같은 음식을 한 번의 푸짐한 식사와 세 번의 소량 식사로 나누어 제공했다. 이 연구는 8주 동안 지속되었고, 자원자들은 잠시 휴식을 취한 후 서로 식단을 바꾸었다. 심장 박동수, 체온, 대부분의 혈액 검사 결과는 양쪽에서 명확한 차이를 찾아볼 수 없었다. 그러나 하루에 한 번 식사한 쪽은 허기를 더 많이 느끼고 혈중 지질 수치가 살짝 높아진 대신 체지방과 스트레스 호르몬인 코르티솔의 분비는 감소했다.[18] 따라서 두 끼를 거르면 허기가 심해질 수는 있어도 실제로 몸에 해롭다는 증거는 아직 확인되지 않았다. 오히려 신체와 미생물의 대사가 증진될 가능성도 존재한다. 미생물의 24시간 활동 주기는 우리 면역계와 건강에 매우 중요한 역할을 하며, 단식이 이를 보조해 줄 수 있다.

슈퍼푸드와 슈퍼미생물

'슈퍼푸드' 시장은 실로 거대하며, 이 순간에도 꾸준히 성장하고 있다. 사람들은 가장 영양가가 높다는 성분이나 친구들이 들어본 적도 없는 희귀한 견과류나 채소를 마주할 때마다 큰 돈을 아낌없이 퍼붓는다. 특히 해당 식품이 마법 같은 치유력을 가지고 있으면 그런 경향은 더욱 강해진다. 제대로 된 과학 학술지에 도달하는 데 성공한 얼마 안 되는 슈퍼푸드 연구를 살펴보면, 대부분의 '놀라운 결과'는 시험관 속에서만 입증되었거나, 순수한 화합물을 쥐에게 대량 섭취시킨 결과를 기반으로 한 것뿐인데, 심지어 후자조차 상당히 드문 편이다. 인체를 대상으로 정량 또는 일반적인 식품 형태로 투여하여 제대로 연구한 경우는 극소수에 지나지 않으며, 그조차도 초단기 연구일 뿐이다. 흔히 언급하는 슈퍼푸드에는 석류, 블루베리, 항산화 작용 덕분에 온갖 기대의 대상이 되는 아사이베리, 일산화질소 수치를 변화시킨다고 알려진 지긋지긋한 비트 순무 등이 있다.

유행의 첨단을 달리는 슈퍼푸드에는 이보다 이국적인 것들이 많다. 아시아산 민물 수초인 클로렐라가 그중 하나인데, 아주 선명한 녹색이며 면역증후군과 당뇨병과 암에 효력이 있으며 한 달 분량이 '고작 90파운드'밖에 하지 않는다. 청록색의 수초인 스피룰리나는 (최근에는 수프 형태로도 먹어 봤는데) 또 다른 '면역력을 증진하는' 슈퍼푸드로서 단백질과 비타민이 가득 들어 있다. 애석하게도 이 수초는 그램당 가격이 고기의 30배에 달한다. 스피룰리나는 호수 등에서 덩어리로 엉겨 자라나는 미생물로서, 사실 남조류 또는 남세균이라고 불리는 원시 박테리아의 일종이다. 이들 미생물은 지구에 대기를 만들어 주었으며 훗날 식물 잎의 엽록체로 진화했으므로, 어떻게 보면 원시적인 프로바이오틱 식품이라 할 수 있을 것이다. 이렇게 수중에서만 발견된다고 생각한 미생물 중 일부는 우리가 연구하는 쌍둥이의 장 속에서도 발견되었다.[19] 우리 몸에 사는 미생물에 대해 아직 배울 점이 많다는 실례라고 할 수 있을 것이다.

비타민을 생성하는 다른 박테리아와 마찬가지로, 스피룰리나는 비타민 K와 특정 형태의 B_{12}를 생성하며, 비건 웹사이트에서는 이 점을 들어 스피룰리나를 육류의 대체재로 사용할 수 있다고 널리 광고한다. 그러나 이 형태의 B_{12}가 주요 성질이나 효과에서 일반적인 B_{12}와 같다는 증거는 존재하지 않는다.[20] 해초와 마찬가지로, 필요한 장내 미생물과 3만 가지의 특수 효소를 구비하고 있지 않다면, 평범한 해초보다도 독특한 이 슈퍼푸드에서는 영양소를 추출하기가 쉽지 않을 것이다.

슈퍼푸드는 겉보기로는 흥미로운 개념이기는 하지만, 동시에 홍보업계의 사기 개념이기도 하다. 모든 신선한 과일과 채소는 사실상 슈퍼푸드이기 때문이다. 과일과 채소에는 저마다 수백 가지의 화학물질이 들어 있으며, 누구나 원하는 대로 그 효능의 목록을 꾸며 붙일 수 있다. 어떤 사람들은 요구르트, 퀴노아, 달걀, 대부분의 견과류가 슈퍼푸드라고 생각하며, 앞선 장에서 우리는 전통적인 방식으로 만든 치즈, 올리브유, 마늘을 목록에 추가했다. 사실상 슈퍼푸드의 목록은 무한하다고 할 수 있을 것이다. 시중에 풀린 어떤 서적에서는 101가지의 최신 슈퍼푸드를 나열하고 있다.

다만 갈수록 명확해지는 한 가지 사실이 있는데, 상당수의 식품은 단독으로 섭취하면 영양학적으로 효과가 떨어진다는 것이다. 시금치와 당근이 좋은 예인데, 이런 채소에 함유된 카로틴은 올리브유 드레싱에 포함된 지방이 있어야 흡수가 원활해진다.[21] 지금까지 살펴본 정도로 충분하지 않다면 말이지만, 이 또한 식품 선택에서 환원주의를 지양해야 하는 이유가 된다. 시류에 따라 얼마 안 되는 종류의 '슈퍼푸드'를 다량 섭취하는 행위는, 꾸준히 다양한 식물과 채소를 섭취하는 행위에 비해 훨씬 효율이 떨어지는 것이다.

과일 비율이 지나치게 많은 녹즙을 장기적으로 섭취하면 위험할 수 있다. 과당과 열량 섭취량이 늘어나는데 섬유질 섭취량의 증가가 그에 미치지 못할 수 있기 때문인데, 섬유질은 다른 여러 이로운 효과와 더불어 당류의 흡수 속도를 늦추는 역할도 한다는 점을 잊지 말아야 한다. 치과의사들은 최근 들어 건강에 관심이 많은 20대 녹즙 섭취자의 치아에서 충치가 증가하고 있다고 보고해 왔다. 그보다는 다양한 채소로 만든 일반적인 녹즙을 식단에 추가하는 쪽이 훨씬 건강에 도움이 될 것이다. 차게 마실 수도 있고, 가볍게 데워서 수프처럼 마실 수도 있다. 연구에 따르면, 사람들은 접시에 그대로 올릴 때보다 수프로 만들 때 자발적으로 섭취하는 채소의 범주가 넓어진다고 한다. 수프가 걸쭉하고 채소를 살짝 익힌 경우라면, 소화 속도를 늦춰서 뇌와 대장으로 포만 신호를 보내는 효과도 볼 수 있다. 다른 장점을 들자면 영양소는 물에 녹는다고 사라지지 않기 때문에, 건강 상태가 정상인 사람이라면 일반적인 음식보다는 녹즙이나 수프의 형태일 때 훨씬 많은 채소를 섭취할 수 있다는 것이다. 섬유질과 대부분의 영양소를 온존해 주는 녹즙기를 사용하는 것도 현명한 선택일 것이다. 집착으로 발전하지 않는다면 말이지만.

시금치 혐오자에게 관대하라

평균적인 서구 식단에는 섬유질 및 채소와 과일에서 얻는 탄수화물이 부족하다. 따라서 일반적으로 건강한 사람이라도 장내 미생물 쪽은 비정상이기 마련인데, 미생물 군집이 이용 가능한 탄수화물의 종류가 제한되기 때문이다.[22] 많은 사람이 다양한 채소에 가지는 기묘한 혐오감은 그런 사태를 더욱 악화시킨다. 그중 일부는 앞서 살펴본 바 있다. 8개월에서 18개월 사이의 영아를 대상으로 한 연구에서는 실제로 녹색 식물을 건드리거나 먹으려 들지 않는 경향성이 발견되었으며, 그런 경향성은 뱀이나 벌레에 대한 선천적 혐오와 유사한 형태였다.[23]

학교 급식에서 시금치를 싫어하는 등으로 발현되는 이런 녹색 혐오 경향은, 어린이가 독을 품은 녹색 식물을 집어먹지 않도록 하기 위한 진화의 결과물일지도 모른다. 언제나처럼 이번에도 유전자가 중요한 역할을 수행하며, 모든 부모가 알다시피 음식을 가리는 경향이, 특히 새로운 음식에 대한 회피 경향이 유달리 강한 아이들이 존재한다. 이런 소위 신기혐오증neo-phobia은 종종 성인이 된 다음에도 편식의 형태로 남는다. 이런 사람들은 새로운 음식이나 맛을 시도해 보기를 꺼리며, 결국 보다 제한적이며 영양이 부족한 식단에 매달리게 된다. 우리는 성인 쌍둥이를 대상으로 한 연구에서 유전적으로 매우 강한 편식 요소가 존재함을 확인했다.[24] 녹즙을 내는 등으로 해당 식품의 외양을 바꾸는 속임수를 쓰는 것도 혐오를 줄이는 방법이 될 수 있다. 그리고 녹색이 아닌 화려한 색깔을 도입하는 것도 도움이 될 수 있다.

현대 사회에서는 몸속 미생물의 작업을 돕는 모든 식물과 채소를 슈퍼푸드로 간주해야 할 것이다. 그러나 한 가지 성분에만 집착하거나 하루 세 번 스피룰리나 수프만 홀짝이는 황혼기 노인이 되는 것보다는, 모든 슈퍼푸드를 포함하는 폭넓은 범주의 식재료를 염두에 두는 편이 바람직할 것이다. 범위는 넓을수록 좋다. 수프인지 녹즙인지, 날로 먹는지 조리해 먹는지는 아마 그리 중요하지 않을 것이다. 반면 식사의 시점과 간격 또한 우리 몸과 미생물에는 식사의 구성 성분만큼 중요할지도 모른다. 모든 동물의 장내 미생물은 규칙적인 작업기와 긴 휴식기가 있어야 제대로 능력을 발휘할 수 있다. 많은 종류의 진짜 식품에는 영양소와 폴리페놀뿐 아니라 소화하기 힘들며 미생물에게 몸을 풀 거리를 주는 섬유질도 들어 있으며, 이런 식품은 우리 몸에 전반적으로 이로운 효과를 끼친다.

섬유질

섬유질이 우리 몸에 끼치는 영향을 현대적인 방식으로 정립한 선구자는 데니스 버키트라는 아일랜드 출신 의사였다. 버키트는 당대의 전설이었으며, 아마도 대영제국이 배출한 열정적인 모험가 겸 과학자의 마지막 세대였을 것이다.

약학과 외과의 수련을 마친 그는 2차 대전을 맞아 동아프리카에 파견되었다. 훗날 40대에 접어든 그는 '신의 부름'을 받고 선교사 겸 의사가 되어 중앙아프리카로 향했다. 그곳에서 그는 여러 해에 걸쳐 수만 마일을 여행하며 작은 병원과 보건소에 들러 수술과 설교를 했다.

그는 여행 도중 시간이 남을 때마다 지역에 유행하는 질병을 표시한 지도를 그렸다. 예를 들어, 그는 소아 림프종이 말라리아 유행 지역에서만 발생한다는 사실을 발견하고, 그 질병이 바이러스 감염에 의한 것이며 따라서 치료할 수 있으리라는 정확한 예측을 남겼다. 그는 또한 원주민의 식습관 및 배변 습관도 기록으로 남겼으며, 그를 바탕으로 1970년대에 새로운 가설을 내놓았다.

런던 위생 및 열대의학 학교의 학생이던 시절, 그가 여행 사진첩을 보여주며 진행하던 강의가 아직도 생생하게 떠오른다. 그 사진은 대부분 독특한 장소에서 촬영한, 놀랄 정도로 거대한 아프리카인의 똥 사진들이었다. 칼라하리 사막의 부시맨은 평균적으로 900그램에 달하는 거대한 배설물을 주기적으로 배출하는데, '문명화된' 유럽인의 평균이 110그램 정도라는 점과 비교가 된다. 그리고 그는 지도상에서 배설물의 양과 섭취하는 섬유질의 양을, 그리고 서구적인 질병의 부재를 연관지었다.

그는 섬유질이 몸에 이로운 이유가 장내에서 확장을 돕고 배설물을 연화시켜 주기 때문이라 생각했다. 그 과정을 통해 배설물의 배변 속도를 높여 독성물질이 다시 몸으로 돌아가 암을 일으키지 못하도록 막아준다는 것이었다. 추가로 섬유질은 심장 질환을 일으키는 지방을 빨아들여 치워 주며, 체내 출혈과 정맥류도 막아준다. 그의 고찰은 영리하고 시대를 앞서는 것이었다. 그는 또한 섬유질이 많은 껍질을 벗기고 흰 밀가루만 먹는 식으로 갈수록 정제 탄수화물 섭취가 늘어가는 세태를 비판하기도 했다.

그는 현대 사회의 배변 습관이 몸에 해로우며, 섬유질 부족이 대장암을 유발한다고 확신했다. 뒤이은 여러 연구에서는 그의 대장암 이론을 뒷받침해주는 증거를 찾아내지 못했으며, 훗날의 연구에서는 심지어 변비조차도 다른 온갖 문제를 일으키기는 해도 암 유발 요인은 아니라는 사실이 확인되었다. 섬유질 함량이 높은 변비약에 암 예방 효과가 있다는 사실이 확인되기는 했지만 말이다.[1] 그래도 섬유질이 유행을 타고 일상 어휘로 포섭된 데에는 버키트의 열정적인 포교 활동이 많은 역할을 했다.

'식이섬유dietary fibre'는 음식물에서 소화되지 않는 부분을 일컫는 포괄적인 단어다. 한때 섬유질은 그 물리적 성질 외에는 신체에 효과를 끼치거나 상호작용을 하는 일이 없는, 완전한 비활성 성분으로 여겨졌다. 그러나 섬유질은 다양한 형태를 가질 수 있으며, 그중에는 귀리나 콩이나 과일의 섬유질처럼 용해성을 가지며 대장에서 발효되는 섬유질도, 통밀이나 견과류나 씨앗류나 밀기울이나 과일껍질이나 깍지콩을 비롯한 여러 채소처럼 용해성이 없는 섬유질도 있다. 그러나 심지어 용해성 없는 섬유질조차도 완전히 비활성은 아니며, 박테리아의 발효를 거치면 가스를 비롯한 여러 부산물이 발생하기도 한다. 기본적으로 섬유질은 수분 흡수에 도움을 주며, 음식물이 장을 빠르게 통과하게 만든다. 대부분의 사람들은 섬유질이 우리 몸에 이롭다고 생각하지만, 실제로 그 이유를 물으면 제각기 다른 답변이 나온다. 프리바이오틱 물질로 작용한다는 것도 한 가지 이유가 될 수 있을 것이다.

식품 속 섬유질의 장점을 홍보하는 행위는 버키트의 업적 이전에도 충분히 대규모로 이루어졌으며, 그 기원을 따지면 고대 그리스까지 거슬러 올라간다.

모든 섬유질은 탄수화물의 한 형태이기 때문에, 이론적으로는 1그램당 4kcal의 에너지를 공급해야 한다. 그러나 우리 몸은 대부분의 섬유질을 흡수할 수 없으며, 속임수로 가득한 식품성분표의 내용은 혼란을 가중시키기만 한다. 저지방 운동이 정점에 달했던 1980년대에는, 특히 미국에서 귀리의 겨를 많이 섭취하라는 홍보가 꾸준히 이루어졌다. 이후 1993년에 이르자 섬유질이 함유된 식품은 지방 함량이 기준에 맞는다면 성분표에서 건강식품으로 홍보하는 일이 허용되었다. 그러나 이런 홍보는 식습관 변화에는 큰 도움이 되지 않았다. 대부분의 미국인(과 영국인)은 대부분의 다른 국가들에 비해 섬유질 섭취량이 적으며, 현재 권장량(매일 18~25그램)의 절반 정도만을 섭취한다. 유아의 경우에는 이보다도 낮다.

사실 식품의약국이 섬유질의 건강식품 승인을 내릴 당시에만 해도, 섬유질의 관찰 연구 자료는 상당히 빈약했다. 당시 22건의 심장병 발병률 연구에 대한 최근의 메타분석 결과에 따르면, 여러 연구 사이에서 상당히 큰 차이점이 발견되었다(이런 결과는 연구의 질에 대한 부정적인 평가로 이어진다). 그래도 분석에서는 섬유질이 전반적으로 몸에 이롭다는 결론을 내렸다. 최종 추정치는 섬유질을 7그램 추가로 섭취할 때마다 심장병 위험도가 10퍼센트씩 감소한다는 것이었다.[2] 거의 백만 명을 상대로 하는 일곱 건의 연구에서는, 전체 사망률 감소에서도 거의 비슷한 보호 효과를 확인할 수 있었다.[3]

대부분의 연구에서는 도정하지 않은 곡물의 섬유질을 주요 건강 요소로 간주했지만, 가장 명확한 효과를 보이는 식품은 다른 식물성 식품이나 채소 쪽이었다. 자료가 가장 빈약한 쪽은 과일 섬유질이었다. 섬유질 섭취량을 하루 7그램 정도 늘리기는 그리 힘들지 않다. 전곡류 1인분(100그램)이나 콩류 1인분, 또는 녹색 채소 1~2인분이나 과일 네 쪽(껍질까지 먹을 경우에만)이면 된다.

앞서 언급한 대로, 귀리의 겨로 만든 아침 시리얼은 1980년대에서 90년대에 걸쳐 미국에서 선풍적인 인기를 끌었으며, 여기에는 콜레스테롤 수치를 극적으로 낮춰 준다는 초기 연구 결과가 큰 역할을 했다. 혈압과 당뇨병 위험을 기적처럼 낮춰 준다는 홍보도 뒤따랐다. 홍보의 귀재들은 이 기회를 놓치지 않았다. 1988년 〈뉴욕 타임스〉에는 귀리 겨 머핀 광풍이 몰아쳐서 상점마다 제품이 동나고 있으며, 귀리 겨 머핀이 마침내 '80년대의 크루아상'으로 등극했다는 기사가 실리기도 했다. 결과가 모순되는 여러 연구가 이어지며 그 놀라운 건강 효과에 의문이 제기되기도 했지만, 결론이 난 것은 비교적 최근에 66건의 귀리 연구를 메타분석한 결과가 발표된 이후였다. 이 분석의 결론에 따르면, 귀리는 당뇨병이나 혈압에는 아무런 효과가 없지만, 혈중 콜레스테롤 수치 개선에는 일관적으로 효과를 보였다고 한다.[4]

그러나 불행하게도 귀리 겨의 효과는 미미한 것으로 드러났다. 콜레스테롤 수치가 처음부터 극단적으로 높은 것이 아니었다면, 콜레스테롤 감소 효과는 2~4퍼센트 정도에 지나지 않는다. 그리고 이런 하찮은 효과를 달성하려면 매일 아빠곰 용량(3봉지)만큼의 귀리 겨를 해치워야 한다. 머핀은 이보다도 고약하다. 여분의 열량이 가득하고 지방 함량이 높다는 점을 감안하면, 귀리 겨가 제공하는 보잘것없는 이로운 효과는 그대로 파묻혀 버린다. 어쨌든 1990년대의 과학자들은 귀리 겨가 효과를 보인다는 사실 자체를 납득하지 못해 혼란에 빠졌다. 그리고 30년 후, 미생물이 해답을 제공했다.

프리바이오틱과 미생물용 비료

프리바이오틱이란 몸에 이로운 미생물과 깊은 연관을 가지는 식품 속 구성 성분을 말한다. 모든 섬유질이 프리바이오틱인 것은 아니지만, 모든 프리바이오틱은 그 정의에 따라 소화할 수 없는 섬유질에 속한다. 따라서 측정한 프리바이오틱 수치가 (흔한 프리바이오틱 물질인 이눌린처럼) 식단의 섬유질 함량을 따라가는 것은 그리 놀라운 일이 아니다. 킹스 칼리지의 동료인 케빈 웰런이 얻은 데이터에 따르면, 영국에서 이눌린과 섬유질 함량에는 명확한 상관관계가 있으며, 따라서 이 두 가지 요소는 긴밀하게 연관되어 있다고 할 수 있다. 그의 연구는 프리바이오틱이라는 새로운 개념을 섬유질이라는 낯익은 개념과 연결시켜 준다.

프리바이오틱은 우리가 섭취하는 식품과 우리 몸의 미생물이 상호작용하는 주된 경로 중 하나다. '프로'바이오틱, 즉 활생균은 숙주의 건강에 도움이 되는 특정 미생물을 가리키는 용어지만, '프리'바이오틱은 대장에 사는 미생물을 위한 비료 역할을 하는 식품 속 구성 성분을 가리킨다. 거의 분해되지 않는 이런 섬유질은 몸에 이로운 미생물이 번성하도록 도와주며, 다양한 형태를 띨 수 있다. 우리가 삶에서 처음으로 마주하는 프리바이오틱은 이용하기 편한 형태로 모유 속에 포함되어 있는데, 단단히 뭉친 당류의 복합체인 올리고당이라는 물질이다.[5]

대부분의 프리바이오틱은 '저항성 녹말'이라 불리는데, 이는 쉽게 소화해 포도당을 빼낼 수 있는 고도로 정제된(다른 말로 하자면, 분해된) 밥이나 파스타 속의 녹말에 대치되는 개념이다. 대략적으로 추산한 바에 따르면, 건강한 사람이 자신의 미생물과 몸 양쪽을 건강하게 유지하기 위해서는 하루에 6그램의 프리바이오틱을 섭취해야 한다고 한다.

과학적인 검토를 거친 프리바이오틱에는 제법 여러 종류가 있으며, 그 외에도 효과를 보일 가능성은 있으나 실제 증거가 부족한 종류도 여럿 있다. 그리고 당연하지만, 인터넷에서는 모든 프리바이오틱 식품은 똑같이 홍보의 대상이 된다. 잘 알려진 프리바이오틱 물질로는 앞서 언급한 이눌린(인슐린과 헷갈리면 안 된다), 프룩토올리고당, 갈락토올리고당 등이 있다. 앞으로 이들 물질을 마주할 확률은 갈수록 올라갈 텐데, 식품업계에서 첨가물로 이용하는 경우가 늘어나고 있기 때문이다. 이런 물질을 프로바이오틱과 함께 사용하는 경우에는 신바이오틱 물질synbiotics이라고 부른다.

이런 프리바이오틱 물질은 치커리 뿌리, 돼지감자, 식용 민들레 잎, 서양부추, 양파, 마늘, 아스파라거스, 밀기울, 밀가루, 브로콜리, 바나나, 일부 견과류 등의 자연식품에서 섭취할 수 있다.[6] 식품에 따라 프리바이오틱 이눌린의 함유량은 상당히 다른데, 치커리 뿌리는 65퍼센트 정도지만 바나나는 1퍼센트에 지나지 않는다. 일반적으로 식품을 건조하면 활성량이 증가하지만, 조리하면 절반 정도가 사라지기 때문에, 음식을 알덴테로 먹는 것을 즐기지 않는다면 섭취량을 늘릴 필요가 있다.

일일 권장량인 6그램을 맞추기 위해서는 매일 0.5킬로그램 (열 개)의 바나나, 또는 티스푼 하나 분량의 다진 치커리 뿌리나 돼지감자를 먹으면 된다. 놀랍게도 곡물이나 빵에도 1퍼센트가량의 이눌린이 들어 있으며, 호밀빵의 경우에는 그보다 많다. 심지어 '인공적인' 흰 식빵에도 어느 정도는 들어 있다.[7] 섬유질이 많은 채소 섭취량의 감소 덕분에, 이제 미국과 영국에서 프리바이오틱과 섬유질의 가장 큰 공급원은 빵이 되어버렸다(미국은 매일 2.6그램,[8] 영국은 4그램). 앵글로색슨을 제외한 다른 유럽 지역, 특히 지중해식 식단을 섭취하는 지역은, 섬유질 섭취량이 세 배 정도 높다.[9]

마늘 입냄새가 감기를 치료한다

마늘은 훌륭한 폴리페놀과 비타민 공급원일 뿐 아니라 일급 프리바이오틱이기도 하다. 마늘은 흔히 북유럽과 남유럽의 요리와 식습관을 구분하는 요소로 사용되며, 아시아 지역에서는 수천 년 동안 사용되어 왔다. 1980년대 전까지는 영국에서 마늘을 찾아보기가 쉽지 않았다. 내가 아직 어린아이였던 1970년대 초에는 그럴싸한 콧수염과 푸른색 줄무늬 셔츠와 검은 베레모를 차려입은 채 자전거를 타고 런던 근교를 돌아다니는 프랑스인이, 이국적인 물건이며 그에 걸맞게 비싼 샬럿과 마늘을 엮은 장신구를 달고 다니던 모습이 상당히 이채롭게 여겨지곤 했다. 수학여행에서 새벽 시간의 파리 지하철이 마늘 냄새로 진동하던 것도 기억이 난다. 물론 지금 다시 가 보면 그 정도로 강렬하게 다가오지는 않을 것이다. 다국적 도시가 된 런던의 지하철도 딱히 다를 바가 없기 때문이다.

묘한 일이지만, 1976년에 막스&스펜서가 초조한 마음으로 내놓은 영국 최초의 즉석식품에는 마늘이 들어갔다. '치킨 키예프'라는 이국적인 이름이 붙은 이 음식은, 그리 놀랍지 않은 일이지만 요즘은 그 유래가 모스크바인지 키예프인지를 놓고 논란에 휩싸여 있다. 이 제품은 공전의 히트를 기록했고, 영국인들은 그 이후 꾸준히 마늘의 맛에 익숙해져 왔다. 감자 가공식품 회사인 매케인은 심지어 구운 마늘 조각을 군것질거리로 내놓기도 했는데, 영국에서는 몇 년 전까지만 해도 상상조차 할 수 없던 일이다.

내가 만나본 남유럽인들 중에는 마늘을 견디지 못하는 사람들도 있는데, 모든 남유럽인은 갓난아기 때부터 마늘을 먹어서 그 강한 향미에 익숙해져 있다고 생각해 온 내게는 제법 괴상하게 보였다. 우리는 3천 명의 쌍둥이를 대상으로 영국인의 마늘 섭식이 주로 문화적 노출에 의한 것이라는 가정을 확인하기 위한 실험을 수행했다. 우리의 기대와는 반대로, 연구 결과에 따르면 마늘 섭식 여부에는 유전적 요소의 영향이 강하며

(49퍼센트), 가정환경의 영향은 미미한 정도에 그쳤다.[10] 이 결론은 적어도 영국에서는 미각 수용체를 담당하는 유전자가, 그중에서도 특히 쓴맛을 담당하는 유전자가 가장 중요한 요소라는 점을 알려준다. 마늘을 싫어하는 사람이 적은 남부 지중해 지방에서는 이 유전자가 드물 수도 있을 것이다.

마늘은 그 자체만으로도 온갖 건강에 이로운 성분을 가지고 있다며 선전의 대상이 되었는데, 그중에는 감기, 암, 관절염이 치료와 예방도 포함되어 있다. 관절염 쪽으로는 내 연구를 논문으로 펴내기도 했지만, 전반적으로 이런 주장은 흥미롭기는 해도 명확하게 증명되었다고는 할 수 없으며, 단순히 건전한 식습관이나 생활습관이 원인일 가능성을 배제할 수 없다.[11] 마늘은 여러 지중해 국가들에서 전통적인 감기 치료제로 사용되어왔다.

예전에 토스카나 지방의 감기 예방약을 사용해 본 적이 있다. 감기 증상을 느끼자마자 즉시 생마늘 세 쪽과 키안티 포도주 한 병을 복용하는 것이었다. 이튿날 일어나 보니 입에서는 마늘 냄새가 나고, 숙취는 고약하고, 몸은 예측할 수 있는 모든 감기 증상을 보였다. 그리고 나중에 확인해 보니 감기에 걸리기 전에 먹었어야 하는 것이었다.

최근 코크런 기구에서 독립적으로 시행한 연구에서는 마늘과 감기의 관계를 8회의 임상시험을 통해 검토했다. 애석하게도 그중에서 평가할 가치가 있는 시험은 한 건뿐이었다. 연구를 진행한 영국인 연구자는 146명의 실험 대상에게 알리움 사티붐(마늘)을 무작위 투여하고 대조군에는 위약을 투여했다.

12주 후에 확인해 보니, 마늘 투여자는 대조군에 비해 감기 증상을 보이는 기간이 3일 짧았다.[12] 문제가 있다면 연구에 사용한 투여량이 하루에 마늘 여덟 쪽에 해당한다는 것인데, 일부 사람들에게는 문제가 될 가능성이 있을 것이다. 어쨌든 한 가지 조언을 덧붙이도록 하겠다. 파슬리와 요구르트의 혼합물을 먹으면 마늘 입냄새는 보다 빨리 사라지는 듯하다. 미생물 입장에서도 아주 훌륭한 구강청정제라 할 수 있을 것이다.

마늘이 콜레스테롤 수치를 낮추고 지질 수치를 정상화시킨다는 주장 쪽은, 여러 무작위 연구 결과를 재구성하고 메타분석한 결과를 고려해 볼 때 진실에 가까워 보인다.[13] 그러나 마늘의 이로운 효과는 식단의 다른 구성 요소, 그리고 대장에 사는 미생물의 종류에 따라 크게 달라질 수 있다.

내장 봄맞이 대청소

최근 근무하는 병원에서 대장내시경 검사를 '자원'한 후에, 나는 자연적인 프리바이오틱을 섭취하는 일의 현실적 문제점을 발견했다. 아직 대장내시경 검사는 영국인의 보편적 취미나 버킷리스트 항목이라고는 할 수 없는 상황이므로, 내가 이 검사를 받은 데는 몇 가지 이유가 있었다. 가장 큰 이유는 이발하는 것만큼이나 자주 대장내시경 검사를 받는 내 미국인 동료들이, 그때까지 검사를 한 번도 받은 적이 없던 나를 시대에 뒤떨어진 야만인 취급을 했기 때문이다. 이제 여러 나라에서는 대장암을 확인하는 수단으로 모든 50대 이상 환자에게 대장내시경 검사를 주기적으로 받도록 권한다. 대장암은 남성에게 일어나는 모든 암 중에서 가장 예방하기 쉬운 쪽에 속한다. 게다가 나는 설교 내용을 실천하는 삶을 지향하는 사람이다. 당시 우리는 쌍둥이 연구에서 대장내시경 검사를 기획하는 중이었으며, 우리 쌍둥이 자원자들에게 대장내시경을 요청하기 전에 내가 직접 받아봐야겠다는 생각이 들었다. 게다가 내 몸의 미생물이 초대형 해일이나 다름없는 공격에서 쓸려나간 다음 어떤 식으로 반응하는지도 확인해 보고 싶었다.

검사 직전에 섬유질 섭취를 중단해야 하는 시점까지는 모든 일이 괜찮았다. 일부 사람들은 섬유질 섭취량이 워낙 적어서 변화를 줄 필요가 없지만, 나는 과일과 채소와 전곡류 섭취를 중단해야 했다. 액체는 마실 수 있었으므로 단식 자체는 그리 어려울 것이 없었다. 강한 설사약 한 봉지를 복용할 때가 되자, 이후 몇 시간의 계획을 세심하게 세우라는 경고가 내려왔다. 일하고 있어도 안 되고, 인파로 빽빽한 기차에는 절대 타서는 안 되며, 가능하면 화장실에서 10미터 이내를 떠나지 말라는 말이었다. 나는 이 경고가 조금 과장된 것이라고 생각했다.

효과가 나오기까지 조금 시간이 걸리기는 했지만, 자세한 묘사를 배제하고 설명하자면, 이번만은 정말로 경고를 따르기를 잘했다는 생각이 들었다. 스무 번의 화장실 왕복 여행과 두루마리 화장지 한 통을 소모하고 나서야 모든 정화의 고난은 끝을 맺었고, 내 몸은 준비를 마친 순수한 상태가 되었다. 실제 검사 과정은 조금도 고통스럽지 않고 흥미롭기만 했는데, 아마 런던 최고의 내시경 전문의인 제레미 샌더슨이 검사를 담당했기 때문일 것이다. 그는 자기 입으로 '행복 주스'라 부르는, 기본적으로 단기간 작용하는 신경안정제와 같은 효과를 내는 약물을 아주 적은 양 투여해 준 다음, 그대로 검사에 돌입했다.

그가 내 번들거리고 끈적이는 장 속으로 길을 찾아 들어가는 동안, 나는 침대 옆에 붙은 커다란 텔레비전 화면에서 총천연색으로 그 광경을 감상할 수 있었다. 그는 연구를 위해 조직 검사용 시료를 열여덟 군데 잘라냈다. 나는 그대로 일터로 돌아가고 싶었지만 그날 하루는 휴가를 내고 쉬라는 권고를 받았는데, '행복 주스' 때문에 묘한 행동을 할 수 있다는 것이었다. 그래서 나른하게 휴식을 취하는 동안, 문득 화장실 물과 함께 내려 버린 수십억 마리의 근면하고 불쌍한 미생물들에 생각이 미쳤다.

약 때문일지도 모르지만 나는 상당히 감정적인 상태였다. 작년 내내 세심하게 배양하려 애써 온 충직한 미생물들에게 진심으로 미안해진 것이었다. 항생제 처방을 받거나 대장내시경 검사를 받은 환자에 대한 연구 결과에서, 나는 장내 미생물의 99퍼센트가 쓸려나간다는 사실을 잘 알고 있었다. 억센 미생물은 묘한 곳에서 살아남기도 하며, 나처럼 아직 떼어내지 않은 경우라면 충수를 은신처로 사용할 수도 있다. 어쩌면 먼 옛날 사라진 충수의 용도가 바로 이것은 아니었을까? 그 외에도 대장 구석의 맹장에 모여 있기도 하는데, 이 근처는 항상 액체가 남아 있어서 냄새 고약한 사막의 오아시스 역할을 한다. 또는 장벽의 미세한 골짜기 속에 숨을 죽이고 숨어 있을 수도 있다. 물론 그 정도로 장을 헤집고 지나가는 해일을 어떻게 버텨낼 수 있는지는 아직 아무도 명확하게 알지 못하지만 말이다.

3일 프리바이오틱 식단

인간을 대상으로 한 대장내시경 검사 직후의 연구는 몇 건 되지 않으며, 가장 큰 연구는 열다섯 명의 피험자를 대상으로 시행한 것이다. 한 달 후에는 대부분의 대상자가 예전과 같은 미생물 생태계를 회복했다. 그러나 그중 세 명은 주요한 변화를 겪었으며, 이유는 확인되지 않았다.[14] 일화에 지나지 않지만, 소화기내과 동료들에 따르면 결장염이나 과민성대장증후군을 앓는 환자 중에서는 대장을 비우면 증상이 기적적으로 호전되는 경우도 존재한다고 한다. 이 또한 장내 미생물 구성에 극적인 변화가 있었기 때문일 가능성이 크다. 어쨌든 나는 내 장에서 살아남은 미생물들에게 그 끈질김에 대한 보상을 주기로 결정하고, 3일 동안 철저한 프리바이오틱 식단을 섭취하기로 마음먹었다.

우선 재료를 챙겨야 했다. 제철도 아닌데 돼지감자를 들여놓는 가게는 없으므로, 나는 아티초크를 대용품으로 사용하기로 했다. 영어로는 양쪽의 이름이 비슷하지만, 돼지감자는 감자처럼 생긴 해바라기 근연종 식물의 뿌리로서 미국에서는 '해바라기 초크'라고 불린다. 영국에서는 '방귀초크'라는 애칭으로 부르는데, 일부 사람들은 (아마도 유전자 때문에) 특수한 부작용을 겪기도 한다. 나는 치커리 잎은 찾아냈지만, 가장 이상적인 식품인 이눌린 함량이 높은 치커리 뿌리는 찾아내지 못했다. 농장에 살지 않는 이상 민들레 잎은 발견하기 힘들 수밖에 없었고, 민들레 와인으로는 소용이 없었다.

나머지, 그러니까 마늘, 양파, 서양부추, 아스파라거스, 브로콜리 등은 큰 문제 없이 입수했다. 나는 여기다 아마씨, 피스타치오, 기타 여러 종류의 견과류를 첨가했다. 그리고 이 모든 재료를 잘게 다지고 양상추와 토마토 몇 조각을 추가로 넣고 파슬리로 양념을 한 다음, 당연히 엑스트라버진 올리브유와 발사믹 드레싱을 뿌려서 커다란 샐러드를 만들고 통호밀빵을 약간 곁들였다. 내 입맛에는 제법 괜찮은 편이었지만, 세 번쯤 먹고 나니 소화기의 양쪽 끝에서 제법 많은 양의 공기가 배출되었고, 아무도 나와 키스를 원하지 않기에 이르렀다. 장 청소와 대장내시경 검사를 끝낸 직후의 나는 장세척이나 금식을 겪은 이후의 사람들처럼 상당히 기분이 좋아졌는데, 이런 일이 일어나는 이유는 아직 명확히 밝혀지지 않았다.

하지만 이런 온갖 노력이 내 미생물들에게 실제로 도움이 되었을까?

영국 장내 미생물 프로젝트 연구실에서 확인한 결과에 의하면, 세척 후에 개체수가 줄어들기는 했지만, 미생물의 종 구성 자체는 설사약의 소용돌이가 휩쓸고 지나간 후에도 거의 비슷했다고 한다. 그러나 재생을 위한 식사를 하고 나서 일주일이 지난 후에 다시 확인해 보니, 아마도 프리바이오틱 음식과 내 미생물의 놀라운 생존 및 번식 능력 덕분에, 비피더스균과 전반적인 미생물 다양성이 예전보다 증가했다는 사실을 발견할 수 있었다. 그중에는 확인할 수 있을 정도로 수가 불어난 새로운 미생물 종도 있었다. 프리바이오틱 식품이 적어도 내 장에서는 예상한 대로 효력을 발휘한 것이 분명하지만, 연구 대상이 단 한 사람뿐이라면 증거로 사용하기에는 부족하다.

그렇다면 각각 프리바이오틱 식품과 위약을 투여하여 제대로 수행한 실험에서는 어떨까? 대부분의 과학적인 프리바이오틱 연구에서는 프리바이오틱을 함유하는 실제 식품을 잘게 다져 먹는 대신 실제 화학물질을 사용하는데, 측정하고 정량을 확인하기가 더 쉽기 때문이다. 많은 실험에서는 하루에 5~20그램 사이의 이눌린을 투여하며, 일부 실험은 올리고당을 사용하고, 일부 실험은 여러 종류를 조합한다. 프리바이오틱 식품으로 인정받는 최저한의 기준은 비피더스균의 수가 극적으로 증가하는 것이다. 적절한 인체 실험을 거치지 않은 프리바이오틱은 수도 없이 많지만, 그렇다고 해서 홍보와 판매를 망설이는 경우는 거의 없다.

최근의 한 메타분석에서는 프리바이오틱이 체중에 미치는 영향을 확인한 26건의 연구 결과를 취합했는데, 전부 더하면 피험자는 831명에 달한다. 실험의 질은 전반적으로 낮은 편이었다. 규모가 소규모일 뿐 아니라 기간도 짧았는데, 짧은 것은 며칠이고 가장 긴 실험도 석 달에 지나지 않았다.[15] 대부분의 연구에서는 이로운 미생물의 증가를 확인할 수 있었지만, 체중 감소에 미치는 영향은 명확하지 않거나 부정확했다. 실제로 비만 피험자를 대상으로 삼은 연구는 다섯 건뿐이었다.[16] 이런 여러 문제에도 불구하고, 식사 후 느끼는 포만감이나 혈중 인슐린 및 혈당의 감소 쪽으로는 상당히 높은 40퍼센트의 상관관계가 확인되었다.

이런 일관된 연구 결과에 대한 가능성 있는 설명은, 프리바이오틱 식품이 우리 몸에 이로운 미생물(비피더스균처럼)의 수를 증가시키는 비료 역할을 하며, 우리가 아직 정량 측정을 하지 못한 수수께끼의 다른 여러 미생물에도 미묘한 영향을 끼친다는 것이다. 이런 미생물은 우리 몸에서 여러 중요한 효과를 벌이는 단쇄지방산을 생산한다.[17] 그중 가장 중요한 물질은 부티르산으로, 장에 작용하여 허기를 억제하고 지방 저장을 유발하는 혈당 및 인슐린 농도를 낮추는 호르몬을 방출하는 데 중요한 역할을 한다. 부티르산이 면역 반응 수준을 낮추어 차분한 용인 상태를 만드는 데 가장 도움이 되는 물질이라는 것 또한 우연의 일치는 아닐 것이다.

많은 양의 프리바이오틱 식품을 먹는 일이 영 취향에 맞지 않는다면, 굳이 채소를 입에 댈 필요는 없다. 미국이나 온라인 상에서는 완벽한 FDA 인증을 받은 합성 부티르산 보충제를 간편하게 구매할 수 있다. 그러나 미리 몇 가지 경고해 두겠다. 첫째, 이런 제품은 인간을 대상으로 적절한 임상시험을 거치지 않았다.[18] 둘째, 이런 제품은 부티르산이 단독으로 있어도 다른 온갖 자연적 화학물질로 둘러싸였을 때와 동일한 효과를 낸다는 잘못된 가정을 따른다. 마지막으로, 자연 상태의 부티르산은 상한 버터나 인간의 토사물에서 악취를 유발하는 바로 그 물질이다. 그린피스는 심지어 이 물질로 만든 악취 폭탄을 포경선에 투척한 적도 있다.

치명적인 곡식과 프랑켄밀

도정하지 않은 곡물의 중요한 역할은 지중해식 식단이 간접에서, 그리고 섬유질뿐 아니라 프리바이오틱 물질 공급원의 관점에서 이미 살펴본 바 있다. 그러나 이와는 대조적으로, 도정하지 않은 곡물이 모든 면에서 건강에 해롭다고 믿는 운동이 갈수록 세를 불리고 있다. 어떤 이들은 한 걸음 더 나가서, 모든 곡물은 독이나 다름없으며 비만과 서구 질병의 주된 원인이라 확신한다. 이런 현상의 원인은 전반적으로 미국에서 등장해 베스트셀러 목록에 올라간 몇 권의 책에서 찾을 수 있는데, 그런 저자 중 한 명이 미국의 심장병 전문의인 윌리엄 데이비스 박사다. 그의 웹사이트에서는 『밀가루 똥배Wheat Belly』는 영양학계를 통째로 뒤엎어 버린 독창적인 책이며, 건강에 이로운 전곡류가 사실은 농업유전학자들과 기업적 농업이 대중에 강요한 유전자 조작을 거친 프랑켄밀이라는 사실을 만천하에 드러내 보였'고 주장한다.[19] 그의 교리에 따르면, 우리 모두는 1만 년 전에 일어난 혁신의 결과물에 적어도 어느 정도까지는 과민성이나 알레르기 반응을 보이며, 아직도 적응하지 못한 셈이다. 따라서 곡물을 함유한 모든 식품을 포기하지 않으면 끔찍한 대가를 치르게 된다는 것이다.

일부 사람들이 밀을 비롯한 대부분의 곡물에 포함된 단백질 성분인 글루텐에 대해 불내성을 가지는 것은 사실이다. 글루텐은 분자를 접착시키는 역할을 하며(그 이름 자체가 라틴어로 '접착제'라는 뜻이다) 빵이 탄력을 가지는 것도 글루텐 때문이다. 이 단백질은 실리악병이라 부르는 자가면역질환을 유발하는데, 이 병은 장 내벽에 있는 손가락 모양의 섬모를 수축시켜 심각한 소화 장애와 영양소의 흡수 불량을 유발한다. 대중의 생각과는 달리 이 병은 제법 희귀한 편으로, 실제 발병은 300명 중 1명꼴이며 발병 인자(혈액 내 항체)를 가진 사람도 100명 중 1명밖에 되지 않는다.

영국과 미국에서는 혈액이나 내장의 변화 때문에 자신이 환자라고 믿는 사람의 수가 실제 환자 수의 10배에 이른다. 그리고 아이러니하게도, 실제 환자 중에서 제대로 진단을 받는 사람은 열 명 중 한 명뿐이다. 글루텐에 대한 경각심의 증가는 글루텐프리 제품을 제공하는 패스트푸드 체인과 식당의 증가로 이어졌다. 글루텐프리 시장은 미국에서만도 90억 달러 규모에 달하며, 매년 20퍼센트의 상승세를 보인다. 그리고 이 대규모 사업의 열풍은 유럽으로도 번지고 있다. 이제는 길모퉁이의 구멍가게조차도 대두와 퀸 대신 글루텐프리 케이크와 빵을 선반에 쟁여 놓기에 이르렀다.

데이비스는 자신의 책에서, 글루텐프리 식이요법을 수행한 실리악병 환자들이 대부분 체중이 감소했다는 사실을 자신의 식이요법을 정당화하는 근거로 삼는다. 하지만 사실은 오히려 그 반대다. 내가 의사로서 만나본 실리악병 환자들은 모두 영양소를 제대로 흡수하지 못해 깡마른 사람들뿐이었다. 데이비스가 인용한 연구에서도, 글루텐프리 식이요법으로 체중이 증가한 사람의 수가 세 배가 넘었다(95명 대 25명). 이는 식이요법 전부터 비만이었던 사람들 사이에서도 마찬가지였다.[20]

어쨌든 과학적 근거가 부족함에도 그의 식이요법과 책과 요리법은 이미 식품회사를 불신하고 있던 미국 대중의 구미에 완벽하게 들어맞았고, 그의 책은 미국에서만 10억 달러 이상의 매출을 올리며 엄청난 성공을 거두었다. 일부 사람들이 감량에 성공한 것은 사실이지만, 대부분의 경우 글루텐과는 아무 관련도 없을 가능성이 크다. 여러 제한적 식이요법이 대부분 그랬듯이, 많은 식품군을 배제하면 군것질을 할 기회가 극적으로 줄어들기 때문이다.

밀과 보리와 호밀을 배제한 식단은, 그 자리를 다른 몸에 좋은 채소로 대체한다면 아무 문제도 없겠지만, 종종 그렇지 않은 경우가 발생한다. 상당한 수의 사람들이 글루텐프리 치즈피자와 글루텐프리 맥주 같은 괴상한 식품으로 식단을 구성한다. 결과적으로 이들은 귀중한 비타민 B와 섬유질과 프리바이오틱 물질의 공급원을 배제해 버릴 뿐이며, 장내 미생물의 다양성 또한 심각하게 감소할 수밖에 없다.

진짜 실리악병 환자들은 적극적으로 이 식단을 따를 수밖에 없는데, 글루텐을 조금이라도 섭취하면 심하게 앓게 되기 때문이다. 그러나 증상을 보이지 않는 일반적인 과체중자에게는 모든 곡물을 배제한 삶이 훨씬 힘들 수밖에 없다. 가공식품과 소스에는 점성과 질감 향상을 위해 소량의 글루텐이 들어가는 경우가 많으므로, 소량을 섭취하는 일은 피하기 힘들기도 하다. 어쩌면 가공식품을 피하게 된다는 점이 글루텐프리 식이요법의 유일한 장점일지도 모르겠다.

타액 돌연변이와 채소의 진화

곡물 배제 식이요법에서 선전하는 장점은, 앞서 언급한 대로 9천 년 전까지 우리 조상들이 곡물을 입에 댄 적이 없다는 가정에서 출발한다. 그 가정에 따르면, 우리는 곡물을 제대로 소화하는 데 필요한 유전자와 방법을 진화시킬 시간이 없었기 때문에, 독성 알레르기 반응이 일어나 장에 염증이 생기고 비만을 비롯한 여러 문제가 발생한다는 것이다. 게다가 우리가 섭취하는 온갖 곡물 속에 든 많은 양의 열량이 몸에 좋을 리가 없다. 우리는 이미 7천 년 전쯤 인간의 유전자가 돌연변이를 일으켜 수많은 사람이 우유를 마실 수 있게 된 과정을, 그리고 몇 년 전까지만 해도 유제품에 독성이 있다는 주장이 얼마나 인기를 끌었는가를 살펴본 바 있다.

그렇다면 인간이 9천 년이라는 세월 동안 안전하게 곡물이나 기타 녹말에 적응할 만큼 유연하지 못하다고 간주할 필요가 있을까? 우리가 적응할 수 있다는 증거가 실제로 존재하는데 말이다. 이번에 우리가 살펴볼 대상은 아밀라아제라는 효소다. 다른 여러 포유류의 타액과 마찬가지로, 우리 침 속의 아밀라아제는 탄수화물을 분해하며, 췌장에서 분비되는 아밀라아제는 소장으로 흘러들어간다.

미국의 한 유전학 연구진은 상당히 다른 형태의 녹말을 섭취하는 세계의 여러 인구 집단에서 아밀라아제 유전자의 수가 어떻게 다른지를 확인해 보자는 영리한 계획을 세웠다.

모든 식물에는 녹말이 들어 있으며, 감자나 파스타나 쌀밥에서는 유일한 탄수화물이고, 밀과 뿌리채소에서도 상당량 발견된다. 녹말은 조리한 감자 속에서처럼 분해하기 쉬울 수도, 생야채 속에서처럼 분해가 어려울 수도(즉, 저항성을 가질 수도) 있다. 수천 년 전에 조리라는 방법을 익힌 후로, 우리는 과거에는 양분을 섭취하기 힘들거나 독이 있을 가능성 때문에 먹지 않던 뿌리채소를 먹어치우기 시작했다. 그런 다음에는 세계 곳곳에서 대량 경작을 시작했다.

미국 연구진은 아프리카 우림과 시베리아 극지대 주민의 유전자를 곡물을 먹는 유럽인과 아프리카인, 그리고 쌀을 먹는 일본인의 유전자와 비교했다. 당연하게도 해당 유전자의 개수에서는 큰 차이가 발견되었다.[21] 전통적 식단을 유지하는 부족에서는 녹말 중심의 식단으로 돌아선 부족보다 유전자의 수가 훨씬 적었다. 가지고 있는 유전자의 수가 많을수록, 아밀라아제 효소의 분비량이 많아지며 녹말 분해 능력도 향상된다.

우리는 원숭이와 99퍼센트 이상의 유전자를 공유한다. 그러나 주로 과일을 먹고 가끔 고기를 즐기는 원숭이들은 우리와 같은 아밀라아제 유전자를 가지고 있지 않다. 우유와 마찬가지로, 우리 서구인은 빠른 속도로 녹말이 풍부한 환경에 적응했다. 아마 그 과정에서 큰 진화상의 이득을 얻을 수 있었기 때문일 것이다. 현재의 가설에서는, 여분의 아밀라아제 유전자를 가지고 있으면 유아가 설사를 유발하는 질병에 걸려도 녹말에서 에너지를 얻을 수 있어 생존율이 올라갔을 것이라 생각하고 있다.

우리는 임페리얼 칼리지 런던의 동료들과 함께 쌍둥이들을 대상으로 논의를 확장시켜 보았다. 우리는 쌍둥이들이 얼마나 많은 아밀라아제 유전자를 지니고 있는지 확인한 다음, 그 숫자를 체중과 비교했다. 결과는 명확했다. 문제는 내가 예상한 방향이 아니었다는 것이다.

유전자가 가장 많아서 아밀라아제 효소도 가장 많은, 즉 이론적으로는 녹말을 더 쉽게 소화해야 하는 이들이 가장 홀쭉한 몸매를 가지고 있었다. 그리고 적응이 부족하고 유전자 수가 적어서 소화 능력이 떨어지는 이들이 가장 살이 쪄 있었다.[22] 나는 소화력이 높으면 탄수화물에서 더 많은 열량을 추출할 수 있으므로 체중이 늘어날 것이라고 생각했지만, 결과는 그 반대였다.

나는 이 수수께끼를 반드시 해결하리라 굳게 마음먹고, 미생물에서 해답을 찾아보기로 했다. 소화 과정에서 대장에 도달하는 식품은 그 구조가 상당히 변하며, 미생물과의 상호작용이 일어난다. 그리고 종종 그렇듯이 이번에도 쌍둥이 연구가 올바른 방향을 잡아줄 수 있을 것으로 보였다.

탄수화물 섭취 유전자의 차이

린다와 프란시스는 우리 연구에 참여한 68세의 쌍둥이였다. 다른 이들은 두 사람이 쌍둥이라는 사실을 알아차리지 못하는 경우가 제법 많은데, 우선 린다는 몸무게가 76킬로그램이고 프란시스는 53킬로그램이며, 이란성 쌍둥이라서 평범한 자매처럼 유전자의 절반만 공유하기 때문이다. 린다는 태어날 때는 겨우 150그램 무거울 뿐이었지만, 그들이 기억하는 한도 내에서는 항상 더 무거운 쪽이었다. 16세가 되어 동생이 남자친구를 여럿 사귀기 시작하자 린다는 다이어트를 시작했고, 그녀의 노력은 이후로도 여러 번 이어졌다. 처음에는 절식 식이요법을 이용해 잠시 동생의 몸무게에 근접하는 데 성공했으나, 순식간에 다시 불어나 버렸다. 두 사람은 20대 중반까지 함께 살았다. 선호하는 음식도 비슷해서 항상 같은 음식과 음료를 먹었으며, 먹는 양도 같았다. 그러나 운동도 하고 스포츠도 즐기는 린다는 계속 살이 쪘으나, 프란시스는 전혀 살이 찌지 않았다.

"우리 둘의 대사 작용이 다르다는 사실은 항상 알고 있었어요." 프란시스는 이렇게 설명했다. "때로는 죄책감이 들기도 해요. 나는 항상 원하는 음식을 먹을 수 있으니까요. 언니에게 부당한 일이죠." 이 말에 린다는 이렇게 덧붙였다. "딱히 기분이 나쁘거나 화가 나는 것은 아니었어요. 하지만 식이요법과 운동으로 몸무게를 줄이려는 시도는 그만둘 수가 없었죠. 얘만 계속 남자친구가 생기니까요."

린다는 오랜 세월에 걸쳐 다양한 식이요법을 시도했다. 가장 오래 간 것은 6개월에 걸친 앳킨스 식이요법이었는데, 반복하기가 지겨워져서 그만두기 전까지는 제대로 효과를 보였다. 그녀는 또한 양배추 수프 식이요법도 시도했고, 몇 달 정도는 효력이 있었으나 예상할 수 있는 여러 부작용이 발생했다. "결국 식이요법이 별 의미가 없다는 사실을 깨닫고 음식을 지나치게 조절하는 건 포기했어요. 그래도 여전히 체육관에도 가고 골프와 테니스도 치고 건강에 필요한 모든 일을 하면서 신선한 채소도 먹어요."

아밀라아제 연구 프로젝트의 일환으로, 우리는 이 두 사람을 비롯한 1천 쌍의 쌍둥이의 혈액에서 DNA를 채취했다. 그리고 양쪽이 가지고 있는 유전자의 수를 헤아렸다. 아직까지 이런 작업에는 고도의 기술이 필요하며 결과물이 명확하지 않기 때문에, 우리는 측정을 여섯 번 반복한 다음 평균을 구하는 방식을 택했다. 어쨌든 이 두 사람의 경우에는 결과가 명확했다. 린다에게는 아밀라아제 유전자가 네 개뿐이었고, 프란시스는 아홉 개가 있었다. 아밀라아제 유전자가 하나 줄어들 때마다 비만 위험률은 19퍼센트씩 증가한다. 따라서 린다는 같은 음식을 먹어도 위험률이 동생의 두 배에 가깝게 높은 셈이다.

"그렇게 설명해 주시니 납득이 가네요. 동생과 내 몸이 대사작용이나 음식에 반응하는 방식이 다른 이유는 이제 알겠어요. 우리는 이제 너무 늦었을지도 모르지만, 혹시 우리 아이들도 검사해 주실 수 있을까요?"

우리는 이 결과에 너무 놀라서 1년에 걸쳐 재확인에 들어갔고, 대부분의 다이어트 이야기처럼 대중매체에서 상당한 반향을 일으켰다. 정확한 사정을 말하자면, 우리는 지금까지 발견된 것들보다 효과가 열 배는 큰 유전자를 발견한 셈이었다. 그 중에는 최초로 발견된 비만 유전자인 FTO 유전자도 포함된다. FTO의 중요성은 이제 훨씬 적어졌으며, 이제 개인의 비만 가능성을 예측할 때는 거의 쓸모가 없다. 아밀라아제 유전자의 단점이 하나 있다면, 현재의 기술로서는 많은 비용을 들이지 않고는 이 유전자의 효과를 정확하게 측정하기가 매우 힘들다는 것이다.

모든 사람에게 평등하지 않은 감자

이 발견으로 인해 지금까지 발견된 대부분의 비만 유전자가 뇌를 통해 작용하는 것으로 간주하던 관점에도 변화가 일어났다. 과거의 이런 관점은 결국 뇌가 보내는 탐욕의 신호를 견디지 못하는 의지박약인 사람들이 과식해서 비만이 된다는 인식으로 이어졌다. 그러나 우리는 대사 효과(즉 실질적으로 에너지를 다루는 측면의 효과)가 그 열 배는 강하게 작용한다는 사실을 발견했다. 여분의 유전자가 보내는 신호는 훨씬 잡아내기 힘들며, 미래에는 다른 식품군에서도 아밀라아제 유전자와 같은 효과를 보이는 유전자들이 추가로 발견될지도 모른다. 이 분야의 연구는 계속 변화를 거듭하겠지만, 최신 연구 결과를 보면 과거의 믿음과는 달리 비만 유전자(FTO 같은)는 뇌에만 작용하는 것이 아니라 지방 세포와 신체 대사에 직접 작용할지도 모른다.

또 아밀라아제 유전자를 가장 많이, 또는 가장 적게 가진 쌍둥이의 미생물 및 대사 유형을 살펴본 결과, 후벽균류(그중에서도 클로스트리디움류) 일부에서 주요한 차이점이 발견되었는데, 이는 비만과 연관이 있는 미생물이다. 전체 그림이 완전히 밝혀진 것은 아니지만, 지금으로서는 지방에 대한 적응력이 떨어지는 사람들에서는 소화 방식의 변화가 미생물 구성과 지방산 생산의 차이를 유발하는 것으로 보인다. 이는 곧 녹말을 섭취할 때의 인슐린 분비 속도를 높이게 되며, 결국 더 많은 지방을 저장하는 경향으로 이어진다. 이 말은 곧 같은 양의 감자나 파스타를 먹어도 유전자가 미생물에 끼치는 영향의 차이 때문에 사람마다 지방 축적량이 달라진다는 뜻이다. 따라서 감자한 알조차 모든 사람에게 평등하지 않다. 일부 사람들에게는 에너지 측면에서 두 알이나 다름없는 것이다.

이런 유전자를 추가로 발견하면, 미래에는 사람들을 섭취 식품군에 따라 분류할 수 있을지도 모른다. 린다처럼 곡물 섭취량이 높은 환경에 살지만 적절한 유전자가 부족한 사람은, 녹말 섭취량을 줄이고 육체와 미생물에 도움이 되는 지방을 먹는 쪽이 나을지도 모른다.

다행스럽게도 인간의 몸은 우리 생각보다 훨씬 빠른 속도로 새로운 음식이나 환경에 적응할 수 있다. 녹말 섭취량이 높은 지역에서 녹말 소화 효소를 분비하는 유전자의 수가 많은 것 외에도, 우리는 우유를 소화할 수 있도록 유전자 돌연변이를 일으켰으며, 아직 발견되지 않은 비슷한 유전자 돌연변이가 여렁 존재할 것이라는 점에는 의문의 여지가 없다. 게다가 식단이 바뀌면 우리 유전자에 실제로 후성적 영향을 끼칠 수 있다는 점도 알고 있다. 인간의 몸은 지금까지 우리가 생각해 온 것보다 훨씬 유연하게 적응할 수 있다. 우리는 로봇처럼 대량 생산된 존재가 아니다. 주변 환경에 적응할 능력을 갖춘 유연한 존재다. 이런 유연성이야말로 우리가 이 행성에서 생존하고 번영하게 한 열쇠였으며 온갖 다양한 환경에서 가능한 모든 식량을 섭취할 수 있도록 해 주었다. 그러나 인류 전체에 대해서는 이런 유연성이 제대로 작용할지 몰라도, 린다와 같은 개인 수준으로 내려가면 유전자나 신체 대사를 적응시키기 힘들 수도 있다. 그런 경우에는 결국 식단이나 몸속 미생물을 변화시켜야 할 것이다.

FODMAP 식이요법과 복부 팽만

과민성대장증후군을 가진 사람이라면 FODMAP 식이요법에 대해 한 번쯤은 들어본 적이 있을 것이다. 이는 과당이 모여 만들어진 다당류인 프룩탄을 배제하는 요법인데, 장내 가스 생성이나 복부 팽만을 유발하는, 흡수가 까다로운 단쇄 탄수화물이 함유된 식품을 피하며 여기에는 곡물과 콩류가 포함된다. 이 식이요법은 일부 환자들에게 놀라운 효과를 일으킬 수 있다. 그 대부분은 이로운 효과지만, 때로는 예측과는 달리 증상의 악화를 유발하는 경우도 있다. 이 요법의 장기적인 문제는 섬유질 섭취량이 감소하는 동시에 폴리페놀의 훌륭한 공급원인 양파와 마늘도 포기해야 한다는 것이다. 게다가 장내 미생물 생태계의 건전성과 다양성에도 악영향을 끼칠 가능성이 있다.[23] 일단 증상이 가라앉은 다음에는, 섬유질이 많은 식품을 조금씩 섭취하며 먹어도 되는지를 확인하는 것이 좋다. 환자의 장내 미생물 상태는 상당히 다양하므로, 이쪽 측면 역시 예측하기가 쉽지 않다.

앞서 언급한 지중해 식단의 이로운 효과는 아마도 올리브유, 적포도주, 견과류, 유제품 때문만은 아닐 것이다. 지중해 식단에서는 섬유질이 풍부한 식품을 다양하게 사용한다. 주로 빵이나 밥이나 파스타 형태로 섭취하는 곡물에, 토마토와 양파와 마늘을 기본으로 얹는 경우가 많다는 점은 앞서 살펴봤다. 하지만 다른 콩류 식품인 강낭콩이나 병아리콩, 그리고 다양한 배추과의 채소도 잊으면 안 될 것이다. 이런 작물은 미생물 생태계에 큰 영향을 끼치는 폴리페놀을 함유하고 있을 뿐 아니라 섬유질의 섭취량도 엄청나게 증가시켜 준다. 현대인은 보통 몸에 필요한 만큼의 섬유질을 섭취하지 못한다. 최신식 제한적 식이요법의 광기에 어울리느라 다양한 섬유질 및 영양소의 공급원을 영원히 포기하는 것은 터무니없는 일이다.

인공감미료와 첨가물

'롱 존' 데일리는 운이 좋은 사람이었다. 프로골프협회 회원증을 받아든 지도 얼마 지나지 않은 1991년, 아칸소 주의 자택에 앉아 있던 그는 전화 한 통을 받았다. 당시 그는 아홉 명의 다른 선수들과 함께 PGA 토너먼트의 불참자 대기 명단에 올라 있었다. 그런데 한 선수가 아내가 조산을 겪는 바람에 서둘러 귀가했다는 것이었다. 명단에서 그보다 위쪽에 있던 여덟 명의 선수는 제시간에 도착할 수 없는 곳에 있었다. 그는 당장 골프장으로 날아가서 캐디 한 명을 섭외했고, 연습 라운드도 돌지 않은 채로 다른 모든 선수를 추월해 버렸다. 이내 그는 모든 역경을 극복하고 토너먼트에서 우승했다. 혜성처럼 등장한 이 신인 선수는 부족한 에티켓, 시원시원한 스윙 동작, 태연자약한 태도에 힘입어 즉시 대중의 인기를 한 몸에 모았다. 그는 이어 비슷한 식으로 브리티시 오픈에서도 승리를 거두었다. 그러나 이내 내면의 악마가 그를 사로잡았고, 승리의 행진은 여기서 멈추어 버렸다.

그는 과식하기 시작했고 음주량 조절에도 실패했으며, 이는 결국 경기력 저하로 이어졌다. 게다가 니코틴 중독으로 하루에 담배를 40개비씩 태워댔으며 도박에 빠져 수백만 달러를 허공에 날렸다. 40대에 접어들어 코치마저도 "자네 삶에서 가장 중요한 건 술이지"라는 말을 남기고 떠나 버린 다음에야, 데일리는 재활을 시작했다. 그는 술을 끊고 코카콜라로 대체했다가, 체중이 증가하자 다이어트 콜라로 바꿨고, 순식간에 그쪽에도 중독되었지만 체중은 줄어들지 않았다.

1년 후 그는 체중을 줄이기 위해 위 밴드 수술을 받았다. 그러나 그는 "밴드 때문에 뭘 제대로 마실 수가 없어요. 얼음도 꼭 넣어야 하고. 탄산가스 때문에 얼음을 안 넣으면 못 마신다고요. 옛날에는 하루에 스물여섯에서 스물여덟 캔 정도는 마셨는데. 이제는 최대한 많이 마셔도 열에서 열두 캔 정도라고요"라고 불평을 해댔다. 그는 여전히 골프를 치며 US 마스터스에도 출석하지만, 골프는 이제 자신의 사무실 옆에 세워둔 버스에서 자신의 캐릭터 상품을 팔기 위한 수단일 뿐이다. 그리고 그 사무실이란 헐벗은 여종업원으로 이름난 후터스 식당이다.

존 데일리의 경우와 같은 '다이어트' 음료, 또는 설탕을 넣은 '진짜' 음료에 의한 중독은 갈수록 흔한 현상이 되고 있다. 알코올이나 코카인 중독에 비해 비용이 적게 들기는 하지만, 이런 중독 또한 신체의 대사 작용에 심각한 문제를 일으킨다. 데일리의 경우, 일반 음료에서 다이어트 음료로 바꾸었다고 문제가 해결되지 않은 것은 명백했다. 다만 대부분의 음료수 중독은 일반적인 화학물질 중독의 정의에는 들어맞지 않는다. 끊어도 금단 증상이 나타나지 않기 때문이다. 그저 계속 더 많이 마셔야 한다는 강렬한 충동을 느낄 뿐이다.

인공감미료는 이제 공짜 점심이 아니다

1963년에 미국에서, 그리고 20년 후에 영국에서 다이어트 펩시가 처음 등장했을 당시, 다이어트 음료는 현대의 최고 발명품 취급을 받았다. 단순한 착상을 넘어 열량 없는 감미료를 실제로 사용하기 시작한 지도 백 년 정도가 지났다. 갈수록 많은 사람이 설탕의 악영향을 피하고 살을 빼기 위해 열량이 거의 없는 다이어트 음료로 돌아서고 있다.

모든 사람이 다이어트 음료를 좋아하는 것은 아니다. 지나치게 예민한 미각 수용체나 특수한 유전자를 가진 사람들은, 다이어트 음료가 인공적인 맛이 너무 강해서 거북하다고 말한다. 뒷맛을 싫어하는 사람들도 있다. 이런 고약한 뒷맛은 음료에 포함된 당류를 모방하려 애쓰는 화학물질의 질감과 구조에 매우 민감하기 때문에 느껴지는 것이다. 포화 상태인 탄산 또한 음료가 실제보다 덜 달다고 우리 뇌를 속이는 요인이 된다.[1] 김이 빠진 콜라는 때로는 먹기 힘들 정도로 맛이 고약하다.

1980년대 이후 다이어트 음료의 판매량은 세계적으로 꾸준히 증가해 왔다. 2014년에는 미국 전체 음료 판매량의 3분의 1을 차지했으며, 그 규모는 760억 달러에 이르렀다. 그러나 당류의 흐름은 이제 방향을 바꾸고 있다. 합성감미료가 건강에 끼치는 영향, 특히 암에 대한 두려움이 갈수록 늘어가고 있으며, 미국의 판매량은 2010년 이래 감소하기 시작했다. 유럽 시장도 갈수록 많은 사람이 카페인을 넣은 에너지 음료로 돌아서는 형국이라 그 뒤를 따를 가능성이 커졌다. 그러나 대부분의 사람들은 여전히 열량 없는 인공감미료가 체중 감소에 도움이 된다고 생각한다. 과체중 어린이를 대상으로 주기적으로 섭취하던 설탕 함유 음료를 인공감미료로 바꾸는 단기간 연구에서는 보통 체중 감소에 도움이 된다는 결과가 나오곤 했다. 하지만 그 결과를 자세히 살펴보면, 기본적인 열량 차이를 감안해 볼 때 예상만큼 명확한 결론이라고는 할 수 없다는 사실을 발견하게 된다.

지금까지 수행된 이런 부류의 연구 중 가장 대규모인 것은, 641명의 네덜란드 어린이를 대상으로 18개월 동안 다이어트 또는 일반 코카콜라를 하루에 한 캔씩 섭취하게 한 실험이다.[2] 양쪽 집단 모두 시간이 흐름에 따라 체중이 증가했다. 다이어트 콜라 집단은 일반 콜라 집단에 비해 증가량이 적기는 했지만, 극적일 정도는 아니었다. 그리고 다이어트 콜라 집단의 평균 체중 증가량은 예상보다 높았다. 특히 포만감에 있어서는 설탕 음료 집단과 매우 적은 차이를 보일 뿐이었다.[3]

관찰 연구라는 점은 감안해야겠지만, 장기간에 걸쳐 수행한 한 연구에 따르면 감미료 집단에서도 체중 증가 및 당뇨병과의 연관성을 확인할 수 있었다. 이는 비만인 쪽이 처음부터 감미료를 사용할 확률이 높다는 점을 보정한 이후에도 동일했다.[4][5] 부분적으로는 장기간에 걸친 심리 효과가 행동에 영향을 끼치기 때문일 수도 있을 것이다. 다른 연구에서는 114명의 학생을 대상으로 일반 스프라이트와 아스파탐이 든 스프라이트 제로를 제공하고, 탄산수를 대조군으로 사용했다. 이 실험에서는 다이어트 음료를 섭취한 학생이 훗날 추가 열량을 찾아다니게 된다는 사실이 확인되었고, 화학물질이 뇌에 영향을 끼칠 수도 있다는 결론이 나왔다.[6]

사실 딱히 터무니없는 생각은 아닐 수도 있다. 세계적으로 가장 많이 사용되는 감미료의 주성분인 아스파탐은 해마체의 세포에 영향을 끼치고 이론적으로는 식욕 경로를 자극하는 것이 가능하다.[7][8] 다른 연구에서는 다이어트 음료를 습관적으로 섭취하는 사람들의 두뇌에서 보상 경로가 변형되어 설탕으로부터 더 많은 쾌감을 느끼게 된다는 사실이 확인되었다.[9] 이렇게 우리 미각 수용체를 속여 더 많은 열량을 원하게 만드는 화학물질은 이미 다양한 음식과 음료에 사용되기 때문에, 현대 사회에서 완벽하게 회피하기는 거의 불가능하다.

음식과 청량음료와 알코올에서 가장 다양하게 사용되는 감미료는 보통 수크랄로스라는 친절해 보이는 이름으로 부르지만, 사실은 1,6-디클로로-1,6-디데옥시-베타-디-프룩토푸라노실-4-클로로-4-데옥시-알파-디-갈락토피라노시드라는 상당히 외우기 까다로운 정식 명칭을 가지고 있다. 이 물질은 한때 설탕의 500배의 단맛을 낼 수 있는 비활성 화합물이며 체내에 머물지 않고 곧바로 빠져나오는 물질로 여겨졌으며, 발암 물질 안전검사도 가뿐히 통과했다. 사실 대중의 통념과는 달리 암을 유발한다는 명확한 증거는 존재하지 않지만, 언제나 그럴듯이 이 물질에도 알려지지 않은 뒷이야기가 숨어 있다.

이제는 여러 연구에서 '비활성'인 수크랄로스가 소화 과정에서 호르몬에 영향을 끼친다는 사실이 확인되었다. 이 물질은 미각 수용체를 활성화시키는데, 그 영향은 혀끝에서 끝나는 것이 아니라 췌장과 대장과 시상하부까지 전달된다. 비만 환자를 대상으로 한 소규모 임상 연구에서, 이 물질은 인슐린 분비량을 증가시키고, 허기 및 GLP-1 등의 일반적인 소화 호르몬 분비를 유발한다는 점이 확인되었다.[10] 게다가 수크랄로스는 설치류의 간 효소에 영향을 끼친다는 점이 확인되었는데, 인체에서는 이로 인해 다양한 일반 약물에 대한 반응 방식이 달라질 수 있다.

감미료가 '비활성'이 아니라는 점은 분명하다. 소화기 쪽에서 보면 감미료는 거의 변하지 않은 상태로 대장에 도달해서 장내 미생물과 상호 작용을 한다. 감미료에 대한 인체의 반응에는 상당한 개인차가 존재하는 것으로 보이는데, 이 또한 미생물 군집의 차이 때문일 수도 있을 것이다. 2008년에 쥐의 미생물 몇 종류를 대상으로 한 실험에서 일부 증거를 확인할 수 있다. 연구진은 쥐에게 스플렌다(수크랄로스 기반 합성감미료)를 FDA에서 승인한 인체 권장량만큼 12주 동안 투여해서 전체 미생물 수와 다양성의 감소를 확인했다. 특히 건강에 이로운 미생물 쪽에서 영향이 심했다.[11] 거기다 장내 환경도 산성 쪽으로 기울었다. 이런 변화 중 일부는 음료 공급을 중단한 다음에도 최대 3개월 동안 지속되었다. 98명을 대상으로 상세하게 실행된 관찰 연구에 따르면, 실험 설계의 목적이 다름에도 불구하고, 아스파탐 섭취량과 인체 내의 미생물 함량 사이에 연관 관계가 존재한다는 것이 확인되었다.[12]

알칼리 식이요법과 우리 몸의 미생물

식이요법을 통해 장 속의 산성도를 바꾸려는 시도는 영양학계에서 꾸준히 제기되었다가 사라지기를 반복해 왔지만, 알칼리 식이요법이 인기를 얻으며 다시 한번 화제의 중심이 되었다. 이 식이요법에서 주장하는 이론에 따르면, 산성 식품의 섭취를 줄이면 내장의 산성도를 낮추고 알칼리성의 '건강한' 혈액을 만들게 된다는 것이다. 그러나 지금까지 등장했던 다른 이론들과 마찬가지로, 인체의 산성도가 어떤 식으로 유지되는지를 생각해 보면 이 또한 헛소리에 지나지 않는다. 소화기관은 음식을 소화하기 위해 원래 산성을 띠도록 설계되어 있으며, 혈액은 항상 약한 알칼리성을 띤다. 인체는 신장과 소변을 통해 혈액의 산성도를 매우 철저하게 조절하기 때문에, 식단은 혈액에 영향을 끼칠 수 없다. 하지만 채소가 알칼리 식이요법의 주요 구성 식품인 데다 육류도 금지하기 때문에, 이 미신적인 식이요법에서 의도치 않은 이득을 볼 수도 있을 것이다.

내 연구실의 대학원생인 매디슨은 코카콜라와 다이어트 코카콜라를 연달아 투여하여 장내 미생물 변화를 관찰하는 단기 실험에 '자원'했다. 실험 계획은 우선 기준치를 확인한 다음,

3일 동안 진짜 콜라를 매일 1.5리터씩 투여하고, 다음 3일은 같은 양의 다이어트 콜라를, 마지막 3일은 같은 양의 물을 투여하여 결과를 확인하는 것이었다. 한 사람의 결과만 분석하는 것은 실험으로서 문제가 있으며, 유전자 염기서열 분석 과정의 실수 때문에 시료를 다시 채취하는 경우도 발생했는데, 현실 세계에서는 항상 모든 것이 완벽할 수 없으니만큼 당연한 일이었다. 매디슨은 결과를 확인하고 상당히 즐거워했는데, 시료에서 희귀한 (그리고 이름을 발음하기 힘든) 크리스텐세넬라스류의 미생물 비율이 높다는 사실이 확인되었기 때문이다. 이 미생물은 우리가 쌍둥이 연구를 통해 비만에 저항성을 가진다는 점을 알아낸 종류였다. 사실 튼튼하고 날씬한 여성이었으니 어차피 크게 걱정할 필요는 없었다. 그러나 우리는 다이어트 콜라 기간에서 상당히 놀라운 변화를 확인할 수 있었는데, 다이어트와 관련 있는 의간균류의 수가 늘어난 것이었다. 상당히 해석하기 힘든 사태였다.

항생제를 다이어트 음료와 함께 복용하면

운 좋게도, 비슷한 시기에 에란 엘리나프가 이끄는 이스라엘의 연구진이 비슷한 착상을 떠올렸고, 훨씬 큰 규모로 연구를 수행한 다음 발견한 내용을 〈네이처〉지에 기고했다. 그들은 우선 세 가지의 일반적인 감미료(수크랄로스, 아스파탐, 사카린)의 정량을 일반 또는 고지방 식단을 따르는 생쥐에게 투여

348

하고, 설탕을 투여한 생쥐와 비교해서 혈당이 상승함을 확인했다. 다음으로 항생제를 사용해 미생물의 영향을 완전히 제거한 다음 실험을 다시 수행했고, 이번에는 감미료의 효과는 완전히 사라져 버렸다.

　연구진은 이어 무균 생쥐에 배설물을 이식해서 동일한 혈당 증가를 확인한 다음, 장내 미생물이 직접적인 원인이라는 결론을 내렸다. 다음에는 영양학 연구 참가자를 대상으로, 주기적으로 감미료를 섭취하는 참가자 40명과 그렇지 않은 참가자 236명의 장내 미생물을 비교해 보았다. 이번 실험의 결과도 생쥐의 경우와 일치했다. 즉, 감미료를 섭취한 참가자에서 혈당 및 인슐린 수치가 비정상적으로 증가한 것이다. 이어 연구진은 감미료를 접해 보지 않은 7명의 대상자에게 사카린 보충제(일반적으로 허용되는 수준)를 7일 동안 투여하고 평범한 통제 식단을 제공하며 꾸준히 혈당량을 측정했다.

　사람에 따라 반응하는 정도가 다르긴 했지만, 7명 중 4명에서는 명확한 변화가 확인되었는데, 특히 의간균류와 평소 드문 장내 미생물 몇 종류의 증가가 눈에 띄었다. 이런 변화는 혈당 상승률과 일치했다. 감미료는 미생물이 앞에서 언급한 대사 신호 물질인 단쇄지방산 중 두 종류를 과잉 생산하도록 만들었지만, 일반적인 경우와는 달리 몸에 이로운 부티르산은 여기 포함되지 않았다. 전체적으로 새로운 미생물의 역할은 감미료에 의해 부쩍 효율이 상승하여, 탄수화물과 녹말을 예전보다 효율적으로 소화하게 해 주었다. 이는 일반적인 음식의 소화에 영향을 끼쳤고, 따라서 체중 증가를 유발하는 요소로 간주할 수 있었다.

이 일련의 우아한 실험은 인공감미료가 기적의 물질이 아니라는 사실을 명백히 보여준다. 인공감미료는 우리 몸의 대사작용에서 체중과 당뇨병 위험을 증가시키는, 몸에 해로운 효과를 일으킬 수 있는 것이다. 이런 일이 일어나는 이유는 소위 '비활성'으로 간주하는 화학물질도 우리 미생물의 역할을 바꾸는 것은 가능하며, 그에 따라 우리 몸에 영향을 끼칠 수 있기 때문이다. 우리는 아직 감미료의 위험성이나 영향력의 범위가 얼마나 되는지 명확히 알지 못한다. 그러나 이런 미생물 실험은 소비자뿐 아니라 '새로운 물질'이 발암 기준만 통과하면 승인 도장을 찍어주는 식품 검열관 모두가 이런 위험을 보다 진지하게 받아들여야 한다는 사실을 보여준다.

다이어트 음료와 여러 가공식품의 제조사들은 설탕의 자연적인 항박테리아 효과를 이용할 수 없기 때문에, 나트륨이나 벤조산칼륨이나 구연산이나 인산 등의 화학적 방부제를 다량 첨가하는 방식으로 대응하곤 한다. 이 중 많은 수, 이를테면 벤조산이나 타트라진이나 MSG나 아질산염이나 질산염 등은 알레르기 반응을 유발한다고 알려져 있다. 이런 화학물질은 또한 우리 미생물의 수나 다양성을 감소시킬 가능성이 크다. 뿐만 아니라 우리 몸의 면역계에도 직접적으로, 또는 미생물과의 상호작용을 통해 영향을 끼친다.[13] 어쩌면 인공감미료가 최근 알레르기 질환이 급증한 이유 중 하나일지도 모른다. 식품 첨가제나 감미료의 화학적 안전검사는 대부분 독성이나 암 유발 위험을 판별하는 쪽에 맞춰져 있을 뿐, 신체 대사에 일으키는 변화 쪽으로는 신경을 쓰지 않는다. 따라서 더 많은 사실이 밝혀질 때까지는, 이런 '해로운' 화학물질은 줄이거나 완전히 피하는 쪽이 나을지도 모른다.

얼핏 보기에는, 전 세계적인 식음료의 화학 감미료 사용은 이미 상승세가 꺾이기 시작한 것처럼 보일지도 모른다. 대중의 일부가 자연식품으로 돌아서고 있기 때문이다. 그러나 앞서 설명한 대로, 이런 현상은 설탕 사용량이 늘어난다는 부정적인 결과로 이어진다. 청량음료 제조사들은 건강에 민감해진 소비자의 구미를 맞추기 위해 단맛이 나는 스테비아 잎을 '자연적인' 대체 감미료로 사용하기 시작했으며, EU에는 2011년부터 도입되기 시작했다. 이 감미료를 사용하면 열량이 30퍼센트 줄어든다고 하며, 그 가격 때문에 보통 값이 싼 설탕과 혼합하여 사용한다. 아직은 부정적인 효과가 확인된 바는 없지만, 음료수의 형태로 마시게 될 때쯤이면, 이 최신식 기적의 감미료는 이미 엄청난 수의 화학 처리 공정을 거친 후일 것이다. 그래도 일부 사람들은 회향 씨 같은 맛을 감지할 수 있다고 한다.

하지만 수천 년 동안 사용되어 온 각성제류는 어떨까. 이런 천연의 화합물도 인공감미료만큼 몸에 해로운 걸까?

코코아, 카페인 함유

내가 의대생이던 시절 처음으로 작성해서 기고한 논문은 커피 섭취량과 췌장암의 연관성을 지목하는 여러 나라의 자료를 인용했다. 췌장암은 생명을 위협하는 고약한 암으로 당시 서구 세계에서 증가 추세를 보이고 있었고, 내가 발견한 자료는 커피가 그 원인일 수 있다고 암시하는 내용이었다. 그러나 이 논문은 과학의 돌파구가 아니라, 내 이력서와 연구 경력을 위한 돌파구가 되어 주었다. 이 논문이 연구자로서의 삶을 열어 주었기 때문이다. 앞서 말했듯이, 이런 생태학적 연구에는 보통 문제가 있기 마련이다. 그런 식으로 분석하면 당시 해당 지역에서 증가한 텔레비전이나 나팔바지 소유가 발암률과 연관이 있다는 결론도 내릴 수 있었을 것이고, 대중매체에서는 그런 요소가 암을 '유발했을 수도 있다'고 보도했을 것이다. 같은 식으로 분석하면 초콜릿, 즉 카카오가 죽음을 유발한다는 결론을 내릴 수도 있었을 것이다.

그러나 이후 30년 동안 이와 비슷한 잘못된 과학이 대중매체를 타고 괴담처럼 번져 나갔고, 관찰 자료를 이용하는 수백 건의 값비싼 실험이 수행되고 수많은 쥐가 커피절임이 되어버렸다. 1980년대에는 호르몬 대체 시술(HRT)을 둘러싸고 비슷한 광풍이 몰아쳐 우울증과 심장 질환과 치매와 정력 감퇴 등 온갖 질환에 대한 기적의 치료라는 이야기가 떠돌았다. 나 또한 그 말을 믿은 사람 중 하나였다. 임상시험을 시행한 다음에야, 이런 시술이 심장병과 암을 유발할 수 있으며 골절을 예방하는 외에는 별다른 장점이 없다는 사실이 밝혀졌다. 우리는 과거의 실수로부터 소중한 경험을 얻었지만, 때로는 과거의 개념과 편견을 되돌리려면 시간이 필요하다. 지금 배심원들은 커피와 그 공범인 카페인이 실제로 고소장에 적힌 죄를 저질렀는지, 그리고 초콜릿과 코코아가 행실은 고약해도 심성은 착한지를 판별하려 애쓰는 중이다.

의대 1학년 중간고사가 다가오던 때, 나와 내 친구들은 미처 준비하지 못한 생화학 시험을 앞두고 어찌할 바를 모르고 있었다. 우리는 약간의 가능성이라도 잡으려면 밤샘공부를 해야 한다는 결론을 내렸다. 우리는 '프로 플러스'라는 카페인정錠을 복용했는데, 나는 그걸로 밤새 초롱초롱하게 깨어 있을 수 있으며, 시험 전까지 12시간은 공부할 수 있으리라 확신하고 있었다. 그러나 현실은 사뭇 달랐다. 나는 온몸을 떨면서 이리저리 뒤틀기만 할 뿐 제대로 집중할 수도, 뭔가를 기억할 수도 없었다. 탈진한 데다 제대로 외운 내용도 없었으니 시험을 끔찍하게 망친 것은 물론이다. 나는 이후 오랫동안 카페인을 두

려워했고, 대부분의 사람들처럼 카페인 및 다른 유명한 열매 추출물인 카카오가 몸에 나쁘다고 믿었다.

카페인은 세계에서 가장 흔한 향정신성 약물로서, 전 세계 사람의 80퍼센트 이상이 주기적으로 섭취한다. 그러나 커피에는 중독성도 있으며, 갑자기 음용을 멈추면 손떨림이나 집중 장애나 두통 등의 금단 증상이 확인된다. 현재는 코코아나 커피 같은 복합식품의 영향을 보다 명확하게 탐구하는 것이 가능하다. 우리 몸에는 대사물질이라 부르는 수천 가지의 화학 물질이 혈류를 타고 순환하고 있으며, 이런 물질은 우리 세포의 대사 작용에 영향을 끼치기 때문에 중요하다. 이제는 피나 타액이나 소변 한 방울만 있으면 '대사체학metabolomics'이라는 분야의 연구를 이용해 이런 개인별 화학 지문을 대부분 정확하게 측정할 수 있다. 우리는 이 방법을 쌍둥이 연구에 응용해 유전자 측면으로 여러 놀라운 발견을 하고 질병과 유전자의 새로운 연관 관계를 확인했다. 또한 우리가 혈액에서 검출할 수 있는 1,200가지의 대사물질 지표 중에서 최소한 250가지는 장내 미생물이 생산하는 것이라는 사실을 밝혀냈다.[1]

미생물과 프로바이오틱 식품과 항생제가 뇌의 신경전달물질의 주요 선행 화합물 수치를 변화시킬 수 있다는 사실은 이미 인간을 대상으로 한 여러 연구에서 확인되었다. 트립토판이나 세로토닌 등의 화학적 신호는 우울함이나 불안함 등의 감정을 전달할 뿐 아니라 뇌 속에서도 중요한 역할을 수행한다. 세로토닌 호르몬은 대부분 장에서 생성되며, 최근에는 주로 식사를 하지 않는 동안 미생물이 생산해 낸다는 사실이 밝혀졌다. 자폐증과 미생물 장애의 연관성도 여러 경우에 확인되고 있으며, 어쩌면 뇌에 대한 비정상적인 화학물질 신호와 연관이 있을지도 모른다.[2]

초콜릿이 진짜로 기적의 식품일까?

초콜릿의 기적적인 효능에 관한 연구는 꾸준히 매체와 대중의 사랑을 받아 왔으며, 특히 영국에서 그런 경향이 강하다. 영국인은 2012년 기준으로 1인당 9.5킬로그램을 먹어치워 초콜릿 섭취량에서 세계 3위를 차지하고 있으며, 우리를 앞서는 나라는 아일랜드와 스위스밖에 없다. 이는 심지어 미국의 두 배에 이르는 수치다. 초콜릿을 먹으면 기분이 좋아지는 것은 부분적으로는 장내 미생물 때문이다. 여러 연구에서, 성인에게 다크 초콜릿을 투여할 경우 미생물만 생산할 수 있는 신경전달물질과 기타 대사물질의 혈중 농도가 급격하게 상승하는 것이 확인되었다.[3] 또한 비만인 사람들이 날씬한 사람들에 비해 초콜릿의 매혹적인 향기에 더 민감하게 반응한다는 연구 결과도 있다.[4] 따라서 당신이 초콜릿을 조금 지나치게 좋아한다면, 당신의 뇌를 즐겁게 만들기를 좋아하는 미생물 탓을 하면 될 것이다.

표적으로 삼기 좋은 여러 음식이나 첨가물, 이를테면 인공감미료나 착색료나 지방이나 햄버거 등과는 달리, '초콜릿은 몸에 좋다'는 이야기는 주기적으로 신문 지면을 장식한다. 예를 들어, 초콜릿은 심장병, 암, 우울증, 낮은 성욕, 성 기능 장애 등을 기적처럼 예방하거나 치료할 수 있다고 알려져 왔다. 이런 '특별한 능력'의 근원은 볶은 후 발효시킨 카카오콩이다. 카카오콩은 테오브로마 카카오라는 식물의 열매로서, 말 그대로 '신의 과실'이라는 뜻이며 아마도 아즈텍인들이 처음 재배했을 것이다. 우리가 먹는 초콜릿은 대부분 설탕, 지방, 우유 고형분, 카카오콩으로 구성되어 있다. 우유 성분과 카카오 함량은 문화와 시장에 따라 달라진다.

나라에 따라 초콜릿의 형태는 다양하지만, 앵글로색슨 국가들은 보통 밀크 초콜릿 부류를 좋아하며, 요즘은 다크 초콜릿의 소비도 늘어나고 있다. 그러나 우리 쌍둥이 연구에 따르면, 단맛이나 초콜릿 전반에 대한 선호는 유전자의 영향을 받는 반면, 다크 초콜릿보다 밀크 초콜릿을 선호하는 성향은 주로 문화적인 것이며 유전자의 영향은 거의 없었다. 초콜릿을 먹는 사람들 사이에서, 속이 단단한 것과 부드러운 것에 대한 선호도는 문화보다는 유전자의 영향이 컸다. 이는 아마도 당도뿐 아니라 질감에 대한 선호도도 유전적이기 때문일 것이다.

대중매체의 과장과 장기간 연구의 부재와 나 자신이 처음에 품었던 의심에도 불구하고, 이제 초콜릿 속 카카오 성분이 심장 질환의 위험 요인을 감소시킨다는 점 자체에는 제법 괜찮은 증거가 여럿 등장했다.[5] 물론 아직 증거가 확고하다고는 할 수 없으며, 카카오 성분 자체도 300가지가 넘는 화학물질로 구성되어 있다는 점은 감안해야 할 것이다. 관찰 중심이기는 해도 일부 연구에서는 주기적인 초콜릿 섭취가 체중 감소와도 연관이 있다는 결과를 내놓기도 했다.[6] 지금까지 인간을 대상으로 한 임상 연구만 해도 70건이 넘으며, 동물 연구는 그보다 훨씬 많이 수행되었다.

카카오 성분 속의 여러 화학물질 중에서도 가장 명확하게 이로운 효과를 보이는 물질은 플라보노이드라는 이름의 화합물이다. 이 물질은 앞서 살펴본 견과류나 올리브의 성분과 마찬가지로, 소염 및 항산화 효과를 가지고 미생물에도 중요한 영향을 끼치는 폴리페놀류에 속한다.[7] 카카오는 같은 질량 기준으로 폴리페놀과 플라보노이드 함량이 다른 어떤 식품보다 많으며, 따라서 귀중한 재화라 할 수 있다.

초콜릿을 즐겨 먹는 사람들은 종종 초콜릿 섭취량에 관해 물어보면 부끄러워하는 경향을 보이며, 열량이나 알코올 섭취량과 마찬가지로 섭취량을 줄여 대답하곤 한다. 우리는 이런 현상을 방지하기로 마음먹고, 노리치의 동료들과 협력해서 우리 연구 대상인 영국 쌍둥이 2천 명의 혈액에서 대사물질 지표를 살펴보기로 했다. 우리는 초콜릿, 베리류, 포도주를 섭취해 혈중 플라보노이드 수치가 높은 쌍둥이들이 체중도 적고 동맥도 건강하며 혈압도 낮고 뼈도 튼튼하고 당뇨병 위험도 적다는 사실을 발견했다.[8] 분명 진실이라기에는 너무 훌륭한 결과고, 관찰 연구라는 점을 잊으면 안 되겠지만, 그래도 우리 미생물의 역할을 고려하면 말이 된다고 할 수 있다. 사실 우리 몸의 미생물도 초콜릿을 좋아한다는 점에는 나름 신빙성 있는 증거가 있다. 대장 속 미생물은 카카오 화학물질의 대사 작용에 적극적으로 참여하여 혈중 지질 수치를 개선시킨다. 영국의 한 임상시험에서는 자원자들에게 카카오의 폴리페놀 추출물(플라보노이드)을 4주 동안 투여했는데, 비피더스균과 유산간균의 수는 크게 증가하고 후벽균류와 염증 지표는 감소하는 결과를 보였다.[9]

이 임상시험 보고서의 저자들은 카카오의 플라보노이드가 유용한 프리바이오틱 보충제로 사용될 수 있다는 의견을 제시했으며, 인터넷을 살펴보면 보충제로 쓸 카카오를 구할 방법은 수도 없이 많다. 요즘은 건강식품점에서 고품질 카카오를 살 수 있으며, 마스Mars 사와 같은 대규모 과자 회사들은 우유나 오트밀이나 스무디에 섞을 수 있는 250mg 카카오 플라보놀 보충제 가루인 코코비아 같은 상품을 홍보하고 있다.[10] 물론 그 효과를 보기 위해서는 추가로 200kcal를 먹어치워야 한다는 문제점이 있다. EU는 스위스의 초콜릿 회사에서 등록한 비슷한 상품의 건강식품 등록을 추인했으며, 앞으로 이런 부류의 상품은 더 많아질 것이다.

그러나 대부분의 사람들이 몸에 해롭다고 여기는 일반적인 초콜릿, 즉 카카오에 설탕과 포화지방을 섞은 식품이 일상에서 어떤 효과를 보이는지는 아직 알려지지 않은 부분이 많다. 최근에는 스위스인 자원자들을 상대로 카카오 함량 70퍼센트의 다크 초콜릿을 하루에 두 번 25그램씩, 총 2주간 투여하여 결과를 체계적으로 살피는 실험이 있었다.[11] 초콜릿 투여분(연구를 후원한 곳이 네슬레였으므로, '네슬레 인텐스'를 사용하였다)에는 6그램의 설탕과 11그램의 지방이 포함되어 있었다. 피험자들은 지방 섭취량이 늘었는데도 나쁜 콜레스테롤(LDL)은 늘지 않았으며, 좋은 콜레스테롤(HDL)은 크게 늘어났다. 다른 스위스 연구에서는 다크 초콜릿을 4주 동안 섭취한 결과 혈관의 상태가 좋아진 것이 확인되었으나, 초콜릿에 플라보놀을 추가로 넣어도 변화는 일어나지 않았다.[12] 다른 여러 연구에서도 지질에 대한 단기적인 이로운 효과가 확인되었다.

미생물은 플라보노이드 폴리페놀을 섭취하고 여러 종류의 몸에 이로운 부산물을 분비하며, 그중에는 건강에 ~~좋은~~ 단쇄 지방산인 부티르산도 있다. 충격적인 사실은, 일주일이 지나자 이런 폴리페놀 대사물질의 수치가 음식으로 섭취해서 생산한 것 이상으로 증가했다는 것이다. 우리 몸의 미생물은 일단 초콜릿을 한 조각 먹여주기만 하면, 마치 가내수공업을 시작하는 것처럼 알아서 몸에 좋은 화학물질을 생성하기 시작하는 것이다. 게다가 주기적으로 초콜릿을 먹는 사람들이 가끔 먹는 사람들보다 대사 작용과 미생물이 건강하다는 사실도 확인할 수 있었다.[13]

밀크 초콜릿을 경계하라

따라서 여러분이 좋아하는 초콜릿이 카카오 70퍼센트 부류라면 큰 문제는 없다고 할 수 있다. 그러나 대부분의 어린아이나 영국인이나 미국인처럼 우유맛이 더 강한, 캐드버리나 허쉬 초콜릿 부류를 선호한다면 어떨까? 이런 부류도 미생물이나 건강에 도움이 될까? 미국 시장을 주도하는 캐드버리 밀크 초콜릿은 1905년에 '최초의' 진짜 밀크 초콜릿이라는 선전과 함께 세상에 등장했다(1839년에 독일에서 발명되었을 가능성이 크기는 하지만). 현재 이 제품의 카카오 함량은 26퍼센트 정도이며, 카카오콩과 우유와 설탕에서 온 자연 포화지방이 주성분을 이루는 카카오 버터가 여기에 추가된다. 1회 섭취량인 4칸 분량에는 포화지방 4.7그램과 설탕 14.2그램(3.5 티스푼)이 들어 있다. 한때 캐드버리 밀크 초콜릿의 카카오 함량은 23퍼센트였지만, EU에서 밀크 초콜릿에는 진짜 우유와 최소한 25퍼센트의 카카오가 들어가야 한다고 규제하자 2013년에 함량을 바꾸었다. 미국에서는 카카오 함량이 10퍼센트만 돼도 초콜릿이라는 이름을 사용할 수 있다. 허쉬 밀크 초콜릿의 카카오 함량은 11퍼센트에 지나지 않으며 그 결과 단맛이 강하다. 허쉬 밀크 초콜릿의 1회 섭취량에는 8그램의 지방과 24그램(6 티스푼)의 설탕이 들어 있다. 밀크 초콜릿도 다크 초콜릿과 같은 부류의 카카오를 사용하지만, 같은 폴리페놀 효과를 얻기 위해서는 섭취량을 세 배에서 다섯 배까지 늘려야 하며, 그 과정에서 살이 찌고 치아에 손상을 입을 가능성이 클 것이다.

따라서 카카오 70퍼센트 다크 초콜릿을 즐기도록 미뢰를 훈련시키는 것이 장기적으로는 도움이 될지도 모른다. 그러나 최소 섭취량을 계산하는 일이 힘들다는 점은 변하지 않는데, 상품마다 몸에 이로운 플라보노이드의 실제 함량은 제조 과정에 따라 크게 달라지기 때문이다. 일부 회사에서는 교활하게도 첨가물을 추가해서 쓴맛을 더하고 카카오 함량은 대략적인 지표로만 사용하라고 말하기도 한다. 플라보노이드와 폴리페놀이

머지않아 식품성분표에 추가되리라는 점에 기대를 걸 수밖에 없다.[14]

　식품회사 소속의 과학자들은 많은 양의 지방과 설탕을 섞으면 중독에 가까운 효과를 일으킨다는 사실을 수십 년 전부터 알고 있었다. 여기에 초콜릿의 마법 같은 효력을 더하면 누구도 저항할 수 없는 것이 당연하다. 대부분의 베스트셀러 과자들은 이 공식을 애용해 왔고, 식품회사들은 꾸준히 이 조합식을 개선하여 소비자의 미각 수용체를 자극하려 애써 왔다. 최근에는 캐드버리와 합병해서 세계 최고의 식품업체에 다가선 크래프트 사에서 히트상품의 가능성으로 가득한 제품을 내놓았다. '크래프트 인덜전스 스프레드'라는 이름인데, 크래프트의 필라델피아 크림치즈에 '진품' 벨기에 초콜릿을 섞은 물건이다. 물론 인기를 끌 수는 있겠지만, 이렇게 고도로 가공된 식품이 미생물이나 폴리페놀이나 우리 허리둘레에 친화적이기를 기대할 수는 없을 것이다. 지중해 패러독스로 돌아가 보면, 지중해 주변의 여러 나라, 특히 프랑스, 스페인, 이탈리아에서는 전통적으로 카카오 함량이 높은 다크 초콜릿을 건강에 덜 좋은 밀크 초콜릿 부류보다 선호해 왔다. 이런 선호도 차이가 심장 건강의 차이로 나타나는 것일 수도 있지만, 아마 증명하기는 상당히 힘들 것이다.

카페인도 실패할 때가 있다

마이클 베드포드는 노팅엄셔 지방 맨필드의 자택 근처에서 파티를 즐기고 있었다. 그는 온라인 매장에서 합법적으로 구매한 카페인 가루 2티스푼을 입에 털어넣은 다음, 에너지음료를 들이켜 목으로 넘겼다. 그는 이내 말씨가 어눌해지더니 구토를 시작했고, 이내 그대로 쓰러져 목숨을 잃었다. 그는 50잔의 에스프레소에 해당하는 5그램의 카페인을 단번에 섭취한 것이다. 검시관은 카페인의 '심장에 독으로 작용하는 효과'가 사인이라고 발표했다. 마이클은 23세였다. 카페인이 언제나 무해한 즐거움으로 끝나는 것은 아니다.

청량음료 회사들은 종종 향미를 증진하고 깊은 쓴맛을 더하고 음료를 마신 다음 활력이 생기도록 카페인을 첨가하는데, 특히 진짜 설탕을 사용하지 않는 다이어트 콜라에서 이런 경향이 강하다. 펩시와 코카콜라의 카페인 함량은 최근 들어 줄어들었는데, 일부 학부모가 아이들이 지나치게 흥분해 불면증을 겪는다고 호소했기 때문이다. 또한 미국과 유럽의 카페인 함량에도 차이가 있으며, 일반적으로 미국 쪽이 더 높은 편이다. 펩시 맥스에는 영국에서는 43mg, 미국에서는 69mg의 카페인이 들어간다. 코카콜라는 각각 32mg과 34mg이다. 다이어트 코카콜라는 42mg과 45mg이다. 레드불(80mg)과 같은 다른 음료 회사들은 '에너지'가 필요한 밤샘파티 참가자 등을 겨냥해서 카페인을 광고 전략의 일부로 삼는다. 대부분의 일반적인 탄산음료에는 30~45mg 정도의 카페인이 들어 있는데,

이 정도면 평균적인 커피의 절반, 또는 연하게 탄 차 한잔과 같은 분량이다.

음료회사에서 대부분의 음료에 카페인을 첨가하는 이유는 공식적으로는 맛의 깊이를 추구하기 위해서지만, 비공식적으로는 이미 강력한 과당의 효과에 카페인의 중독성을 더하기 위해서다. 차에 함유된 카페인의 양은 다양하지만(20~70mg 사이) 보통 커피 한 잔의 절반 정도이며, 찻물의 색과 카페인의 양에는 별 관계가 없다. 딱히 놀라운 일은 아니지만, 차는 영국의 대중매체에서 항상 엄청난 홍보의 대상이었으며 다양한 치료 효과를 지닌다고 선전되어 왔다. 사실 이런 홍보를 뒷받침해주는 역학적 자료는 제법 충실한 편인데, 22건의 계획 연구 결과를 종합해 본 결과, 하루에 차를 두 잔씩 마시면 사망률이 25퍼센트 감소하며, 그 이상 마시면 효과가 줄어든다는 사실이 확인되었기 때문이다.[15] 여기서 함정은 이런 효과가 영국에서 흔히 마시는 홍차가 아니라 녹차를 마시는 사람들에게서만 발견되었다는 것이다.

예상할 수 없는 에스프레소 유행

영국에서도 차는 가장 흔히 마시는 음료의 자리를 커피에게 내어 주었다. 그리고 글로벌 커피 프랜차이즈들이 거둔 성공을 보면, 커피 중독이 세계적인 현상이라는 사실을 확인할 수 있다. 카페인과 그 주된 공급원인 커피는 꾸준히 수많은 검열과 의혹의 시선을 마주해 왔으며, 대중매체의 온갖 괴담의 표적이 되어 왔다. 카페인은 스트레스 증가나 불면증의 원인이며, 장기적으로는 심장 질환이나 암을 유발한다는 고발을 꾸준히 받아 왔다. 사실 기준이 없는 만큼, 커피 한 잔에서 얼마나 많은 카페인을 섭취하는지 명확하게 알아차리기는 상당히 힘들다. 영국에서 20곳의 에스프레소 전문점을 대상으로 실시한 연구에 따르면, 에스프레소 싱글샷에 포함된 카페인의 양은 최대 4배에 달하는 차이를 보였다. 가장 많은 경우는 200mg이었는데, 이 정도면 임산부의 최대 허용량에 근접하는 수치다. 심지어 같은 커피 전문점에서 채취한 시료에서도 날마다 카페인 함량이 상당히 달랐으며, 나라별 수치를 보면 싱글샷의 함량 차이가 열 배에 달하기도 했다.

커피에 기준이 존재하지 않는다는 점을 고려해 볼 때, 그 효과를 제대로 예측할 수 없는 것도 당연하다고 할 수 있을 것이다. 이탈리아 사람들은 아직도 미국 커피의 진한 맛에 종종 깜짝 놀라곤 한다.[16]

그러나 실은 하루에 커피를 여섯 잔씩 들이켠다 해도, 대부분의 사람에게는 딱히 해가 되지 않는다. 유럽과 미국과 일본 전역에서 100만 명 이상의 커피 음용 습관을 조사한 21건의 개별 계획 연구를 모아들여, 피험자 중 128,000명이 사망할 때까지 추적한 결과 상당한 자료가 모였다. 이에 따르면 하루에 서너 잔 정도의 가벼운 커피 음용은 사망률을 8퍼센트 정도, 심장 질환 발병률을 20퍼센트 정도 낮춰 준다고 한다. 게다가 과거의 내가 수행한 열등한 분석과는 달리, 암에 대해서는

어느 쪽으로든 영향이 없었다.[17]

커피 음용자의 다른 습관(이를테면 음주나 흡연 등)이 이런 발견과 연관되어 있을지도 모르는 이상, 역학 자료는 여전히 조심스럽게 받아들여야 할 것이다. 그러나 강제로 커피를 먹이는 장기간 임상 연구가 가까운 시일 내에 이루어질 가능성이 없는 이상, 우리가 얻을 수 있는 최고의 결과는 이런 추정치뿐이다. 심장이 민감한 사람들은 과도한 카페인 섭취를 피하는 편이 좋지만, 매일 커피를 마시는 20억 명의 사람들 대부분에게는 이로운 효과를 보이는 듯하다.

그래서 실제로 커피가 우리 몸에 이롭다면, 그 정확한 이유는 무엇일까? 커피에는 중독성이 있으며 과다 섭취할 경우 불안 증세나 불면증이나 부정맥을 유발할 수 있다. 영국인들은 여전히 커피에 포함된 카페인을 경계하는 경향이 있다.

커피나무가 카페인을 다량 생산하는 이유는 주로 잎을 뜯어먹는 포식자를 물리치기 위해서(잎이 카페인 함량이 가장 높은 부분이다), 그리고 주변 토양으로 뿌리를 뻗을 공간을 확보하기 위해서다. 어쩌면 카페인에 영향받기 쉬운 짐승이 중독되어 계속 같은 나무로 돌아와 잎을 잘근거리다 씨앗을 주변으로 옮기게 되었을지도 모른다. 최근 유전학자들은 커피나무와 인간이 중요한 특성 하나를 공유한다는 사실을 발견했다. 그 특성이란 바로 유전자다. 커피나무와 인간은 여러 단백질 생성 유전자를 공유하며, 심지어 그 수가 인간(2만 개 남짓)보다 커피나무(2만 5천 개) 쪽이 더 많기까지 하다. 커피의 진화에 대한 시야를 넓혀 주거나, 인류를 조금 겸허한 눈으로 보게 될 수

있을지도 모르는 사실이다.[18]

특정 종류의 커피나 커피콩을 볶는 과정에서 발암물질이 생성된다는 괴담은 여전히 여러 곳에서 등장한다.[19] 카페인은 커피콩에 든 수천 가지 화학물질 중 하나일 뿐이며, 콩을 볶는 과정에서 화학물질의 가짓수는 더욱 증가한다. 인터넷에 떠도는 여러 주장은 수천 가지의 구성 요소 중에서 한 가지에만 집착한다. 아라비카 커피에는 최소 열두 가지의 서로 다른 폴리페놀 화합물이 존재하며, 그중 가장 많은 물질은 아무리 봐도 수영장에 더 어울리는 '클로로겐산'이라는 이름을 가지고 있다. 그러나 그 이름이 아무리 독극물 같더라도, 아직까지 우리는 카카오나 올리브에서 발견되는 대부분의 폴리페놀이 몸에 이롭다고 생각하고 있다.

우리는 쌍둥이 연구에서 커피 선호도 또한 다른 대부분의 식품 선호 성향과 마찬가지로 유전자의 영향을 강하게 받는다는 사실을 확인하는 실험을 수행했다.[20] 부분적으로는 미각 유전자의 영향도 있겠지만, 유전자 관련 메타분석을 하는 다른 연구진과 협업한 결과, 우리는 이런 선호도가 커피 및 그 안의 수천 가지 화학물질이 간에서 처리되는 과정을 제어하는 다른 특정 유전자와 긴밀한 관계를 가진다는 사실을 확인했다. 커피와 같은 복합식품을 섭취할 때 드는 좋고 나쁜 느낌은 또한 효소가 그 식품을 분해할 때 몸에서 생성되는 화학물질과 연관이 있기도 하다. 다른 말로 하자면, 사람마다 효과가 다르다는 뜻이다.[21]

수천 가지 화학물질과 열 가지가 넘는 항산화 폴리페놀 외에도, 커피에는 한 잔에 0.5그램에 달하는 놀랄 정도로 많은 섬유질이 들어 있다. 섬유질과 폴리페놀의 혼합물은 우리 장내 미생물에게도 좋은 식사거리가 된다.[22] 미생물은 섬유질을 분해하여 부티르산과 같은 중요한 단쇄지방산을 생산하며, 이는 의간균류나 프리보텔라균과 같은 몸에 이로운 미생물 종의 증가로 이어진다.[23] 따라서 커피는 단순한 카페인 효과 외에도, 아침마다 우리 몸속 미생물을 일깨우는 역할도 하는 셈이다.

에스프레소니 진하게 우린 커피를 좋아하지 않는다면 어떨까? 미국에서 충분한 양의 폴리페놀을 얻으려면 0.5리터들이 대용량 커피를 마셔야 할지도 모르지만, 우리 몸의 미생물은 디카페인 커피든 냉동건조 인스턴트커피든 함량만 동일하면 거의 같은 정도로 커피를 즐기는 것으로 보인다. 그러나 차를 선호하는 사람들에게는 상황이 다를 수 있다. 차에도 폴리페놀은 들어 있지만 커피에 있는 여분의 섬유질은 없으며, 홍차에 그리 이로운 효과가 없는 이유도 이것으로 설명할 수 있을지도 모르겠다. 아침마다 진짜 커피 냄새를 맡으며 잠에서 깨고 싶지 않은 사람을 위해 한 가지 덧붙여 두자면, 커피 생두 추출물을 보충제로 섭취할 경우 체중 감소에 도움이 될 수도 있다는 증거가, 빈약하기는 해도 존재하기는 한다.[24]

커피와 같은 식품이나 음료를 악당에서 영웅으로, 또는 그 반대로 변신시키는 수많은 이야기를 살펴보고 있노라면 일반적인 식품을 독극물이나 기적의 치료제로 간주하는 온갖 증거들을 있는 그대로 받아들이기가 힘들어진다. 어찌됐든 수천 년 동안 섭취해 온 카카오와 커피가 지금 우리의 지식수준에서는 해롭지 않을 가능성이 크며, 심지어 이로울 수도 있다는 말을 들으면 안도가 되기는 한다. 하지만 악마의 피조물인 알코올에 대해서도 같은 말을 할 수 있을까?

15

알코올 함유

2006년 연말에 죽음의 황달이 러시아를 휩쓸었다. 처음에는 수백 명, 뒤이어 수천 명의 사람이 선명한 노란색 피부와 누렇게 떠 가는 흰자위를 내보이며 러시아 전역의 응급실 문을 두드렸다. 이런 환자들은 구토와 가려움증을 동반한 심각한 증세를 보였다. 일부는 일주일 안에 목숨을 잃었고, 다른 사람들은 운이 좋으면 몇 년 정도 더 버텼다. 나타샤는 모스크바 외곽에 살던 30세 여성으로, 일곱 살 아들이 딸린 홀어머니였다. 그녀는 1년 후 간부전으로 사망했다. 이 모든 황달 환자들은 한 가지 공통점을 가지고 있었다. 바로 러시아어로 사모곤이라 부르는 밀조 보드카를 마셨다는 것이었다. 이 밀주는 사실 의료 소독제로 사용하는 95퍼센트 에탄올을 조합해 만드는 싸구려 혼합물로, 40펜스면 한 병을 살 수 있다. 총 12,500명이 이런 증상을 보였으며, 이 사태에서만 그 10분의 1이 목숨을 잃었다. 지역 주민들은 이들 알코올 중독자에게 조금도 동정을 표하지 않았다.

　러시아인은 지난 60년 동안 세계 최고 수준의 음주량(과 흡연량)을 자랑하는 민족이었다. 소비에트 연방이 붕괴한 90년대 초반에 소비량이 최대치를 찍었는데, 당시 알코올로 인한 사망률은 순간적으로 40퍼센트대에 도달하기도 했다. 오늘날에도 전체 러시아인의 25퍼센트 정도는 알코올로 인한 문제를 겪는다. 매년 50만 명이 목숨을 잃으며, 55세 이전의 남성 네 명 중 한 명은 알코올 때문에 죽는다. 덕분에 러시아의 기대수명은 유럽 최저 수준으로, 남성의 경우는 64세에 불과하며 이는 세계 최하 50위 안에 들어간다. 높은 사망률에 기여하는 요소는 주로 심장 질환과 암이지만, 미국의 두 배인 15.7리터에 달하는 1인당 평균 음주량도 분명 연관이 있으며, 섭취 방식이 보드카 폭음이라는 점도 영향을 끼칠 수밖에 없을 것이다.[1]

　알코올이 몸에 이로울까, 아니면 해로울까? 이 질문에 대한 답변은 사실 음주량에 따라, 그리고 당신이 어디에 사는 어떤 민족인가에 따라 달라질 수밖에 없다. 러시아인한테는 당연히 몸에 해롭다고 말할 수밖에 없겠지만, 음주가 생활과 식습관의 구성 요소 중 하나인 지중해 지방 사람들에게는 어떨까?

　이쪽 방면으로는 온갖 모순되는 이야기가 가득하다. 알코올은 중독을 일으키는 독성물질이며, 태아의 기형을 유발할 수 있고, 암과 우울증으로 이어진다. 동시에 감정을 고양해 주고 사회적 또는 성적인 성공을 불러오며, 심장병 증세를 완화해서 장수하도록 해 준다. 흔히 말하는 안전한 허용량은 개인에 따라 하루 두세 단위(예를 들자면 포도주 두세 잔) 정도다. 하지만 이 또한 평균치에서 추산한 수치에 지나지 않으며, 어차피 다들 사용하는 잔이 다르기도 하다. 유럽을 비롯한 여러 국가에서, 주류에는 의무적으로 식품성분표를 붙일 필요가 없으며, 따라서 그 구성 성분은 보통 모호하기만 하다. 맥주 500ml가 180kcal, 포도주 한 잔이 150kcal라는 사실을 알면 대부분의 사람들은 깜짝 놀란다. 많은 나라나 문화권에서 맥주가 주류 취급을 받지 못하는 상황은 이런 혼란을 더욱 증폭시키기만 한다.

그러나 물처럼 단순한 물질의 문제도 전부 해결되지 않았다는 사실을 생각해 보면, 알코올을 파악하기 힘든 정도는 그리 놀라운 일이 아니다. 대부분의 사람들은 건강을 유지하려면 하루에 2리터(8잔) 이상의 물이 필요하다고 생각한다. 그리고 요즘 젊은이들은 탈수증세를 두려워한 나머지 화학물질로 가득하고 미생물은 전혀 없는 플라스틱 물통을 항상 가지고 다닌다. 이 또한 뒷받침할 근거가 전혀 없는 현대의 신화 중 하나다. 인체에 필요한 물의 양은 개인차가 심하며, 우리 몸은 목이 마를 때 그 사실을 알리도록 완벽하게 적응되어 있다. 어쨌든 우리는 상당량의 물을 음식, 커피, 차, 청량음료, 심지어 주류를 통해서도 섭취한다. 사냥에 나서는 우리 조상들은 5분마다 수통에서 한 모금씩 홀짝이지 않아도 충분히 생존할 수 있었다.

유전자를 탓하자

　2006년의 어느 날 오전 2시 36분, 캘리포니아의 따뜻한 밤 공기 속에서, 할리우드 스타 멜 깁슨은 렉서스를 몰고 말리부 해안의 고속도로를 즐겁게 달려가고 있었다. 시속 45마일 구역에서 84마일의 속도로 질주하던 그는 제임스 미라는 교통경관에게 저지당해 차를 세웠다. 조수석에는 거의 가득 찬 데킬라 병이 뚱하니 앉아 있었고, 깁슨은 자신이 그 병에서 한두 모금 들이켰음을 인정했다. 그는 내내 협조적인 태도를 보였다. 음주 측정기에서 법적 한계치를 50퍼센트나 넘긴 수치가 나오고 경관이 그를 구속하려 들기 전까지는. 다음 순간 내면의 악마가 그를 사로잡았다. 경찰 보고서에 의하면, 깁슨은 차를 몰고 집으로 가면 안 된다는 말을 듣자 분노하여 공격적인 태도를 보였다. 우선 그는 절망에 빠졌다. "내 인생은 끝났어. 완전 ×됐다고. 로빈이 나를 버리고 떠날 거야." 뒤이어 그는 자신이 '말리부의 주인'이나 다름없으며 경관에게 '복수'할 것이라고 허풍을 떨더니, 경관에게 유대인이냐고 물어본 다음 "유대인 ×새끼들. 이 세상의 전쟁은 전부 유대인 새끼들 때문이야"라고 말했다. 이 보고서가 인터넷에 공개되자 전 세계의 대중과 매체들은 격렬한 비난을 퍼부었으며, 여전히 꾸준히 이야기거리로 사람들의 입을 오르내리고 있다. 같은 날 26년을 함께 살아온 아내는 별거를 시작했다.

　깁슨은 끊임없이 사과하며 자신이 심한 압박에 시달려 왔고 억눌린 분노가 쌓여 있었으며 누구나 '그런 류의 행동'을 한 번쯤 하게 마련이라 말해 왔다. 덤으로 유전자 탓을 하는 것도 나쁘지 않았을 것이다. 그는 극도로 보수적인 가톨릭 가정 출신이며, 그의 아버지는 사건 몇 년 전에 반유대 발언과 홀로코스트가 '대부분 거짓'이라는 주장을 해서 비슷한 물의를 일으킨 적이 있었기 때문이다.

우리는 앞선 쌍둥이 연구에서 공격적 행동을 보이는 성향이나 극도의 보수적 관점이나 심지어 종교적 신념에도 유전적 요인이 상당한(50퍼센트가량의) 영향을 끼친다는 사실을 확인한 바 있었다.[2] 그러나 이런 유전자를 이용한 변호는 법정에서는 생각보다 잘 먹히지 않는데, 인간이란 결국 변화할 수 없는 존재라는 암시가 되기 때문일지도 모른다. 많은 사람은 술이 단순히 인간의 방어기제를 제거해서 진짜 생각과 신념이 드러나게 만드는 것인지, 아니면 알코올과 분노가 조합되면 되는대로 욕설과 장광설을 늘어놓게 만드는지를 놓고 궁금해한다. 멜 깁슨은 알코올과 자신의 정신 상태를 탓했다. 그는 3개월 면허 정지를 당하고 알코올 중독 교정시설로 보내졌다. 형인 크리스처럼 자기 가문에 유전되는 알코올 중독 유전자가 문제였다고 주장했다면, 깁슨은 더 많은 동정표를 얻을 수 있었을까?

우리가 알코올을 대하는 방식은 전부 어느 정도 유전자의 영향을 받는다. 어떤 사람들은 맥주의 쓴맛 같은 특정 맛을 싫어하며, 어떤 사람들은 순식간에 어지럼증이나 두통에 시달린다. 어떤 사람들은 별다른 부작용 없이 많은 양을 섭취할 수 있는데, 주로 이런 사람들이 중독되기 쉬우며 이내 알코올중독에 빠지게 된다. 즐겁게 술을 마시는 능력은 몇 종류의 주요 효소에 달려 있으며, 세계적으로 경향성이 다양하다. 아시아인은 특히 알코올 저항성이 낮기로 유명한데, 이는 탈수소효소의 변종을 형성하는 알코올 관계 유전자를 가지고 있어서, 그런 유전자가 없는 유럽인이나 아프리카에 비해 알코올 대사 속도가 50배 정도 빠르기 때문이다.

따라서 일본인 친구나 동료들과 함께 술자리를 가지면, 종종 한 잔에 얼굴이 시뻘게져서 낄낄거리는 사람이 등장한다. 어떤 사람들은 이런 유전자 돌연변이 덕분에 미국이 서부 지방을 얻을 수 있었다고 말하기도 하는데, '백인의 불타는 물'이 1만 년 전에 그 유전자를 가지고 아시아에서 건너온 여러 미국 원주민 부족의 몰락을 초래했기 때문이다. 현재 유력한 가설은 아밀라아제 유전자의 변화가 녹말을 소화하는 방식을 바꾼 것처럼, 농경을 시작하며 유전자가 적응하기 시작했다는 것이다. 우리 몸에 들어온 알코올은 ADH라는 효소에 의해 아세트알데히드로 변환되는데, 이 아세트알데히드야말로 얼굴이 빨개지게 만들거나 두통이나 구토나 기억상실이나 탈억제 등 온갖 고약한 부작용을 일으키는 원인이다. 그리고 ADH를 생산하는 유전자는 민족과 국가에 따라 상당한 차이를 보인다.

중국에서는 약 1만 년 전부터 대규모 쌀 농경이 시작되었고, 미생물로 쌀을 발효시켜 만드는 청주와 기타 여러 주류가 등장했다. 물론 많은 사람은 별다른 부작용 없이 집에서 빚은 술을 마셨겠지만, 결국 일부는 알코올 내성을 가지거나 알코올중독이 되었을 것이다. 이런 술꾼 중국인들은 종종 자기 자식을 돌보는 대신 논바닥에 엎어진 채로 시간을 보냈을 것이다. 자신의 토사물에 얼굴을 처박고 있는 모습이 배우자로서 매력적으로 보였을 리는 없을 것이다. 그리고 술을 마신 임산부의 아이들은 생존 확률이 낮았을 수도 있다. 따라서 알코올 내성 유전자는 말라죽고 알코올에 극도로 민감한 (라거 맥주 반 잔이면 취해 버리는) 알코올 대사를 가진 사람들은 번영했을지도 모른다. 이들은 알코올에 중독될 일이 없으며, 자식들도 생존할 확률이 높기 때문이다.[3]

약 6천 년 전부터, 원래는 희귀했던 이 유전자 변종이 번성하며 아시아를 장악했고 이내 표준으로 자리 잡았다. 아시아에도 알코올중독자가 존재하기는 하지만 드문 편이며, 많은 사람이 유럽인의 알코올중독 돌연변이를 일으키지 않은 유전자를 가지고 있다. 이는 일본을 비롯한 아시아 전역에서 가라오케 술집이 성공을 거두는 이유일지도 모르는데, 아시아인은 술 냄새를 맡기만 해도 자제력을 벗어던지는 경향을 보이기 때문이다. 중국의 알코올 유전자의 역사와 진화를 살펴보면 알코올이 공동체에 전반적으로 도움이 되지 않는다는 결론을 내리게 될지도 모르겠다. 그러나 이런 유전자 돌연변이는 유럽인들에게는 그리 퍼지지 않았으며, 알코올 불내성을 가진 사람의 비율은 소수에 불과하다.

그렇다면 이런 돌연변이 유전자가 유럽을 점령하지 못한 이유는 무엇일까? 유럽 여성들은 실제로 만취한 남성이 더 매력적이라고 생각한 것일까? 아니면 주기적으로 알코올을 섭취하면 알코올중독이라는 명백한 위험을 상쇄하고도 남을 만한 이득을 얻을 수 있는 것일까?

전 세계에서 대규모 집단을 상대로 끊임없이 벌어진 온갖 연구에 의하면, 가벼운 음주를 즐기는 사람은 아예 금주하는 사람에 비해 심장 질환 발병률이 낮다고 한다.[4] 34건의 관찰 연구를 종합한 결과에 의하면, 매일 남성의 경우에는 4.8유닛, 여성의 경우에는 2.3유닛 이하의 알코올을 섭취한 경우에는 심장병 위험인자가 18퍼센트 정도 감소했다. 심장 질환과 사망에 대한 예방 효과가 최고인 경우는 1유닛에 조금 못 미치는 알코올을 매일 섭취하는 경우였는데, 포도주를 작은 잔으로 한 잔씩 마시는 것에 해당한다.[5] 그러나 러시아인 같은 술고래 민족의 경우에는, 심장 질환 발병률이 높아지며 위험도가 반대쪽으로 상승하기 시작한다(흔히 J자형 그래프라 부르는 형태다). 이런 연구가 관찰 연구이며 따라서 음주와 연관된 다른 요소로 인한 오류가 생길 수 있다는 점을 잊지 않도록 하자. 프랑스는 수십 년 동안 심장병과 뇌졸중으로 인한 사망률이 영국의 절반 정도였다. 물론 최근에는 의학의 발전으로 양쪽 모두 감소했지만. 프랑스에서는 포도주의 형태로 훨씬 많은 양의 알코올을 섭취하기 때문에, 앞서 설명한 '프렌치 패러독스'의 가장 인기 있는 가설은 바로 포도주였다. 그러나 프랑스인의 포도주 사랑은 간경화를 비롯한 온갖 알코올 관련 질병의 발병률도 높이게 마련인데, 보호와 위험 사이의 경계가 아슬아슬하다는 실례라고 할 수 있을 것이다.

적포도주 보충제, 혹은 뱅 루주

1965년의 평균적인 프랑스인은 매주 거의 다섯 병의 뱅 루주vin rouge를 섭취했다. 1970년대의 오토루트 휴게소 식당에서는 프랑스인 트럭 운전수들이 코냑 한 잔을 반주삼아 아침 식사를 즐기는 모습을 쉽게 찾아볼 수 있었다. 규율과 공동체 양쪽이 훨씬 빽빽해지며 포도주 섭취량은 과거의 4분의 1 수준으로 떨어졌는데, 여기에는 교통사고뿐 아니라 간경화증도 어느 정도는 기여했다. 그래도 프랑스인은 평균적으로 매주 한 병에 조금 못 미치는 포도주를 섭취하며, 포도주 섭취량 지표에서도 여전히 최상위 근처를 노닌다. 프랑스를 앞서는 국가는 로브와 스타킹을 걸치고 남성 전용 클럽에 모여서 술독에 빠져 사는 사람들의 나라인 바티칸뿐이다. 프랑스는 이제 포도주보다 맥주 소비량이 앞서게 될 위험에 직면해 있는데, 젊은이들의 포도주 구매량이 꾸준히 줄어들고 있기 때문이다. 이탈리아나 스페인 같은 다른 포도주 애호 국가에서도 이런 경향을 찾아볼 수 있다.

적포도주에 심장병 예방 효과가 있는 것은 분명하지만, 그 효과는 잘 쳐줘도 미미한 정도이며 오랜 세월에 걸친 큰 차이를 설명할 수 있을 정도는 아니다. 문화가 하나의 요인이 될 수도 있을 것이다. 술은 마시는 방법이 중요하다. 규칙적으로, 심신이 편안한 상태에서, 여유롭게 술을 홀짝이는 프랑스식 음주 방법은 분명 보호 효과가 있어 보인다. 그에 반해 많은 영국인은 한 번에 한 잔씩 비우는 금요일 밤의 '해피 아워'식 폭음을 간헐적으로 즐기는데, 이로 인한 생산성 감소가 전국적으로 200억 파운드에 달한다는 보고도 있다.[6] 또한 알코올의 보호 효과가 적포도주에서만 일어나는지도 연구를 통해 명확하게 증명되지 못했다. 일부 연구에서는 모든 주류가 같은 효과를 보인다고 하는데, 여기에는 건강에 민감한 영국인들이 마음껏 대량 섭취하는 맥주도 포함된다. 그러나 기네스 맥주의 과거 주장을 제외하면, 맥주에서는 그런 건강상의 이득을 별로 찾아볼 수 없는 듯하다.

벨기에는 초콜릿과 수제 맥주로 유명한데, 실은 프랑스 혁명 당시 도망치던 수도사들이 비탄을 잠재울 물건을 찾기 시작하면서부터 융성한 산업이다. 벨기에의 어떤 전문 카페에서는 천 가지가 넘는 맥주를 구매할 수 있는데, 대부분 가게 특유의 유리잔에 담겨서 나오며, 과일을 비롯한 온갖 종류의 원료가 사용된다. 벨기에의 동료들은 맥주에 포함된 다양한 폴리페놀의 건강상 이득을 확인하느라 여념이 없으나, 동시에 맥주 속의 효모와 이눌린을 비롯한 프리바이오틱 성분이 수천 가지의 대사물질과 조합되면 장내 미생물에도 긍정적인 영향을 줄 수 있으리라 예측하고 있다.[7] 맥주는 포도주에 가까운 11도의 도수에 '델리리움 트레멘스(진전섬망)'나 '모르트 수비테(급사)' 같은 건전한 이름을 자랑하는 부류부터, 1980년대까지 학교 급식에 포함될 정도였던 약한 부류까지 종류가 다양하다. 요즘 학교 급식의 청량음료가 심한 반발에 직면한 것을 생각해 보면, 머지않아 약한 맥주의 르네상스가 찾아올지도 모르겠다.

명확한 역학적 증거가 부족하고, 많은 포도주 애호가가 가끔 맥주도 마시기는 하지만, 적포도주에 건강에 이로운 화학적 성분이 들어 있으리라 생각하는 이유는 그 외에도 몇 가지가 있다. 포도는 극도로 폴리페놀이 많은 과일로, 최근 연구에서 검출된 건강에 이로운 화학물질 109종 중에는 다양한 플라보노이드와 요즘 한창 유행하는 화합물인 레스베라트롤도 있다. 요즘은 주로 비음주자를 위한 건강 보충제로 팔리는 물질이다.

레스베라트롤은 주로 포도와 땅콩과 일부 베리류에서 발견되며, 건강에 다양한 효과를 보이고, 여러 종류의 유전자를 후생적으로 발현시킬 수 있다. 온갖 연구와 홍보물을 전부 믿는다면, 레스베라트롤은 수명 증가와 심장 질환, 섬망, 암의 발병률 감소를 비롯한 다양한 효과를 보인다. 21년에 걸친 집중 연구의 결과에 의하면, 하루에 여섯 병의 포도주에 해당하는 많은 양을 섭취할 경우 심장 질환 위험이 줄어든다는 사실이 확인되었다. 다만 이것은 당신이 쥐일 경우에만 해당하는 이야기다. 지금까지 수백 마리의 설치류와 시험관을 이용한 연구가 진행되었지만, 레스베라트롤의 정량에 대해서는 여전히 논란의 여지가 있다.

인간의 알코올과 레스베라트롤 대사 작용은 설치류와 상당히 다르기 때문에, 인간을 대상으로 한 연구는 반드시 필요하다. 슬프게도 인체 실험 자료는 그 양과 질에 있어 실망스럽기만 하다. 한 가지 문제는 레스베라트롤이 장에서 흡수되어 혈액으로 유입되기 힘든 물질이기 때문에, 쥐와는 달리 충분한 양이 혈류로 유입되기 힘들다는 것이다. 일부 매우 작은 규모의 연구에서는 단기간의 이득이 확인되었으나, 일일 섭취량을 1그램 이상으로 올리자 설사를 비롯한 통상적인 부작용이 발생했다.[8] 그리고 섭취량을 그 이상으로 올리자 일부 실험체의 신장 등 장기에서 독성 효과로 작용하는 것이 확인되었다. 따라서 레스베라트롤이 인간에게 이롭다는 명확한 증거는 아직 존재하지 않는다고 해야 할 것이다.[9]

우리 장내 미생물은 술을 좋아할까?

98명의 미국인 자원자를 대상으로 한 상세한 염기서열 분석 연구에서, 체적 또는 식단 내 지방이라는 요소를 배제했을 때, 장내 미생물 구성에 가장 많은 영향을 끼치는 식단의 요인은 바로 적포도주 음용이었다.[10] 롭 나이트가 지휘하는 미국 장내 미생물 프로젝트에서, 최근 3천 명의 피험자에게서 얻어낸 자료에 의하면, 주기적으로 음주를 즐기는 피험자는 큰 폭으로 미생물 다양성이 증가한다고 한다. 보통 미생물 다양성의 증가는 건강에 이로운 요소로 간주한다. 물론 이 연구에서는 포도주의 효과와 버드와이저의 효과를 구분할 방법이 없다. 따라서 우리 미생물과 술의 관계는 알코올 그 자체에서 오는 것일 수도, 포도나 맥주의 화학 성분에서 오는 것일 수도 있다. 단순한 관찰 연구로는 이런 세부 사항은 명확하게 판별하기가 힘들다.

간신히 윤리위원회의 심의를 통과한 스페인의 한 연구에서는, 알코올을 주기적으로 음용하는 대가로 돈을 받을 생각이

머리에 꽉 찬 자원자를 열 명이나 찾아냈다. 이들은 이후 3개월 동안 세 가지 주류를 꾸준히 시음했는데, 각각 스페인산 레드 메를로 두 잔, 알코올 도수가 낮은 (0.4퍼센트) 메를로 두 잔, 진 두 잔이었다. 이들의 미생물 변화를 확인한 연구진은, 세 집단 모두에서 거의 언제나 몸에 이롭다고 생각하는 방향으로 미생물 다양성이 증가한 것을 확인했다. 진 집단을 제외한 두 종류의 포도주 집단에서는 특정 주요 미생물 종이 이로운 방향으로 변화한 것이 확인되었다. 특히 우리의 오랜 친구인 비피더스균과 프리보텔라균에서 큰 증가가 확인되었으며, 이는 곧 혈중 지질과 염증반응 지표의 감소로 이어졌다. 이 실험에서 연구진은 가장 큰 효과를 일으키는 물질이 알코올 자체가 아니라 포도주 속의 폴리페놀임을 확인했다.[11] 레스베라트롤과 나머지 수백 가지의 화학물질과 109종류의 폴리페놀의 효과를 식별해 내는 것은 물론 불가능한 일이다. 진 음용이 돌아가신 엘리자베스 왕대비의 건강과 장수에 도움이 되었다는 주장을 종종 마주하게 되기는 하지만, 여기에 올리브를 추가해서 폴리페놀 공급량을 늘렸다면 장내 미생물이 더 오래 살도록 도움을 주었을지도 모를 일이다.[12]

적포도주 속의 레스베라트롤 이야기를 비판하는 측에서는, 적포도주의 레스베라트롤 함량이 너무 적어서 하루에 여섯 병씩 마시지 않으면 제대로 효력을 볼 수 없다는 점을 지적한다 (물론 이 경우의 부작용은 굳이 설명할 필요가 없을 것이다). 게다가 레스베라트롤 함량이 가장 높은 포도주는 균류가 살짝 번식한 싸구려 적포도주인데, 이런 물건을 마시면 두통에 시달리게 될 가능성이 상당히 크다. 이 또한 레스베라트롤 보충제 산업이 쭉쭉 성장하는 이유 중 하나다. 심지어 거대 제약회사들도 이런 기적의 화합물을 맹신하곤 한다. 다국적 대기업인 글락소스미스클라인 사는 7억 2천만 달러에 서트리스 제약을 인수했다. 이들의 주요 생산품은 항노화효소인 Sirt-1를 활성화한다고 알려진 레스베라트롤이었는데, 얼마 지나지 않아 그 주장은 사실이 아닌 것으로 드러났다.

식품이 어떤 방식으로 우리 몸의 미생물 생태계와 상호작용하는지를 고려해 보면, 개별 화학물질로 해체해서 분석하는 행위가 말이 안 된다는 점을 쉽사리 깨달을 수 있을 것이다. 식품의 힘은 자연적인 식품의 총체적인 구성 성분과 그 모든 성분이 자기들끼리, 또는 미생물과 상호작용을 일으켜 만들어지는 수천 가지의 대사 부산물에서 나오는 것이다.

당신이 나처럼 알코올이 건강에 이롭다는 걸 경계하면서도 믿는 사람이라 해도, 좋은 물건조차 너무 많으면 문제가 발생할 수밖에 없다. 이탈리아인과 아일랜드인의 연평균 음주량은 거의 비슷하지만, 술로 인해 건강에 문제를 겪는 경우는 아일랜드인 쪽이 더 많다. 이는 유전적 요인일 수도 있지만, 지중해식 식단이 미생물에 영향을 끼쳐 보호 효과가 발동되기 때문일 수도 있다. 자원자를 상대로 알코올 과음의 단기적 효과를 확인하려는 연구는 세계 곳곳에서 흔히 찾아볼 수 있는데, 대개 자원자는 돈에 쪼들리는 학생들이다. 그러나 핀란드 쌍둥이 등록소에서 일하는 동료인 야코 카프리오의 말에 따르면, 병원의 완벽한 안전 지원이 확인되어도, 윤리위원회에서 허용하는 음주량은 헬싱키 대학생들이 주기적으로 밤샘 파티에서 마시는 양의 절반에도 미치지 못한다고 한다.

혹시라도 레스베라트롤을 권장량 이상으로 섭취하려 애쓰다가 이튿날 숙취의 고통에 시달려 본 적이 있는 사람이라면, 상한 음식을 먹었다는 판에 박힌 핑계 대신 장내 미생물의 탓을 해 보는 것도 나쁘지는 않을 것이다. 켄터키의 한 연구진은 자원자들에게 큼직한 잔(140ml들이)에 보드카를 가득 따라줘서 폭음과 같은 효과를 낸 다음, 이들의 대장과 혈류에서 무슨 일이 일어나는지를 관찰했다. 미생물의 세포벽에서 분비된 독소는 순식간에 혈류에서 검출되었고, 동시에 염증을 일으키는 미생물의 수는 늘어났다. 이런 변화는 곧 면역계를 자극했다. 보드카가 자원자들에게 일으키는 효과가 고약할수록, 미생물 생태계가 교란되는 정도도 심해지고 생산되는 미생물 독소의 양도 증가했다.[13] 이렇게 미생물의 세포벽에서 생성되는 독소는 생쥐의 경우에는 면역계를 활성화시키며 알코올중독을 유발하는 역할을 했다.[14] 조금 억지 해석이라 생각할 수도 있겠지만, 미생물이 부분적으로 인간의 알코올중독을 유발할 가능성도 있어 보인다. 그러나 알코올 연구가 항상 그렇듯이 이 현상에도 상당한 개인차가 존재하며, 이는 유전적인 요인뿐 아니라 보드카 실험 자원자의 장 속에 원래 살고 있던 미생물의 종류와 다양성에 따라서도 달라질 수 있을 것이다.

최근 영국에서 실시한 것과 같은 대규모의 종단 역학 연구에서 적절한 음주가 미약한 보호 효과를, 특히 노년 여성에게 제공할 수 있다는 보고가 나오기는 했지만, 연구의 편향성은 여전히 의심할 필요가 있다.[15] 여러 연구에서는 진술의 정직성에 의존하는 구시대적인 설문지가 아니라 알코올 불내성 유전자 자체를 음주의 지표로 사용하기도 했다. 관찰 연구에서는 수년 동안 대장암이 음주와 연관을 가진다는 결론을 내려왔지만, 대부분의 편향성을 배제한 대규모 유전자 기반 연구에서는 그런 사실을 확인할 수 없었다.[16] 2014년에 설문지가 아니라 알코올 불내성 유전자(알코올 탈수소 효소)를 음주 지표로 이용해 26만 명을 연구한 메타분석에서는, 가벼운 음주의 보호 효과에 의문을 제기하는 연구 결과가 나왔다. 그러나 유전자 및 유전자와 문화의 상호작용은 아직 명확히 밝혀진 분야가 아니며, 이런 연구에서는 포도주 음용을 따로 확인하지 않았다.[17]

따라서 나는 최대한 위험을 피하는 쪽으로 판돈을 걸고 있다. 나는 여전히 폴리페놀이 풍부한 포도주를 매일 한 잔씩 마시지만, 보드카를 병째 들이켜지는 않으며, 이런 가벼운 음주가 미생물들에게도 만족스럽기를 기대하고 있다. 최근의 연구에 따르면 음주가 우리 몸에 끼치는 영향은 지극히 개인차가 크다. 인간의 몸은 사람마다 매우 다른 방식으로 술에 반응하는데, 이는 우리 유전자뿐 아니라 우리 몸의 미생물 때문이기도 하며, 술 외의 식단이나 음주 습관에 따라서도 상당히 달라진다. 따라서 정부의 뭉뚱그린 '안전한 음주' 권장량은 사람에 따라 너무 적거나 너무 많을지도 모른다. 이런 권장 사항은 개인에 맞춰 바꾸어 받아들여야 할 것이다. 테킬라와 마찬가지로, 소금 한 움큼 정도의 여지를 두고 받아들여야 한다.

영국에서는 이제 매일 술을 마시는 사람보다 매일 비타민을 복용하는 사람이 많아졌다. 하지만 과연 비타민이 술보다 훨씬 몸에 이롭다고 할 수 있을까?

비타민

리아나나 마돈나 같은 셀러브리티들은 이제 알약을 삼키지 않는다. 기사에 따르면 이들은 이제 개인별로 맞춤 제작한 비타민을 정맥주입으로 주사해서 육체가 '더 많은 비타민과 미네랄을 받아들일 수 있도록' 만든다. 요즘은 제법 많은 사람이, 비싼 스파에서 '보충식' 비타민 치료를 받거나 유행의 첨단이라 할 수 있는 '드립 앤드 칠'에서 비타민 주사를 맞고 명상을 즐기면서, 비타민 덕분에 온몸에 활력이 돌아오는 것이 느껴진다고 말한다. 우리도 셀럽들을 따라야 하는 걸까, 아니면 이 모든 상품이 단순히 값비싼 숙취 치료요법에 지나지 않는 걸까?

요즘 우리가 먹는 식품이 50년, 심지어 30년 전과 비교해도 건강에 해로워졌다는 것은 이제 공공연한 사실이 되었다. 그 주된 이유는, 우리가 원래 식품의 영양소가 거의 제거된 가공식품을 사랑하게 되었기 때문이다. 그러나 많은 사람에게 알려지지 않은 사실이 하나 있다. 정부에서 면밀히 조사한 바에 의하면, 영국에서는 신선한 과일이나 채소, 심지어 고기조차도 50년 전의 같은 상품에 비해 영양소와 비타민 함유량이 절반 정도라는 것이다. 온갖 조언과 영리한 광고 전략에 의해, 우리는 비타민이 원래 식품과 별개로 존재하는 물질이라는 생각에 사로잡혀 버렸다. 사람들이 비타민 보충제를 복용하는 데에는 온갖 이유가 있는데, 가장 흔한 이유는 활력과 건강을 증진하고 암을 물리치기 위한 것이다.

최초의 비타민(19세기에는 철자를 'vitamine'이라고 썼다)은 각기병이라는 제3세계 질병을 연구하는 과정에서 발견되었다. 각기병에 걸리면 팔다리가 부어오르며 심부전이 발생하고 기억상실을 비롯한 여러 정신 및 신경 장애를 보이는데, 아무도 병의 원인을 알아내지 못했다. 그러다 마침내 카시미르 풍크라는 이름의 폴란드 화학자가, 쌀겨가 붙은 현미에서 순수한 백미로 갑자기 식단이 바뀐 사람들이 이 병에 걸린다는 사실을 알아냈다. 현미를 백미로 만드는 과정에서는 온갖 영양소와 몸에 필수적인 비타민 B를 함유한 쌀겨가 벗겨져 나간다. 그는 다른 여러 질병도 비슷한 '비타민' 부족에서 발생하는 것이라 추측했다.

우리는 음식을 통해 여러 종류의 비타민을 섭취하며, 여기에 장내 미생물이 합성하는 비타민이 추가된다. 장내 미생물은 우리 몸의 대사물질의 3분의 1 정도를 합성해 주는 것에 그치지 않고 비타민을 분비해 주기도 한다. 특히 B_6, B_5, 니아신, 비오틴, 엽산 등의 B계열 비타민과 비타민 K는 미생물이 생산해서 우리 몸에 공급해 주는 물질이다. 앞서 언급했듯이 대장의 미생물이 생산하는 비타민 B12는 고기를 먹지 않는 비건에게 도움이 될 수 있지만, 제대로 흡수되려면 훨씬 위쪽에 있는 위장에서 호르몬과 섞여야 하는 만큼 별로 쓸모는 없다.

엽산이나 B12와 같은 일부 비타민은 그 복용량에 따라 예상치 못한 효과를 보일 수도 있는데, 후성적인 유전자 변화를 일으킬 수 있기 때문이다(내 전작인 『같으면서 다르다』에서 보다 자세하게 설명해 놓았다). 비타민 A와 같은 물질은 우리 면역계에 필수적이며, 부족할 경우 몸에 상당한 충격을 입힌다. 장에 있는 수용체는 특정 비타민의 부족이 감지되면 미생물을 변화시킨다. 특히 우리 몸에 이로운 길쭉한 실 모양의 박테리아(사상성 세균)의 수가 줄어들며, 이는 면역반응과 염증으로 이어질 수 있다.[1]

따라서 비타민 수치를 정상으로 유지하면 우리 몸과 우리 미생물 양쪽에 이득이 된다. 일반적인 신선한 채소와 과일에 가끔가다 고기 한 조각을 추가하는 균형 잡힌 식단만으로도 99퍼센트의 사람들에게 적정 비타민 수치를 유지해 줄 수 있지만, 대부분의 사람들은 이 사실을 믿지 않는다. 최초의 종합 비타민 보충제가 상업적으로 생산되기 시작한 1940년대 이래, 이 시장은 꾸준히 성장해 왔다. 이제 35퍼센트의 영국인과 50퍼센트의 미국인은 규칙적으로 보충제를 섭취하며, 영국 시장은 7억 파운드, 미국 시장은 300억 달러라는 엄청난 규모에 이르렀다. 당신이 이런 제약회사의 주주가 아니라고 가정할 때, 이런 현상이 긍정적이라 할 수 있을까?

과거에는 비타민의 효능에 대한 정보는 할머니의 조언이나,

개인의 일화나, 우리가 생각하는 재료 식물의 효능이나, 괴혈병(비타민 C 결핍)이나 구루병(비타민 D 결핍) 등의 심각한 결핍증을 기반으로 추론한 것뿐이었다. 그러다 단기 관찰 연구와 시험관 연구가 몇 번 시행되었는데, 여기서 딱히 설득력 있는 결론이 나오지는 않았지만, 기하급수적으로 증가하는 판매량에 날개를 달아주는 효과는 확실히 있었다.

뒤이어 다른 여러 영양소에서 벌어진 일이 여기서도 일어났다. 과일과 채소에 암과 심장 질환을 막아주는 효과가 있으니, 과학자들이 추출한 필수 요소에도 같은 효과가 있으리라는 추론으로 이어진 것이다. 1990년대 미국에서 세심하게 수행한 여러 건의 대규모 역학적 관찰 연구에 의하면, 건강 전문가들의 말대로 비타민 E와 같은 항산화 보충제 섭취가 심장병 발병률과 연관이 있다는 사실이 확인되었다.[2] 전 세계의 대중매체는 이를 명확한 인과관계로 받아들였고, 뒤이어 모든 사람이 항산화 보충제를 구매하기 시작했다.

어라, 비타민 보충제가 암을 유발하네

2000년대 중반에 접어들자, 마침내 이런 일화와 관찰 연구와 홍보용 주장들을 적절한 무작위 실험 연구를 통해 검증할 기회가 찾아왔다. 이 연구에서는 최신 유행인 항산화 비타민, 특히 카로틴, 셀레늄, 비타민 E를 시험해 보았다. 연구진은 심장 질환에 이로운 효과를 전혀 발견하지 못했으며, 오히려 복용하는 집단의 암 및 심부전 위험도가 급격하게 증가했다는 사실을 확인했다.[3] 이런 발견은 판매량에 일시적으로 아주 가벼운 흠집을 내는 정도에 그쳤다. 물론 다른 여러 질병의 경우에 그렇듯이, 역학 분야의 관찰 연구는 내재적인 편향성 때문에 상당히 신뢰도가 떨어진다. 비타민 E 보충제를 복용하는 사람은 부유하고, 고등교육을 받았으며, 날씬하고, 술을 덜 마시며, 과일이나 채소를 섭취할 가능성이 크기 때문이다.

보다 최근에는 종합비타민의 효능에 대한 분석 및 연구 결과가 공개되어 상당한 주목을 받기도 했다. 27건의 기존 연구를 종합한 메타분석 결과도 나왔고, 두 건의 새로운 대규모 무작위 최적표준 연구에서는 양쪽을 합쳐 50만 명의 대상자를 상대로 종합비타민의 효능을 연구했다. 그리고 이들 연구에서는 딱히 이로운 효과랄 것이 없다는 결론이 나왔다.[4] 전문가의 결론은, 지금까지 수집한 모든 증거가 터무니없다는 것이었다. 베타카로틴, 비타민 E, 고용량의 비타민 A 보충제는 명확하게 몸에 해롭다는 결론이 나왔다. 기타 항산화제, 즉 엽산과 B 계열 비타민, 그리고 종합비타민과 미네랄 보충제는 주요 심장질환 사망률에 전혀 영향을 주지 못했다.[5]

오메가-3 화합물을 함유한 물고기 기름 캡슐은 현대인의 식습관 및 생활습관에 의한 온갖 결핍증에 대한 만병통치약이며 특히 관절염에 효과가 있다고 선전되어 왔다. 온갖 관심과 유명인들의 홍보를 한 몸에 받고 있지만, 그런 보충제의 성분이 선전 그대로라면 유아의 인지능력이나 IQ나 주의력 결핍장애 해결에는 조금도 도움이 되지 않는다. 1만 2천 명의 심장병 고

위험군을 대상으로 한 실험에서도 추가적인 심장 질환 위험성을 줄이지 못한다는 사실이 확인되었다.[6] 앞서 살펴본 대로, 오메가-3를 오메가-6로 바꾸는 과정에서 추가된 과도한 기대는 잘못된 것이며, 다른 여러 대규모 연구에 의하면 물고기 기름에는 노년기 시력 감퇴나 알츠하이머병이나 전립선암 예방 효과는 존재하지 않는다.

비타민 C는 대부분의 나라에서 가장 흔히 복용하는 비타민이다. 비타민 C를 복용하는 이유는 면역계를 증진하고 감기에 걸릴 위험을 줄이기 위해서다. 그러나 제대로 수행한 실험에 따르면 비타민 C는 감기나 암이나 기타 여러 질병의 예방에 전혀 효과가 없다. 일부 연구에서는 아연 보충제와 마찬가지로 일찍 복용하면 감기 증상의 지속 시간을 하루의 절반 정도 줄여 줄 수 있다는 점이 확인되었으나, 오렌지 한 개나 약간의 브로콜리를 섭취해도 같은 효과를 볼 수 있을 것이다.

상당수의 의사 처방약은 양변기 속으로 사라져 버린다. 심각한 질병의 경우에도 실제로 복용되는 약은 50퍼센트에 미치지 못한다. 그리고 모든 처방약을 거부하는 환자도 가끔 마주친다. 하지만 이 약에 '비타민'이라는 이름을 붙이기만 하면, 일부 환자들은 열성적으로 그 물질을 복용한다. 심지어 효력이 없다는 점이 증명된 후에도. 나는 이 현상을 비타민 충성이라 부른다. 비타민이 병에 걸리지 않은 사람에게 효과가 있다는 증거는 단 한 건도 없다. 게다가 비타민 보충제를 주기적으로, 특히 다량 섭취할 경우 위험하다는 증거는 이미 충분하다.

예를 하나 들어보자. 요즘은 엽산 과다복용이 상당히 흔해졌는데, 특히 이미 주기적으로 빵이나 기타 식품에 엽산을 섞는 미국 같은 나라에서는 더욱 쉽게 찾아볼 수 있다. 엽산은 주로 녹색 잎채소나 과일을 통해 공급된다. 과거에는 보통 성인에게 이런 물질이 딱히 위험할 리 없으며 상한선 같은 것은 없으리라고 생각했다. 여러 연구(당연하지만 관찰 연구다)에서는 여분의 엽산이 심장병을 예방하며 암 예방과 임신 촉진 효과가 있을지도 모른다는 결론을 내놓았으며, 전문가들은 온갖 음식에 엽산을 집어넣고 상수원에 첨가하기도 했다. 그러나 2012년에 엽산을 유전학적 방식으로 연구해 본 결과, 심장병 예방이 헛소리라는 사실이 드러났다. 엽산 보충제의 항암 작용을 확인하기 위해 12건의 연구가 시작되었으나, 이들 연구를 메타분석한 결과에서는 이로운 효과가 전혀 확인되지 않았다.[7]

임신 또는 수태 준비기의 여성은 특수한 경우인데, 대부분의 나라에서 매일 2~5mg의 엽산 보충제를 복용할 것을 권장한다. 모든 여성을 대상으로 한 여러 연구에서, 엽산 보충제가 척추이분증(임신 27주째에 척수를 둘러싼 척추가 완전히 닫히지 않는 경우다)을 비롯한 여러 선천적 결손증의 발병률을 줄인다는 사실이 확인되었다. 보충제 복용은 식단의 불균형 때문에 시작 수치가 낮은 사람들의 경우에서 가장 큰 효과를 볼 수 있는데, 여기서는 신선한 과일과 채소의 복용이 부족한 경우가 이에 해당한다. 이 경우 보충제 권장은 제대로 된 과학에 기반을 둔 것이며, 성공적인 공중 보건 홍보 덕분에 선천적 결손증의 발병률은 크게 줄어들었다.

하지만 이미 엽산 수치가 충분한 임산부가 대량의 보충제를 추가로 섭취하면 무슨 일이 벌어질까? 또는 종종 일어나는 일이지만, 엽산이 필수적인 27주가 지난 다음에도 장기적으로 엽산을 섭취한다면 어떨까? 많은 사람이 비타민은 많이 복용할수록 몸에 좋다는 잘못된 생각을 하고 있다. 초조감에 시달리는 일부 임산부는 (만약을 대비해서) 권장량의 다섯 배에서 열 배에 달하는 엽산을 섭취한다. 여러 연구에 따르면 엽산은 모체와 태아 양쪽에서 후성적 변이를 일으켜 보호 효과를 가지는 유전자 일부의 발현을 억제할 수 있으며, 복용량이 많을 경우 알레르기나 천식이나 유방암 위험도가 증가한다(단 백혈병 위험도는 감소한다).[8] 2만 7천 명의 심장병 환자를 대상으로 한 무작위 시험을 메타분석한 결과에 따르면, 2~5mg 용량의 엽산 보충제는 심장에 아무런 도움이 되지 못했으며, 여분의 엽산(매일 5mg 이상)을 복용할 경우에는 일부 환자에서 심혈관이 다시 막힐 위험이 증가할 가능성도 확인되었다.[9] 다른 연구에서는 엽산이 불임에 효과가 없으며, 심지어 불임 가능성을 높일 수도 있다는 결과가 나왔다.[10] 이런 일이 벌어지는 정확한 기작은 아직 명확하지 않으며, 우리 유전자에 대한 후성적 효과가 중요한 역할을 수행할 수도 있다. 임신한 쥐에 다량의 엽산 보충제를 먹일 경우, 그 자손에서는 당뇨병이나 대뇌 신경 연결방식의 변화 등 여러 건강 문제가 발견되었다.[11]

브로콜리 싹이냐, 브로콜리 추출물이냐?

물론 엽산에 대한 우려의 상당수는, 모든 경우에서 인체의 훌륭한 대용품이라고는 할 수 없는 쥐를 대상으로 한 것이거나, 인간을 대상으로 삼았다 해도 소규모 또는 관찰 연구에서 온 것이다. 그러나 엽산을 과용할 경우 건강 문제가 발생할 가능성은 분명 존재하며, 이는 다른 비타민의 경우로도 확장할 수 있다. 게다가 합성비타민인 엽산이 용량 제한이 없는 자연식품, 이를테면 브로콜리에 들어 있는 엽산염과 정확하게 같은 효과를 보일 것이라고 확신할 수 없기도 하다. 2012년의 한 연구는 이 문제를 파고들어서, 특정 화합물의 양이 같은 브로콜리 싹과 브로콜리 추출물 정제가 임상시험에서 상당히 다른 결과를 보여준다는 사실을 입증했다. 자연식품 쪽이 합성 정제에 비해 혈액 및 소변에서 검출되는 몸에 이로운 폴리페놀의 양이 4배나 높았던 것이다.[12]

나는 20년이 넘도록 골다공증을 앓는 환자 전원에게 1그램의 칼슘 및 비타민 D 정제를 처방하면서 그들에게 도움을 주고 있다고 생각했다. 이런 생각은 일부 낡은 연구와 칼슘이 몸에 좋다는 '상식', 그리고 가장 효과가 강한 약물의 임상시험 결과에 맞추어 항상 동일한 치료를 해야 한다는 도그마에서 유래한 것이었다. 나는 25년 동안 골다공증 클리닉을 운영해 왔는데, 일반 골다공증성 골절로 찾아온 순수한 아프리카 혈통 환자는 단 한 번도 보지 못했다. 따라서 나는 우유도 마시지 않고 식품으로 섭취하는 칼슘 양도 서구인보다 상당히 적은 민족이, 보충제도 먹지 않는데 골절이 적게 일어난다는 사실이 묘하다고 생각해 왔다.

1980년대의 반지방 운동의 결과, 상당수의 서구인은 유제품의 섭취를 중단하거나 줄이라는 권고를 받았다. 환자의 요구를 수용한 의사들은 추가로 칼슘을 공급해 주는 방식으로 이 문제를 해결했다. 그 결과 규칙적으로 칼슘 정제를 복용한 유럽인은 석회질이 쌓여 혈관의 경화가 심해졌다 덕분에 이들이 피히려 애쓰던 심장병과 뇌졸중 발병 위험도는 오히려 살짝 증가하고 말았다.[13] 이 분야에서는 양측이 의견을 굽히지 않기 때문에 여전히 논쟁이 계속되고 있으며, 칼슘이 골절 예방에 효과가 있다는 확실한 증거가 없으며 다른 측면의 위험도를 높일 가능성이 있음에도 불구하고, 평생 계속해 온 처방을 버리지 못하는 임상의들이 상당히 많다. 어쨌든 나 같은 임상의가 칼슘 보충제 처방을 중지했다가 3개월 후에 환자가 넘어져 골절을 입기라도 하면, 어리석은 의사에게 모든 비난이 모일 것이 당연하지 않은가. 항생제 사용 자제와 마찬가지로 의사의 딜레마라 할 수 있는 상황이다.

그러나 다행스럽게도 대중의 견해와 매체의 권고도 변하기 시작했다. 그리고 칼슘 및 비타민 D 보충제의 규칙적인 사용은 이제 위험도가 높은 노년층을 제외하면 자제하는 추세로 돌아섰다.[14] 비타민 D는 주로 일광욕으로 생성되기 때문에 언제나 뉴스에 등장하며, 그 외에도 양이 적기는 하지만 기름기 많은 생선, 달걀, 유제품, 일부 버섯 등에서도 섭취할 수 있다. 우리의 오랜 친구인 관찰 연구에 따르면, 낮은 비타민 D 수치는 열 가지가 넘는 흔한 질병의 발병률과 연관을 가진다고 한다. 이런 질병 중에는 심장병, 암, 섬유근육통, 다발성경화증 등이 포함되며, 우울증이나 조기 사망을 유발할 수도 있다고 한다. 나 자신도 이런 연구 논문을 몇 편 발표한 입장에서 솔직히 인정하자면, 이런 연구 결과가 모두 사실일 가능성은 거의 없다. 전체 인구를 대상으로 한 비타민 D 수치 조사에서는 종종 3분의 1가량이 결핍증을 앓고 있다는 결과가 나온다. 덕분에 비타민 D 보충제는 온갖 상황에 사용하는 전 세계적 만병통치약으로 권장되어 왔다.

보충제 대신 햇빛

비타민 D 결핍증을 호전시키고 싶다면, 얼굴과 팔만 드러내고 매일 10분에서 15분가량 햇빛을 쏘이거나, 겨울이라면 기름기 많은 생선을 섭취하면 된다. 그러나 많은 사람은 이런 조언을 해 주는 대신 보충제만 처방해 준다. 이는 암 치료 재단과 선크림 제작사의 홍보에 의해 만들어진, 햇빛에 대한 우리의 과장된 공포 때문이다. 이런 부류의 권고는 이미 유효성을 잃은 피부 흑색종에 대한 역학적 관찰 연구에 기반을 두고 있다. 매년 봄이 찾아오면 일반 대중은 태양광선이 모든 흑색종을 일으키는 주적이라는 경고를 듣게 된다. 그러나 연구 결과에 의하면, 주기적으로 입는 일광 화상은 흑색종 위험도 상승 요인의 50퍼센트에 지나지 않는다. 다른 말로 하자면, 햇빛에 대한 과도한 노출로 설명할 수 있는 흑색종은 최대로 잡아도 전체 증례의 25퍼센트 미만이라는 것이다.[15] 이런 비교적 가벼운 위험마저도 유전자가 결정하는 개인의 피부 성질이나 피부색을 고려하면 흐릿해져 버린다. 사실 흑색종의 주된 유발 요인은 햇빛이 아니라 유전자와 불운이다.[16]

어쨌든 대부분의 피부과 의사들은 흑색종 환자들에게 무슨 수를 써서라도 햇빛을 피하라고 권고한다. 그러나 낮은 비타민 D 수치와 일광욕 부족은 역설적으로 흑색종의 재발 가능성을 높이는 결과로 이어진다.[17]

우리는 이제 의사와 비타민 정제를 그 자연적인 대체물인 기름기 있는 생선과 햇빛보다 더 신뢰하고 있다. 그러나 일반적으로는 자연 쪽이 효과가 더 뛰어나다. 나는 얼마 전에 2년 동안 비타민 D 수치가 낮은 여성 쌍둥이에게 비타민 D 보충제를 무작위 투여하는 실험을 한 적이 있는데, 비타민을 투여한 사람과 위약을 투여한 사람의 뼈에서는 아무런 차이도 발견할 수가 없었다. 다른 여러 소규모 실험에서는 유전자가 결과에 미치는 영향을 고려하지 않았다는 점 또한 지적하고 싶다.[18] 어쨌든 최근 비타민 D 보충제를 복용한 95,000명의 환자가 참여한 50여 건의 실험을 메타분석한 연구에서 진실이 밝혀졌는데, 결과에 따르면 보충제에서 사망률이나 골절 발생률 감소 효과를 전혀 확인할 수 없었다고 한다.[19]

역설적이게도, 심지어 일부 연구에서는 많은 양의 비타민 D를 부정기적으로 주사했을 경우 사망률 및 골절 발생률이 증가하는 결과까지 확인되었다고 한다.[20] 현대인에게서 발견되는 낮은 비타민 수치 중 일부는, 질병의 원인이 아니라 전반적인 영양부족 상태나 야외 활동의 부재를 나타내는 지표로서 받아들여야 하는 것일지도 모른다. 그렇다면 이런 현재 상태의 개선을 우선해야 할 것이다. 최근 10만 명의 덴마크인을 상대로 자연산 비타민 D 대신 관련 유전자를 검사한 흥미로운 연구가 있었는데, 여기서는 멘델집단 무작위 연구라는 편향 배제 연구법을 사용하였다. 이 연구에서는 메타분석 결과 암이나 사망률에 아무런 효과를 보이지 못한 인공적인 보충제와는 달리,[21] 비타민 D를 조절하는 유전자는 실제로 사망률, 특히 암으로 인한 사망률을 줄일 수 있는 것으로 확인되었다.[22]

식품 대신 보충제를 사용할 경우의 건강상 이득에 대해서는 명확한 증거가 없는 경우가 대부분이지만, 아주 드문 예외가 몇 가지 존재하기는 한다. 예를 들어, 루테인과 제아크산틴이라는 두 종류의 색소를 정확한 분량으로 배합하여 투여하면, 장기적으로 황반변성에 의한 실명을 예방하거나 지연시킬 수 있다는 사실이 확인되었다.[23] 물론 거꾸로 생각하면, 손상으로 이어지지 않으려면 분량과 비율을 정확하게 맞춰야 할지도 모를 일이다.

우리 몸은 치즈나 우유나 브로콜리나 이탈리아 미네랄워터 등의 일반적인 식품에서 칼슘 등의 비타민을 천천히 추출하는 과정에는 적응할 수 있지만, 소화기 내부에서 갑자기 특정 화학물질의 농도가 급상승하는 상황은 버티지 못한다. 뼈에 작용하는 부갑상선호르몬을 비롯한 많은 종류의 호르몬은 평소에는 천천히 지속적으로 작용하는데, 인공적으로 한 번에 많은 양을 투여하면 온몸의 골격을 자극하는 효과를 낸다. 자연적이 아니라 인공적인 방법으로 투여한 다른 여러 비타민도 비슷한 문제를 일으킬 가능성이 존재할 것이다.

우리는 장내 미생물과 비타민의 상호작용에 관해서는 아는 바가 거의 없으며, 대용량일 경우에는 더욱 그렇다. 연구에 따르면 비타민 B_{12}는 미생물 공동체에 상당한 영향을 끼치는 것으로 확인되었으며, 다른 비타민 또한 비슷한 효과를 일으킬 가능성이 크다.[24] 합성 또는 여분의 비타민이 일으키는 부작용 또한 미생물과 연관된 작용 때문일 수도 있다.

내가 보기에 적절한 한계선은 이 정도인 듯하다. 확인된 결핍증을 앓고 있거나 극단적인 식단을 섭취해야 하는 경우가 아니라면 여분의 비타민은 별 도움이 되지 않으며, 심지어 당신의 몸과 미생물에 손상을 입힐 가능성도 있다. 욕실 캐비닛에 가득한 가족용 보충제는 전부 치우고 새로 시작하는 편이 낫다. 비타민의 위험성이 충분히 확인되기 전까지는, 가공식품에 갈수록 늘어가는 '비타민 첨가' 딱지는 수상하게 여기는 편이 낫다. 비타민 애호가 실패를 맞이한 과정을 살펴보면, 모든 질병을 해결해 주는 단 하나의 마법적 요소를 분리해 내려 하는 환원론적 접근에 대한 집착이 얼마나 위험한지가 명확하게 드러난다. 그보다는 몸에 필요한 대부분의 비타민을 적정 분량 함유한 진짜 음식을 섭취하는 편이 여러분과 아이들에게 이로울 것이다. 건강한 미생물을 가지고 있다면, 나머지 분량은 자연스럽게 몸속에서 생산할 수 있다.

경고: 항생제가 들어갈 수 있음

항생제는 보통 식품성분표에 등장하지 않지만, 사실 들어가야 마땅한 물질이다. 현대인은 누구나 알게 모르게 항생제에 노출되어 있다. 고작 50년 전에 난데없이 시작된 현상이지만, 최근 백만 년 동안 우리 환경에 일어난 가장 큰 변화라고 할 수 있을 것이다. 1928년에 어느 정도는 우연에 힘입어 항균 효과가 있는 화학물질을 분비하는 곰팡이를 발견해 낸 알렉산더 플레밍이라는 이름의 스코틀랜드인은, 훗날 세계가 이토록 그 물질에 중독될 것이라고는 상상조차 하지 못했을 것이다. 우리는 이제 그 화학물질을 페니실린이라고 부른다.

사실 플레밍 본인은 푸른곰팡이의 치료제로서의 막대한 가능성을 제대로 인식한 적이 없었다. 그 명성은 동료로서 실제 제조를 수행하고, 평소라면 죽음으로 이어질 감염증에 시달리던 환자에게 임상시험을 시도한 하워드 플로리와 에른스트 체인에게 돌아가야 마땅하다. 그들이 제조한 페니실린은 워낙 귀중한 물질이라, 세척을 거쳐 재사용하려는 생각에서 환자들의 소변을 모아들이기까지 했다. 훗날 영국 대공습이 시작되자 두 사람은 전화戰禍에 휩싸인 런던을 떠나 미국으로 가서 산업 규모의 페니실린 생산을 시작했다. 목적은 연합군 병사들에게 페니실린을 공급하는 것이었다.

항생제는 놀라운 성공을 거두었고, 당시 목숨을 위협하던 수많은 박테리아 감염으로부터 수백만 명의 목숨을 구했다. 전후의 의사들은 항생제가 인류의 모든 감염증에 종지부를 찍을 것이라고 예측했다.

'맥 쌍둥이'라는 예명으로 DJ 겸 텔레비전 진행자로 일하는 알라나와 리사는 26세로, 성공적인 삶을 즐기며 살아가고 있었다. 두 사람은 금발의 활력 넘치는 스코틀랜드인으로, 같은 유전자를 가진 일란성 쌍둥이라서 생김새도 매우 비슷했다. 그러나 한 꺼풀만 외양을 벗겨내면 두 사람의 차이는 상상 이상으로 심했다. 두 사람은 같은 키와 비슷한 체중(건강 그 자체인 60킬로그램)을 가지고 있었으나, 리사는 엉덩이가 살짝 더 크고 예전에는 6개월 만에 12킬로그램이 찐 적도 있었다. 이제 리사는 규칙적으로 운동을 해서 체중을 조절하는 반면, 스포츠에 관심이 없는 알라나는 '핫(비크람) 요가'로 땀을 흘려 살을 빼는 쪽을 선호한다. 알라나는 5:2 단식 식이요법으로 손쉽게 체중을 조절하지만, 리사는 제대로 열량을 섭취하지 못하면 짜증이 폭발해 버린다.

이들은 성격 또한 상당히 다르다. 알라나는 한때 수줍은 편이었지만, 이젠 훨씬 실용적이고 안정된 사람이 되었다. 반면 리사는 종종 불안감에 시달리고 강박 장애로 인한 발작을 일으키기도 한다. 그들의 부친은 불운하게도 58세의 젊은 나이에 골프장에서 심장마비로 목숨을 잃었는데, 당시 두 사람이 비탄에 대응한 방식은 극단적으로 서로 달랐다. 알라나는 꼿꼿한 자세를 유지하다가 산발적이지만 극적으로 무너져내린 반면, 리사는 우울증에 빠져 모든 것을 부정하는 모습을 보였다. 두 사람은 서로 그토록 비슷하면서도 극단적으로 다른 이유를 결국 발견하지 못했다.

스코틀랜드에서 어린 시절을 보낸 두 사람은 17년 동안 같은 방에 살았으며 항상 싸우기는 했지만 서로에게 최고의 친구였다. 6개월의 갓난아기 시절 두 사람은 상당히 허약했으며, 양쪽 모두 기관지염에 걸려 병원에 입원했던 경험이 있고, 이후에는 계속 재발하는 중이염과 편도선염 때문에 꾸준히 다양한 항생제를 복용했다. 네 살이 되자, 알라나는 방광염이 계속 재발해서 병원에 장기 입원하게 되었으며, 2년 동안 거의 계속해서 항생제에 노출되었다. 그로부터 조금 후에는 유전적 자가면역질환인 소아 관절염이 찾아와서 여러 관절이 고통스럽게 부어오르며 뻣뻣해지는 증상을 겪었다. 그녀는 온갖 약을 먹으며 간신히 정상에 가까운 삶을 이어나갔으나, 16세가 되자 갑자기 통증이 사라져 버렸다.

주치의가 보기에는 놀랍게도, 리사는 단 한 번도 관절 문제를 겪은 적이 없었다. 그러나 집을 떠나고 얼마 지나지 않아 뒤늦게 여드름이 심하게 돋기 시작했다. 반면 알라나는 여드름이 난 적이 없었는데, 여드름은 쌍둥이 연구에서 유전자의 영향이 가장 큰 경우라는 사실을 생각하면 묘한 일이었다. 여드름이 너무 심해진 리사는 몇 개월에 걸친 미노사이클린 항생제 처방을 받았고, 추가로 더 강한 항생제를 몇 종류 사용했더니 여드름은 말끔히 사라졌다. 몇 년 후 리사는 요도염과 신장염을 앓기 시작했고, 이런 증세들은 계속 재발하며 때로는 몇 개월에 걸친 항생제 복용으로 이어졌다. 의사들은 심지어 항생제를 영구적으로 복용할 것을 권하기까지 했다.

들이켜보면 같은 유전자를 가진 두 사람이 그토록 달랐던 이유가 항생제일 수도 있을 것이다. 어릴 적에 온갖 감염증 때문에 투여한 항생제가 어머니로부터 자연스럽게 물려받은 장내 미생물을 전멸시켜 버리지 않았더라면, 알라나는 소아 관절염을 앓지 않았을지도 모른다. 그런 온갖 항생제는 그녀의 면역계에 당연히 영향을 끼쳤을 테고, 어쩌면 '핫 요가'를 좋아하게 된 것도 그 때문일지도 모른다. 마찬가지로 리사가 뒤늦게 도진 여드름 때문에 복용한 항생제도, 물론 직접적인 유전 요인이 미생물의 과다 번식과 그에 대한 과민 반응을 촉발하기는 했겠지만, 훗날 미생물 생태계를 교란해 신장염에 걸리기 쉬운 상태로 만들었을지도 모른다. 두 사람은 절인 달걀과 해기스에서 감자튀김과 초밥에 이르기까지 온갖 음식을 가리지 않고 먹는다. 그러나 과거에는 함께 화장실에 가곤 했던 두 사람은, 이제 식습관과 생활습관이 같은데도 불구하고 배변 습관과 화장실 방문 시간조차 상당히 달라졌다. 우리가 두 사람의 미생물 생태계를 확인해 본 결과, 일반적인 미생물 종의 분포에서 두 사람은 상당히 차이가 심했다. 두 사람은 평균적으로 매우 적은 수의 미생물만 공유했는데, 거의 혈연이 아닌 사람에게서나 찾아볼 수 있는 수치였다. 이는 항생제가 처음에 태어날 때 가지고 있었던 유전적 유사성의 상당 부분을 제거해버렸음을 의미한다.

항생제를 과자처럼 먹어치우는 현대인

미국에서는 매년 2억 5천만 건의 항생제 처방이 내려지며, 최근 영국의 한 연구에 의하면 일반 진료에서 과용 위험성을 꾸준히 경고하는데도 불구하고 항생제 사용 빈도는 아직도 증가하는 추세라고 한다. 1999년 이래로, 지역 보건의들은 약한 염증이나 바이러스 감염 증세에 대한 항생제 처방을 그만두라는 권고를 받았다. 그러나 이 권고는 무시되었고, 이제 상황은 훨씬 나빠져 버렸다. 2011년에 이르러 항생제 사용 빈도는 40퍼센트 증가했으며, 일반적인 지역 보건의는 기침이나 감기 증세로 병원을 방문하는 환자의 절반에 항생제 처방을 내린다고 한다. 이런 부류의 염증은 바이러스로 인한 것이므로 항생제는 아무런 소용도 없다. 보건의 10명 중 1명은 그보다 무신경하게, 환자의 97퍼센트에게 항생제를 처방한다. 아마 환자들의 비위를 맞추기 위해서, 또는 수술에서 빨리 회복되도록 만들기 위해서일 것이다.

세계적으로도 지난 30년 동안 데이터가 존재하는 모든 국가에서는 항생제 사용이 증가했다. 의사가 건네는 항생제 처방전의 40퍼센트 정도는 방금 설명한 이유로 아예 효과가 없다.[1] 모든 국가에서 항생제 과용이 발생하기는 하지만, 중앙 통제식 의료 복지 제도가 제대로 돌아가는 스웨덴이나 덴마크 같은 국가가 항생제 사용량이 가장 적은 편이며, 실제로 미국의 절반에 지나지 않는다. 이들은 또한 증세를 보다 정확하게 겨냥한 약물을 사용하는데, 그 덕분에 다른 문제가 일어나는 일도 적으며 미생물도 피해를 덜 입는다.[2]

드물지만 박테리아의 연관이 명확한 경우에도, 개별적인 결과를 확인해 보면 항생제의 효과는 아주 적다는 것을 알 수 있다. 예를 들어 인후염이나 축농증의 조기 치료의 경우를 보면, 항생제는 평균적으로 증상 기간을 하루 줄여 줄 뿐이다. 어떤 사람들은 이 정도면 충분하다고 생각할 수도 있겠지만, 그건 부정적인 측면이 없는 경우에나 할 수 있는 소리다.

죽음을 부르는 치료제

아룬은 두 살 때 처음으로 항생제 처방을 받았다. 그의 어머니도 어릴 적부터 수도 없이 항생제를 복용해 왔기 때문에, 별생각 없이 안전하고 효과가 뛰어난 약이라고만 여겼다. 심각한 부작용이 일어날 수 있다는 생각은 해 본 적도 없었다.

그러나 저녁나절에 밖에서 놀던 아룬이 모기 물린 자국을 달고 들어온 순간 고난이 시작되었다. 아룬의 어머니는 가려움을 막는 약을 벌레 물린 자리에 발라 준 다음 잠자리로 보냈다.

다음 날이 되자 물린 자국은 감염된 것처럼 붉게 부어올랐고, 다리를 따라 약간 퍼져나간 것처럼 보였다. 주치의를 찾아가기는 너무 늦은 시각이었기 때문에, 어머니는 아이를 데리고 지역 병원의 응급실로 찾아갔다. 응급실에서는 정체를 모르는 박테리아에 대처할 때 사용하는 강력한 세팔로스포린 계열의 항생제인 세프트리악손을 주사했다. 그리고 추가로 확실하게 감염을 박멸하기 위해, 아룬에게 시럽 형태의 박트림(항생제 두 종류를 조합한 약이다)을 먹였다. 그의 어머니는 10일 동안 계속 같은 약을 먹이라는 처방을 받았다.

항생제 복용을 시작하자 다리는 낫기 시작했지만, 아룬은 동시에 심각한 설사를 시작했다. 설사가 항생제의 흔한 부작용이라는 것을 알고 있던 어머니는 크게 걱정하지 않았지만, 심한 설사가 계속되고 대변에서 피가 나오자 상황은 달라졌다. 그녀는 아들을 병원으로 데려가서 대변 검사를 받았고, 이윽고 클로스트리듐 디피실리균 양성반응이 나와서 아들이 가막성 대장염이라는 이름의 고약한 염증성 장애를 앓는 중이라는 사실을 알게 되었다. 가족 주치의는 아룬에게 플라질이라는 또다른 항생제를 처방했는데, 클로스트리듐으로 인한 장염에 가장 효과가 좋은 약물이었다. 새로운 치료가 시작된 후 며칠 동안 아룬의 소화기 장애는 상당히 개선되었지만, 항생제를 복용하는 마지막 날이 되자 원래의 증상이 재발했다. 의사는 같은 처방을 내렸고, 같은 식의 증상이 반복되었다.

"그 지경이 되자 우리는 소아 소화기 전문의를 찾아가 보기로 했어요." 아룬의 어머니는 이렇게 말했다. "하지만 진료를 받기까지 한 주를 기다려야 했지요. 저는 겁에 질려서 주치의에게 전화를 걸었어요. 증상이 끔찍해서 그렇게 오래 기다릴 생각조차 할 수가 없었거든요. 빠른 속도로 체중이 줄고 눈에 띄게 아파했어요. 게다가 아이의 증상을 조사하던 중에 탈장을 일으켜 죽음에 이를 수 있는 합병증에 대해서도 알게 되었고요. 우리 주치의는 추가로 할 수 있는 게 없다면서, 그렇게 걱정이 된다면 아동 병원으로 데려가 보라고 했죠. 저는 제정신이 아닌 상태로 이틀 밤을 꼬박 새웠어요. 그런데 아이가 갑자기 기적처럼 회복된 거예요. 이유는 도저히 알 수가 없지만, 그대로 죽을 수도 있었어요. 사람들은 항생제가 얼마나 해로울 수 있는지 반드시 알아야 해요."

그렇게 운이 좋지 못한 아이들도 있었다. 이런 부류의 장염에 걸린 유아는 절반 정도가 목숨을 잃는다. 항생제 때문에 장이 너무 망가져서 면역계와 대장의 방어 기능이 제대로 작동하지 못하기 때문이다. 이런 증상은 보통 다양한 항생제를 지속적으로 복용해서 대장에 원래 있던 박테리아가 박멸된 다음에 시작되는데, 미생물 다양성이 감소하고 평소에 존재하던 미생물 집단의 보호 효과가 떨어져서, 공격성 또는 병원성을 가진 특정 종류의 클로스트리듐 디피실리균이 증식하여 장 속을 완전히 점거하는 것이다. 끔찍한 상황이기는 하지만 사실 이런 경우는 매우 드물며, 1만 번의 항생제 사용에서 1번 정도 발생할 뿐이다. 모유를 마시지 않는 유아의 경우에는 위험이 더 커지는데, 프리바이오틱 성분이 가득 든 모유와 함께 넘어오는 비피더스균을 비롯한 여러 이로운 박테리아를 받아들이지 못하기 때문이다. 이렇게 모유를 통해 추가되는 미생물은 감염증에 싸우는 힘을 길러 주고 알레르기 반응을 줄여 준다.[3]

오늘날 우리는 매년 수백만 가지 항생제 처방을 내리며, 그 대부분은 병원성 박테리아뿐 아니라 눈앞의 모든 박테리아를 박멸하는 불특정 광범위 항생제이기 때문에, 심각한 클로스트리듐 감염 사례와 전반적인 항생제 내성은 계속 증가하는 추세를 보인다. 이런 사례에서 볼 수 있듯이, 잘 알려지지 않은 사실이지만 항생제 과용은 심각한 부작용을 불러올 수도 있다. 특히 사소한 이유에서 사용하는 경우에 더욱 그렇다.

멸균 출산과 미래의 문제

우리 건강을 지켜주는 장내 미생물의 중심축을 세우는 데 가장 중요한 시기가 태어난 후 첫 3년임을 기억해 두자. 슬프게도 출산을 전후해서 투여하는 약물은 불쌍한 미생물은 전혀 고려하지 않은 채 처방된다. 경미한 요도염을 앓는 임산부에게 항생제를 처방하는 경우도 흔하며, 지난 30년 동안 제왕절개를 받기 전의 산모들에게는 세팔로스포린을 비롯한 다양한 광범위 항생제를 정맥주사로 투여하곤 했다. 수술 후 감염을 1~3퍼센트 정도 줄이기 위해서 말이다. 이 약물은 태반 안으로 침투해 태아에 도달하며, 모유에도 영향을 끼치고, 그보다 더 심한 부작용을 보일 수도 있다.[4]

나는 일부 제왕절개에는 쌍수를 들어 찬성한다. 나 또한 긴급 제왕절개 수술 덕분에 살아남은 사람이다. 어머니의 태반으로 들어가는 혈류 공급이 갑자기 멈추었기 때문이다. 나는 32주에 1.8킬로그램짜리 끔찍한 미숙아로 태어났으며, 몇 년만 일찍 태어났더라면 살아남을 수 없었을 것이다. 25년 후 당시 새벽 3시에 잠자리에서 뛰쳐나와 나를 구해 준 의사에게 감사를 표할 기회가 있었는데, 콜체스터 근교의 작은 병원에서 견인기를 들고 분만을 돕다가 담당 의사가 바로 그 사람임을 발견했기 때문이었다. 나는 옛날 출산 기록에서 그의 이름을 발견한 이래 항상 그를 기억하고 있었다. 그러나 그는 나를 기억하지 못했다. 자못 신비로운 경험이었다.

그러나 생명을 구하기 위한 수술과 선택에 따른 계획 수술은 완전히 다른 문제다.

유럽에서는 나라에 따라 상황이 상당히 다르다. 딱히 놀랍지 않은 일이지만, 2010년 기록에서 선두를 차지한 나라는 이탈리아로, 38퍼센트의 출산이 제왕절개로 이루어졌다. 그리고 그리스를 비롯한 다른 국가 중에서는 50퍼센트를 넘는 곳이 있을지도 모른다. 2000년 이후로는 모든 국가에서 제왕절개를 사용하는 비중이 늘어났으며, 북유럽에서 남유럽으로 갈수록 전반적으로 증가하는 경향을 보인다. 영국은 23퍼센트로 중간 정도다. 유럽에서, 그리고 아마도 선진국 중에서 제왕절개 비율이 가장 낮은 곳은 1980년대 이후로 비율이 거의 변하지 않은 '궁핍한 북부' 국가들일 텐데, 네덜란드가 14퍼센트로 선두를 달리고 그 뒤를 북구 국가들이 바싹 추격하고 있다. 어쩌면 목표를 정확히 겨냥하는 치료법의 수준과 일치할지도 모르겠다.

1968년 미국에서는 25건 중 1건의 출산이 제왕절개로 이루어졌지만, 이제는 거의 3건 중 1건에 가까우며 매년 130만 건의 수술이 집도된다.[5] 그러나 실제 수치는 지역에 따라 열 배까지도 차이가 나는데, 일부 소도시에서는 7퍼센트까지 내려가지만 뉴욕 시에서는 50퍼센트, 푸에르토리코에서는 60퍼센트에 달한다.[6] 제왕절개 수술은 출산시 문제가 일어날 가능성이 가장 적은 여성들에게, 그리고 수술비용을 가장 감당할 수 없는 계층에서 가장 자주 사용된다. 브라질(4퍼센트)과 멕시코(37퍼센트)에서 그런 경향을 확인할 수 있다. 이런 유행은 심지어 한 자녀 정책을 실시하는 중국에까지 도달했다. 중국에서는 제왕절개가 가장 흔한 출산 방식이다.[7] 이런 국가별 차이에는 미용, 재정, 문화 등 여러 이유가 존재하겠지만, 그보다는 의사들의 의견이 더 중요한 요인이 아닐까 싶다. 제왕절개 예약을 잡아놓으면 새벽 2시에 일어날 필요도 없고, 골프 핸디캡도 줄일 수 있으니 말이다.

서로 다른 쌍둥이

마리아는 이미 한 아이의 어머니인 30세 여성으로 쌍둥이 출산을 앞두고 있었다. 그녀는 병원에서 근무하기 때문에 출산 과정을 잘 알고 있었다. 한동안 토의를 거친 끝에, 그녀는 37주째에 제왕절개 수술을 결정했다. 마침내 그날이 찾아왔다. 그녀는 금식 중이었고, 청결을 유지하기 위해 가볍게 관장을 한 상태였다. 수술실에는 의료진이 가득했고, 추가로 남편까지 멸균 수술복을 마스크까지 완벽하게 차려입고 들어와 초조한 표정으로 어정쩡하게 서 있었다. 남편과 마리아는 스크린 반대편에 있는 수술진을 볼 수 없었다.

그녀는 가벼운 마취에 이어 척추에 경막외주사를 맞았다. 마침내 건강한 남자아이 두 명이 태어났다는 말이 들렸고, 미리아는 인도했나. 아이들을 데려가는 모습이 얼핏 보였다. 봉합이 끝나고 30분 후, 그녀는 처음으로 작은 꾸러미 두 개를 품에 안아보게 되었다. 평균보다 작기는 해도 두 아이 모두 2킬로그램을 넘었으니 위험할 정도는 아니었다. 두 아이는 놀라울 정도로 완전히 똑같은 생김새였다.

그녀는 모유 수유를 시작했고, 두 아이는 천천히 체중이 불기 시작했다. 그러나 일주일 후 집으로 돌아오자 상황이 달라졌다. 후안은 마르코만큼 체중이 늘지 않았으며, 더 자주 우는 것처럼 보였다. 두 달이 지나자 모유 수유에 지친 마리아는 조제분유를 먹이기 시작했고, 두 아이 모두 분유를 받아들였다. 그러나 후안은 여전히 성장이 뒤처졌으며 밤새 잠을 자지 못하는 날도 늘어났고, 종종 배앓이를 했다. 두 돌이 되자 마르코는 포동포동하고 행복한 아기로 자라났지만 후안은 비쩍 마르고 기분이 안 좋아 보였다. 마리아는 후안을 소아과에 몇 번 데려가 보았으나, 의사는 걱정하지 말라는 소리만 반복할 뿐이었다.

이내 마리아는 아이가 락타아제 불내성이 있을 수 있으니 두유를 먹여 보라는 충고를 받았다. 덕분에 아이는 조금 체중이 불었지만, 묘하게도 몇 가지 가벼운 알레르기 증상을 보이기 시작했다. 가족은 이제 눈에 띄게 체격이 달라진 쌍둥이의 DNA 검사를 시도했다. 그러나 검사에서는 두 아이가 일란성 쌍둥이라는 결과가 나왔다. 유전적으로 동일하고 같은 처치를 받았는데도 체중이 다르다는 점에, 가족뿐 아니라 의사마저도 혼란에 빠져 버렸다.

이 쌍둥이의 장내 미생물은 다른 모든 갓난아기와 마찬가지로 백지 상태에서 시작되었다. 모체와 주변 환경에서 찾아온 미생물이 쌍둥이의 장을 점거하고 미생물 생태계를 구성하는데, 이런 미생물 생태계는 물론 이란성 쌍둥이나 아예 관계없는 남남보다는 비슷하겠지만 완전히 같을 수는 없다. 그러나 제왕절개로 태어난 쌍둥이는 자연 분만으로 태어난 쌍둥이에 비해 평균적으로 미생물 생태계의 차이가 심한 편이다. 그리고 때로는 상당히 기묘한 이유가 존재하기도 한다. 예를 들어, 출산 이후 아이들을 다루는 방식에 미세한 차이만 있어도 극적인 영향을 줄 수 있는 것이다.

후안과 마르코의 경우로 돌아가 보자. 실제 수술 자체는 거의 무균에 가까운 상황에서 진행되었다. 그러나 쌍둥이는 태반을 떠나자마자 서로 다른 간호사에게 건네진다. 간호사는 겉보기로는 매우 청결할지 모르지만, 몸을 박박 씻고 특수복을 걸쳐도 그 몸에는 온갖 미생물이 가득하며, 머리카락과 피부와 구강에서도 계속해서 떨어져 내린다. 아이의 체중을 재고 기록을 남기고 몸을 씻기는 과정에서, 간호사들은 갓난아기라는 비옥한 토양에 서로 다른 미생물의 씨앗을 뿌리는 셈이다. 아이의 입과 대장으로 이런 '외계' 미생물이 들어가는 상황은 진화 과정에서 예상한 것과는 다르다. 따라서 이 아이들은 이미 음식 내성뿐 아니라 이후의 인생을 결정할 독특한 미생물 지표까지 획득한 상태로 어머니의 품으로 돌아오는 것이다.

정상적인 분만 과정에서는, 아이의 장에 가장 먼저 뿌려지는 미생물 씨앗은 모체의 산도에 있던 것들이다. 여기에는 실과 요도와 장내 미생물이 포함되며, 뒤이어 피부 미생물이 추가된다. 이런 온갖 미생물이 섞인 다양하고 풍요로운 미생물 군집이 아이의 발달에 가장 중요한 첫 3년을 결정한다. 앞서 언급했듯이, 장내 미생물의 성질과 복잡한 상호작용이 이 시기에 형성되는 것이다. 이런 미생물 군집은 아이의 정상적인 발달에 중요한 역할을 수행하며, 특히 모든 것을 처음부터 배워야 하는 면역계의 훈련에 큰 영향을 끼친다. 특히 질 미생물은 임신기 동안 극적인 변화를 거치며 분만을 준비하며, 이 과정에 문제가 생기면 조기분만을 유발할 수 있다. 제왕절개로 태어난 아이들은 진화가 마련한 전통적인 방식을 따라 미생물과 접촉하기 전에 강제로 적출당한 셈이다.

여러 연구에 따르면, 제왕절개로 태어난 아기와 질을 통과해 태어난 아기의 대장에서는 첫 24시간 동안 상당히 다른 현상이 일어난다고 한다. 가장 큰 차이점은 제왕절개 아기의 대장에 유산간균과 같은 이로운 질 미생물이 존재하지 않으며, 포도상구균(대부분의 가벼운 피부 염증을 일으키는 균이다)이나 코리네박테리아와 같은 피부 미생물이 그 자리를 대체한다는 것이다.[8] 우리는 이런 박테리아가 전부 모체에서 오는 것이 아니라는 사실을 알고 있다. 제왕절개 아기들이 얻는 박테리아는 대부분 수술복을 입은 완전한 타인이나, 이미 실신해서 실려가지 않았다면 때로는 아버지에게서 얻는 것이다.

따라서 처음 몇 시간 동안 장내의 주요 미생물에 일어난 변화는 최소한 3년 동안 지속되며, 어쩌면 평생 그대로 갈지도 모른다. 제왕절개 아기들의 장은 이후 정상적인 모유 수유를 시작하더라도, 몸에 이로운 유산간균이나 비피더스균의 번식에 더 큰 저항성을 보이는 경향이 있다.[9]

제왕절개 아기의 알레르기 증상

그만큼 중요한 문제가 하나 더 있는데, 제왕절개로 태어나서 장내 미생물 생태계가 교란된 아기는 면역계 또한 교란되어 훗날 실리악병이나 알레르기 등의 면역 문제를 일으킬 수 있다는 점이다. 특히 식품 알레르기가 발생할 가능성이 크다.[10] 지금까지 발표된 대부분의 역학 연구에서(임상시험이 아니라 관찰 연구지만), 제왕절개 아기는 평균적으로 식품 알레르기와 천식 발생률이 20퍼센트가량 높다.[11] 대부분의 연구에 따르면 어머니도 알레르기를 가지고 있을 때가 위험이 가장 크며, 최대 일곱 배까지 상승할 수도 있다. 정규 수술과 긴급 수술 양쪽 모두에서 비슷한 위험도가 확인되기 때문에, 편향 요인이 존재할 가능성은 적어지고 결과의 신뢰도는 올라간다.

따라서 자연분만과 그에 따르는 고통을 피할 기회를 제공하는 획기적인 혁신, 그리고 이제 전 세계 인구의 3분의 1이 노출된 수술은, 사실 과거에 고려하지 않은 강력한 진화의 힘을 거스르는 행위인 것이다.

그래도 제왕절개를 금지할 수는 없는 노릇이다. 혹시 다른 현실적인 대안은 없을까?

미국 장내 미생물 프로젝트의 롭 나이트는 예전에 제왕질개 아기들을 비교하는 연구를 수행했는데, 당시 임신한 아내에게 조금 묘하게 들리는 제안을 했다. 제왕절개가 정말로 필요한 상황이 되면, 아기의 신체에 자연 상태의 균형을 되찾아주는 작업을 자신이 직접 수행하겠다는 것이었다. 아내는 동의했고, 결국 딸 때문에 제왕절개를 받아야 하는 상황이 찾아왔다. 롭은 아내를 마취하기 전에 커다란 탐폰을 질 안에 넣었다 빼도록 도와준 다음 엉덩이 주변도 문질렀다. 건강한 여자아이가 태어나자, 롭은 즉시 탐폰을 아기의 얼굴과 입과 눈 주변에 몇 초 동안 문질러서 자연스러운 출산 상황을 재현하려 시도했다.

롭의 딸은 3년 후까지도 아무 문제 없이 건강했으며, 미생물 생태계도 자연스러워 보였다. 어머니 쪽 가계는 알레르기가 꽤 심한데도 딸은 아직 알레르기 증상을 일으키지 않았으며, 항생제가 필요한 증상은 포도상구균으로 인한 후두염 한 번밖에 없었다. 이런 새로운 시도가 이미 북구의 여러 병원에서는 비공식적으로 사용되고 있다는 말을 들은 적이 있다. 롭과 마리아 도밍게스-벨로는 지금 푸에르토리코에서 제왕절개를 선택하는 여성을 상대로 이런 '질 접종'을 시험하고 있으며, 접종을 받은 아기를 장기간 추적하여 미생물 생태계가 '정상화'되고 알레르기 빈도가 줄어드는지를 확인할 계획이다.

자연은 모체에서 다음 세대로 유용한 영양소와 면역 신호를 전달하는 과정을 유전자뿐 아니라 미생물까지 동원해서 완벽하게 다듬어 놓았으며, 임신 기간에 섭취하는 음식물에 따라 이런 전달 과정은 세밀하게 조율된다. 지난 두 세대 동안 급격하게 증가한 알레르기 증상은 아기의 미생물 다양성 감소로 설명할 수 있다. 미생물의 다양성 감소는 아직 우리가 명확하게 이해하지 못하는 방식으로 아기의 면역계를 변화시키기 때문이다. 그리고 태어난 아기는 첫 3년 안에 항생제 처방을 받을 가능성이 상당히 크다. 대부분의 나라에서는 첫 3년 동안 1~3번의 지속 처방을 받는다. 이런 일이 벌어지면 조심스럽게 형성되고 있던 미생물 군집의 미묘한 균형이 깨지게 되며, 이후 두 번 다시 회복하지 못할 수도 있다.

미국과 유럽에서 처방된 약물이 보이는 가장 흔한 역효과 여덟 가지를 살펴보면, 그중 다섯 가지가 항생제에 의한 것이다. 미국인 유아는 평균적으로 성년에 도달할 때까지 17번의 항생제 투여를 경험하며, 영국에서와 마찬가지로 그 대부분은 필요 없는 것들이다. 물론 많은 수의 유아는 '평균'을 훌쩍 넘는 항생제를 투여받는데, 이는 다른 감염에 대한 면역력을 떨어뜨리는 것에 덧붙여 고약한 부작용을 유발할 수 있다.

개발도상국에서 일하는 소아과 의사들은 유아의 성장을 저해하는 만성 감염증에 대해 잘 알고 있는데, 이런 효과가 빈곤과 작은 키의 관계를 설명해 줄 수 있다고 한다. 최근 유아에

장기간 항생제를 투여한 열 건의 임상 결과를 검토한 연구에
의하면, 항생제를 투여한 유아는 신장이 매년 0.5센티미터씩
증가했으며 체중 증가 쪽으로는 효과가 더 컸다고 한다.[12] 이
들 아프리카 및 남아메리카의 아이들에게는 항생제가 전반적
으로 도움이 되는 경향이 강하며 영양실조를 줄이는 데도 도
움을 주는데, 아마도 그 과정에서 많은 수의 해로운 미생물을
박멸하기 때문일 것이다. 그러나 이런 작용이 서구에서도 이득
이 되리라 생각하기는 힘들다.

항생제와 비만

마틴 블레이저는 뉴욕에 사는 미생물학자로, 항생제 및 부
작용을 생각지 않고 모든 미생물을 박멸 대상으로 여기는 잘
못된 인식이 장기적으로 큰 위험을 불러올 수 있음을 처음으
로 알아차린 사람 중 하나였다. 나는 2009년 뉴욕 롱아일랜드
에서 열린 유전학 학회에서 그의 강연을 처음 들었는데, 바로
그 자리에서 그의 주장에 완벽하게 설득되어 버렸다. 이후 그
는 이 주제를 설명하는 훌륭한 책도 한 권 펴냈다.[13]

그는 우리 중 여럿과 마찬가지로 지난 21년 동안 미국 각지
의 비만율 변동에 관한 정부 연구를 살펴봤다. 지도 위에 색색
으로 표시된 결과물이 시간에 따라 변해가는 모습은 마치 공
포영화처럼 생생하게 다가왔다.[14] 1985년의 옅은 푸른색(비만
율 10퍼센트 미만)이 짙은 푸른색, 갈색, 붉은색(비만율 25퍼센

트 이상)으로 변해가는 모습은 마치 역병의 전파를 목격하는 것만 같았다. 1989년까지만 해도, 비만 인구가 전체의 14퍼센트 이상인 주는 하나도 없었다. 2010년이 되자 20퍼센트 미만인 주가 하나도 남지 않았다. 심지어 가장 건강한 주인 콜로라도마저도 굴복했다. 이제 미국 성인의 3분의 1 이상(34퍼센트)이 비만으로 분류된다.

이런 변화를 설명하기는 쉬운 일이 아니다. 하지만 지표가 존재하기는 한다. 2010년의 주별 항생제 사용량도 발표되었는데, 그 결과 또한 주마다 큰 차이를 보였고, 질병 또는 인구의 특성 차이로는 설명하기 힘들었다. 놀랍게도 항생제 사용량과 비만 지도의 주별 색분포는 똑같이 들어맞았다. 항생제 사용량이 많은 남부 주들은 동시에 비만율이 제일 높은 주이기도 했다. 항생제 사용량이 제일 적은 (평균적으로 다른 주들에 비해 30퍼센트가량 적었다) 캘리포니아와 오리건은 비만율도 비교적 낮은 편에 속했다.

물론 우리는 이런 전국 규모의 관찰 연구가 잘못된 결론으로 이어지기 쉽다는 사실을 잘 알고 있다. 같은 방식으로 페이스북이나 보디피어싱 보급률과 비만율을 연관지을 수도 있을 것이다. 따라서 이런 두 가지 연구에서 얻어낸 결론만으로는 명확히 증명되었다고 절대 말할 수 없다. 항생제-비만 가설을 확립하기 위해서는 반복 검증이 필요했다. 첫 번째 기회는 내가 종종 협력하는 에이번Avon 사의 부모와 자식을 대상으로 하는 종적 연구에서 확보한 데이터를 사용하는 과정에서 찾아왔다. 이 연구에서는 브리스톨에 거주하는 유아 12,000명을 대상으로, 신체와 의료 측정 결과를 수집하여 장기간에 걸친 추적 연구를 시도했다.[15] 이 연구의 결론에 따르면, 생후 6개월 안에 항생제에 노출될 경우 이후 3년 동안의 지방 축적량(22퍼센트 증가)과 비만이 될 위험성이 급격하게 증가했다. 이후 연령대에서는 항생제의 영향이 약해졌으며, 다른 약물의 영향은 전혀 없었다. 이런 결과는 생후 6개월 동안의 항생제 투여가 7세 유아의 체중에 영향을 미친다는 덴마크의 출생 집단 연구와도 일관성을 보인다.[16]

최근 미국에서 수행한 훨씬 대규모의 연구에서는 64,000명의 유아를 대상으로 수행한 결과를 제시했다. 연구진은 사용한 항생제의 종류와 명확한 투여 시점을 비교할 수 있었다.[17] 펜실베이니아 유아의 70퍼센트는 2세가 되기 전에 평균적으로 2회의 항생제 투여를 겪었다. 연구진은 이 시기 이전에 투여한 광범위 대상 항생제가 영유아 비만 위험도를 평균 11퍼센트 상승시키며, 투여 시기가 빠르면 위험도 또한 높아진다는 사실을 발견했다.

반면 적은 종류의 미생물만 죽이는 국소 범위 항생제에서는 명확한 효과를 확인할 수 없었으며, 일반적인 감염증도 마찬가지였다. 이런 '역학적' 연구 결과는 물론 가설에 긍정적으로 작용하기는 하지만 결정적인 증거라고는 할 수 없으며, 다른 여러 편향 요소가 작용했을 가능성도 있다. 예를 들어, 항생제를 복용하는 아이들이 다른 쪽으로 특수하거나 다른 요소에 민감했을 수도 있을 것이다. 따라서 마틴 블레이저와 그의 연구진은 한 단계 더 나아가 생쥐를 대상으로 항생제 가설을 시험해 보고자 했다.

항생제가 생후 3년 동안 유아에 끼치는 영향을 복제해 내기 위해서, 연구진은 실험실 생쥐의 새끼들을 두 집단으로 나누었다. 그리고 첫 번째 집단에는 인후염이나 중이염에 걸린 아기들의 처방량에 해당하는 항생제를 하루 세 번씩 닷새 동안 투여했다. 항생제 투여가 끝난 다음에는 양쪽 집단 모두에 5개월 동안 고지방 식단을 풍부하게 공급한 후, 시험을 통해 항생제를 투여하지 않은 집단과 비교해 보았다.[18] 결과는 명백하고 극적이었다. 항생제를 투여한 새끼쥐는 체중과 체지방이 상당히 증가하였으며, 그 효과 또한 고지방 식단을 제공한 생쥐 쪽에서 훨씬 강하게 나타났다.

놀랍도록 운이 좋은 경우를 제외하면, 지난 60년 동안 태어난 사람들은 어린 시절에 항생제를, 살아오는 동안 고지방 식단을 한 번쯤은 접할 수밖에 없었을 것이며, 따라서 이 생쥐들과 같은 증상을 겪을 가능성이 크다. 우리는 1만 명의 성인 영국인 쌍둥이를 대상으로 미생물 연구를 위해 단 한 번도 항생제를 투여한 적이 없는 사람이 있는지를 확인해 본 적이 있는데, 슬프게도 한 명도 없었다. 운이 좋아서 유아기의 항생제는 피했어도, 나처럼 제왕절개를 겪을 수밖에 없었던 사람도 있을 것이다. 기타 요소를 배제한 메타분석 결과에 따르면, 제왕절개로 태어나서 마법의 탐폰 치료를 받지 못한 사람들은 비만 위험도가 20퍼센트 증가할 수 있다고 한다. 나는 이 또한 미생물 때문이리라 생각한다.[19]

마약을 하는 동물

현재 생산 및 판매되는 대부분의 항생제는 인간을 위한 것이 아니다. 유럽에서는 생산되는 항생제의 70퍼센트 정도가 농축산업에 사용되는데, 여기서도 그 사용처는 나라마다 다르다. 미국에서는 전체 항생제의 80퍼센트 정도가 농축산업에 사용되고 있다. 이는 정말로 엄청난 양인데, 1950년대에는 50킬로그램밖에 되지 않았던 것에 비해 2011년에는 1300만 킬로그램에 달한다.[20] 여러분은 불쌍한 짐승들이 편도선염으로 고생하기 때문이라고 생각할지도 모르겠다. 하지만 사실 축산업계에서 항생제는 다른 용도로 사용된다.

전후 시대가 끝나고 1960년대에 접어들자, 과학자들은 짐승의 성장을 촉진하는 방법을 연구하기 시작했다.[21] 그들은 수많은 시행착오 끝에, 종류를 막론하고 사료에 적은 양의 항생제를 꾸준히 섞어 주면 성장률이 급격히 증가하며, 시장에 빨리 내다 팔 수 있게 되어 가격도 내려간다는 사실을 발견했다. 소위 말하는 사료 효율 증가를 가져올 수 있다는 것이다. 게다가 어릴 때부터 이런 '특수' 사료를 먹이기 시작할수록 훌륭한 결과물이 나왔다. 항생제 가격이 내려가자 이런 사육법의 채산성도 보장되었다. 만약 이런 전략이 소나 가금류에서 잘 먹혀든다면, 인간에게도 같은 영향을 끼치지 못할 이유가 있겠는가?

미국의 농장은 이제 우리가 생각하는 그런 농장이 아니다. 오늘날 미국의 농업은 흔히 CAFO(폐쇄형 밀집 사육시설)라 부르는 대규모 산업적 사육 설비의 형태로 운영되며, 시설 하나에 50만 마리의 닭이나 돼지, 또는 5만 마리의 소를 수용할 수 있다. 엄청난 속도로 번식하는 소들은 태어나서 도축장으로 갈 때까지 14개월이 걸리는데, 그때쯤이면 평균 545킬로그램이라는 엄청난 체중을 자랑하게 된다.[22] 이런 소들은 어린 나이부터 자연적인 건초와 목초를 끊고 저농도 항생제를 섞은 대량생산 옥수수 사료를 먹도록 훈련받는다. 이런 옥수수는 지원금 덕분에 값싸고 대량으로, 영국 전체 면적과 맞먹는 넓이의 제초제에 찌든 옥수수밭에서 생산된다. 인공적인 사료, 비좁은 사육장, 신선한 공기의 부족, 근친교배 등의 요인이 각종 감염성 질병을 유발하며, 따라서 역설적이게도 사료에 섞인 항생제는 이 짐승들의 건강에 실제로 도움이 된다.

이젠 어디서나 찾아볼 수 있는 산업 목축에서 사용 금지 판정을 받은 항생제는 몇 종류 되지 않는다. 미국 농무부는 이 수익성 좋은 시장에 깊이 개입하기를 꺼리는 경향이 있다. 환경에 보다 관심이 많은 유럽연합은 인간의 식품 연쇄에 항생제가 끼어들면 약물 저항성을 유발할 가능성이 있다는 사실을 깨닫고, 1998년부터 인간 보건에 유용한 특정 항생제를 가축에 먹이는 것을 금지했다. 뒤이어 2006년에는 성장 촉진용 항생제를 비롯한 모든 약물의 사용을 금지했다.

따라서 유럽에서는 대부분의 육류에서 항생제를 검출할 수 없어야 할 테지만, 슬프게도 현실은 그렇지 못하다. 네덜란드에서 일어난 스캔들에서 확인할 수 있듯이, 사료에 불법적으로 항생제를 섞는 행위는 여전히 만연하고 있다.[23] 게다가 동물의 건강에 문제가 발생할 때는 여전히 합법적으로 항생제를 투여할 수 있으며, 주기적으로 아주 높은 농도의 항생제를 투여하는 경우가 흔하다. EU는 사용할 수 있는 약물을 제한하려 애쓰고 있지만, 실제로는 거의 통제력을 발휘하지 못하는 상태다. 축산업자의 입장에서도, 무리 안에서 감염된 동물 한 마리가 발견된다면 해당 동물을 격리해서 경과를 관찰하는 것보다는 500마리에 전부 항생제 처치를 하는 쪽이 싸게 먹힌다. 식품 사슬과 환경 양쪽에 존재하는 막대한 양의 항생제 더분에 미생물의 항생제 저항성은 더욱 강해지며, 동물에 사용하는 항생제도 그에 맞춰 독해지게 마련이다. 이는 우리 인간에게도 마찬가지다.

유럽 외부의 사육자들은 느슨한 규제조차도 제대로 준수하지 못한다. 게다가 유럽연합은 많은 양의 육류를 수입하기 때문에, 육가공품의 정확한 산지를 확인할 수 없는 경우도 생긴다. 심지어 유럽산 말고기 라자냐 사태로 드러났듯이, 포장에 적힌 산지가 진실일지도 확신할 수 없다.

우리가 섭취하는 생선의 3분의 1 정도는 처음부터 양식장에서 생산된 것인데, 노르웨이나 칠레산 연어든 태국이나 베트남산 새우든 그 점만은 다를 것이 없다. 양식장에서 사용하는 항생제도 이제는 갈수록 양이 늘고 있으며, 그런 공급원의 대부분은 유럽이나 미국의 통제권이 미치지 못하는 곳에 있다. 물고기의 양식 환경이 나쁠수록 필요한 항생제의 양도 증가할 수밖에 없다. 양식장에 투여한 항생제의 75퍼센트는 망을 빠져나가 근처의 자연산 어류에게 전달되는 것으로 알려져 있는데, 이런 식으로 대구를 비롯한 여러 물고기가 섭취한 항생제

도 결국 우리 식품 사슬로 들어온다.[24]

항생제를 피할 방법이 있을까?

따라서 육식을 하는 사람이라면 누구나 스테이크나 돼지고기나 연어를 통해 항생제를 복용하는 셈이다. 불법이기는 해도, 많은 나라에서는 종종 우유에서도 항생제가 검출된다. 심지어 항생제를 혐오하는 엄격한 비건이라도 안전할 수는 없다. 미국에서 가장 흔하기는 하지만 다른 나라에서도 일어나는 일인데, 항생제를 먹인 가축의 오염된 배설물이 식물과 채소의 비료로 사용되어 채식주의자의 식탁에 도착할 수 있기 때문이다. 게다가 싱크대와 화장실과 동물의 배설물로 오염된 수백만 톤의 물이 상수원으로 흘러 들어가기 때문에, 이제는 수돗물에서도 항생제 저항성을 가진 다양한 미생물 군체를 찾아볼 수 있다.

수도 회사에서는 숨기려 애쓰지만, 항생제나 항생제 저항성을 획득한 박테리아를 확인하거나 걸러낼 방법은 사실상 존재하지 않는다. 미국과 유럽의 정수 처리장이나 시골의 저수지에서는 상당한 양의 항생제가 발견되었다.[25] 세계 곳곳의 강이나 호수나 저수지에서 수행한 비슷한 연구에서도 상당히 비슷한 결과가 나왔다.[26] 게다가 약물의 양과 다양성이 증가할수록 미생물의 저항성 유전자도 늘어나게 된다.[27] 따라서 여러분이 사는 지역이나 먹는 음식의 종류를 막론하고, 어차피 상수원을 통해서 일정량은 섭취할 수밖에 없는 셈이다. 심지어 병에 든 생수도 안전하다고는 할 수 없다. 실험해 본 대부분의 생수에서 여러 종류의 항생제에 노출되어 저항성을 가진 박테리아가 검출되었기 때문이다.[28]

상업적 농축산업과 정부의 식품 및 농산물 부서에서는 우리 식품 사슬로 들어오는 정도의 양으로는 완전히 무해하다고 주장한다. 하지만 '온갖 이해관계에 초연하게' 오로지 여러분의 건강에만 신경 쓰는 이들 권위의 집합체가 만에 하나 실수를 하고 있다면, 대체 무슨 일이 벌어질까? 마틴 블레이저는 이번에도 실증적인 방법으로 시험해 보기로 마음먹었다. 그리고 그의 연구진은 유아기 또는 일생에 걸쳐 의학적 효과가 나타나지 않을 정도로 소량의 항생제만 복용한 생쥐들조차도, 정상 생쥐보다 체중과 체지방이 두 배로 늘어났으며 지질 대사과정에도 변화가 일어났다는 사실을 발견했다.[29] 이 생쥐들의 장내 미생물 구성은 상당히 바뀌었다. 의간균류와 프리보텔라균류가 크게 증가했으며, 유산간균은 감소했다.

항생제 투여를 중단하자, 생쥐들의 미생물 구성은 원래의 다양성을 되찾지는 못했으나 항생제를 투여하지 않은 집단 쪽에 가깝게 돌아갔다. 그러나 이후 같은 식단을 공급해도 과거 항생제를 사용한 전력이 있는 생쥐들은 평생 살찐 상태를 유지했다. 그리고 일반적인 몸에 좋은 생쥐 사료가 아니라 고지방 사료에 항생제를 추가할 경우에는 언제나 더 극적인 결과가 나왔다. 블레이저의 연구진은 항생제를 사용한 집단의 면역계가 심한 손상을 받았다는 사실도 밝혀냈다. 미생물의 변화가 정상적인 신호 경로에 간섭하며, 장 내벽에 존재하며 건강을 유지해 주는 면역계를 통제하는 유전자가 억제된다는 사실을 확인한 것이다.

이런 결과가 약물 그 자체의 독성이 아니라 장내 미생물의 변화에 의한 것이라는 점을 증명하기 위해서, 연구진은 항생제를 투여한 생쥐의 장내 미생물을 무균 생쥐에 이식했다. 이 경우에도 명확한 체중 증가가 확인되었기 때문에, 문제의 직접적 원인은 항생제가 아니라 장내 미생물 다양성의 감소라는 사실이 증명된 셈이다. 고농도의 항생제와 저농도의 항생제를 투여해서 비교한 경우에는 양쪽 집단 모두에서 비만과 연관된 장내 호르몬의 증가가 확인되었다. 장내에서 생성되는 렙틴이나 PYY(peptide YY)라는 이름의 허기 유발 호르몬이 이에 속하는데, 이들 호르몬은 뇌에서 신호가 내려오면 분비되며 음식의 통과 시간을 줄여서 모든 종류의 음식에서 추출 열량을 늘리는 역할을 한다. 항상 일어나는 장과 뇌 사이의 상호작용이 얼마나 중요한지를 알려주는 사례다.

오늘날의 아기들은 온갖 항생제의 횡포를 온몸으로 받아들이고 있는데, 제왕절개 전에 모체에 주사를 놓기도 하고, 가벼운 염증을 치료하려고 단기간 투여하기도 하며, 심지어는 모유에 섞여 들어오기도 한다. 여기에 우리가 아직 명확한 효과를 알지 못하는, 수돗물이나 식품을 통한 저준위 오염도 추가된다. 항생제는 서로 연관이 없으며 예측할 수 없는 수많은 건강 문제의 근원일 수도 있는데, 한 예를 들자면 최근에는 항생제 처방이 모기의 말라리아 원충 흡수율을 높여서 말라리아 확산 및 감염의 위험도를 높인다는 연구도 있었다.[30] 우리가 유아기부터 시작되는 비만 유행에서 고려하지 않은 요소가 어쩌면 항생제일지도 모른다. 최소한 여러 요소 중 하나임은 분명할 것이다. 미생물의 감소와 설탕 및 지방 함량이 높은 가공식품의 증가가 힘을 합쳐 완벽한 비만의 폭풍을 만들어내는 것이다.

이렇게 살찐 성인이 아이들에게 비만을 좋아하도록 고도토 선태된 유전자를 전달해 주기 시작하면, 끔찍한 악순환이 시작된다. 다음 세대는 더 많은 항생제에 노출되어 우리보다 빈약한 미생물 생태계를 가지게 된다. 다른 말로 하면, 세대가 지날 때마다 미생물 생태계 고갈의 문제는 강화되어 간다는 뜻이다. 이런 가설은 비만 어머니의 아이들에서 문제가 강화되는 이유를 설명해 줄 수 있다. 비만 어머니도 처음부터 빈약한 미생물 생태계를 가지고 있었던 것이다.

이토록 항생제에서 벗어나기가 힘든 상황에서, 과연 해결책이 존재하기는 하는 것일까? 뉴에이지의 사도가 되어 반약물 유기농 비건으로 변신한다면 여러분과 여러분 가족과 여러분 미생물에 아주 미미한 장점을 제공할 수 있을지도 모르지만, 그보다는 이런 약물의 사용을 줄이려고 마음먹고 공동체 내에서 행동에 나서는 편이 나을 것이다.

의사들이 항생제 처방을 내리라는 압박으로부터 벗어나게 된다면, 다른 누구보다도 아이들에게 큰 도움이 될 것이다. 물론 긴급 상황에서는 항생제의 도움을 받아야겠지만, 가벼운 증상은 하루나 이틀 정도 두고 보면서 알아서 낫는지 확인해 보는 것도 나쁘지 않다. 우리 모두가 때로는 아플 수 있다는 사실을 받아들이고, 처방전 없이 한나절 정도 추가로 앓는 정도로 버티게 된다면, 우리 몸속의 미생물은 분명 기뻐할 것이다. 정부 또한 최악의 의사들을 목표로 삼아서 변화를 꾀할 수 있다. 프랑스에서는 바로 이런 방식으로 2002년에서 2006년 사이에 유아에 대한 항생제 처방을 36퍼센트까지 줄이며 흐름을 저지하는 데 성공했다.

정말로 약물이 필요하다면, 전체 미생물 생태계를 휩쓸어버리는 기존의 약보다는 현대 유전학으로 정확하게 목표를 지정해 만든 약을 사용하는 편이 좋다. 육류 섭취량을 줄이고 가능하면 유기농 식품을 섭취하는 것 외에도, 정부 로비를 통해 항생제에 의존하는 산업 규모의 축산업에 대한 지원금을 끊도록 만드는 것도 좋을 것이다. 전 세계에서 항생제 저항성이 기하급수적으로 치솟고 있는 지금 상황에서는 머지않아 심각한 감염증을 치료할 항생제조차 남지 않을 것이니, 서둘러 대체물을 마련하려 진지하게 노력하는 편이 좋을지도 모른다. 우리 몸에는 해가 없고 박테리아만 죽이는 바이러스를 사용하는 방법도 있을 것이다. 이를 위해서는 하루빨리 유해 미생물을 동정同定하고 박멸할 수 있도록 연구비 지원을 늘릴 필요가 있다.

프로바이오틱 식품이 치료제가 될 수 있을까?

아시도필루스 유산간균이나 비피더스균을 첨가한 요구르트

음료라면 뭔가 다를 수도 있지 않을까? 앞서 살펴본 대로, 대상이 매우 어리거나 나이가 많거나 심각한 질병을 앓고 있는 경우에는 이로운 효과를 보인다는 증거가 갈수록 많이 발견되고 있다.[31] 그러나 나머지 사람들에게는, 해를 끼칠 리는 없지만, 실질적으로 이로운 효과를 증명한 제대로 된 임상시험 결과는 아직 존재하지 않는다. 이는 아마 사람마다 장내 미생물이 다르기 때문일 것이다. 따라서 정확히 어느 미생물을 대체해야 할지 모르는 상황에서는, 그런 요구르트 음료가 제대로 통하려면 복권 당첨이나 다름없는 확률을 뚫어야 할지도 모른다.

어쩌면 미래에는 모든 사람이 주기적으로 장내 미생물을 검사하고 그에 따라 맞춤 프로바이오틱 식품을 섭취하게 될지도 모른다. 물론 충분히 실행 가능한 일이다.[32] 일단 지금은 항생제를 복용할 때는 미생물에 도움이 되는 '프리'바이오틱 성분이 풍부한 식품(돼지감자, 치커리, 부추, 셀러리 등)을 같이 섭취하는 것도 나쁘지 않아 보인다. 이쪽은 아직 가설을 뒷받침할 실험 증거를 기다리는 상황이지만 말이다. 그러면 문제가 하나 남았다. 항생제와 제왕절개가 알레르기의 증가를 유발하며, 알레르기 증상을 유발하는 식품 중에서는 미생물 친화적인 것들이 포함된 상황인데, 알레르기 발생을 예방하기 위해 식단을 추가로 제한하는 행위를 과연 적절한 것이라 할 수 있을까?

경고: 땅콩 성분이 들어갈 수 있음

　페이는 순식간에 얼굴이 퍼렇게 질렸다. 입술에는 물집이 잡히고, 얼굴은 끔찍하게 부어오르고, 순간 호흡이 멈추었다. 그녀의 어머니는 비명을 지르고 있었다. 게다가 지금 그들은 해발 3만 피트 상공에 있었다. 페이는 에식스에서 온 행복한 네 살 소녀로, 5분 전까지만 해도 언니와 즐겁게 놀고 있었다. 그녀의 가족은 테네리페에서 햇살 가득한 주말을 보낸 후, 라이언에어의 여객기를 타고 영국으로 돌아가는 중이었다. 이 소녀는 심각한 알레르기를 앓고 있었고, 승무원은 승객들에게 땅콩 봉투를 열지 말라고 세 번이나 경고했다. 그러나 페이로부터 4열 뒤에 앉아 있던 한 남자는 경고에 개의치 않고 땅콩 봉투를 열었다. 흔히 볼 수 있는 그런 부류의 사람들처럼 위험을 과장하고 있다고 생각했기 때문이다. 옆자리 사람은 막으려 시도했지만, 3시간의 비행이라는 고통을 견디려면 혼합 견과류를 입 안에 쑤셔넣어야만 한다는 절박한 욕망이 그를 사로잡고 만 것이다.

몇 분 후, 음식물이나 먼지 입자까지 순환시키는 강력한 여객기용 환기 시스템을 타고, 땅콩 입자가 공기 중으로 퍼져나갔다. 페이는 볼을 긁기 시작하더니, 얼굴이 벌겋게 달뜨고, 곧 의식을 잃었다. 그녀의 어머니는 서둘러 딸을 오염원에서 먼 비행기 앞쪽으로 데려갔지만 이미 입은 피해는 되돌릴 수 없었다. 페이의 아버지는 항상 가지고 다니던 아드레날린 주사펜을 꺼냈지만, 충격을 받은 상태라 손이 떨려서 제대로 사용할 수가 없었다. 딸아이는 부부의 눈앞에서 죽어 가고 있었다.

제대로 훈련받지 못한 승무원들 또한 발만 동동 구를 뿐 별 도움이 되지 못했다. 마침내 승객 중에 있던 구급대 요원이 앞으로 달려와서 주사를 놓아주었다. 페이는 천천히 숨이 돌아왔고, 비행기의 모든 승객은 안도의 한숨을 내쉬었다. 죄책감에 몸 둘 바를 모르고 있던 땅콩 애호가도 당연히 안도했다. 주변 승객들에게 집단구타를 당하기 직전이기 때문이기도 했지만. 그는 이후 라이언에어에서 2년 탑승 금지령을 받았다.[1]

견과류는 여러 고대 민족의 식단에 포함되었던 식료품이며, 다양한 현대 요리에서 재료로 사용되고, 앞서 언급한 지중해식 식단의 주된 요소이기도 하다. 식용 가능한 견과류는 종류가 다양하며, 주성분은 불포화지방이며 단백질과 폴리페놀도 들어 있다. 평균적인 유럽인이나 미국인은 식사로 섭취하는 항산화 폴리페놀의 5분의 1가량을 견과류에서 얻는다. 폴리페놀 함유량이 제일 많은 견과류는 땅콩으로, 20가지가 넘는 폴리페놀 화학물질을 함유하고 있다.[2] 30그램의 땅콩에는 평균적으로 같은 양의 과일과 채소를 합친 만큼의 폴리페놀이 들어 있다. 땅콩버터를 좋아하는 미국인은 전체 항산화 물질 섭취량의 3분의 2가량을 땅콩에서 얻는데, 일반적으로 땅콩과 함께 섭취하는 설탕과 지방을 벌충해 준다고 할 수 있을 것이다. 견과류를 구우면 항산화 폴리페놀이 평균적으로 15퍼센트가량 증가하지만, 종류에 따라 그 수치는 차이가 크다. 요즘은 견과류를 불려 먹는 것이 유행인데, 그렇게 하면 영양소의 방출을 도울 수 있고 독소도 제거할 수 있다고 한다. 물론 딱히 해로울 리는 없는 일이고, 일부 콩류의 경우에는 말이 되기도 하지만, 이제는 여러분도 식품에서 가상의 독소를 제거해야 한다고 설파하는 사람들을 경계해야 한다는 사실을 깨달았을 것이다. 어차피 여러분의 장내 미생물은 가장 단단한 견과류에서도 영양소를 추출해 낼 수 있다.

견과류는 1980년대부터 높은 콜레스테롤 및 지방 함량 때문에 몸에 해롭다고 공격의 대상이 되었고, 나 또한 견과류가 그리 몸에 좋을 리는 없다고 생각했다. 그러나 여러 연구에 따르면 지나치게 조미하지 않은 견과류에는 식욕을 억제하는 효과가 있으며, 체중 감량과 혈중 지질 수치 개선에도 효과가 있다는 점이 여러 계획 연구에서 확인되었다.[3] 앞서 언급한 유명한 PREDIMED 무작위 식단 연구에서, 지중해식 식단에 혼합 견과류를 날것으로 30그램(불리지 않고) 섭취한 집단에서는 저지방 집단보다 이로운 효과가 확인되었으며, 그 효과는 올리브유를 추가로 섭취한 집단과 거의 비슷할 정도였다.[4]

견과류에는 그 외에도 우리가 아직 잘 모르는 다양한 화학물질이 여럿 들어 있는데, 그중 하나가 체중 감량에 도움이 될 수도 있는 카켁틴이라는 물질이다. 견과류라는 다양한 물질로 구성된 꾸러미는 설탕이나 소금으로 포장하지만 않으면 전반적으로 우리 몸에 이롭다. 이렇게 몸에 좋은 식품이 대체 언제부터 식품성분표와 레스토랑 메뉴에서 위험물로 표기되고, 비행기에서는 살상병기 취급을 받기 시작한 것일까? 견과류가 변한 것일까, 아니면 우리가 변한 것일까?

식품 알레르기는 현대의 현상인가?

식품 알레르기(달걀과 우유에 대한)가 처음으로 의학적으로 언급된 것은 타이타닉호가 침몰한 것과 같은 연도인 1912년 이었다.[5] 그러나 당시 알레르기를 겪을 확률은 빙산에 충돌할 확률보다도 낮았다. 백 년 전에 의사를 방문한 식품 알레르기 환자는 초롱초롱 눈을 빛내는 의사를 마주하게 되었을 것이다. 환자의 이야기를 논문으로 발표하고, 그 희귀한 증례를 동료들에게 마음껏 자랑하고, 책을 써서 명성을 모으고, 순회강연을 하는 유명인사가 될 수 있었을 테니까. 반면 현대적인 의학 학술지에 식품 알레르기의 임상 경험이 처음 수록된 것은 인간이 달에 착륙한 해인 1969년이었다.[6]

페이처럼 비행 중에 갑자기 의식을 잃는 아이들의 이야기는 갈수록 늘어나고 있는데, 생명을 위협하는 아나필락시스 반응을 일으키는 알레르기 환자가 늘어나고 있다는 점을 생각하면 이상한 일은 아니다. 이제 캘리포니아에는 불안에 사로잡힌 학부모가 안심하고 아이를 보낼 수 있는 견과류 배제 학교도 등장했다. 이런 경향이 계속 이어지면 땅콩 한 봉지는 대량살상 병기 취급을 받게 될 것이며, 알레르기가 있는 아이들을 휴양지로 이송하기 위한 특별 여객기를 준비해야 할 것이다. 공기 중의 미소한 항원 물질이나 좌석 또는 의복에 묻은 초소형 입자들로부터 환자들을 완벽히 보호할 방법은 없으니 말이다. 하지만 이 또한 신종 괴담인 것은 아닐까?

나는 런던 병원의 알레르기 분야 최신 전문가들에게 이 놀라운 라이언에어 사건에 대해 질문을 던져 보았다. 사실 한동안 대화의 주요 화제였으며 기내 땅콩 금지 청원을 유발하기도 했으니 딱히 이상한 행동은 아니었다. 그리고 나는 기대와 다른 답변을 얻었다. 모든 전문가가 알레르기를 가진 소녀가 옆자리에 있더라도 즐겁게 땅콩 한 봉지를 해치우겠다고 대답한 것이다. 그들의 말에 따르면, 알레르기 반응이 일어나려면 땅콩 한 알을 그대로 소녀의 입 안으로 던져 넣어야 한다는 것이다. 대부분의 알레르기 유발 식품은 공기 중이나 먼지에 섞여 전파되지 않으며, 이는 땅콩의 주요 항원 단백질인 ARAh2의 경우에도 마찬가지라는 것이었다. 알레르기 전문가들이 할 수 있는 유일한 해석은, 아무 관계도 없는 다른 항원이 입 안으로 직접 들어가서 페이의 증상을 유발했다는 것이었다.

고위험군 아동에게 매월 수백 건의 알레르기 시험을 수행하는 의사들이, 자기 입으로 직접 그런 심각한 반응은 매우 드물며 공기를 통해 전파된 땅콩 분진으로는 일어날 수 없다고 말한 것이다. 여기서 한 가지 예외는 생선 알레르기인데, 항원 단백질이 생선의 냄새에 들어 있기 때문이다. 이는 희귀병 압력 단체의 권력과 미신을 전파하는 언론의 힘이 오랜 시간 지속되며, 주요한 사회적 효과를 유발한다는 사실을 보여주는 한 예라고 할 수 있다. 다음번에 비행기에 탑승해서 알레르기가 있는 아이들과 걱정에 빠진 부모들 때문에 땅콩 섭취를 자제해 달라는 주의를 받으면, 과연 어떻게 행동하는 것이 좋을까?

상당한 과장과 지나친 공포 조장과는 별개로, 식품 알레르기가 증가하고 있다는 점에는 이견의 여지가 없다. 식품 불내성 또한 증가 추세이기는 하지만, 이는 상당히 다른 부류의 증세이며 명확하게 정의하기도 힘들다. 알레르기는 식품에 대한 명확하고 직접적인 반응으로, 몸이 부어오르고 붉게 달아오르며 무감각 상태에 빠지고, 종종 호흡 곤란이나 의식 상실로 이어진다. 가벼운 암이나 죽음을 경험할 수 없는 것처럼, 가벼운 알레르기 또한 존재하지 않는다. 반면 불내성은 보통 복부팽만, 구토, 복부 통증, 설사, 식사 후 변비 등을 유발한다. 이런 증상은 실제로 최근에 증가한 것인지, 아니면 과거에도 존재했으나 병이라고 생각하지 않았던 것인지를 알 수 없다. 류머티즘성 관절염을 앓는 내 환자 중 많은 수는 여러 종류의 음식이 질병을 유발했거나 증상을 악화시켰다고 믿었다. 나는 언제나 그들에게 두발 시료를 이용한 알레르기 검사나 바이오리듬 같은 유사과학에 돈을 쓰지 말고, 2주 동안 생수와 채소로만 구성된 식단을 섭취하며 상황이 호전되는지를 확인해 보는 편이 좋다고 일러 주었다. 내 말을 따른 사람은 아무도 없었다. 사실 이런 질병에 식품 알레르기가 연관되어 있을 가능성은 1퍼센트도 채 되지 않는다.

그러나 알레르기는 실제로 존재하는 현대의 질병이며, 그 유발 원인의 목록은 끝이 없다. 우리가 연구하는 중년 여성 쌍둥이 중에서도 다섯 명 중 한 명이 앓는 니켈 알레르기처럼 흔한 알레르기도 있고, 새우(50명 중 1명)나 바나나나 토마토처럼 조금 드문 알레르기도 있으며, 심지어 알약 껍질이나 햇빛(1000명 중 1명)처럼 훨씬 드문 알레르기도 있다. 그보다 드문 경우로는 물에 알레르기를 가지는 사람들도 있는데(이 증상은 '수성 두드러기'라는 개별 이름을 가지고 있다), 이런 사람들은 심지어 자신의 눈물이나 남편의 키스에도 알레르기 반응을 보인다. 아주 괴로운 증상이기는 하지만 항상 설거지를 피할 수 있다는 장점도 있다. 요즘은 기묘한 복합 알레르기도 등장하고 있다. 자작나무 꽃가루로 오염된 사과를 먹을 때만 알레르기성 쇼크를 일으키는 소녀가 그런 실례의 하나다.

아기를 지키는 법

아무도 이유는 모르지만, 오스트레일리아는 전 세계에서 알레르기 인구 비율이 가장 높은 나라 중 하나다. 적어도 환경오염 때문일 가능성은 그리 크지 않을 것이다. 오늘날 오스트레일리아 아동 50명 중 한 명은 땅콩 알레르기를 앓고 있으며(영국에서는 80명 중 한 명이다), 이 비율은 20년마다 두 배씩 증가하고 있다. 그리고 5세 미만의 유아에서 증가세가 가장 빠르다. 아일랜드나 브리튼 섬에서 온 처음 다섯 세대의 오스트레일리아인들은 처음 도착한 땅에서 수많은 괴상한 항원을 마주했다. 그러나 적어도 겉보기로는, 30년 전까지 대부분의 주민은 거의 아무런 문제도 겪지 않았다. 문제는 이제 오스트레일리아인의 삶이 극적으로 변해 버렸다는 것이다. 우리 어머니가 그곳에서 어린 시절을 보냈을 때와는, 그리고 나와 동생이 1960년대에 몇 닌 농안 학교에 다녔을 때와는 완전히 달라져 버렸다.

과거 오지Aussie들은 야외에서 스포츠와 바비큐를 즐기고, 피크닉에 따르는 뱀과 거미와 흙투성이 발바닥과 '더니dunny'라 부르는 야외 화장실 등을 기꺼이 감수했다. 그러나 이런 경향은 모두 사라져 버렸다. 아이들은 이제 거의 나가 놀지 않으며, 진공청소기로 청결을 유지하는 방 안에서 에어컨 바람을 쐬면서 플레이스테이션과 컴퓨터로 게임을 즐긴다. 그리고 청결하고 가공도 높은 식품을 섭취한다. 오스트레일리아는 일반적인 이미지와는 달리 전 세계에서 아동 비만율이 가장 높은 나라 중 하나이며, 이제 스포츠를 즐기는 아이들은 거의 찾아보기 힘들다. 반면 맥주 섭취와 스포츠 시청 문화는 제법 성공적으로 살아남았다.

아이들은 언제 알레르기를 얻는 것일까? 최신 연구에 따르면 아기가 식품 속의 특정 단백질(항원)에 민감성을 가지게 되는 시기는 처음 그 식품을 접한 때보다도 이를 수 있다고 한다. 모체의 자궁 안에서 민감성을 가지게 될 수도 있다는 것이다.[7]

의사들은 걱정에 시달리는 임산부에게 종종 프랑스 치즈나 살라미 등의 일부 음식을 피하라는 조언을 하곤 했는데, 이제는 희귀한 감염증이나 알레르기를 피하려는 이유에서 임산부의 금지 식단 목록은 점차 늘어만 가고 있다. 이런 조언 중 많은 수는 방어적인 것이며 별다른 증거도 존재하지 않는다. 게다가 조언을 해 주는 시점도 모체에 다양한 식품이 필요하며, 몸이 알아서 필요한 식품을 알려 주는 시기다. 딱 짚어 말하자면, 요즘 유행하는 조언에 따르면 임신한 여성은 땅콩 섭취를 피하면서 땅콩 알레르기가 발생하지 않기를 바라는 편이 가장 좋다고 한다. 그러나 최근 연구에서는 정반대의 진실이 밝혀졌다. 임신기 동안 땅콩을 즐겨 먹은 여성 쪽이 땅콩을 피한 여성에 비해 견과류 알레르기를 가진 아이를 낳을 확률이 훨씬 낮다는 것이다.[8]

막 태어난 갓난아기의 미생물 생태계 다양성 확보는 미래의 알레르기 위험을 줄이는 데 필수적인 요소로 보인다.[9] 그리고 건강한 식사를 하는 어머니의 모유 수유, 늦은 이유기, 살짝 지저분한 집안 환경 등은 미생물 다양성 확보에 도움이 된다. 반면 미생물 생태계의 풍요로움이나 다양성의 감소는 일반적으로 알레르기 유발 요인으로 작용한다.[10] 알레르기는 면역계가 약해지고 분유를 섭취한 아이들에서 발생률이 높다. 이미 언급한 대로, 현재 가장 신뢰할 수 있는 이론에 따르면 건강하고 다양한 미생물 생태계는 장의 면역계를 자극해서 지속적인 준비 상태를 유지해 주며, 기묘한 단백질을 접해도 과민 반응을 보이지 않을 가능성을 높여 준다.[11]

청결 히스테리

엄청나게 깨끗한 가정을 유지하는 어머니의 끔찍하게 깨끗한 아기들이야말로 가장 알레르기 위험성이 큰 부류다. 최근 연구에 의하면, 고무젖꼭지를 부모가 깨끗이 빨아서 다시 입에 물려주는 아기 쪽이, 위생적인 무균 젖꼭지를 철저하게 교체해 주는 아기에 비해 알레르기 반응을 일으키는 경우가 훨씬 적다고 한다.[12] 이유식을 어머니가 미리 씹어서 먹이는 행위는 이제 서구에서는 보기 드문 구시대의 습속이 되었지만, 질긴 녹말과 육류를 잘게 찢어줄 뿐 아니라 타액을 통해 몸에 좋은 다양한 미생물을 넘겨주기도 한다. 자식을 핥는 행위는 대부분의 포유동물과 일부 인간 문화권에서 쉽게 찾아볼 수 있는 행위이며, 입맞춤은 두말할 나위 없이 모든 지역에서 보편적이다.

대부분의 사람들은 '위생 가설'에 대해서 들어본 적조차 없을 것이다. 나와 함께 역학을 수련한 동료 의사인 데이비드 스트라찬이 수립한 가설인데, 그는 천식과 습진 증상을 보이는 아동을 출생 당시부터 추적한 국가 기록을 검토하다가 이런 착상을 떠올렸다. 그는 영국에서 눅눅한 거주 조건과 알레르기 사이에 연관성이 존재함을 발견했다.[13] 그러나 그 연관은 여러분이 직관적으로 생각할 법한 방향이 아니었다. 눅눅하고 허술한 거주지에서 대가족이 북적거리며 사는 환경은, 가능한 온갖 편향을 배제한 다음에도 알레르기를 막아주는 것으로 드러났다. 다른 여러 인구집단을 상대로도 비슷한 결과가 재확인되었다. 이렇게 해서 과도한 청결이 현대의 알레르기성 질병의 원인일 수도 있다는 가설이 탄생했다.

덜 위생적인 환경에서 성장하고 주기적으로 동물과 접촉하고 기생충에 감염되었던 사람들은 천식이나 식품 알레르기를 일으키지 않는다. 처음에는 그 이유가 순전히 면역계 때문이라고만 생각했는데, 면역계의 방어를 세심하게 조율하려면 아주 어릴 때부터 감염으로 인해 자극을 받아야 한다는 가설이었다. 실제로 인간은 수백만 년 동안 그런 방향으로 진화해 왔다. 그러다 1960년대 이후의 아이들은 갑자기 갈수록 청결해진 환경에서 성장하게 된 것이다. 과거에 면역계의 교육을 돕던 기생충이나 토양이나 온갖 가벼운 질병과는 이제 접촉할 방법이 사라졌다. 따라서 국가가 부유해지고 사람들이 자기 몸을 자연으로부터 보호할수록, 알레르기도 더 많이 나타날 수밖에 없다는 것이다.

지난 세기의 천식 사태는 1980년대와 1990년대에 정점을 찍은 이후로 감소해 왔으나, 그와 동시에 심각한 식품 및 피부 알레르기가 폭발적으로 증가하기 시작했다. 천식과는 달리, 이런 알레르기는 성인이 되어도 사라지지 않는다. 스무 명 중 한 명의 아동이 땅콩이나 우유나 기타 식품에 대한 알레르기를 가지고 있으며, 이 비율은 지난 20년 동안 매년 꾸준히 3퍼센트씩 증가해 왔다. 글루텐 알레르기 또한 이제 과거보다 흔히 찾아볼 수 있다. 피부단자검사나 첨포검사를 사용하면 신뢰도가 떨어지는 설문지에 의존하지 않고도 실제로 알레르기가 얼마나 흔한지를 수월하게 확인할 수 있다. 최근 미국에서 수행한 조사에 의하면, 54퍼센트의 아동이 특정 항원에 약한 알레르기 반응을 보인다고 한다. 우리가 영국에서 시골과 도시에 사는 성인 쌍둥이들을 대상으로 한 검사에서는, 세 명 중 한 명이 첩포검사에서 양성반응, 즉 알레르기 증상이 일어날 가능성을 보였다.

그러나 미국의 일부 인구집단은 이런 알레르기 대유행에 비교적 면역력을 가지는 것으로 보인다. 지역의 아미시 집단을 연구한 인디애나주의 연구진은 피부단자검사에서 양성반응을 보이는 아미시 아동이 전체의 7퍼센트뿐이라는 사실을 발견했는데, 이는 유전적으로 유사한 스위스 아동의 6분의 1밖에 안 되는 수치다.[14] 아미시 집단의 생활방식은 17세기에 스위스 베른 지방을 떠난 이후 크게 변하지 않았다. 이들은 모든 아이를 공동 양육하며, 건초와 밀짚과 짐승 털과 배설물로 가득한 외양간에서 소를 돌보고 젖 짜는 법을 가르친다. 대부분의 농장일을 처리하는 일꾼들의 경우가 장내 미생물 다양성이 가장 높았으며, 그중에는 앞서 살펴봤듯이 기타 미국인들에게서는 찾아보기 힘들어도 아프리카에서는 흔한 프리보텔라와 같은 균도 포함되어 있었다.[15]

위생 가설은 지금까지는 세월의 시련을 이겨냈지만, 이제 미생물의 중요성에 대한 새로운 지식에 맞춰 손질하는 작업이 필요할 것이다. 우리는 장내 미생물이 면역계 훈련에 필수적인 역할을 담당한다는 사실을 잊지 말아야 한다. 미생물은 장 내벽의 조절 T세포를 통해 이런 일을 수행하며, 이런 조절 T세포는 우리가 먹는 식품과 면역계의 반응 사이를 중재하고 수치를 조절하는 주요한 의사소통 수단이다.[16] 조절 T세포는 면역계를 억제하기 때문에, 일반적으로는 수치가 높으면 건강한 것이라 할 수 있다. 따라서 식품 알레르기를 가진 어머니가 낳은 아이들이 출생 순간부터 조절 T세포 수치가 낮은 것은 딱히 이상한 일이 아니다. 부모의 유전자와 제한된 식단 양쪽이 작용할 수밖에 없기 때문이다.[17]

아미시 인구집단에서 이렇게 알레르기 발병률이 낮은 이유 중 하나는, 그들이 저온살균을 하지 않아서 미생물이 풍부하게 함유된 원유를 마음껏 마시기 때문이다. 유럽의 일가족을 대상으로 한 비슷한 연구도 여럿 존재한다. 어쩌면 어머니와 아기들을 위해 조절 T세포의 화학 신호를 최대화할 수 있는 아미시 식단이나 활생균류를 만들어낼 수 있다면, 만연하는 식품 알레르기가 다시 줄어들기 시작할지도 모른다.[18][19] 우리 대부분은 아이의 건강을 위해서는 청결이 최우선이라고 생각하며 자라났다. 하지만 상황이 이렇게 됐는데도 아이를 청결하게 유지하려 애써야 하는 걸까? 아미시 집단이 자연적이지만 지저분한 환경에서 얻는 보호 효과는 단순히 먼지나 가축의 털에서 유래한 것이 아니라, 그곳에 사는 수조 마리의 미생물로부터 얻는 것이다. 유럽에서도 농장 근처에서 자라난 아이들은 천식 및 알레르기의 발병률이 낮다.

물론 현대 세계에서는 모든 농장이 이로운 효과를 보이지는 않는다. 미국의 거대한 공장식 사육시설 근처에 살면, 식품 알레르기는 줄어도 천식 위험도는 높아진다.[20] 한 연구에 따르면, 진흙탕이나 흙바닥에서 굴러다니며 한나절을 놀도록 허락해 준 아기들은 깨끗이 씻겨 실내에 놔둔 아기들에 비해 알레르기를 비롯한 면역 문제가 일어날 가능성이 줄어들고, 대장에서도 몸에 이로운 유산간균이 더 많이 발견된다고 한다. 아, 참고로 여기서 아기는 아기돼지들이다. 그러나 미생물이나 유전자나 건강 측면에서 우리는 돼지와 매우 비슷한 동물이라는 점을 잊지 말도록 하자.[21]

알레르기를 가진 아동의 어머니는 종종 초조함과 죄책감에 몸부림치며, 먼지나 짐승 털에 묻어 있을지도 모르는 치명적인 항원으로부터 아이를 보호하려 애쓴다. 이런 사람들은 집안을 멸균 실험실에 가까운 환경으로 만들려고 최선을 다한다. 다른 이들은 견과류, 글루텐, 밀, 달걀 등의 작은 입자가 음식에 섞일까 전전긍긍하느라 식사를 르네상스 시대 보르자 가문의 연회만큼이나 스릴 넘치는 의식으로 만들어 버린다. 견과류 알레르기가 사망으로 이어질 수 있다는 점을 생각하면 이런 공포는 충분히 이해할 만하다. 그러나 여러 연구에 따르면, 집을 농장처럼 만들고 애완동물을 키우는 쪽이, 심지어 키우는 동물이 돼지라 하더라도 알레르기 발병률을 낮추는 데 도움이 된다. 집안에서 애완동물을 키우는 일에는 인간의 수명 증가, 알레르기 및 우울증 예방 등의 여러 이득이 있는데, 이는 단순히 털과 먼지를 공유하기 때문이 아니라 애완동물의 다양한 장내 미생물과 가깝게 지낼 수 있어서기도 하다.[22] 먼지와 다양성을 우리 친구로 맞아들이고 식품 불내성이 심각한 의학적 질병이라는 관념을 벗어던지라는 것은 상당히 무리한 주문이겠지만, 우리 다음 세대를 위해서는 반드시 필요한 일일지도 모른다.

유통기한

현대 사회에서는 어마어마한 양의 식품이 아직 먹을 수 있는데도 별다른 이유 없이 쓰레기통으로 향한다. 대부분의 서구 가정에서는 구매한 식품의 30~50퍼센트가 그대로 버려진다고 추정된다. 일부 경우에는 충분히 이해할 수 있는 일이다. 나는 건강해지려는 열망에서 항상 너무 많은 과일과 채소를 구매하고, 그 결과 물렁물렁해지고 곰팡이가 피고 벌레가 낀 식재료를 쓰레기통에 던져 버린다. 그러나 이는 어디까지나 예외일 뿐이다.

오늘날 많은 사람은 유통기한이 지난 식품을 건강에 치명적이거나, 적어도 식중독을 유발하는 물질로 취급한다. 대중적인 미신에 따르면 그런 식품은 순식간에 미생물에 점령당하며, 식품과 미생물이 뒤섞인 물질을 섭취하면 독극물로 작용할 가능성이 크다는 것이다. 유통기한이 사실 식품의 안전보다는 품질에 대한 추정치라는 사실을 깨닫는 사람은 상당히 드문 편이다.

물론 피해야 할 식품이 있기는 하다. 특히 살모넬라균이나 캄필로박테리아균 감염으로 위염을 유발할 수 있는 대량 생산 닭고기 등의 조리하지 않은 육류의 경우가 그렇다. 그러나 일 단 냉장고에 들어가면, 보존 기간은 큰 영향을 끼치지 못한다. 대부분의 미생물 감염은 소비자가 상품을 구매하기 전에 일어 나기 때문이다. 슈퍼마켓 식품은 오래되어도 맛과 구소와 미생 물 구성이 변할 뿐, 직접적인 해를 입힐 정도에 이르지는 않는 다.

앞서 논의한 대로 훌륭한 치즈에는 이미 박테리아와 균류가 득시글거리지만, 곰팡이 핀 껍질만 걷어내면 완벽히 안전하게 먹을 수 있다. 잼이나 요구르트나 피클의 경우도 마찬가지다. 심지어 식초나 올리브유처럼 변성되지 않는 보존제조차도 요 즘은 유통기한과 소비기한이 적혀 있다. 과학적인 설문을 수행 한 것은 아니지만, 나는 아직 자기 냉장고에서 나온 물건 때문 에 병에 걸린 사람은 만나본 적이 없다. 묘하게도 식품 감염 증 세는 일반적으로 엄격한 위생 기준을 준수하리라 생각하는 외 식이 원인이 되는 경우가 많다. 식품 감염증은 주로 고기나 달 걀로 인해 발생하며, 다행스럽게도 대부분의 국가에서 꾸준히 감소하는 추세라서, 이제는 25년 전의 4분의 1 수준밖에 되지 않는다.[1]

식품성분표의 판매기한은 처음에는 슈퍼마켓의 창고에서 선반으로 재고를 가져다 놓는 작업의 효율성을 위해 도입된 것이지만, 판매자들은 이내 소비자가 그 숫자를 읽고서 가장 신선한 제품을 선택하고 기한이 지난 제품을 거부하기 시작했다는 사실을 깨달았다. 이 때문에 식품회사들은 정부의 후원을 받아 다양한 기한을 추가해서 혼란을 불러일으키려 시도했다. 유통기한, 판매기한, 소비기한 등의 다양한 날짜는 이런 식으로 탄생했다. 식품회사 측에서 이렇게 하면 더 많은 식품이 버려지기는 해도 판매량은 늘어난다는 사실을 깨달았기 때문이다. 이제 이런 행위는 통제를 벗어나 버렸고, 소비자뿐 아니라 슈퍼마켓까지도 단순히 성분표에만 의지해서 매주 냉장고나 선반의 절반을 비워 버리며, 수십억 킬로그램의 식품을 폐기하는 일에 동참한다. 많은 사람이 이런 현재 상황에 분노를 표하고 있다.

최근 슈퍼마켓 운영자를 대상으로 한 설문 조사에 의하면, 거의 모든 설문자가 항상 유통기한을 넘긴 식품을 먹으며 완벽하게 안전한 물건으로 간주한다고 한다. EU에서는 아직 '사용기한' 개념은 유지하고 있지만, 마침내 파스타나 쌀처럼 완전히 안전한 상품에서는 혼란과 음식물 쓰레기를 줄이기 위해 아무 의미 없는 '품질유지기한' 표시는 제거하기로 결정을 내렸다. 미국에서는 상황이 더 고약한데, 주마다 기한 표시 규정이 달라서 혼란을 불러일으키기 때문이다. 유통기한이 짧을수록 사람들이 음식물을 폐기하고 다시 구매하는 양이 늘어나기 때문에, 제조사들은 이런 혼란스러운 상황에 완벽히 만족하고 있다.

그 외에도, 우리는 온갖 비싼 약물도 별 이유 없이 폐기해 버린다. 대부분의 처방약은 유통기한을 훨씬 넘어도 효력을 유지한다. 때로는 질감이 변할 때도 있지만, 실제로 작용하는 성분은 그대로다. 150종의 약물을 대상으로 철저한 실험을 수행한 한 연구에서는, 80퍼센트의 약물이 유효기간에서 몇 년이 지난 후까지도 약효를 유지한다는 사실이 확인되었다.[2] 순식간에 약효가 사라지는 테트라사이클린 항생제처럼 드물지만 예외가 존재하기는 하며, 액체의 경우에는 성분 분리가 일어날 수도 있다. 나를 비롯한 대부분의 이사의 찬장에는 절대 버리지 않는 '유효기간이 지난' 약이 가득하며, 약물의 효력이 최대 10퍼센트 떨어질 수 있기는 해도 아직 유효기간이 지난 약품 때문에 병에 걸렸다는 이야기는 들어본 적도 없다. 국경 없는 의사회와 같은 자선 조직에서는 몇몇 서구 국가에서 반환된 약물을 수집해서 제3세계에서 사용하며, 미국은 표시된 보존 기한을 늘리는 계획을 조심스레 추진하는 중이다.[3]

우리는 이보다 훨씬 적극적인 태도를 취해야 하며, 사실 그럴 능력도 충분하다. 식품 보존에 대해서는 공동체에서 제반 규칙을 다시 점검하고 위험도를 판별하는 작업이 필요하다. 색이나 질감이 변한 식품이나 약을 먹을 경우의 경미한 위험과, 완전한 위험의 제거를 목표로 삼아야 한다는 관념 사이에서 새롭게 균형점을 찾을 필요가 있다. 예를 들어, 그런 식품을 쓰레기통에 던져 넣는 것은 기후 변화라는 다른 위험에 일조하는 행위이기도 하다.

그러나 미생물에 대한 과장된 공포에 변화가 생기기 전까지는, 제대로 된 윤리적 또는 건강상의 결정을 내리는 일은 쉽지 않을 것이다.

계산대

이제 우리의 식품성분표도 막바지에 이르렀다. 그러니 계산대에 상품을 올려놓기 전에, 주요한 식단의 미신, 그 안에 숨은 허구, 식단 및 건강을 증진하기 위해 스스로 할 수 있는 일을 한 번 요약해 보는 것도 나쁘지 않을 것이다.

온갖 미신 중에서 가장 위험한 것은, 특정 식품에 대해 모든 사람이 같은 반응을 보인다는 가정이다. 이런 가정은 특정 식품을 섭취하거나 특정 식이요법을 따르기만 하면 모든 사람의 신체가 실험실 쥐처럼 똑같은 식으로 반응할 것이라는 생각으로 이어진다. 하지만 그건 사실이 아니다. 사람의 몸은 저마다 다르다. 섭취하는 열량 대 방출하는 열량이라는 개념으로 영양소와 체중을 살피는 일이 현실적이지 않으며 논점을 호도하는 행위인 이유도 이것이다. 모든 인간은 섭취하는 식품과 환경이 같더라도 서로 다른 방식으로 식품에 반응한다. 이 책 서두에서 내가 언급한, 홀쭉한 쌍둥이 학생에게 과식을 시킨 훌륭한 캐나다의 연구를 기억해 보길 바란다. 같은 음식을 먹고 같은 운동을 시켰는데도, 두 달 동안 늘어난 체중에는 세 배 가까운 개인차가 존재했다(최저 4킬로그램, 최고 13킬로그램이 증가했다).

우리 몸은 음식에서 운동이나 환경에 이르기까지 모든 요인에 다양한 반응을 보인다. 그리고 이런 다양성은 식품에 대한 선호도뿐 아니라 지방 축적량과 체중 증가량에도 영향을 끼친다. 지금껏 발견된 바에 따르면 이런 다양성은 부분적으로는 유전자 때문이지만, 우리 장 속에 사는 미생물 때문이기도 하다. 여러 부류의 미생물이 다양한 질병과 체중 증가로부터 우리 몸을 지켜주지만, 그런 요소를 더욱 쉽게 받아들이도록 만들어주는 미생물도 존재한다.

그러나 모든 사람이 특별하며 서로 다른 방식으로 반응한다는 선포에도 불구하고, 식단에는 분명히 모든 사람에게 통용되는 사실이 존재한다. 당분이 많은 식단과 가공식품은 우리 미생물에 해로우며, 그에 따라 우리 몸에도 해롭다. 그리고 채소와 과일이 풍부한 식단은 미생물과 우리 몸 양쪽에 이롭다. 이 말을 미국의 식품 및 건강 기고가인 마이클 폴란은 일곱 단어로 단순하게 요약했다. "식물성 식품이 많은 식단을, 과식하지 말고 먹자Eat food, mostly plants, not too much." 그리고 그의 조언 하나는 살짝 바꿔서 소개하겠다. "당신 증조모의 '미생물이' 음식으로 여기지 않았을 물건은 먹지 말도록 하자."

인간 신체의 미생물 다양성은 10년 단위로 꾸준히 감소하고 있는데, 이는 분명 나쁜 추세이며, 알레르기나 자가면역질환이나 비만이나 당뇨병 등의 현대 질병을 불러오는 주된 요인일 수도 있다. 식단이 다양할수록 미생물 또한 다양하며 모든 연령대에서 건강에 이롭다는 점은 의심할 여지가 없다. 하지만 낡은 습관을 그리 쉽게 버릴 수 있을까?

음식에 대한 새로운 접근: 미생물과 함께 식사하자

나는 5년에 걸쳐 이 책을 쓰려고 자료를 조사하면서 다른 무엇보다 나 자신의 몸에 대해, 그리고 내 몸과 식품의 관계에 대해 많은 것을 배웠다. 이제 나는 치즈를 영원히 포기하거나 요구르트를 거르면 일부 치명적인 질병에 걸릴 위험도가 크게 상승한다는 사실을 알고 있다. 내 몸은 육류 단백질 속의 영양소는 최소한도만 있어도 버틸 수 있는 것으로 보이며, 비타민 결핍증을 물리치기 위해 한 달에 한두 번 정도 섭취하면 충분하다. 게다가 지중해식 식단이 내게 아주 잘 맞는다는 사실도 발견했다. 이는 내가 남유럽인의 유전자를 가지고 있기 때문일 수도 있고, 지중해식 식사를 즐긴 곳이 햇살 좋은 쾌적한 장소였기 때문일 수도 있을 것이다.

나는 아침에는 요구르트와 신선한 과일을 먹고, 저녁에는 여러 종류의 샐러드와 올리브유와 생선을 비롯한 다른 음식을 충분히 섭취하며 만족스러운 식생활을 누리고 있다. 지나치게 정제한 탄수화물(정제 곡물로 만든 파스타, 밥, 감자 등)의 양을 줄이면 건강에 도움이 되며, 도정하지 않은 곡물로 그 자리를 대체하는 일이 그리 어렵지 않다는 사실도 깨달았다. 덕분에 식사를 준비하는 데 걸리는 시간이 늘어나기는 했지만 말이다. 올리브유를 통해 추가로 지방을 섭취하고 있으니 그런 음식들이 그다지 그립지 않기는 하다. 매우 놀랍고 즐거운 사실은, 한때 몸에 나쁘다고 생각했던 내가 엄청나게 좋아하는 식품들, 예를 들어 진한 커피나 다크 초콜릿이나 견과류나 고지방 요구르트나 포도주나 치즈가 사실은 내 몸과 미생물에 이로울 가능성이 크다는 것이었다. 따라서 『동물, 채소, 기적』이라는 책을 쓴 바바라 킹솔버의 말을 인용해서 표현해 보자면, "식단이란 윤리적 선택이 당신을 행복에 겨워 신음하게 할 가능성이 크다는 점에서, 매우 드물게도 도덕적인 전장"인 것이다. 어쩌면 여기에 그 선택이 당신의 미생물 또한 행복에 신음하게 할 가능성이 크다는 말도 덧붙여야 할지 모르겠다.

식품과 미생물의 다양성을 늘리려면

대부분의 식이요법 전략은 육류와 채소, 또는 저탄수화물과 저지방 중에서 어느 쪽을 선택할 것인지를 놓고 의견이 갈린다. 그러나 모든 식이요법의 스승과 책과 전략이 동의하는 점은, 가공식품과 패스트푸드는 피해야 한다는 것이다. 나는 가끔 감초 사탕이나 감자칩을 즐기는 것을 빼면 가공식품 없이도 살아갈 수 있다는 것을 깨달았다. 그리고 식단을 건강하게 바꾸기로 마음먹고 과일과 채소 섭취량을 늘리고자 한다면, 육류 등의 섭취를 잠시 포기하는 편이 쉽다는 사실도 알게 되었다. 이렇게 하면 그 공간을 다른 식품으로 메우게 되며, 집주인을 불편하게 만들지 않고 음식을 거부할 좋은 핑계거리도 된다. 녹즙은 제법 새로운 경험이었고, 나중에 설거지가 귀찮기는 해도 주말 소일거리로는 나쁘지 않다. 게다가 맛도 겉보기보다 훨씬 괜찮았다. 녹즙은 냉장고에 남은 채소를 소모하고 식단의 다양성을 증가시키는 수단으로서도 나쁘지 않다. '1월 금주dry January' 기간에 몇 주 동안 알코올을 섭취하지 않을 때는 녹즙이 제법 괜찮은 대체재가 되어 주었다.

소화기의 목소리에 귀를 기울이면서 나는 식사 주기를 비롯한 전통적인 식습관과 멀어지기 시작했는데, 그 자체만으로도 상당히 흥미로운 경험이었다. 다양한 식사시간과 식사 방법을 시도해 본 결과에서도 상당한 교훈을 얻을 수 있었다. 나는 바쁜 날에는 아침이나 점심을 건너뛰어도 상관없으며, 간헐적 단식이 내 생각보다 훨씬 쉽다는 사실을 발견했다. 대장내시경 검사를 할 때처럼 완전 단식을 하는 것 또한, 명확하게 정해진 짧은 시간 동안은 나쁘지 않았다. 그러나 바쁘고 신경 쓸 일이 많은 상황이 아니었더라면 훨씬 힘들겠다는 생각이 들기는 했다. 나도 주말에 집에서 단식을 했다면 상당히 힘들었을 것이다. 어느 종류든 일단 단식을 하는 것만으로도 유용한 경험이 되기는 한다. 당신의 심리적 생존에 도움이 되며, 식사 한 끼나 술 한 잔을 거른다고 해서 죽거나 식물인간이 되지 않는다는 점도 확인할 수 있기 때문이다. 게다가 여러분의 미생물이 장 내벽의 봄철 대청소를 실시하도록 해 주기 때문에 도움이 되기도 된다.

나는 저탄수화물 또는 탄수화물을 아예 배제하고 단백질 섭취량을 높이는 식이요법은 시도해 보지 못했는데, 오랫동안 고기 섭취량을 줄였기 때문에 섭취할 수 있는 양에 한계가 생겼기 때문이다. 게다가 이제는 '제대로 된 식품'(곡물이나 콩 등)을 자의적으로 배제하는 식이요법에는 반대하는 입장이기도 하다. 그 식품이 여러 영양소와 섬유질의 공급원일 경우에는 더욱 그렇다. 식품의 다양성은 줄이지 말고 늘려야 한다. 이제 내 식품 철학은 새로운 음식이라면 일단 시도해 보는 것이 되었다. 바쁜 현대인의 일상에 얽매인 나로서는 식단의 다양성을 확보하려면 최선을 다해야 하니까. 내가 생각하는 다양성의 확보 기준은 매주 미생물에 이로운 식품을 열 가지에서 스무 가지씩 섭취하는 것이다. 나는 이제 바쁜 날에는 병원 구내식당의 맛없는 음식 대신 과일 한 조각과 혼합 견과류 한 움큼을 먹는다. 그리고 저녁에는 충분한 보상을 할 것이라 다짐하고, 그대로 수행한다.

장 속의 입주자를 확인하자

작년 한 해 동안 나는 다양한 식단을 섭취하며 장내 미생물을 수십 번씩 확인했다. 물론 이 정도로는 매일 시료를 채취하는 일부 동료들은 따라갈 수 없다(냉장고를 함께 쓰고 싶지 않은 사람들이다). 앞서 언급했듯이, 나는 또한 영국 장내 미생물 프로젝트(www.britishgut.org)를 시작했는데, 이는 누구나 우편제도 및 인터넷을 사용해서 자신의 장내 미생물을 확인할 수 있도록 하는 미국의 대규모 프로젝트를 규모만 줄여 복제한 것이다.[1] 소정의 기부금을 내고 (우리는 이 기부금을 '크라우드 펀딩'이라 부른다) 전 세계의 과학자와 뱃속의 데이터를 공유해도 좋다고 허락하기만 하면, 참가자는 누구나 이 프로젝트를 이용할 수 있다. 여기 참가하려면 단순히 사용한 화장지를 면봉으로 문질러서 채취한 시료를 우편으로 보내 염기서열 분석을 받기만 하면 된다. 추가로 당신의 결과를 받아들고 전 세계의 사람들과 비교해 보는 일에도 묘하게 흥미로운 느낌이 있다. 심지어 나조차도 장내 미생물 구성을 확인하니 순간 울컥하는 감정이 치솟았다. 내 장내 미생물 구성은 큰 틀에서 제법 비범한 쪽이었다. 의간균류 비율이 평균보다 훨씬 낮고 (18퍼센트) 후벽균류가 많았는데, 장기적으로 문제가 될 수 있는 상황이었다.

몇 년 전까지만 해도 이런 부류의 비율은 비만과 질병으로 이어질 수 있는 '나쁜' 구성 취급을 받았지만, 이건 지나치게 단순한 시각이다. 이제 우리는 의간균이나 후벽균 등의 큰 분류 집단 안에서도 정반대의 효과를, 특히 비만에 대해 다양한 효과를 가지는 수백 종류의 미생물을 발견했다. 보통 한데 묶어 분류하는 이런 미생물은 사실 유전적으로는 상당히 차이가 크다. 우리와 불가사리 정도로 떨어져 있다고 생각하면 될 것이다. 내 몸의 장내 미생물 전체 구성을 평균적인 미국, 베네수엘라, 말라위 사람의 결과와 비교해 보면, 내 미생물은 북미와 남미를 교잡한 것처럼 보인다. 즉 평균적인 미국인보다는 미생물 생태계가 훨씬 다양하다는 뜻이지만(묘하게도 내 미생물 구성은 미국인 저술가인 마이클 폴란과 상당히 비슷하다), 평균적인 아프리카인의 다양성에는 미치지 못한다.

건강의 지표로 사용하기에는 특정 미생물의 존재보다는 전체의 다양성 또는 유전자의 풍요도를 사용하는 편이 적합하다. 대장내시경을 실시한 후 채소로 구성된 프리바이오틱이 풍부한 식품을 잔뜩 섭취하자, 내 미생물 구성도 보다 건강한 쪽으로 변화했지만, 그래도 아직 수렵채집인으로 착각할 정도로 건강한 상태는 아니다.

하지만 보다 극적인, 심지어 영구적인 변화를 일으키고 싶다면 어떻게 해야 할까? 우선 틀에 박히지 않은 방법을 즐겨 사용하는 내 동료 제프 리치의 경우를 살펴보는 것도 나쁘지 않을 것이다. 그는 자기 뱃속의 서구적인 장내 미생물 구성이 마음에 들지 않아 변화를 주기로 마음먹었다.

극적인 재구성의 시간

"나는 저녁 하늘에 흐릿하게 떠오르는 남십자성 쪽으로 발끝을 향한 채로 자세를 유지하려 노력했다. 다리는 번쩍 들고, 손은 허리 아래에 받치고, 엉덩이는 커다란 바위에 기대고, 허공에 거꾸로 놓인 상상 속의 자전거 페달을 열심히 밟는 자세였다. 더 버텨야 한다. 내 새로운 장내 생태계가 몸속에 정착하려면 시간이 필요할 테니까. 탄자니아의 에야시 호수 너머로 해가 넘어가고 있었다. 내 엉덩이에 대형 스포이드를 박아 하드자 부족민 남성의 배설물을 주입한 지도 30분이 지났다. 이들은 세계에 마지막 남은 수렵채집 부족 중 하나다. 지금 그 위대한 부족의 배설물이 내 하행결장의 어둑한 구석에서 조용히 뿌리를 내리려 애쓰는 중이었다."

조금 극적인 방법으로 보일지도 모르지만, 앞서 살펴봤듯이 제프는 겁쟁이가 아니다. 그는 우기에 접어든 며칠 동안, 수렵 채집을 하는 하드자 부족과 함께 생활하고 같은 음식을 먹으며 자신의 미생물 군집을 바꾸려 시도했다. 그는 개코원숭이 배설물로 오염된 물을 마시고, 땅벌의 꿀과 질긴 뿌리줄기를 먹고, 가끔 얼룩말 고기도 입에 댔다. 그러나 그의 장내 미생물은 원하던 정도의 극적인 변화를 보이지 않았다. 결국 그는 비범한 실험을 시도하기에 이르렀다. 물구나무선 채로 (HIV와 간염 검사를 받은) 30세 남성의 '기증품'이 든 초대형 스포이드를 엉덩이에 박아넣은 것이다. 제프는 분명 선구자였지만 다른 사람들은 그를 광인이라 불렀다. 그의 정신이 지극히 건전하며 '과학을 위해' 이런 일을 하는 것이 분명한데도.

그러나 기증을 받아 장내 생태계를 풍요롭게 만들려는 제프의 충동적인 행위는 생각처럼 특별한 것도, 미친 짓도 아니다. 클로스트리듐 디피실리균 감염으로 고통받는 전 세계 수천 명의 사람은 대변 이식을 받는다. 주로 성공률이 높은 전문 병원을 이용하지만, 때로는 클로스트리듐 디피실리균 군집을 완전히 없앨 때까지 여러 번에 걸쳐 이로운 균을 주입해야 할 때도 있다. 제프의 경우와는 달리, 대부분의 이식에서는 대형 스포이드를 사용하지 않는다(딴소리긴 한데, 자가 인공수정을 할 때도 그런 대형 스포이드를 사용하는 모양이다). 최신식 이식 전문 클리닉에서는 대장내시경을 할 때처럼 관을 대장으로 밀어 넣으며, 성공률을 높이기 위해서 더 가는 관을 코를 통해 위장 아래까지 집어넣기도 한다.

몇 가지 명백한 이유 때문에, 과학자들은 일반인도 납득할 수 있는 방법을 개발해 냈다. 냉동 보존한 제공자의 대변을 동결건조한 다음, 위산에 녹지 않으며 대장에 들어가면 분해되는 캡슐에 넣는 것이다. 대장에 도착한 미생물은 냉동수면에서 깨어나서 활성화된다. 이런 캡슐은 시술마다 70퍼센트가량의 상당히 높은 성공률을 보였으며, 피험자들 또한 몸의 온갖 구멍에 가느다란 플라스틱 관을 집어넣는 것보다는 이틀에 걸쳐 15개의 작은 '유기물' 캡슐을 삼키는 쪽을 선호한다. 관이 샐지도 모른다는 고약한 가능성을 머릿속에서 지울 수 없다는 문제가 있기도 하고.[2]

게다가 요즘은 여러 제약회사에서 클로스트리듐 디피실리 감염이나 일부 대장염을 비롯한 심각한 대장 문제를 치료하기 위해 모든 시험을 거친 완전히 건강한 제공자의 대변을 이식용으로 제공한다.[3] 미국에서는 정자나 난자를 제공할 때와 마찬가지로, 건강한 제공자는 인도와 동시에 대금(40달러)을 지급받을 수 있으며, 제약회사에서는 전국의 수백 군데 병원에 이런 캡슐을 공급한다.

미생물 변화가 비만을 치료할 수 있을까?

지금까지는 생쥐를 대상으로만 효과를 확인했을 뿐이지만, 대변 이식이 인간의 비만 치료에 사용되는 것은 이제 시간문제일 뿐이다. 로드아일랜드의 32세 숙녀 한 명은 대변 이식 덕분에 항생제 과용으로 발생한 클로스트리듐 디피실리 감염에서 해방되었고, 하루에 스무 번씩 화장실에 가지 않아도 된다는 사실에 극도의 기쁨을 표했다. 그녀는 체중으로 고생한 적이 없었으며, 감염 전까지 일정한 체중을 유지했다. 그러나 16주 후에 클리닉을 방문한 그녀는 체중이 늘었다며 불평하기 시작했다. 그녀의 체중은 평균 수치인 62킬로그램에서 비만인 80킬로그램까지 증가했고, 체질량지수는 34에 달했다. 그녀는 이후 10개월 동안 관리하에 체중 감량을 시도했지만, 체중은 변하지 않았다. 이 여성이 선택한 대변 기증자는 16세의 친딸이었다. 당시 그녀의 딸은 건강했고 63킬로그램으로 살짝 과체중인 정도였지만, 10대 청소년은 순식간에 변하기 마련이고 그녀는 이후 2년 동안 14킬로그램이 증가해 비만이 되었다. 뉴올리언스에서도 무기명 기증자의 대변을 이식받은 후 체중이 증가한 여성이 확인되었다.[4] 이런 불운한 경우는 희귀한 편이며 다른 설명이 가능할 수도 있지만, 생쥐뿐 아니라 인간의 신체에서도 미생물이 비만을 유발하거나 치유할 가능성이 있다는 정도는 확인할 수 있다. 그리고 교훈은 명백하다. 대변 제공자를 현명하게 골라야 한다는 것이다.

어쩌면 대변 제공이 전직 운동선수나 슈퍼모델에게 수익성 좋은 새로운 사업이 될 수 있을지도 모른다. 물론 식욕억제 미생물은 피하는 편이 좋겠지만. 많은 사람은 FMT(faecal microbiome transplant: 대변 미생물 생태계 이식)라는 기술적인 이름을 붙여도 대변 이식이 너무 극단적이라 생각한다. 이렇게 과체중이지만 대변 이식은 영 마음에 들지 않는다면, 언제나 비만 대사 수술(위장접합술)이라는 대체재가 있다는 사실을 기억해 두자. 이는 일종의 자가 이식 수술인데, 묘하게도 미생물 생태계를 극적으로 변화시키는 효과가 있다. 게다가 9년에 걸친 추적 연구에 따르면 그 변화는 영구적인 것으로 보인다.

하지만 수술도 마음에 들지 않는다면 또 뭘 할 수 있을까? 식단과 미생물과 식품에 대한 새로운 직관으로 체중을 줄일 다른 방법은 없을까?

살을 몇 킬로그램 정도 빼고 싶을 뿐이라면, 반동이 일어나게 마련인 지속 불가능한 제한적 식이요법을 격렬하게 수행하는 일은 피하는 편이 좋다. 사실 가장 좋은 방법은 애초에 전형적인 식이요법을 시작하지 않는 것이다. 그 대신 영양학적으로 건전하고 지속 가능한 방식으로 조금씩 체중을 줄일 수 있도록, 전체 식단을 양뿐 아니라 구성과 다양성과 시기까지 고려해서 재정립하는 편이 좋다. 다시 한번 강조하지만, 인간의 신체와 미생물은 독자성이 매우 강하기 때문에 사람에 따른 적절한 방법을 찾아내는 일이 가장 중요하다. 융통성 없는 공식은 의미가 없다. 좋은 점을 하나 찾자면, 잠시라도 체중이 감소하고 큰 반동을 겪지 않는다면 이후 평생 심장 질환 위험도는 감소하게 된다.[5] 간헐적 단식에 의한 빠른 체중 감소는 여러 측면에서 미생물 군집을 보다 나은 방향으로 변화시켜 주는 것으로 보인다. 문제는 그런 변화를 유지하는 것이다.

30가지 식재료와 동물 쓰다듬기 식이요법

"미생물 생태계에 대한 지식 덕분에 제 식단과 입에 넣는 식품의 종류가 완전히 바뀌게 되었어요." 카렌은 런던에서 연구직에 근무하는 37세의 싱글맘이다. "처음 미생물 생태계 연구에 흥미가 생긴 것도 체중 문제와 14세부터 앓아 온 과민성대장증후군 때문이었지요. 딸을 낳고 가라테를 포기한 이후 몇 년 동안 거의 30킬로그램이 찌니까 증상이 더 심해졌어요. 전통적인 식이요법을 몇 가지 따라 봤는데도 저한테는 아무 소용이 없었지요. 그래서 저는 뭐든 다른 시도를 해 보기로 마음먹었어요. 그러다 인터넷에서 자가 미생물 생태계 식이요법을 보게 된 거예요. 60일 동안 최대한 많은 종류의 과일과 콩과 채소(가능하면 세척하지 않은 날것으로)를 먹는 요법이었는데, 매주 30종류를 넘는 게 가장 좋다고 했지요. 그리고 매일 다른 동물을 쓰다듬어 주고요. 다른 진짜(가공이 아닌) 식품은 양껏 먹어도 된다고 했어요. 곡물은 덜 먹는 편이 좋다고 했지만요. 일반적인 식이요법하고는 정말 달라 보이더라고요.

저는 손쉽게 3킬로그램을 뺐어요. 희귀한 채소를 찾기가 생각보다 힘들고 돈도 많이 든다는 문제는 있었지만요. 다람쥐를 쓰다듬으러 쫓아다니는 일도 힘들기는 마찬가지였지요. 저는 약간 강도를 줄인 20가지 식재료 식이요법을 추가로 6개월 동안 수행했어요. 이후 3개월 동안 3킬로그램을 더 빼긴 했는데, 대부분이 금세 돌아오더군요. 나쁜 소식은 거의 1년을 시도했는데도 체중이 극적으로 변하지 않았다는 거지요. 좋은 소식은 15년 만에 장이 정상이 되었다는 거고요. 이제는 하루에 열 번씩 화장실에 가지 않아도 돼요. 한 번이면 충분하죠. 정말 행복한 기분이에요."

건강해진 느낌이 들기는 해도, 카렌은 20가지 프리바이오틱 식재료 식이요법을 계속 수행했다. 그러나 이번에는 설사약을 이용해 대장을 청소하는 작업을 선행했다. 그녀는 추가로 5킬로그램을 감량하는 데 성공했고, 뒤이어 나는 미생물에 변화를 주고 체중을 추가로 줄이기 위해 장기간에 걸친 간헐적 단식을 제안했다. 3개월이 지나자 그녀는 추가로 5킬로그램을 빼서 총 10킬로그램 감량에 성공했지만, 그보다 중요한 일은 몸 상태가 훨씬 나아졌다는 것이었다. 간헐적 단식을 중단해도 변화한 미생물 생태계가 그대로 유지될지는 확신할 수 없지만, 점액질을 먹어치우는 미생물이 청소를 시작했다는 점에서 단식 기간 동안 미생물 구성이 크게 변했다는 사실은 확인할 수 있었다.[6]

카렌의 이야기는 단순한 일화일 뿐이며 당연히 검증을 거친 증거로 사용할 수는 없지만, 몇 가지 흥미로운 점을 확인할 수 있다. 단순히 몸속에 새로운 평행우주가 존재한다는 사실을 인지하는 것만으로도, 식품을 대하는 자세에 심리적인 측면에서 영향을 끼칠 수 있다는 것이다. 중국의 비만 전문가인 자오리펑은 내게 이렇게 말했다. "상하이에서 내 식이요법을 따르는 환자들은 몸속 미생물이 건강에 미치는 영향에 대해서 상당한 관심을 표했습니다. 그런 자세가 체중계에 집착하지 않고 식단을 개선하는 데 큰 도움을 줬지요." 체중 감량을 할 때는 체지방에 집착하지 말고 전반적인 건강의 개선을 우선할 필요가 있다. 따라서 카렌의 경우에는 지방 문제에 대한 장기 전략을 수립하기에 앞서 과민성대장증후군을 해결할 필요가 있었다. 그리고 프리바이오틱 식단은 이 문제를 아주 성공적으로 해결해 냈다.

전반적으로 건강하지만 지금보다 더 건강해지고 싶은 사람들이라면, 내가 제안하는 비교적 직선적인 방법을 사용하면 효력을 볼 수 있을 것이다. 다양한 식품으로, 그중에서도 특히 과일, 올리브유, 견과류, 채소, 콩류 등으로 충분한 섬유질과 폴리페놀을 섭취한다. 가공식품을 피하고 육류 섭취량은 줄인다. 전통적인 방식으로 만든 치즈와 요구르트를 섭취하고, 고당분 저지방 부류는 피한다. 조상들이 매우 불규칙적으로 계절에 따라 달라지는 식사를 했으리라는 가정이 제법 설득력이 있으므로, 다양성을 증진하는 차원에서 간헐적 단식이나 몇 개월 동안의 육류 금지를 수행하거나, 가끔 끼니를 거르는 것도 나쁘지 않다고 생각한다. 섭취하는 식품의 다양성을 증가시키기 위해서 제철 과일과 채소를 꾸준히 먹는 것도 좋을 것이다. 주스나 기타 음료의 형태로 제공되는 액상 당분은 줄이고, 케이크와 과자 속의 열량도 피하는 편이 좋다. 종종 그 대체재로 사용되는 인공감미료도 마찬가지다.

독소가 몸에 이로울 수 있을까?

프리드리히 니체는 이렇게 말했다. "나를 죽이지 못하는 모든 것은 나를 강하게 만든다." 우리 장내 미생물이 다양성을 좋아하고 때로는 환경을 뒤흔드는 것이 필요하다는 데이터가 갖춰져 있으니 말인데, 혹시 가끔 독극물을 한 방울씩 더해 주면 도움이 되는 것은 아닐까? 많은 사람은 아주 저은 양의 비소가 봄에 이롭다고 믿는다(집에서 시도하면 안 된다!). 적은 양의 해로운 물질이 전체 계에는 이로울 수도 있다는 개념은 흔히 '호르메시스'라 부르는데, 그리스어로 '자극하다'라는 뜻이다. 그러나 내가 보기에 이 개념은 동종요법의 사이비 스승들에 의해 너무 나가 버린 듯하다. 희석해서 분자 하나에도 못 미치는 양만 남아도 생물학적으로 큰 영향을 끼칠 수 있다고 말하는 사람들 말이다. 대서양에 오줌만 눠도 달라진 점을 알아챌 수 있다고 주장할 작자들이다.

어쨌든 세포에서 몸 전체에 이르는 생물학의 모든 영역에서, 낮은 수준의 스트레스는 유기체에 좋은 영향을 끼친다. 예를 들어, 산화물이나 열 등의 짧고 강한 자극을 반복해 받은 지렁이는 수명이 길어진다. 항암제를 너무 낮은 용량으로 투여하면 암세포의 저항성이 늘어나기도 한다.[7] 심지어 운동조차도 일종의 스트레스지만, 운동이 몸에 좋다는 사실을 모르는 사람은 없다. 이와 마찬가지로 간헐적 단식은 작은 동물의 수명을 늘리는 효과가 있다. 심지어 하룻밤 단식하거나 아침을 거르는 정도로도 몸에 이로운 호르메시스 효과를 볼 수 있다.

따라서 우리는 열린 자세를 견지할 필요가 있다. 1년에 한 번 정크푸드를 폭식하거나 아침으로 기름이 줄줄 흐르는 튀긴 음식을 먹는 행위는, 일반적인 인식과는 반대로 우리 몸의 경계를 유지해 주고 미생물 및 면역계를 세밀하게 조율하는 효과를 보일 수도 있다. 마찬가지로 채식주의자가 1년에 한 번 스테이크를 먹거나 육식주의자가 가끔 샐러드를 먹는 정도로도 놀라운 효과를 볼 수도 있다. 통제를 살짝 느슨하게 풀어 주기에 좋은 핑계거리가 될 수도 있는 것은 물론이다. 하지만 이런 방식은 날이나 시간 단위가 아니라, 아주 가끔 충격요법으로 사용해야 효력이 있다는 점을 잊지 말도록 하자.

호르메시스라는 개념은 그 원리를 모르는 상태에서도 도움이 되며, 적절히 사용하기만 하면 식단의 다양성이라는 목표에 도움이 될 수 있다. 시행착오를 거치지 않고서 특정 토양에서 가장 잘 자라는 식물을 짚어내기 힘들다는 사실은, 정원사라면 누구나 알고 있다. 우리 몸속 토양이 상당히 다양하다는 사실을 고려하면, 열린 마음으로 스스로 실험을 해 보는 것 또한 건강에 이르는 또 하나의 유용한 방법이 될 수 있을 것이다.

나는 비행기에서 인도의 고아에서 온 사업가 겸 과학자인 대릴이라는 사람을 만난 적이 있다. 그는 옥스퍼드에서 뉴욕으로 이사한 후 상당히 살이 쪘고, 수업료를 비싸게 받는 체중 감량 스승을 상대하며 여러 고약한 경험을 했다. 이후 그는 자가 요법의 길로 접어들었다. 그는 자신이 섭취하는 모든 음식을 반드시 아이패드로 사진을 찍어 남기며, 타임라인에 자신의 상태를 기록하는 다이어리에 연동시킨다. 고단백질 저탄수화물

식이요법인 케피르(프로바이오틱 성분이 가득한 요구르트 비슷한 음식이다) 요법을 시도하며 하루에 두 끼는 고기를 먹던 시기에, 그는 6주 만에 허리둘레가 2인치 줄어들고 몸에는 활력이 돌아왔고 수면도 그리 필요하지 않았다. 그러나 이렇게 남은 에너지는 흘러넘쳐 공격성으로 발현되었고, 그는 성년이 된 후 처음으로 싸움을 벌였다. 그는 고단백질 식이요법이 자신에게 맞지 않는다는 결론을 내렸다. 약간의 채소와 많은 양의 과일과 코코넛으로 구성된 과일식 요법을 시도했을 때는 오히려 체중이 증가하고 말았다. 그는 아직도 여러 요법을 실험하고 있지만, 이제는 슬슬 정제 탄수화물을 줄이고 채소와 콩류를 많이 섭취하는 지중해식 식이요법에 안착하는 모양이다. 그는 매주 자신의 미생물 다양성을 늘리는 일에 도전하는 중이며, 현재 체중에 만족하고 있다.

대릴의 예를 통해 우리는 미래를 엿볼 수 있다. 머지않아 우리는 유전자뿐 아니라 미생물까지도 태어나는 순간부터 정기적으로 검사를 하게 될 것이다. 양쪽 검사 모두 일반 혈액 검사보다 싼 값으로 수행할 수 있게 될 것이기 때문이다. 과학이 발전하고 가격이 내려갈수록 우리는 더 많은 혁신을 도입하고, 더 개인화된 체중 감량법을 처방할 수 있게 될 것이다. '매직 스냅'처럼 접시 위의 식품 사진에서 열량을 추산해 주는 모바일 앱은 이미 존재하며, 앞으로 이런 프로그램은 더욱 발전할 것이다. 이런 앱을 살짝 개조하면 미생물 친화적인 프리바이오틱 수치를 표시하도록 만들 수도 있을 것이며, 여기에 유전자를 통해 계산한 일일 미생물 필요량을 추가하면 진정한 의미에서 개인화된 영양학 정보 제공 프로그램이 탄생할 수도 있을 것이다.

자기 몸의 미생물 정원을 가꾸자

이 책을 통해 미생물에 흥미가 생긴 독자들이라면 식습관을 바꾸거나, 특정 식품의 섭취량을 늘리거나, 충분한 정보를 바탕으로 결정을 내리거나, 또는 아예 우리 몸속 미생물을 깡그리 무시하는 등, 어떤 식으로든 선택을 내릴 수 있을 것이다. 그러나 자원이나 교육이 부족하여 아예 선택이 불가능한 사람의 수도 상당히 많다. 전 세계적으로 유행하는 질병과 비만은 사실 우리 모두의 책임이며, 따라서 정부에 압력을 가해 상황을 바꾸려는 노력을 할 필요가 있다. 세금에서 나오는 옥수수, 대두, 설탕에 대한 막대한 지원금을 줄이려는 시도를 해 보는 것도 좋을 것이다. 이런 작물은 전부 가공식품에 사용되며, 지원금이 줄어들면 과일과 채소를 값싸게 재배하도록 촉진하는 효과를 보일 것이기 때문이다.

우리 모두의 미생물과 건강 증진에 도움이 되는 전 지구적인 행동은 그 외에도 여러 가지가 있다. 막대한 양의 항생제 남용, 특히 아동에 대한 항생제 과용을 유발하는 요인 또한 줄여야 할 것이다. 제왕절개 시행을 줄이고 정상적인 분만에 더 주의를 기울여야 할 것이다.

추가로, '위생'이라는 용어 자체를 재정의하고 신경을 덜 쓸 필요가 있다. 한때 위생이란 길 한복판에서 배변하는 일을 통제하는 용어로 사용되었으나, 이제는 모든 종류의 자연적인 냄새와 미생물을 우리 몸에서, 특히 입속에서 제거하는 용어로 사용되고 있다. 현대에 이르러 가정은 멸균 실험실로 변했으며, 부엌은 수술실에 가까워졌고, 식품은 플라스틱 포장에 싸여 주변 환경과 차단된 상태로 조리대에 도착한다. 아이들은 흙바닥에서 뛰어놀며 친구나 동물들과 최대한 자주 미생물을 교환해야 한다. 어쩌면 식재료를 지나치게 세척하지 말아야 할지도 모른다. 한 연구에 따르면, 신선한 과일과 채소로 구성된 다양한 식단을 섭취할 경우, 덜 씻는 편이 건강하게 살아 있는 미생물을 훨씬 많이 섭취할 수 있으며, 이는 건강에 이로울 수 있다고 한다.[8] 유전자 변형 작물 또한, 훨씬 더 큰 문제인 제초제와 항생제에 대한 의존을 줄이는 수단으로 사용할 수 있다면, 사용을 진지하게 고려해 볼 필요가 있다. 정원사들은 평균적으로 다른 사람들에 비해 건강하고 우울증도 적다는 연구 결과가 있는데, 어쩌면 흙이나 미생물과 꾸준히 접촉하기 때문에 이런 차이가 생기는 것일지도 모른다.

모든 사람에게 두루 맞는 식이요법이란 존재하지 않는다. 이 책에서 계속 설명하는 가장 중요한 개념은, 우리의 장과 뇌는 놀랍도록 개인차가 크며, 식품에 반응하는 방식 또한 상당히 다르지만 동시에 유연하기도 하다는 것이다. 우리의 삶은 어쩌면 최적의 효과를 불러오는 식품을 찾기 위한 발견의 여정일지도 모른다. 이 책에서 다양한 식이요법과 식품에 대한 신화를 뒤엎으면서 보여주었듯이, 나는 앞으로 여러분이 식품과 식단에 대한 새로운 주장을 접하게 될 때마다, 아무리 설득력 있는 홍보를 마주하더라도 최대한 회의적인 태도로 접근하기를 바란다. 이 방대한 영역에는 실수한 적이 없거나 완벽하게 공평한 전문가 따위는 존재하지 않는다. 게다가 성실한 실험보다 타성에 젖은 가설 쪽이 수만 배 많은 곳이기도 하다. 우리는 DNA를 합성하고 동물을 복제할 수 있으면서도, 우리 목숨을 부지해 주는 이 작은 존재들에 대해서는 아직도 놀랍도록 아는 것이 없다.

이 책은 식이요법의 미신과 자의적인 규칙을 타파하는 방법을 담고 있다. 나는 그 빈자리에 새로운 규칙이나 제약을 세우는 대신 지식을 담으려 노력했다. 당신의 미생물 생태계를 정원을 다루듯 가꾼다면, 아마 크게 잘못될 일은 없을 것이다. 프리바이오틱 식품, 섬유질, 영양소 등의 거름을 충분히 북돋워주자. 프로바이오틱 식품과 새로운 종류의 음식으로 주기적으로 새로운 씨앗을 파종하자. 가끔은 단식을 해서 토양에 휴식을 주자. 꾸준히 실험하되 방부제, 소독 성분이 든 구강 청정제, 항생제, 정크푸드, 당분 등으로 미생물 정원에 독을 뿌리는 일은 피하도록 하자.

이런 식으로 가꾸면 미생물의 생태계 다양성은 늘어날 것이며, 생성하는 영양소의 종류도 증가하게 된다. 이렇게 돌본 정원은 가끔 홍수나 가뭄이나 독성 잡초의 침입이 일어나더라도, 즉 폭식이나 굶주림이나 감염증이나 암이 일어나더라도 보다 잘 대처할 수 있을 것이다. 폭풍이 지나가면 필연적으로 사상자가 발생하겠지만, 여러분의 장내 생태계는 더욱 강인하게 원래대로 자라나서 여러분의 몸과 미생물의 건강을 유지해 줄 것이다. 여러분의 신체를 신전보다는 소중한 정원으로 여기는 편이 낫다.

아직 배울 것이 많기는 하지만, 나는 앞으로도 다양성이 가장 중요한 열쇠가 되리라 믿는다.

용어집

감칠맛: 다섯 번째 맛으로 육류와 비슷한 맛을 내고 글루타민에서 느낄 수 있으며 버섯에서도 발견된다. 이제는 여섯 번째 맛인 '코쿠미'(깊은맛)가 존재할 가능성도 탐구 중이다.

고밀도지방단백질(HDL): 지질과 단백질의 복합체로 지방을 안전하게 온몸으로 운반하는 역할을 한다. 혈중 수치를 측정하여 몸에 해로운 형태인 저밀도지방단백질(LDL)과의 비율의 형태로 표기한다.

과당: 조리용 설탕의 50퍼센트를 차지하며 설탕보다 훨씬 달콤한 물질. 대부분의 과일에 함유되어 있으며 옥수수 시럽에서 인공적으로 만들어낼 수 있고 청량음료 등에 사용된다.

과민성대장증후군(IBS): 원인이 명확하게 확인되지 않은 흔한 증상으로, 배변 빈도의 변화와 경련과 가스 생산 등의 증상을 일으킨다. 비정상적인 장내 미생물과 연관이 있다.

관찰 연구: 위험 인자(식품 등)가 질병 등의 결과에 끼치는 영향을 비교하여 원인을 추론하는 역학 조사의 한 가지 방식. 종단조사보다는 증거로서 빈

약하지만, 장기간 추적조사를 시행하기에는 유리하다(이런 경우에는 기대 관찰 연구, 또는 코호트 연구라고 부른다). 모든 관찰 연구에는 편향이 들어갈 수 있다.

균류: 효모, 곰팡이, 버섯 등의 오래된 생물종이 들어가는 계 단위 분류군.

기름(오일): 상온에서 액체 상태인 지방을 일컫는 말.

내분비기관: 호르몬을 분비하는 모든 기관의 총칭(갑상선이나 췌장 등).

내분비계 교란물질(환경호르몬): 후성적으로 호르몬을 변화시키는 화학물질. (예: 페트병에 들어 있는 비스페놀(BPA) 등)

내장지방: 장이나 간 주변에 축적되는 몸속 지방. 여분의 지방은 심장 질환이나 당뇨병과 연관을 가진다. 몸 밖에 축적되는 지방보다 몸에 해롭다.

다가불포화지방산(PUFA): 여러 개의 이중결합을 가진 장쇄지방산으로 구성된 지질의 한 종류로, 다양한 식품에 포함되어 있으며 주로 건강에 이롭다고 여긴다.

당: 물에 용해되는 탄수화물을 통상적으로 일컫는 용어. 또는 우리가 흔히 섭취하는 하얀 가루인 설탕(수크로스)을 일컫는 말로도 사용된다. 설탕은 포도당(글루코스)과 과당(프룩토스)의 혼합물이다. 여기서 접미사 -os는 그 화합물이 당류에 속한다는 뜻이다. (예: 락토오스(유당))

당뇨병: 혈중 당 수치(포도당)가 너무 높아서 발생하는 두 가지 질병의 총칭. 제2형이 보다 흔한데, 비만 및 우리 몸의 유전자와 연관이 있으며 인슐린의 효과를 떨어트려 혈당이 상승하게 만들고 이를 보상하기 위해 추가 인슐린을 분비시킨다.

대사율: 에너지 흡수나 방출 작용이 얼마나 빠르거나 느리게 일어나는지를

나타내는 수치.

대사: 신체 또는 세포가 에너지를 사용하거나 소모하는 방법. 열, 운동, 질병 등 다양한 요소에 따라 수정될 수 있다.

대사체학: 세포의 화학 지표인 체내의 대사물질을 연구하는 학문. 이런 지표는 인간의 혈액 안에만 3천 가지가 존재한다고 알려져 있다.

대장: 창자의 아랫부분으로, 우리 몸의 박테리아와 미생물 중 대부분이 살면서 위쪽 소장에서 흡수하지 못한 섬유질이 풍부한 식품을 소화하는 장소.

대장균(E. coli): 우리 대장에서 흔히 찾아볼 수 있는 박테리아로, 감염 또는 항생제 사용 후에 병원성을 가지게 되는 경우가 많다.

대장염: 감염 또는 자가면역질환으로 인해 발생하는 대장의 염증 증상.

DNA: 디옥시리보핵산의 약자로, 유전물질의 기초 구성단위다. 23개의 염색체 안에서 이중나선 형태로 배열되어 있으며, 우리 몸의 모든 세포마다 대략 2만 개의 유전자의 형태로 들어 있다.

레스베라트롤: 음식이나 포도주에서 흔히 발견되며 동물실험에서 노화 방지 효과가 확인된 물질. 몸에 이로운 효과를 보려면 많은 양을 섭취해야 하지만, 과용에 의한 부작용도 보고된 바 있다.

렙틴: 뇌에서 분비되는 호르몬으로 체지방 수치와 연관이 깊다.

메타분석: 서로 다른 연구나 시험의 결과를 종합하여 단일한 분석 결과를 내놓는 기법. 하나의 연구보다 더 나은 증거를 제공해 주지만, 모든 연구에 편향성이 존재한다면 이 또한 편향될 수 있다.

무작위 대조 시험: 역학에서 가장 정확한 증거를 얻기 위해 사용하는 시험 방식. 대상을 시험 치료법 또는 식단에 무작위로 배정한 다음 다른 표준 치료법 또는 위약을 사용한 경우와 비교하고, 수개월 또는 수년 동안 추적한다. (예: PREDIMED 연구)

미생물: 현미경의 도움을 받아야 눈으로 볼 수 있는 생물체. 여기에는 박테리아, 바이러스, 효모, 일부 유충과 기생충이 포함된다.

미생물 생태계(미생물군유전체): 우리 장이나 구강이나 토양 등에 존재하는 미생물 군집의 총체.

바이러스: 박테리아보다 다섯 배는 많은 초소형 미생물. 많은 수가 박테리아를 먹어치워 (이런 부류를 '파지'라 부른다) 수를 제한하는 역할을 한다. 대부분은 해를 끼치지 않고 우리 몸속에 살며, 일부는 건강에 도움이 되기도 한다.

박테리아: 구조는 단순하지만 뛰어난 유연성을 가진, 세계 모든 지역과 우리 몸속의 빈 공간마다 존재하는, 작지만 오래된 미생물 종류. 대부분 무해하며, 일부는 질병을 일으키고(병원성 박테리아), 많은 수가 우리 몸에 이롭다.

부티르산: 몸에 이로운 단쇄지방산(SCFA)으로, 박테리아가 대장에서 섬유질과 탄수화물, 특히 폴리페놀이 포함된 음식을 분해할 때 생산된다. 항산화 및 소염작용이 있으며 면역계를 활성화시키는 신호 역할을 한다.

BMI (체질량지수): 킬로그램 단위의 체중을 미터 단위의 신장의 제곱으로 나누어 체지방의 양을 측정하는 지수. 예를 들어, 70킬로그램에 1.8m인 남성의 BMI 수치는 70/3.24 (1.80 x 1.80) = 21.6이다. BMI 25 이상은 과체중이며, 30 이상은 비만으로 분류된다. BMI는 근육과 지방을 구별하기에는 썩 명확한 지표는 아니다.

비타민: 몸의 화학반응이 제대로 일어나는 데 필요한 다양한 분자. 대부분은 음식, 햇빛(비타민 D의 경우), 장내 미생물로부터 얻는다.

비피더스균(비피도박테리아): 박테리아의 하위분류 중 하나로, 대부분 활생균이며, 유제품과 요구르트뿐 아니라 모유 안에도 함유되어 있다. 서구인의 장 속에서는 이로운 성분으로 여겨진다.

섬유질: 탄수화물 중에서 소화하기 힘든 부분으로, 대장에 도착해 우리 미생물의 식사가 되어 주는 물질. 과일, 콩류, 기타 다양한 채소, 전곡류, 견과류에 다량 함유되어 있다. 인공 섬유질은 첨가물로 사용되기도 한다.

시상하부: 뇌의 아랫부분에 있는 기관으로, 감정, 스트레스, 식욕을 비롯한 여러 요소에 영향을 끼치는 호르몬 조절을 담당한다.

신경전달물질: 뇌 속에서 신경세포(뉴런) 사이의 교류와 감정 조절을 담당하는 화학물질. (예: 세로토닌, 도파민)

아밀라아제: 침샘과 췌장에서 생산되는 효소로서 탄수화물 속의 녹말을 포도당과 에너지로 분해한다. 유전자에 따라서 사람마다 아밀라아제 수치는 전부 다르다.

IGF-1: 인슐린 성장 인자 1은 노화나 수복을 비롯한 다양한 신체 활동에 연관된 호르몬이다. 동물실험에서는 수명 연장 효과가 확인된 바 있으나 인간에서는 관찰되지 않았다.

역학: 대규모 공동체 또는 인구집단을 상대로 병의 원인을 밝히려 하는 학문 또는 연구.

염기서열 분석: 생물체 내의 DNA와 유전자의 모든 주요 요소를 식별하는 기술. 주로 DNA를 수백만 개의 조각으로 분해한 다음 재조합하는 방식을 사용한다('샷건'이라 부른다). 체내의 미생물 종을 확인하거나 질병 유전

자를 판별할 때 사용한다.

염증: 신체가 부상, 감염, 스트레스에 반응하여 일어나는 현상으로 요인에 따라 다양한 기작이 관여할 수 있는 정상적인 반응. 보통 세포벽 유출을 일으키며 세포의 수복 및 방어를 유발하고, 그에 따라 부종, 발적, 통증, 발열, 기능상실 등을 유발할 수 있다.

FMT: 대변 미생물 이식(Faecal microbial transplant)을 점잖게 일컫는 표현. 건강한 제공자의 대변을 관 또는 캡슐에 넣어 대상자의 대장에 주입하는 시술.

오메가-3 지방산: 세 번째 탄소원자에 이중결합이 존재하는 다가불포화지방산. 기름기 많은 생선에 주로 함유되어 있으며 종종 (상당히 과장되어 있지만) 심장과 뇌에 이로운 보충제로 사용된다. 우리 몸에서 스스로 만들 수 없는 필수지방산이다.

오메가-6 지방산: 여섯 번째 탄소원자에 이중결합이 존재하는 다가불포화지방산. 대두, 팜유, 닭고기, 견과류, 씨앗류 등 다양한 식품에 함유되어 있으며 필수지방산이다. 과거에는 (근거 없는) 악명에 시달렸다.

올레산: 단일불포화지방산으로 올리브유의 주요 구성 요소 중 하나.

유리기(자유 라디칼): 정상적으로 작동하는 세포가 배출하는 작은 화학물질 입자. 축적되면 몸에 해로울 수 있다. 항산화물이 제거해 준다.

유산간균(락토바실루스): 우유나 기타 당분에 포함된 락토오스를 분해해서 젖산을 생산하는 박테리아. 치즈, 요구르트, 피클 등 다양한 식품의 주요 구성성분이다.

유전율: 유전 효과로 인해 발생하는 특정 형질의 변이 비율, 또는 엄밀하게 사용할 때는 유전 요인으로 설명할 수 있는 형질 또는 질병의 차이 정도.

0에서 100퍼센트 사이의 수치로 나타낸다.

유전자: DNA 상에서 특정 단백질을 만들도록 지시를 내리는 작은 단위의 화학물질의 묶음. 세포마다 2만 개가량 들어 있다. 물론 이 추정치는 유전자에 대한 엄밀한 정의가 바뀔 때마다 따라서 변한다.

의간균류(박테로이데테스): 우리 장 속에서 흔히 찾아볼 수 있는 박테리아의 강(또는 문) 단위 분류군. 환경이나 식단(육식 여부 등)에 따라 구성이 변한다.

이눌린: 박테리아 증식을 돕는 효과가 강력한 프리바이오틱 화학물질. 아티초크, 치커리, 마늘, 양파에 고농도로 함유되어 있으며, 빵에도 적은 양이 들어 있다.

인슐린: 혈당 수치에 반응해 분비되며, 간에서 글리코겐으로, 또는 지방 세포에서 지방으로 저장하는 당분의 양을 조절하는 호르몬.

인슐린 저항성: 포도당을 섭취한 이후 인슐린 수치가 필요한 만큼 상승하지 않아서, 췌장이 포도당 수치를 조절하기 위해 더 많은 인슐린을 분비하게 만드는 상태. 당뇨병으로 이어진다.

저밀도지방단백질(LDL): 온몸으로 수송되는 지질 중에서 몸에 나쁜 쪽. 혈관으로 흡수되어 동맥을 막아버리는 결과(죽상동맥경화증)로 이어진다.

조절 T세포: 우리 몸의 주요한 면역세포 중 하나로 T-억제 조절 세포라고도 부르며, 면역반응을 억제하는 역할을 하고 장내 미생물과 쌍방 의사소통을 한다.

중쇄 트리글리세라이드(중쇄중성지방): 모유 또는 우유와는 다른 중쇄지방산으로 이루어진 물질. 다른 지방보다 케톤 생성 효과가 강하다. 증거는 없지만 일부 사람들은 건강에 이로운 물질이라 믿고 있다. 팜유나 코코넛유에 포함되어 있다.

지질: 지방산을 비롯한 다양한 지방 분자의 총칭. 단백질과 결합되면 지방단백질이라는 물질이 되며, 다양한 형태와 크기로 온몸을 돌아다닌다.

카르니틴: 몸속에서 아미노산을 이용해 만들어지며, 몸에 연료를 공급하는 일에 중요한 역할을 한다. 소화되면 트리메틸아민 산화물 수치를 올려 심장 질환 발병률을 증가시킬 수 있다. 많은 보디빌더들이 지방을 태우고 근육량을 늘리기 위해 이 물질을 사용하며, 지방에서 다량 찾아볼 수 있다.

케톤 생성 식이요법: 신체가 포도당을 태워 에너지를 생산하는 대신 단백질과 지방에 함유된 케톤을 태우게 만드는 식이요법. 고단백 저탄수화물 식이요법이나 단식 등이 포함된다.

콜레스테롤: 필수 지질의 한 종류로 몸이 스스로 세포를 지키기 위해 합성해 낸다. 지방단백질에 의해 온몸으로 수송된다. 높은 혈중 콜레스테롤 수치는 심장 질환과 어느 정도 연관성을 지니지만, 그 위험성은 상당히 과장되어 있다. 생선과 견과류를 비롯한 여러 음식에서 찾아볼 수 있다. 5mmol/l 이하면 몸에 좋은 것으로 여기지만, 영국인들의 평균 수치는 6mmol/l 정도다.

크리스텐세넬라: 많은 사람의 장 속에 존재하는 오래된 미생물로 비만 예방 효과가 있음이 밝혀졌다. 메탄 생성 박테리아의 근연종이다.

클로스트리듐 디피실리(C. diff): 병원성 박테리아의 한 종류. 평소에는 3퍼센트 정도의 사람들의 뱃속에서 행복하게 살아가지만, 항생제를 과용하여 경쟁균이 박멸되어 버리면 빠른 속도로 증식해서 장을 점거해 버린다. 장에 심각한 피해(대장염)를 입히는 고약한 독소를 생성할 수 있다. 종종 항생제 저항성을 보이며, 항생제 덕분에 더 강해지기도 한다. 대변 이식을 제외하면 다른 치료법이 없을 때가 있다.

TASR1과 TASR2: 구강 전체에 분포하는 미각 수용체의 형태로 발현되는 주요 미각 수용체 유전자. 우리가 단맛과 쓴맛을 어떻게 감지하는지에 영향을 준다.

트리메틸아민과 트리메틸아민 산화물: 트리메틸아민은 육류와 대형 어류에서 찾아볼 수 있는 화학물질로, 장에서 미생물에 의해 산화되어 트리메틸아민 산화물(TMAO)로 변환된다. 이 물질은 죽상동맥경화증과 심장 질환을 가속시킨다.

트랜스지방: 수소화지방 또는 경화지방이라고도 불리며, 불포화지방을 화학적으로 변화시켜 조리하기는 쉽지만 몸에서 분해하기는 힘든 인공 물질이다. 주로 유제품 대체물이나 정크푸드 형태로 섭취한다. 심장 질환과 암의 주요 유발 인자다. 일부 국가에서는 금지되었으며, 다른 국가에서도 천천히 유행에서 밀려나는 중이다.

PROP(6-N-프로필티오우라실): 유전자 구성에 따라 매우 쓴맛이 나거나 아무 맛도 나지 않는 화학물질. 실험에서 미각을 시험할 때 사용한다.

포화지방: 수소결합이 없는 지방으로 코코넛유나 팜유, 유제품과 육류에 다량으로 함유되어 있다. 과거에는 몸에 해롭다고 생각되었다.

폴리페놀: 미생물이 음식물을 소화하는 과정에서 분비되는 다양한 화학물질이 포함된 집단으로, 많은 수가 우리 몸에 유용하거나 이롭다. 항산화 효과를 가진 플라보노이드나 레스베라트롤 등이 폴리페놀에 속한다. 채소, 과일, 견과류, 차, 커피, 맥주, 포도주 등에 함유되어 있다.

프로바이오틱(활생균): 식품 보충제로 첨가하는 박테리아 부류. 건강에 이로운 효과가 있으리라 생각된다.

PREDIMED 연구: 스페인에서 4천 명의 환자에게 저지방 식단과 전통적인 지중해식 식단을 무작위 분배하고 4년 동안 추적한 임상 연구. 이 결과 심장 질환 및 당뇨병과 체중 증가 억제에 지중해식 식단 쪽이 유효하다는 사실이 밝혀졌다.

프리바이오틱: 비료처럼 몸에 이로운 박테리아의 번성을 돕는 모든 식품 요소의 총칭. 박테리아는 종종 프리바이오틱 식품을 섭식한다. 이눌린이 대표적인 예인데, 돼지감자나 아티초크, 셀러리, 마늘, 양파, 치커리 뿌리에 많이 함유되어 있다.

프리보텔라균: 채식주의자에서 번성하며 육류 섭취자에서는 찾기 힘든 박테리아류. 종종 건강한 식단의 지표로 사용된다.

항산화물: 유리기와 같은 세포가 생성하는 독소를 쓸어내 주는 이로운 물질의 총칭.

항생제: 원래 박테리아가 스스로를 지키기 위해 생산하는 화학물질을, 인간이 박테리아를 물리치기 위한 약품으로 제조한 것. 30년 동안 새로운 항생제는 개발되지 않았고, 이제 많은 박테리아는 항생제에 대한 저항성을 획득했다.

혈당지수(GI): 다양한 식품이 혈당과 그에 따른 혈중 인슐린 수치를 올리는 속도를 나타내는 지수. 혈당지수가 낮은 음식은 다양한 식이요법에 이용된다. 혈당지수가 높은 음식(예: 매시드포테이토)은 혈당지수가 낮은 음식(예: 셀러리)에 비해 당분을 빠른 속도로 방출해서 혈중 포도당 및 인슐린을 최대 수치까지 올린다. 이런 작용이 비만에 얼마나 중요한 역할을 담당하는지는 아직 명확하지 않다.

효모: 균류의 한 종류로 당을 알코올과 이산화탄소로 변환한다. 빵이나 주류를 만들 때 사용한다. 몸에 이로운 장내 미생물을 활성화시킬 수 있다. 우리 몸속에서 행복하게 살아가며 칸디다증 등의 드문 경우에만 병원성을 보인다.

후벽균류(피르미큐테스): 장내 미생물의 주요 분류군(문 단위)의 하나로, 건강 및 질병과 연관이 있는 종이 여럿 속해 있으며 부분적으로 유전자의 영향을 받는다.

후성적: 화학 신호가 DNA의 구조에는 영향을 끼치지 않고 유전자 발현을 시작하거나 멈추게 하는 기작을 일컫는 용어. 갓난아기와 생장 과정에서는 일반적으로 벌어지는 현상이며, 식단과 화학물질에 의해 몇 세대에 이르는 변화가 벌어질 수 있다.

서론: 고약한 뒷맛

1   Imamura, F., *The Lancet Global Health* (2015); 3(3): e132 DOI: 10.1016/S2214 -109X(14)70381-X. Dietary quality among men and women in 187 countries in 1990 and 2010: a systematic assessment.

2   Pietiläinen, K.H., *Int J Obes* (Mar 2012); 36(3): 456-64. Does dieting make you fat? A twin study.

3   Ochner, C.N., *Lancet Diabetes Endocrinol* (11 Feb 2015); pii: S2213-8587(15)00009-1. doi: 10.1016/S2213-8587(15)00009-1. Treating obesity seriously: when recommendations for lifestyle change confront biological adaptations.

4   Goldacre, B., *Bad Science* (Fourth Estate, 2008); 벤 골드에이커, 『배드 사이언스』; www.quackwatch.com/04ConsumerEducation/nutritionist.html

1. 식품성분표에 없는 성분: 미생물

1   Fernandez, L., *Pharmacol Res* (Mar 2013); 69(1): 1-10. The human milk microbiota: origin and potential roles in health and disease.

2 Aagaard, K., *Sci Transl Med* (21 May 2014); 6(237): 237ra65. The placenta harbors a unique microbiome.

3 Funkhouser, L.J., *PLoS Biol* (2013); 11(8): e1001631. Mom knows best: the universality of maternal microbial transmission.

4 Koren, O., *Cell* (3 Aug 2012); 150(3): 470-80. Host remodeling of the gut microbiome and metabolic changes during pregnancy.

5 Hansen, C.H., *Gut Microbes* (May-Jun 2013); 4(3): 241-5. Customizing laboratory mice by modifying gut microbiota and host immunity in an early 'window of opportunity'.

6 http://www.britishgut.org and http://www.americangut.org

7 Afshinnekoo, E., *CELS* (2015); http://dx.doi.org/10.1016/j.cels.2015.01.0012015. Geospatial resolution of human and bacterial diversity with city-scale metagenomics.

2. 에너지와 열량

1 Kavanagh, K., *Obesity* (Jul 2007); 15(7): 1675-84. Trans fat diet induces abdominal obesity and changes in insulin sensitivity in monkeys.

2 Novotny, J.A., *American Journal of Clinical Nutrition* (1 Aug 2012); 96(2): 296-301. Discrepancy between the Atwater Factor predicted and empirically measured energy values of almonds in human diets.

3 Bleich, S.N., *Am J Prev Med* (6 Oct 2014); pii: S07493797(14)00493-0. Calorie changes in chain restaurant menu items: implications for obesity and evaluations of menu labelling.

4 Sun, L., *Physiol Behav* (Feb 2015); 139: 505-10. The impact of eating methods on eating rate and glycemic response in healthy adults.

5 Sacks, F.M., *JAMA* (17 Dec 2014); 312: 2531-41. Effects of high vs low GI of dietary carbohydrate and insulin sensitivity: the OmniCarb RCT.

6 Bouchard, C., *N Engl J Med* (24 May 1990); 322(21): 1477-82.

The response to long-term overfeeding in identical twins.

7   Samaras, K., *J Clin Endocrinol Metab* (Mar 1997); 82(3): 781–5. Independent genetic factors determine the amount and distribution of fat in women after the menopause.

8   Stubbe, J.H., *PLoS One* (20 Dec 2006); 1: e22. Genetic influences on exercise participation in 37,051 twin pairs from seven countries.

9   Neel, J.V., *Am J Hum Genet* (Dec 1962); 14: 353–62. Diabetes mellitus: a 'thrifty' genotype rendered detrimental by 'progress'?

10 Song, B., *J Math Biol* (2007) 54: 27–43. Dynamics of starvation in humans.

11 Speakman, J.R., *Int J Obes* (Nov 2008); 32(11): 1611–17. Th rifty genes for obesity: the 'drifty gene' hypothesis.

12 Speakman, J.R., *Physiology* (Mar 2014); 29(2): 88–98. If body fatness is under physiological regulation, then how come we have an obesity epidemic?

13 Mustelin, L., *J Appl Physiol* (1985) (Mar 2011); 110(3): 681–6. Associations between sports participation, cardiorespiratory fitness, and adiposity in young adult twins.

14 Ogden, C.L., *JAMA* (26 Feb 2014); 311(8): 806–14. Prevalence of childhood and adult obesity in the United States, 2011–12.

15 Rokholm, B., *Obes Rev* (Dec 2010); 11(12): 835–46. The levelling off of the obesity epidemic since the year 1999 – a review of evidence and perspectives.

16 Lee, R.J., *J Clin Invest* (3 Mar 2014); 124(3): 1393–405. Bitter and sweet taste receptors regulate human upper respiratory innate immunity.

17 Negri, R., *J Pediatr Gastroenterol Nutr* (May 2012); 54(5): 624–9. Taste perception and food choices.

18 Keskitalo, K., *Am J Clin Nutr* (Aug 2008); 88(2): 263–71. The Three-factor Eating Questionnaire, body mass index, and responses to sweet and salty fatty foods: a twin study of genetic and environmental associations.

19 Fushan, A.A., *Curr Biol* (11 Aug 2009); 19(15): 1288–9. Allelic polymorphism within the TAS1R3 promoter is associated with human taste sensitivity to sucrose.

20   Mennella, J.A., *PLoS One* (2014); 9(3): e92201. Preferences for salty and sweet tastes are elevated and related to each other during childhood.

21   Mosley, M., *Fast Exercise* (Atria Books, 2013)

22   Stubbe, J.H., *PLoS One* (20 Dec 2006); 1: e22. Genetic influences on exercise participation in 37,051 twin pairs from seven countries.

23   den Hoed, M., *Am J Clin Nutr* (Nov 2013); 98(5): 1317-25. Heritability of objectively assessed daily physical activity and sedentary behavior.

24   Archer, E., *Mayo Clin Proc* (Dec 2013); 88(12): 1368-77. Maternal inactivity: 45-year trends in mothers' use of time.

25   Gast, G-C. M., *Int J Obes* (2007); 31: 515-20. Intra-national variation in trends in overweight and leisure time physical activities in the Netherlands since 1980: stratification according to sex, age and urbanisation degree.

26   Westerterp, K.R., *Int J Obes* (Aug 2008); 32(8): 1256-63. Physical activity energy expenditure has not declined since the 1980s and matches energy expenditures of wild mammals.

27   Spector, T.D., *BMJ* (5 May 1990); 300(6733): 1173-4. Trends in admissions for hip fracture in England and Wales, 1968-85.

28   Hall, K.D., *Lancet* (27 Aug 2011); 378(9793): 826-37. Quantification of the effect of energy imbalance on bodyweight.

29   Williams, P.T., *Int J Obes* (Mar 2006); 30(3): 543-51. The effects of changing exercise levels on weight and age-related weight gain.

30   Hall, K.D., *Lancet* (27 Aug 2011); 378(9793): 826-37. Quantification of the effect of energy imbalance on bodyweight.

31   Turner, J.E., *Am J Clin Nutr* (Nov 2010); 92(5): 1009-16. Nonprescribed physical activity energy expenditure is maintained with structured exercise and implicates a compensatory increase in energy intake.

32   Strasser, B., *Ann NY Acad Sci* (Apr 2013); 1281: 141-59. Physical activity in obesity and metabolic syndrome.

33   Dombrowski, S.U., *BMJ* (14 May 2014); 348: g2646. Long-term

maintenance of weight loss with non-surgical interventions in obese adults: systematic review and meta-analyses of randomised controlled trials.

34   Ekelund, U., *Am J Clin Nutr* (14 Jan 2015). Activity and all-cause mortality across levels of overall and abdominal adiposity in European men and women: the European Prospective Investigation into Cancer and Nutrition Study.

35   Hainer, V., *Diabetes Care* (Nov 2009); 32 Suppl 2: S392. Fat or fit: what is more important?

36   Fogelholm, M., *Obes Rev* (Mar 2010); 11(3): 202-21. Physical activity, fi tness and fatness: relations to mortality, morbidity and disease risk factors.

37   Viloria, M., *Immunol Invest* (2011); 40: 640-56. Eff ect of moderate exercise on IgA levels and lymphocyte count in mouse intestine.

38   Matsumoto, M., *Biosci, Biotechnol Biochem* (2008); 72: 572-6. Voluntary running exercise alters microbiota composition and increases n-butyrate concentration in the rat cecum.

39   Hsu, Y.J., *J Strength Cond Res* (20 Aug 2014). Effect of intestinal microbiota on exercise performance in mice.

40   Clarke, S.F., *Gut* (Dec 2014); 63(12): 1913-20. Exercise and associated dietary extremes impact on gut microbial diversity.

41   Kubera, B., *Front Neuroenergetics* (8 Mar 2012); 4: 4. The brain's supply and demand in obesity.

3. 지방: 전체

1   de Nijs, T., *Crit Rev Clin Lab Sci* (Nov 2013); 50(6): 163-71. ApoB versus non-HDL-cholesterol: diagnosis and cardiovascular risk management.

2   Kaur, N., *J Food Sci Technol* (Oct 2014); 51(10): 2289-303. Essential fatty acids as functional components of foods, a review.

3   Chowdhury, R., *Ann Intern Med* (18 Mar 2014); 160(6): 398-406. Association of dietary, circulating, and supplement fatty acids with coronary risk: a systematic review and meta-analysis.

4   Würtz, P., *Circulation* (8 Jan 2015). pii:114.013116. Metabolite profiling and cardiovascular event risk: a prospective study of three population-based cohorts.

5   Albert, B.B., *Sci Rep* (21 Jan 2015); 5: 7928. doi: 10.1038/srep07928. Fish oil supplements in New Zealand are highly oxidised and do not meet label content of n-3 PUFA.

6   Ackman, R.G., *J Am Oil Chem Soc* (1989); 66: 1162-64. EPA and DHA contents of encapsulated fish oil products.

7   Opperman, M., *Cardiovasc J Afr* (2011); 22: 324-29. Analysis of omega-3 fatty acid content of South African fish oil supplements.

8   Micha, R., *BMJ* (2014); 348: g2272. Global, regional, and national consumption levels of dietary fats and oils in 1990 and 2010: a systematic analysis including 266 country-specific nutrition surveys.

9   Campbell, T.C., *Am J Cardiol* (26 Nov 1998); 82(10B): 18T-21T. Diet, lifestyle, and the etiology of coronary artery disease: the Cornell China study.

10   Campbell, T.C., *The China Study* (BenBella Books, 2006); 콜린 캠벨, 토머스 캠벨,『무엇을 먹을 것인가』(2012)

4. 포화지방

1   Law, M., *BMJ* (1999); 318: 1471-80. Why heart disease mortality is low in France: the time lag explanation.

2   Bertrand, X., *J Appl Microbiol* (Apr 2007); 102(4): 1052-9. Effect of cheese consumption on emergence of antimicrobial resistance in the intestinal microflora induced by a short course of amoxicillin-clavulanic acid.

3   https://www.youtube.com/watch?v=134aMOQwyhY (2019년 현재 해당 동영상은 비공개로 전환되었다. 그러나 Cheese Mite로 검색하면 비슷한 수위의 다른 동영상을 여럿 감상할 수 있다. - 역주)

4   David, L.A., *Nature* (23 Jan 2014); 505(7484): 559-63.

5   Teicholz, N., *The Big Fat Surprise* (Simon & Schuster, 2014) 니나 타이숄스,『지방의 역설』(2016)

6   Goldacre, B., *BMJ* (2014); 349 doi: http://dx.doi.org/10.1136/bmj.g4745. Mass treatment with statins.

7   Harborne, Z., *Open Heart* (2015); 2: doi:10.1136/openhrt-2014-000196. Evidence from randomised controlled trials did not support the introduction of dietary fat guidelines in 1977 and 1983: a systematic review and meta-analysis.

8   Siri-Tarino, P.W., *Am J Clin Nutr* (2010); 91: 535-46. Meta-analysis of prospective cohort studies evaluating the association of saturated fat with cardiovascular disease.

9   Hjerpsted, J., *Am J Clin Nutr* (2011); 94: 1479-84. Cheese intake in large amounts lowers LDL-cholesterol concentrations compared with butter intake of equal fat content.

10   Rice, B.H., *Curr Nutr Rep* (15 Mar 2014); 3: 130-38. Dairy and Cardiovascular Disease: A Review of Recent Observational Research.

11   Tachmazidou, I., *Nature Commun* (2013); 4: 2872. A rare functional cardioprotective APOC3 variant has risen in frequency in distinct population isolates.

12   Minger, D., *Death by Food Pyramid* (Primal Blueprint, 2013)

13   Chen, M., *Am J Clin Nutr* (Oct 2012); 96(4): 735-47. Effects of dairy intake on body weight and fat: a meta-analysis of randomized controlled trials.

14   Martinez-Gonzalez, M., *Nutr Metab Cardiovasc Dis* (Nov 2014); 24(11): 1189-96. Yogurt consumption, weight change and risk of overweight/obesity: the SUN cohort.

15   Jacques, P., *Am J Clin Nutr* (May 2014); 99(5): 1229S-34S. Yogurt and weight management.

16   Kano, H., *J Dairy Sci* (2013); 96: 3525-34. Oral administration of Lactobacillus delbrueckii subspecies bulgaricus OLL1073R-1 suppresses inflammation by decreasing interleukin-6 responses in a murine model of atopic dermatitis.

17   Daneman, N., *Lancet* (12 Oct 2013); 382(9900): 1228-30 A probiotic trial: tipping the balance of evidence?

18   Guo, Z., *Nutr Metab Cardiovasc Dis* (2011); 21: 844-50. Influence of consumption of probiotics on the plasma lipid profile: a meta-analysis of randomised controlled trials.

19 Jones, M.L., *Br J Nutr* (May 2012); 107(10): 1505-13. Cholesterol-lowering efficacy of a microencapsulated bile salt hydrolase-active *Lactobacillus reuteri* NCIMB 30242 yoghurt formulation in hypercholesterolaemic adults.

20 Jones, M.L., *Eur J Clin Nutr* (2012); 66: 1234-41. Cholesterol lowering and inhibition of sterol absorption by Lactobacillus reuteri NCIMB 30242: a randomized controlled trial.

21 Morelli, L., *Am J Clin Nutr* (2014); 99(suppl): 1248S-50S. Yogurt, living cultures, and gut health.

22 McNulty, N.P., *Sci Transl Med* (26 Oct 2011); 3:106. The impact of a consortium of fermented milk strains on the gut microbiome of gnotobiotic mice and monozygotic twins.

23 Goodrich, J.K., *Cell* (6 Nov 2014); 159(4): 789-99. Human genetics shape the gut microbiome.

24 Roederer, M., *The Genetic Architecture of the Human Immune System* (*Cell*,2015)

25 Saulnier, D.M., *Gut Microbes* (Jan-Feb 2013); 4(1): 17-27. The intestinal microbiome, probiotics and prebiotics in neurogastroenterology.

26 De Palma, G., *Gut Microbes* (May-Jun 2014); 5(3): 439-45. The microbiota-gut-brain axis in functional gastrointestinal disorders.

27 Sachdev, A.H., *Curr Gastroenterol Rep* (Oct 2012); 14(5): 439-45. Antibiotics for irritable bowel syndrome.

28 주24와 동일.

29 Tillisch, K., *Gastroenterology* (Jun 2013); 144(7): 1394-401. Consumption of fermented milk product with probiotic modulates brain activity.

30 Tillisch, K., *Gut Microbes* (May-Jun 2014); 5(3): 404-10. The effects of gut microbiota on CNS function in humans.

5. 불포화지방

1 이 시는 그들이 부과한 평판이 나빴던 세금이나, 심지어 리처드 왕과 그의 동생 존 왕 사이에서 일어난 불화와도 연관이 있을 수 있다.

2   Daniel, C.R., *Public Health Nutr* (Apr 2011); 14(4): 575-83. Trends in meat consumption in the United States.

3   http://www.eblex.org.uk/wp/wp-content/uploads/2014/02/m_uk_yearbook13_Cattle110713.pdf

4   Micha, R., *Lipids* (Oct 2010); 45(10): 893-905. Saturated fat and cardiometabolic risk factors, coronary heart disease, stroke, and diabetes: a fresh look at the evidence.

5   Siri-Tarino, P.W., *Am J Clin Nutr* (2010); 91: 535-46. Meta-analysis of prospective cohort studies evaluating the association of saturated fat with cardiovascular disease.

6   Price, W.A., *Nutrition and Physical Degeneration*, 6th edn (La Mesa, Ca, Price-Pottenger Nutritional Foundation, 2003)

7   Willett, W.C., *Am J Clin Nutr* (Jun 1995); 61(6 Suppl): 1402S-6S. Mediterranean diet pyramid: a cultural model for healthy eating.

8   Estruch, R., *N Engl J Med* (4 Apr 2013); 368(14): 1279-90. Primary prevention of cardiovascular disease with a Mediterranean diet.

9   Salas-Salvado, J., *Ann Intern Med* (7 Jan 2014); 160(1): 1-10. Prevention of diabetes with Mediterranean diets: a subgroup analysis of a randomized trial.

10   Guasch-Ferre, M., *BMC Med* (2014); 12: 78. Olive oil intake and risk of cardiovascular disease and mortality in the PREDIMED Study.

11   Konstantinidou, V., *FASEB J* (Jul 2010); 24(7): 2546-57. In vivo nutrigenomic effects of virgin olive oil polyphenols within the frame of the Mediterranean diet: a randomized controlled trial.

12   Lanter, B.B., MBio (2014); 5(3): e01206-14. Bacteria present in carotid arterial plaques are found as biofilm deposits which may contribute to enhanced risk of plaque rupture.

13   Vallverdu-Queralt, A., *Food Chem* (15 Dec 2013); 141(4): 3365-72. Bioactive compounds present in the Mediterranean sofrito.

6. 트랜스지방

1   https://www.youtube.com/watch?v=zrv78nG9R04

2   Lam, H.M., *Lancet* (8 Jun 2013); 381(9882): 2044-53. Food sup-
    ply and food safety issues in China.

3   Mozaff arian, D., *N Engl J Med* (2006); 354: 1601-13. Trans fatty
    acids and cardiovascular disease.

4   Kris-Etherton, P.M., *Lipids* (Oct 2012); 47(10): 931-40. Trans
    fatty acid intakes and food sources in the U.S. population:
    NHANES 1999-2002.

5   Th omas, L.H., *Am J Clin Nutr* (1981); 34: 877-86. Hydrogenated
    oils and fats: the presence of chemically-modified fatty acids
    in human adipose tissue.

6   Iqbal, M.P., *Pak J Med Sci* (Jan 2014); 30(1): 194-7. Trans fatty
    acids - a risk factor for cardiovascular disease.

7   Kishino, S., *Proc Natl Acad Sci* (29 Oct 2013); 110(44): 17808-13.
    Polyunsaturated fatty acid saturation by gut lactic acid bacteria
    affecting host lipid composition.

8   Pacifi co, L., *World J Gastroenterol* (21 Jul 2014); 20(27): 9055-71.
    Nonalcoholic fatty liver disease and the heart in children and
    adolescents.

9   Mozaff arian, D., *N Engl J Med* (3 Jun 2011); 364(25): 2392-404.
    Changes in diet and lifestyle and long-term weight gain in
    women and men.

10 http://www.dailymail.co.uk/news/article-2313276/Man-
    keeps-McDonalds-burger-14-years-looks-exactly-the-day-fl
    ipped-Utah.html

11 Moss, M., *Salt, Sugar, Fat: How the Food Giants Hooked Us* (WH Al-
    len, 2013)

12 Johnson, P.M., *Nat Neurosci* (May 2010);13(5): 635-41. Dopa-
    mine D2 receptors in addiction-like reward dysfunction and
    compulsive eating in obese rats.

13 Avena, N.M., *Methods Mol Biol* (2012); 829: 351-65. Animal mod-
    els of sugar and fat bingeing: relationship to food addiction
    and increased body weight.

14 Taylor, V.H., *CMAJ* (9 Mar 2010);182(4): 327-8. The obesity epi-

demic: the role of addiction.

15 Bayol, S.A., *Br J Nutr* (Oct 2007); 98(4): 843-51. A maternal 'junk food' diet in pregnancy and lactation promotes an exacerbated taste for 'junk food' and a greater propensity for obesity in rat off spring.

16 David, L.A., *Nature* (23 Jan 2014); 505(7484): 559-61. Diet rapidly and reproducibly alters the human gut microbiome.

17 Poutahidis, T., *PLoS One* (Jul 2013); 10; 8(7): e68596. Microbial reprogramming inhibits Western diet-associated obesity.

18 Martinez-Medina, M., *Gut* (Jan 2014); 63(1): 116-24. Western diet induces dysbiosis with increased E coli in CEABAC10 mice, alters host barrier function favouring AIEC colonisation.

19 Huh, J.Y., *Mol Cells* (May 2014); 37(5): 365-71. Crosstalk between adipocytes and immune cells in adipose tissue inflammation and metabolic dysregulation in obesity.

20 Wang, J., *ISME J* (2015) 9: 1-15; Modulation of gut microbiota during probiotic-mediated attenuation of metabolic syndrome in high-fat-diet-fed mice.

21 Cox, A.J., *Lancet Diabetes Endocrinol* (Jul 2014); 21.pii: S2213-8587. Obesity, inflammation, and the gut microbiota.

22 Mraz, M., *J Endocrinol* (8 Jul 2014); pii: JOE-14-0283. The role of adiposetissue immune cells in obesity and low-grade inflammation.

23 Kong, L.C., *PLoS One* (Oct 2014); 20; 9(10): e109434. Dietary patterns differently associate with inflammation and gut microbiota in overweight and obese subjects.

24 Ridaura, V.K., *Science* (6 Sep 2013); 341(6150): 1241214. Gut microbiota from twins discordant for obesity modulate metabolism in mice.

25 Goodrich, J.K., *Cell*, (Nov 2014); 159(4): 789-99. Human genetics shape the gut microbiome.

26 Fei, N., *ISME J* (2013); 7: 880-4. An opportunistic pathogen isolated from the gut of an obese human causes obesity in germ-free mice.

27 Backhed, F., *Proc Natl Acad Sci USA* (2004); 101: 15718-15723. The gut microbiota as an environmental factor that regulates fat storage.

28 Backhed, F., *Proc Natl Acad Sci USA* (2007); 104: 979-84. Mechanisms underlying the resistance to diet-induced obesity in germ-free mice.

29 http://www.youtube.com/watch?v=gzL0fRkqjK8

30 Xiao, S., *FEMS Microbiol Ecol* (Feb 2014); 87(2): 357-67. A gut microbiota-targeted dietary intervention for amelioration of chronic inflammation underlying metabolic syndrome.

31 Zhou, H., *Dongjin Dynasty* (Tianjin Science & Technology Press, 2000)

32 Zhang, X., *PLoS One* (2012); 7(8): e42529. Structural changes of gut microbiota during berberine-mediated prevention of obesity and insulin resistance in high-fat diet-fed rats.

33 http://www.sciencemag.org/content/342/6162/1035

34 Alcock, J., *Bioessays* (8 Aug 2014); doi: 10.1002/bies.201400071. Is eating behavior manipulated by the gastrointestinal microbiota? Evolutionary pressures and potential mechanisms.

35 Vijay-Kumar, M., *Science* (9 Apr 2010); 328(5975): 228-31. Metabolic syndrome and altered gut microbiota in mice lacking Toll-like receptor 5.

36 Shin, S.C., *Science* (2011); 334 (6056): 670-4. Drosophila microbiome modulates host developmental and metabolic homeostasis via insulin signalling.

37 Tremaroli, V., *Nature* (13 Sep 2012); 489(7415): 242-9. Functional interactions between the gut microbiota and host metabolism.

7. 동물성 단백질

1 Diamond, J., *Guns, Germs and Steel* (Norton, 1997) 제레드 다이아몬드, 『총, 균, 쇠』(2005)

2 Atkins, R., *The Diet Revolution* (Bantam Books, 1981)

3 Bueno, N.B., *Br J Nutr* (Oct 2013); 110(7): 1178-87. Very-low-carbohydrate ketogenic diet v. low-fat diet for long-term weight loss: a meta-analysis of randomised controlled trials.

4   Paoli, A., *Int J Environ Res Public Health* (19 Feb 2014); 11(2): 2092-107. Ketogenic diet for obesity: friend or foe?

5   Douketis, J.D., *Int J Obes* (2005); 29(10): 1153-67. Systematic review of long-term weight loss studies in obese adults: clinical significance and applicability to clinical practice.

6   Ebbeling, C.B., *JAMA* (27 Jun 2012); 307(24): 2627-34. Effects of dietary composition on energy expenditure during weight-loss maintenance.

7   동 논문.

8   Ellenbroek, J.H., *Am J Physiol Endocrinol Metab* (1 Mar 2014); 306(5): E552-8. Long-term ketogenic diet causes glucose intolerance and reduced beta and alpha cell mass but no weight loss in mice.

9   Cotillard, A., *Nature* (29 Aug 2013); 500(7464): 585-8. Dietary intervention impact on gut microbial gene richness.

10   Le Chatelier, E., *Nature* (29 Aug 2013); 500(7464): 541-6. Richness of human gut microbiome correlates with metabolic markers.

11   Qin, J., *Nature* (4 Oct 2012); 490(7418): 55-60. A metagenome-wide association study of gut microbiota in type 2 diabetes.

12   Fraser, G.E., *Arch Intern Med* (2001); 161: 1645-52. Ten years of life: is it a matter of choice?

13   Le, L.T., *Nutrients* (27 May 2014); 6(6): 2131-47. Beyond meatless, the health effects of vegan diets: findings from the Adventist cohorts.

14   Boomsma, D.I., *Twin Res* (Jun 1999); 2(2): 115-25. A religious upbringing reduces the influence of genetic factors on disinhibition: evidence for interaction between genotype and environment on personality.

15   Key, T.J., *Am J Clin Nutr* (2009); 89; 1613S-19S. Mortality in British vegetarians: results from the European Prospective Investigation into Cancer and Nutrition (EPIC Oxford).

16   Key, T.J., *Am J Clin Nutr* (Jun 2014); 100(Supplement 1): 378S-85S. Cancer in British vegetarians.

17   http://crossfi tanaerobicinc.com/paleo-nutrition/list-of-foods/

18   Hidalgo, G., *Am J Hum Biol* (10 Sep 2014); 26(5): 710-12. The nutritiontransition in the Venezuelan Amazonia: increased overweight and obesity with transculturation.

19   Schnorr, S.L., *Nat Commun* (15 Apr 2014); 5: 3654,doi: 10.1038/ncomms4654. Gut microbiome of the Hadza hunter-gatherers.

20   Dominguez-Bello, G., 개인 통화.

21   Pan, A., *Arch Intern Med* (9 Apr 2012); 172(7): 555-63. Red meat consumption and mortality: results from 2 prospective cohort studies.

22   Rohrmann, S., *BMC Med* (7 Mar 2013); 11: 63,doi: 10.1186/1741-7015-11-6. Meat consumption and mortality - results from the European Prospective Investigation into Cancer and Nutrition.

23   Lee, J.E., *Am J Clin Nutr* (Oct 2013); 98(4): 1032-41. Meat intake and cause-specific mortality: a pooled analysis of Asian prospective cohort studies.

24   Tang, W.W., *N Engl J Med* (25 Apr 2013); 368(17): 1575-84. Intestinal microbial metabolism of phosphatidylcholine and cardiovascular risk.

25   Brown, J.M., *Curr Opin Lipidol* (Feb 2014); 25(1): 48-53. Metaorganismal nutrient metabolism as a basis of cardiovascular disease.

26   Kotwal, S., *Circ Cardiovasc Qual Outcomes* (2012); 5: 808-18. Omega 3 fatty acids and cardiovascular outcomes: systematic review and metaanalysis.

27   Mozaff arian, D., *JAMA* (2006); 296(15): 1885-99. Fish intake, contaminants, and human health: evaluating the risks and the benefits.

28   Lajous, M., *Am J Epidemiol* (1 Aug 2013); 178(3): 382-91. Changes in fish consumption in midlife and the risk of coronary heart disease in men and women.

29   http://www.dailymail.co.uk/health/article-2530164/Too-good-true-Dietdrink-acts-like-gastric-band-help-people-lose-stone-claim-scientists.html

30   Karimian, J., *J Res Med Sci* (Oct 2011); 16(10): 1347-53. Supplement consumption in bodybuilder athletes.

31   O'Dea, K., *Diabetes* (1984); 33: 596-603. Marked improvement in carbohydrate and lipid metabolism in diabetic Australian Aborigines after temporary reversion to traditional lifestyle.

32 http://www.theguardian.com/lifeandstyle/2013/may/12/type-2-diabetesdiet-cure

33 Look AHEAD Research Group, *N Engl J Med* (2013); 369: 145-54. Cardiovascular effects of intensive lifestyle intervention in Type 2 diabetes.

34 Franco, M., *BMJ* (9 Apr 2013); 346: f1515. Population-wide weight loss and regain in relation to diabetes burden and cardiovascular mortality in Cuba 1980-2010.

35 Mann, G.V., *J Atheroscler Res* (Jul-Aug 1964); 4: 289-312. Cardiovascular disease in the Masai.

8. 비동물성 단백질

1 Frankenfeld, C.L., *Am J Clin Nutr* (May 2011); 93(5): 1109-16. Dairy consumption is a significant correlate of urinary equol concentration in a representative sample of US adults.

2 Fritz, H., *PLoS One* (28 Nov 2013); 8(11): e81968. Soy, red clover and isoflavones, and breast cancer: a systematic review.

3 Lampe, J.W., *J Nutr* (Jul 2010); 140(7): 1369S-72S. Emerging research on equol and cancer.

4 Soni, M., *Maturitas* (Mar 2014); 77(3): 209-20. Phytoestrogens and cognitive function: a review.

5 Spector, T.D., *Lancet* (1982). Coffee, soya and cancer of the pancreas (letter).

6 Tsuchihashi, R., *J Nat Med* (Oct 2008); 62(4): 456-60. Microbial metabolism of soy isoflavones by human intestinal bacterial strains.

7 Renouf, M., *J Nutr* (Jun 2011); 141(6): 1120-6. *Bacteroides uniformis* is a putative bacterial species associated with the degradation of the isoflavone genistein in human feces.

8 Pudenz, M., *Nutrients* (15 Oct 2014); 6(10): 4218-72. Impact of soy isoflavones on the epigenome in cancer prevention.

9 Hehemann, J.H., *Nature* (8 Apr 2010); 464(7290): 908-12. Transfer of carbohydrate-active enzymes from marine bacteria to Japanese gut microbiota.

10 Crisp, A., *Genome Biol* (13 Mar 2015); 16 (1): 50. Expression of multiple horizontally acquired genes is a hallmark of both vertebrate and invertebrate genomes.

11 Cantarel, B.L., *PLoS One* (2012); 7(6): e28742. Complex carbohydrate utilization by the healthy human microbiome.

12 Georg, J.M., *Obes Rev* (Feb 2013); 14(2): 129-44. Review: efficacy of alginate supplementation in relation to appetite regulation and metabolic risk factors: evidence from animal and human studies.

13 Brown, E.S., *Nutr Rev* (Mar 2014); 72(3): 205-16. Seaweed and human health.

14 Hehemann, J.H., *Proc Natl Acad Sci* (27 Nov 2012); 109(48): 19786-91. Bacteria of the human gut microbiome catabolize red seaweed glycans with carbohydrate-active enzyme updates from extrinsic microbes.

15 Pirotta, M., *BMJ* (4 Sep 2004); 329(7465): 548. Effect of lactobacillus in preventing post-antibiotic vulvovaginal candidiasis: a randomised controlled trial.

16 Dey, B., *Curr HIV Res* (Oct 2013); 11(7): 576-94. Protein-based HIV-1 microbicides.

17 Wang, J., *J Nutr* (Jan 2014); 144(1): 98-105. Dietary supplementation with white button mushrooms augments the protective immune response to Salmonella vaccine in mice.

18 Varshney, J., *J Nutr* (Apr 2013); 143(4): 526-32. White button mushrooms increase microbial diversity and accelerate the resolution of *Citrobacter rodentium* infection in mice.

9. 유제품 단백질

1 Campbell, T.C., *Am J Cardiol* (26 Nov 1998); 82(10B): 18T-21T. Diet, lifestyle, and the etiology of coronary artery disease: the Cornell China Study.

2 Minger, D., Dairy consumption in rural China; http://rawfood-

sos.com/2010/07/07/the-china-study-fact-or-fallac/

3   Madani, S., *Nutrition* (May 2000); 16(5): 368-75. Dietary protein
    level and origin (casein and highly purified soybean protein)
    affect hepatic storage, plasma lipid transport, and antioxidative
    defense status in the rat.

4   Brüssow, H., *Environ Microbiol* (Aug 2013); 15(8): 2154-61. Nu-
    trition, population growth and disease: a short history of lac-
    tose.

5   Savaiano, D.A., *Am J Clin Nutr* (May 2014); 99(5 Suppl): 1251S-
    5S. Lactose digestion from yogurt: mechanism and relevance.

6   Tishkoff , S.A., *Nat Genet* (2007); 39: 31-40. Convergent adapta-
    tion of human lactase persistence in Africa and Europe.

7   Spector, T., *Identically Different* (Weidenfeld & Nicolson, 2012)

8   Quigley, L., *FEMS Microbiol Rev* (Sep 2013); 37(5): 664-98. The
    complex microbiota of raw milk.

9   Bailey, R.K., *J Natl Med Assoc* (Summer 2013); 105(2): 112-
    27. Lactose intolerance and health disparities among African
    Americans and Hispanic Americans: an updated consensus
    statement.

10 Suchy, F.J., *NIH Consensus State Sci Statements* (24 Feb 2010); 27(2):
    1-27. NIH consensus development conference statement: Lac-
    tose intolerance and health.

11 Petschow, B., *Ann NY Acad Sci* (Dec 2013); 1306: 1-17. Probiot-
    ics, prebiotics, and the host microbiome: the science of transla-
    tion.

12 Prentice, A.M., *Am J Clin Nutr* (May 2014); 99 (5 Suppl):
    1212S-16S. Dairy products in global public health.

13 Silventoinen, K., *Twin Res* (Oct 2003); 6(5): 399-408. Heritability
    of adult body height: a comparative study of twin cohorts in
    eight countries.

14 Wood, A.R., *Nat Genet* (5 Oct 2014); doi:10.1038/ng.3097. Defin-
    ing the role of common variation in the genomic and biologi-
    cal architecture of adult human height.

15 Floud, R., *The Changing Body: New Approaches to Economic and Social
    History* (Cambridge University Press, 2011)

16 http://www.ers.usda.gov/media/1118789/err149.pdf

17 Quigley, L., *J Dairy Sci* (Aug 2013); 96(8): 4928-37.The microbial content of raw and pasteurized cow's milk as determined by molecular approaches.

18 Pottenger, F.M., *Pottenger's Cats: A Study in Nutrition* (Price Pottenger Nutrition, 1995)

19 Scher, J.U., *eLife* (Nov 2013); 5; 2: e01202. Expansion of intestinal *Prevotella copri* correlates with enhanced susceptibility to arthritis.

10. 탄수화물: 당류

1 http://www.telegraph.co.uk/news/worldnews/europe/netherlands/10314705/Sugar-is-addictive-and-the-most-dangerous-drug-of-the-times.html

2 Locke, A.E., *Nature* (12 Feb 2015); 518(7538): 197-206. Genetic studies of body mass index yield new insights for obesity biology.

3 Qi, Q., *N Engl J Med* (11 Oct 2012); 367(15): 1387-96. Sugar-sweetened beverages and genetic risk of obesity.

4 Keskitalo, K., *Am J Clin Nutr* (Aug 2008); 88(2): 263-71. The Three-Factor Eating Questionnaire, body mass index, and responses to sweet and salty fatty foods: a twin study of genetic and environmental associations.

5 Keskitalo, K., *Am J Clin Nutr* (Dec 2007); 86(6): 1663-9. Same genetic components underlie different measures of sweet taste preference.

6 http://www.who.int/nutrition/sugars_public_consultation/en/

7 Yudkin, J., *Pure, White and Deadly*, reissue edn (Penguin, 2012) 존 유드킨, 『설탕의 독』(2014)

8 Wilska, A., *Duodecim* (1947); 63: 449-510. Sugar caries – the most prevalent disease of our century.

9 Sheiham, A., *Int J Epidemiol* (Jun 1984); 13(2): 142-7. Changing trends in dental caries.

10 Birkeland, J.M., *Caries Res* (Mar-Apr 2000); 34(2): 109-16. Some factors associated with the caries decline among Norwegian children and adolescents: age-specific and cohort analyses.

11 Masadeh, M., *J Clin Med Res* (2013); 5.5: 389-94. Antimicrobial activity of common mouthwash solutions on multidrug-resistance bacterial biofilms.

12 Kapil, V., *Free Radic Biol Med* (Feb 2013); 55: 93-100. Physiological role for nitrate-reducing oral bacteria in blood pressure control.

13 Fine, D.H., *Infect Immun* (May 2013); 81(5): 1596-605. A lactotransferrin single nucleotide polymorphism demonstrates biological activity that can reduce susceptibility to caries.

14 Holz, C., *Probiotics Antimicrob Proteins* (2013); 5: 259-63. *Lactobacillus paracasei* DSMZ16671 reduces mutans streptococci: a short-term pilot study.

15 Teanpaisan, R., *Clin Oral Investig* (Apr 2014); 18(3): 857-62. *Lactobacillus paracasei* SD1, a novel probiotic, reduces mutans streptococci in human volunteers: a randomized placebo-controlled trial.

16 Glavina, D., *Coll Antropol* (Mar 2012); 36(1): 129-32. Effect of LGG yoghurt on *Streptococcus mutans* and Lactobacillus spp. salivary counts in children.

17 Marcenes, W., *J Dent Res* (Jul 2013); 92(7): 592-7. Global burden of oral conditions in 1990-2010: a systematic analysis.

18 Bernabé, E., *Am J Public Health* (Jul 2014); 104(7): e115-21. Age, period and cohort trends in caries of permanent teeth in four developed countries.

19 Bray, G.A., *Am J Clin Nutr* (2004); 79: 537-43. Consumption of high-fructose corn syrup in beverages may play a role in the epidemic of obesity.

20 Ng, S.W., *Br J Nutr* (Aug 2012); 108(3): 536-51. Patterns and trends of beverage consumption among children and adults in Great Britain, 1986-2009.

21 Bray, G.A., *Am J Clin Nutr* (2004); 79: 537-43. Consumption of high-fructosecorn syrup in beverages may play a role in the epidemic of obesity.

22 Hu, F.B., *Physiol Behav* (2010); 100: 47-54. Sugar-sweetened beverages and risk of obesity and Type 2 diabetes: epidemiologic evidence.

23 Mitsui, T., *J Sports Med Phys Fitness* (Mar 2001); 41(1): 121-3. Colonic fermentation after ingestion of fructose-containing sports drink.

24 Bergheim, I., *J Hepatol* (Jun 2008); 48(6): 983-92. Antibiotics protect against fructose-induced hepatic lipid accumulation in mice: role of endotoxin.

25 Bray, G.A., *Diabetes Care* (Apr 2014); 37(4): 950-6. Dietary sugar and body weight: have we reached a crisis in the epidemic of obesity and diabetes?: health be damned! Pour on the sugar.

26 de Ruyter, J.C., *N Engl J Med* (11 Oct 2012); 367(15): 1397-406. A trial of sugar-free or sugar-sweetened beverages and body weight in children.

27 Sartorelli, D.S., *Nutr Metab Cardiovasc Dis* (Feb 2009); 19(2): 77-83. Dietary fructose, fruits, fruit juices and glucose tolerance status in Japanese-Brazilians.

28 van Buul, V.J., *Nutr Res Rev* (Jun 2014); 27(1): 119-30. Misconceptions about fructose-containing sugars and their role in the obesity epidemic.

29 Kahn, R., *Diabetes Care* (Apr 2014); 37(4): 957-62. Dietary sugar and body weight: have we reached a crisis in the epidemic of obesity and diabetes?: we have, but the pox on sugar is overwrought and overworked.

30 Te Morenga, L., *BMJ* (15 Jan 2012); 346: e7492. Dietary sugars and body weight: systematic review and meta-analyses of randomised controlled trials and cohort studies.

31 Sievenpiper, J.L., *Ann Intern Med* (21 Feb 2012); 156: 291-304. Effect of fructose on body weight in controlled feeding trials: a systematic review and meta-analysis.

32 Kelishadi, R., *Nutrition* (May 2014); 30: 503-10. Association of fructose consumption and components of metabolic syndrome in human studies: a systematic review and meta-analysis.

11. 탄수화물: 당류 외

1   Claesson, M.J., *Nature* (9 Aug 2012); 488(7410): 178-84. Gut microbiota composition correlates with diet and health in the elderly.

2   van Tongeren, S., *Appl. Environ. Microbiol* (2005); 71(10): 6438-42. Fecal microbiota composition and frailty.

3   Friedman, M., *J Agric Food Chem* (9 Oct 2013); 61(40): 9534-50. Anticarcinogenic, cardioprotective, and other health benefits of tomato compounds lycopene, α-tomatine, and tomatidine in pure form and in fresh and processed tomatoes.

4   http://www.dailymail.co.uk/femail/article-2692758/Diet-guru-FreeLee-Banana-Girl-fire-controversial-views-claims-chemo-kills-losing-period-good-you.html

5   Mosley, M., and Spencer, M., *The Fast Diet* (Short Books, 2013) 마이클 모슬리, 『간헐적 단식법』(2013)

6   Bao, Q., *Mol Cell Endocrinol*, 16 Jul 2014; 394(1-2):115-18. Ageing and age-related diseases - from endocrine therapy to target therapy.

7   Johnson, J.B., *Med Hypotheses*, 2006; 67:209-11. The effect on health of alternate day calorie restriction: eating less and more than needed on alternate days prolongs life. Vallejo, E.A., *Rev Clin Esp*, 63 (1956): 25-7. La dieta de hambre a dias alternos en la alimentacion de los viejos.

8   Nicholson, A., *Soc Sci Med* (2009); 69 (4): 519-28. Association between attendance at religious services and self-reported health in 22 European countries. Eslami, S., *Bioimpacts* (2012); 2(4): 213-15. Annual fasting; the early calories restriction for cancer prevention.

9   Carey, H.V., *Am J Physiol Regul Integr Comp Physiol* (1 Jan 2013); 304(1): R33-42 Seasonal restructuring of the ground squirrel gut microbiota over the annual hibernation cycle.

10   Costello, E.K., *ISME J* (Nov 2010); 4(11):1375-85. Postprandial remodelling of the gut microbiota in Burmese pythons.

11   Zarrinpar, A., *Cell Metab* (2 Dec 2014); 20(6):1006-17. doi:10.1016/ j.센티미터et.2014.11.008. Diet and feeding pattern affect the diurnal dynamics of the gut microbiome.

12 Casazza, K., *N Engl J Med* (31 Jan 2013); 368(5): 446-54. Myths, presumptions, and facts about obesity.

13 Betts, J.A., *Am J Clin Nutr* (4 Jun 2014); 100(2): 539-47. The causal role of breakfast in energy balance and health: a randomized controlled trial in lean adults. Dhurandhar, E.J., *Am J Clin Nutr*, (4 Jun 2014); 100(2):507-13. The effectiveness of breakfast recommendations on weight loss: a randomized controlled trial.

14 de la Hunty, A., *Obes Facts* (2013); 6(1): 70-85. Does regular breakfast cereal consumption help children and adolescents stay slimmer? A systematic review and meta-analysis.

15 Brown, A.W., *Am J Clin Nutr* (Nov 2013); 98(5): 1298-308. Belief beyond the evidence: using the proposed effect of breakfast on obesity to show two practices that distort scientific evidence.

16 Desai, A.V., *Twin Res* (Dec 2004); 7(6): 589-95. Genetic influences in self-reported symptoms of obstructive sleep apnoea and restless legs: a twin study.

17 Shelton, H., *Hygienic systems*, vol. II, *Health Research*. (Pomeroy, WA, 1934).

18 Stote, K.S., *Am J Clin Nutr* (Apr 2007); 85(4): 981-8. A controlled trial of reduced meal frequency without caloric restriction in healthy, normal-weight, middle-aged adults.

19 Di Rienzi, S.C., *eLife* (1 Oct 2013); 2: e01102,doi:10.7554/eLife.01102. The human gut and groundwater harbor non-photosynthetic bacteria belonging to a new candidate phylum sibling to Cyanobacteria.

20 Watanabe, F., *Nutrients* (5 May 2014); 6(5): 1861-73. Vitamin B12-containing plant food sources for vegetarians.

21 Brown, M.J., *Am J Clin Nutr* (2004); 80: 396-403. Carotenoid bioavailability is higher from salads ingested with full-fat than with fat-reduced salad dressings as measured with electrochemical detection.

22 Sonnenburg, E.D., *Cell Metab* (20 Aug 2014); pii: S1550-4131(14)00311-8. Starving our microbial self: the deleterious consequences of a diet deficient in microbiota-accessible carbohydrates.

23 Wertz, A.E., *Cognition* (Jan 2014); 130(1): 44-9. Thyme to touch: infants possess strategies that protect them from dangers posed by plants.

24 Knaapila, A., *Physiol Behav* (15 Aug 2007); 91(5): 573-8. Food neophobia shows heritable variation in humans.

12. 섬유질

1 Anderson, J.C., *Am J Gastroenterol* (Oct 2014); 109(10): 1650-2. Editorial: constipation and colorectal cancer risk: a continuing conundrum.

2 Threapleton, D.E., *BMJ* (19 Dec 2013); 347: f6879. Dietary fibre intake and risk of cardiovascular disease: systematic review and meta-analysis.

3 Kim, Y., *Am J Epidemiol* (15 Sep 2014);180(6): 565-73. Dietary fiber intake and total mortality: a meta-analysis of prospective cohort studies.

4 Thies, F., *Br J Nutr* (Oct 2014); 112 Suppl 2: S19-30. Oats and CVD risk markers: a systematic literature review.

5 Musilova, S., *Benef Microbes* (Sep 2014); 5(3): 273-83. Beneficial effects of human milk oligosaccharides on gut microbiota.

6 Ukhanova, M., *Br J Nutr* (28 Jun 2014); 111(12): 2146-52. Effects of almond and pistachio consumption on gut microbiota composition in a randomised cross-over human feeding study.

7 Dunn, S., *Eur J Clin Nutr* (Mar 2011); 65(3): 402-8. Validation of a food frequency questionnaire to measure intakes of inulin and oligofructose.

8 Moshfegh, A.J., *J Nutr* (1999); 129: 1407S-11S. Presence of inulin and oligofructose in the diets of Americans.

9 van Loo, J., *Crit Rev Food Sci Nutr* (Nov 1995); 35(6): 525-52. On the presence of inulin and oligofructose as natural ingredients in the Western diet.

10 Teucher, B., *Twin Res Hum Genet* (Oct 2007); 10(5): 734-48. Dietary patterns and heritability of food choice in a UK female twin cohort.

11 Williams, F.M., *BMC Musculoskelet Disord* (8 Dec 2010); 11: 280. Dietary garlic and hip osteoarthritis: evidence of a protective effect and putative mechanism of action.

12 Lissiman, E., *Cochrane Database Syst Rev* (11 Nov 2014);11: CD006206. Garlic for the common cold; Josling P., *Advances in therapy* (2001);18(4):189-93. Preventing the common cold with a garlic supplement: a double-blind, placebo-controlled survey.

13 Zeng, T., *J Sci Food Agric* (2012); 92 (9): 1892-1902. A meta-analysis of randomized, double-blind, placebo-controlled trials for the effects of garlic on serum lipid profile.

14 O'Brien, C.L., *PLoS One* (1 May 2013); 8(5): e62815. Impact of colonoscopy bowel preparation on intestinal microbiota.

15 Kellow, N.J., *Br J Nutr* (14 Apr 2014); 111(7): 1147-61. Metabolic benefits of dietary prebiotics in human subjects: a systematic review of randomised controlled trials.

16 Dewulf, E.M., *Gut* (Aug 2013); 62(8): 1112-21. Insight into the prebiotic concept: lessons from an exploratory, double-blind intervention study with inulin-type fructans in obese women.

17 Salazar, N., *Clin Nutr* (11 Jun 2014); pii: S0261-5614(14)00159-9.doi: 10.1016/j.clnu.2014.06.001. Inulin-type fructans modulate intestinal Bifidobacteria species populations and decrease fecal short-chain fatty acids in obese women.

18 http://www.jigsawhealth.com/supplements/butyrex

19 Davis, W., *Wheat Belly* (Rodale, 2011) 윌리엄 데이비스, 『밀가루 똥배』 (2012)

20 Murray, J., *Am J Clin Nutr* (2004); 79(4) 669-73. Effect of a gluten-free diet on gastrointestinal symptoms in celiac disease.

21 Perry, G.H., *Nature Genetics* (2007); 39: 1256-60. Diet and the evolution of human amylase gene copy number variation.

22 Falchi, M., *Nature Genetics* (May 2014); 46(5): 492-7. Low copy number of the salivary amylase gene predisposes to obesity.

23 Staudacher, H.M., *Nat Rev Gastroenterol Hepatol* (Apr 2014);11(4): 256-66. Mechanisms and effi cacy of dietary FODMAP restriction in IBS.

13. 인공감미료와 첨가물

1　Di Salle, F., *Gastroenterology* (Sep 2013); 145(3): 537-9. Effect of carbonation on brain processing of sweet stimuli in humans.

2　de Ruyter, J.C., *N Engl J Med* (11 Oct 2012); 367(15): 1397-406. A trial of sugar-free or sugar-sweetened beverages and body weight in children.

3　de Ruyter, J.C., *PLoS One* (22 Oct 2013); 8(10): e70039. The effect of sugar-free versus sugar-sweetened beverages on satiety, liking and wanting: an 18-month randomized double-blind trial in children.

4　Nettleton, J.A., *Diabetes Care* (2009); 32(4): 688-94. Diet soda intake and risk of incident metabolic syndrome and Type 2 diabetes in the Multi-Ethnic Study of Atherosclerosis (MESA).

5　Lutsey, P.L., *Circulation* (12 Feb 2008); 117(6): 754-61. Dietary intake and the development of the metabolic syndrome: the Atherosclerosis Risk in Communities study.

6　Hill, S.E., *Appetite* (13 Aug 2014); pii: S0195-6663(14)00400-0. The effect of non-caloric sweeteners on cognition, choice, and post-consumption satisfaction.

7　Bornet, F.J., *Appetite* (2007); 49(3): 535-53. Glycaemic response to foods. Impact on satiety and long-term weight regulation.

8　Schiff man, S.S., *J Toxicol Environ Health B Crit Rev* (2013); 16(7): 399-451. Sucralose, a synthetic organochlorine sweetener: overview of biological issues.

9　Green, E., *Physiol Behav* (5 Nov 2012); 107(4): 560-7. Altered processing of sweet taste in the brain of diet soda drinkers.

10　Pepino, M.Y., *Diabetes Care* (2013); 36: 2530-5. Sucralose affects glycemic and hormonal responses to an oral glucose load.

11　Abou-Donia, M.B., *J Toxicol Environ Health A* (2008); 71(21): 1415-29. Splenda alters gut microflora and increases intestinal p-glycoprotein and cytochrome p-450 in male rats.

12　Wu, G.D., *Science* (7 Oct 2011); 334(6052): 105-8. Linking long-term dietary patterns with gut microbial enterotypes.

13 Gostner, J., *Curr Pharm Des* (2014); 20(6): 840-9. Immunoregulatory impact of food antioxidants.

14. 코코아, 카페인 함유

1 Shin, S.Y., *Nat Genet* (Jun 2014); 46(6): 543-50. An atlas of genetic influences on human blood metabolites.

2 Mayer, E.A., *J Neurosci* (2014), 34(46): 15490-6. Gut microbes and the brain: paradigm shift in neuroscience.

3 Ellam, S., *Ann Rev Nutr* (2013); 33: 105-28. Cocoa and human health.

4 Staff ord, L.D., *Chem Senses* (Mar 13 2015); bj007, p.ii. Obese individuals have higher preference and sensitivity to odor of chocolates.

5 Ellam, S., *Ann Rev Nutr* (2013); 33: 105-28. Cocoa and human health

6 Golomb, B.A., *Arch Intern Med* (26 Mar 2012); 172(6): 519-21. Association between more frequent chocolate consumption and lower body mass index.

7 Khan, N., *Nutrients* (21 Feb 2014); 6(2): 844-80.doi:10.3390/nu6020844. Cocoa polyphenols and inflammatory markers of cardiovascular disease.

8 Jennings, A., *J Nutr* (Feb 2014); 144(2): 202-8. Intakes of anthocyanins and flavones are associated with biomarkers of insulin resistance and inflammation in women.

9 Tzounis, X., *Am J Clin Nutr* (Jan 2011); 93(1): 62-72. Prebiotic evaluation of cocoa-derived flavanols in healthy humans by using a randomized, controlled, double-blind, crossover intervention study.

10 http://www.cocoavia.com/how-do-i-use-it/ingredients-nutritionalinformation

11 Martin, F.P., *J Proteome Res* (7 Dec 2012); 11(12): 6252-63. Specific dietary preferences are linked to differing gut microbial metabolic activity in response to dark chocolate intake.

12 Esser, D., *FASEB J* (Mar 2014); 28(3): 1464-73. Dark chocolate consumption improves leukocyte adhesion factors and vascular function in overweight men.

13 Moco, S., *J Proteome Res* (5 Oct 2012); 11(10): 4781-90. Metabolomics view on gut microbiome modulation by polyphenol-rich foods.

14 Langer, S., *J Agric Food Chem* (10 Aug 2011); 59(15): 8435-41. Flavanols and methylxanthines in commercially available dark chocolate: a study of the correlation with non-fat cocoa solids.

15 Zhang, C., *Eur J Epidemiol* (30 Oct 2014); Tea consumption and risk of cardiovascular outcomes and total mortality: a systematic review and meta-analysis of prospective observational studies.

16 Ludwig, I.A., *Food Funct* (Aug 2014); 5(8): 1718-26. Variations in caffeine and chlorogenic acid contents of coffees: what are we drinking?

17 Crippa, A., *Am J Epidemiol* (24 Aug 2014); pii: kwu194. Coffee consumption and mortality from all causes, cardiovascular disease, and cancer: a dose-response meta-analysis.

18 Denoeud, F., *Science* (2014); 345: 1181-4. The coffee genome provides insight into the convergent evolution of caffeine biosynthesis.

19 http://www.dailymail.co.uk/health/article-3027/How-healthy-cup-coffee.html

20 Teucher, B., *Twin Res Hum Genet* (Oct 2007); 10(5): 734-48. Dietary patterns and heritability of food choice in a UK female twin cohort.

21 Amin, N., *Mol Psychiatry* (Nov 2012); 17(11): 1116-29. Genome-wide association analysis of coffee drinking suggests association with CYP1A1/CYP1A2 and NRCAM.

22 Coelho, C., *J Agric Food Chem* (6 Aug 2014); 62(31): 7843-53. Nature of phenolic compounds in coffee melanoidins.

23 Gniechwitz, D., *J Agric Food Chem* (22 Aug 2007); 55(17): 6989-96. Dietary fiber from coff e beverage: degradation by human fecal microbiota.

24 Vinson, J.A., *Diabetes Metab Syndr Obes* (2012); 5: 21-7. Randomized, double-blind, placebo-controlled, linear dose, crossover study to evaluate the efficacy and safety of a green coffee bean extract in overweight subjects.

15. 알코올 함유

1 Rehm, J., *Lancet* (26 Apr 2014); 383(9927): 1440-2. Russia: lessons for alcohol epidemiology and alcohol policy.

2 Spector, T., *Identically Different* (Weidenfeld & Nicolson, 2012)

3 Peng, Y., *BMC Evol Biol* (20 Jan 2010); 10: 15. Th e ADH1B Arg47His polymorphism in east Asian populations and expansion of rice domestication in history.

4 Criqui, M.H., *Lancet* (1994); 344: 1719-23. Does diet or alcohol explain the French paradox?

5 Di Castelnuovo, A., *Arch Intern Med* (11-25 Dec 2006); 166(22): 2437-45. Alcohol dosing and total mortality in men and women: an updated meta-analysis of 34 prospective studies.

6 Chawla, R., *BMJ* (4 Dec 2004); 329 (7478): 1308. Regular drinking might explain the French paradox.

7 Spitaels, F., *PLoS One* (18 Apr 2014); 9(4): e95384. The microbial diversity of traditional spontaneously fermented lambic beer.

8 Vang, O., *Ann NY Acad Sci* (Jul 2013); 1290: 1-11. What is new for resveratrol? Is a new set of recommendations necessary?

9 Tang, P.C., *Pharmacol Res* (22 Aug 2014); pii: S1043-6618(14)00138-8. Resveratrol and cardiovascular health – Promising therapeutic or hopeless illusion?

10 Wu, G.D., *Science* (7 Oct 2011); 334(6052): 105-8. Linking long-term dietary patterns with gut microbial enterotypes.

11 Queipo-Ortuno, M.I., *Am J Clin Nutr* (Jun 2012); 95(6): 1323-34. Influence of red wine polyphenols and ethanol on the gut microbiota ecology and biochemical biomarkers.

12 Chiva-Blanch, G., *Alcohol* (May-Jun 2013); 48(3): 270-7. Effects of wine, alcohol and polyphenols on cardiovascular disease risk factors: evidence from human studies.

13 Bala, S., *PLoS One* (14 May 2014); 9(5). Acute binge drinking increases serum endotoxin and bacterial DNA levels in healthy individuals.

14 Blednov, Y.A., *Brain Behav Immun* (Jun 2011); 25 Suppl 1: S92-S105. Activation of inflammatory signaling by lipopolysaccharide produces a prolonged increase of voluntary alcohol intake in mice.

15 Knott, C.S., *BMJ* (2015); 350: h384. All-cause mortality and the case for age-specific consumption guidelines.

16 Ferrari, P., *Eur J Clin Nutr* (Dec 2012); 66(12): 1303-8. Alcohol dehydrogenase and aldehyde dehydrogenase gene polymorphisms, alcohol intake and the risk of colorectal cancer in the EPIC study.

17 Holmes, M.V., *BMJ* (2014); 349: g4164. Association between alcohol and cardiovascular disease: Mendelian randomisation analysis based on individual participant data.

16. 비타민

1 Goto, Y., *Immunity* (17 Apr 2014); 40(4): 594-607. Segmented filamentous bacteria antigens presented by intestinal dendritic cells drive mucosal Th17 cell differentiation.

2 Rimm, E.B., *N Engl J Med* (20 May 1993); 328(20): 1450-6. Vitamin E consumption and the risk of coronary heart disease in men.

3 Lippman, S.M., *JAMA* (2009); 301(1): 39-51. Effect of selenium and vitamin E on risk of prostate cancer and other cancers.

4 Guallar, E., *Ann Intern Med* (17 Dec 2013); 159(12): 850-1. Enough is enough: Stop wasting money on vitamin and mineral supplements.

5 Bjelakovic, G., *Cochrane Database Syst Rev* (14 Mar 2012); 3: CD007176. Antioxidant supplements for prevention of mortality in healthy participants and patients with various diseases.

6 Risk and Prevention Study Collaborative Group, *N Engl J Med* (9 May 2013); 368(19): 1800-8. n-3 Fatty acids in patients with multiple cardiovascular risk factors.

7   Qin, X., *Int J Cancer* (1 Sep 2013); 133(5): 1033–41. Folic acid supplementation and cancer risk: a meta-analysis of randomized controlled trials.

8   Burdge, G.C., *Br J Nutr* (14 Dec 2012); 108(11): 1924–30. Folic acid supplementation in pregnancy: Are there devils in the detail?

9   Qin, X., *Clin Nutr* (Aug 2014); 33(4): 603–12. Folic acid supplementation with and without vitamin B6 and revascularization risk: a meta-analysis of randomized controlled trials.

10   Murto, T., *Acta Obstet Gynecol Scand* (Jan 2015); 94(1): 65–71. Folic acid supplementation and methylenetetrahydrofolate reductase (MTHFR) gene variations in relation to in vitro fertilization pregnancy outcome.

11   Huang, Y., *Int J Mol Sci* (14 Apr 2014); 15(4): 6298–313. Maternal high folic acid supplement promotes glucose intolerance and insulin resistance in male mouse off spring fed a high-fat diet.

12   Clarke, J.D., *Pharmacol Res* (Nov 2011); 64(5): 456–63. Bioavailability and inter-conversion of sulforaphane and erucin in human subjects consuming broccoli sprouts or broccoli supplement in a cross-over study design.

13   Bolland, M.J., *J Bone Miner Res* (11 Sep 2014); doi:10.1002/jbmr.2357. Calcium supplements increase risk of myocardial infarction.

14   Moyer, V.A., *Ann Intern Med* (2013); 158(9): 691–6. Vitamin D and calcium supplementation to prevent fractures in adults: U.S. preventive services task force recommendation statement.

15   Chang, Y.M., *Int J Epidemiol* (Jun 2009); 38(3): 814–30. Sun exposure and melanoma risk at different latitudes: a pooled analysis of 5700 cases and 7216 controls.

16   Bataille, V., *Med Hypotheses* (Nov 2013); 81(5): 846–50. Melanoma. Shall we move away from the sun and focus more on embryogenesis, body weight and longevity?

17   Gandini, S., *PLoS One* (2013); 8(11): e78820. Sunny holidays before and after melanoma diagnosis are respectively associated with lower Breslow thickness and lower relapse rates in Italy.

18   Hunter, D., *J Bone Miner Res* (Nov 2000); 15(11): 2276–83. A randomized controlled trial of vitamin D supplementation on preventing postmenopausal bone loss and modifying bone metabolism using identical twin pairs.

19 Schöttker, B., *BMJ* (17 Jun 2014); 348: g3656,doi:10.1136/bmj.g3656. Vitamin D and mortality: meta-analysis of individual participant data from a large consortium of cohort studies from Europe and the United States.

20 Bjelakovic, G., *Cochrane Database Syst Rev* (10 Jan 2014); 1:CD007470.Vitamin D supplementation for prevention of mortality.

21 Bjelakovic, G., *Cochrane Database Syst Rev* (23 Jun 2014); 6: CD007469,doi: 10.1002/14651858.CD007469.pub2. Vitamin D supplementation for prevention of cancer in adults.

22 Afzal, S., *BMJ* (18 Nov 2014); 349: g6330,doi:10.1136/bmj,g6330. Genetically low vitamin D concentrations and increased mortality: Mendelian randomisation analysis in three large cohorts.

23 Age-related Eye Disease Study 2 Research Group, *JAMA* (15 May 2013); 309(19): 2005-15. Lutein + zeaxanthin and omega-3 fatty acids for age-related macular degeneration: the Age-related Eye Disease Study 2 (AREDS2) randomized clinical trial.

24 Degnan, P.H., *Cell Metab* (4 Nov 2014); 20(5): 769-74. Vitamin B12 as a modulator of gut microbial ecology.

17. 경고: 항생제가 들어갈 수 있음

1 Shapiro, D.J., *J Antimicrob Chemother* (25 Jul 2013); Antibiotic prescribing for adults in ambulatory care in the USA, 2007-09.

2 Hicks, L., *N Engl J Med* (2013); 368: 1461-2. U.S. outpatient antibiotic prescribing, 2010

3 Garrido, D., *Microbiology* (Apr 2013); 159(Pt 4): 649-64. Consumption of human milk glycoconjugates by infant-associated bifidobacteria: mechanisms and implications.

4 Baaqeel, H., *BJOG* (May 2013); 120(6): 661-9,doi:10.1111/1471-0528.12036. Timing of administration of prophylactic antibiot-

ics for caesarean section: a systematic review and meta-analysis.

5   Kozhimannil, K.B., *PLoS Med* (21 Oct 2014); 11(10): e1001745. Maternal clinical diagnoses and hospital variation in the risk of Cesarean delivery: analyses of a national US hospital discharge database.

6   Kozhimannil, K.B., *Health Aff* (Millwood) (Mar 2013); 32(3): 527-35. Cesarean delivery rates vary tenfold among US hospitals; reducing variation may address quality and cost issues.

7   Zhang, J., *Obstet Gynecol* (2008); 111: 1077-82. Cesarean delivery on maternal request in Southeast China.

8   Dominguez-Bello, M., *Proc Natl Acad Sci USA* (29 Jun 2010); 107(26): 11971-5. Delivery mode shapes the acquisition and structure of the initial microbiota across multiple body habitats in newborns.

9   Grönlund, M.M., *J Pediatr Gastroenterol Nutr* (1999); 28: 19-25. Fecal microflora in healthy infants born by different methods of delivery: Permanent changes in intestinal fl ora after Cesarean delivery.

10 Cho, C.E., *Am J Obstet Gynecol* (Apr 2013); 208(4): 249-54. Cesarean section and development of the immune system in the offspring.

11 Thavagnanam, S., *Clin Exp Allergy* (Apr 2008); 38(4): 629-33. A meta-analysis of the association between caesarean section and childhood asthma.

12 Gough, E.K., *BMJ* (15 Apr 2014); 348: g2267. The impact of antibiotics on growth in children in low and middle income countries: systematic review and meta-analysis of randomised controlled trials.

13 Blaser, M., *Missing Microbes* (Henry Holt, 2014) 마틴 블레이저, 『인간은 왜 세균과 공존해야 하는가』(2014)

14 http://www.cdc.gov/obesity/data/adult.html

15 Trasande, L., *Int J Obes* (Jan 2013); 37(1): 16-23. Infant antibiotic exposures and early-life body mass.

16 Ajslev, T.A., *Int J Obes* 2011; 35: 522-9. Childhood overweight after establishment of the gut microbiota: the role of delivery

17 Bailey, L.C., *JAMA Pediatr* (29 Sep 2014); doi:10.1001/jamapediatrics. Association of antibiotics in infancy with early childhood obesity.

18 Blaser, M., *Nat Rev Microbiol* (Mar 2013); 11(3): 213-17. The microbiome explored: recent insights and future challenges.

19 Darmasseelane, K., *PLoS One* (2014); 9(2): e87896.doi:10.1371. Mode of delivery and off spring body mass index, overweight and obesity in adult life: a systematic review and meta-analysis.

20 http://www.wired.com/wiredscience/2010/12/news-update-farm-animals-get-80-of-antibiotics-sold-in-us/

21 Visek, W.J., *J Animal Sciences* (1978); 46; 1447-69.The mode of growth promotion by antibiotics.

22 Pollan, M., *The Omnivore's Dilemma* (Bloomsbury, 2007) 마이클 폴란,『잡식동물의 딜레마』(2008)

23 http://www.dutchnews.nl/news/archives/2014/06/illegal_antibiotics_found_on_f/

24 Burridge, L., *Aquaculture* (2010); Elsevier BV 306 (1-4): 7-23 Chemical use in salmon aquaculture: a review of current practices and possible environmental effects.

25 Karthikeyan, K.G., *Sci Total Environ* (15 May 2006); 361(1-3). Occurrence of antibiotics in wastewater treatment facilities in Wisconsin, USA.

26 Jiang, L., *Sci Total Environ* (1 Aug 2013); 458-460: 267-72.doi. Prevalence of antibiotic resistance genes and their relationship with antibiotics in the Huangpu River and the drinking water sources, Shanghai, China.

27 Huerta, B., *Sci Total Environ* (1 Jul 2013); 456-7: 161-70. Exploring the links between antibiotic occurrence, antibiotic resistance, and bacterial communities in water supply reservoirs.

28 Falcone-Dias, M.F., *Water Res* (Jul 2012); 46(11): 3612-22. Bottled mineral water as a potential source of antibiotic-resistant bacteria.

29 Blaser, M., *Missing Microbes* (Henry Holt, 2014) 마틴 블레이저,『인

간은 왜 세균과 공존해야 하는가』(2014)

30 Gendrin, M., *Nature Communications* (6 Jan 2015); 6: 592. Antibiotics in ingested human blood affect the mosquito microbiota and capacity to transmit malaria.

31 Goldenberg, J.Z., *Cochrane Database Syst Rev* (31 May 2013); 5: CD006095. Probiotics for the prevention of Clostridium difficile-associated diarrhea in adults and children.

32 http://www.britishgut.org and http://www.americangut.org

18. 경고: 땅콩 성분이 들어갈 수 있음

1 http://www.dailymail.co.uk/news/article-2724684/Nut-allergy-girl-wentanaphylactic-shock-plane-passenger-ignored-three-warnings-not-eat-nutsboard.html

2 Vinson, J.A., *Food Funct* (Feb 2012); 3(2): 134-40. Nuts, especially walnuts, have both anti-oxidant quantity and efficacy and exhibit signifi cant potential health benefits.

3 Bes-Rastrollo, M., *Am J Clin Nutr* (2009); 89: 1913-19. Prospective study of nut consumption, long-term weight change, and obesity risk in women.

4 Estruch, R., *N Engl J Med* (4 Apr 2013); 368(14): 1279-90.

5 Schloss, O., *Arch Paed* (1912); 29: 219. A case of food allergy.

6 Golbert, T.M., *J Allergy* (Aug 1969); 44(2): 96-107. Systemic allergic reactions to ingested antigens.

7 West, C.E., *Curr Opin Clin Nutr Metab Care* (May 2014); 17(3): 261-6. Gut microbiota and allergic disease: new findings.

8 Du Toit, G., *J Allergy Clin Immunol* (Nov 2008); 122(5): 984-91. Early consumption of peanuts in infancy is associated with a low prevalence of peanut allergy.

9 Storrø, O., *Curr Opin Allergy Clin Immunol* (Jun 2013); 13(3): 257-62. Diversity of intestinal microbiota in infancy and the risk of allergic disease in childhood.

10 Ismail, I.H., *Pediatr Allergy Immunol* (Nov 2012); 23(7): 674-81. Reduced gut microbial diversity in early life is associated with later development of eczema.

11 Marrs, T., *Pediatr Allergy Immunol* (Jun 2013); 24(4): 311-20.e8. Is there an association between microbial exposure and food allergy? A systematic review.

12 Hesselmar, B., *Pediatrics* (Jun 2013); 131(6): e1829-37. Pacifier cleaning practices and risk of allergy development.

13 Strachan, D.P., *BMJ* (1989); 299: 1259-60. Hay fever, hygiene, and household size.

14 Holbreich, M., *J Allergy Clin Immunol* (Jun 2012); 129(6): 1671-3. Amish children living in northern Indiana have a very low prevalence of allergic sensitization.

15 Zupancic, M.L., *PLoS One* (2012); 7(8): e43052. Analysis of the gut microbiota in the Old Order Amish and its relation to the metabolic syndrome.

16 Roederer, M., *Cell* (2015); The genetic architecture of the human immune system.

17 Schaub, B., *J Allergy Clin Immunol* (Jun 2008); 121(6): 1491-9, 1499.e-13. Impairment of T-regulatory cells in cord blood of atopic mothers.

18 Smith,P.M., *Science* (2013); 341; 6145: 569-73. The microbial metabolites, short-chain fatty acids, regulate colonic Treg cell homeostasis.

19 Hansen, C.H., *Gut Microbes* (May-Jun 2013); 4(3): 241-5. Customizing laboratory mice by modifying gut microbiota and host immunity in an early 'window of opportunity'.

20 Wells, A.D., *Int Immunopharmacol* (31 Jul 2014); pii: S1567-9. Influence of farming exposure on the development of asthma and asthma-like symptoms.

21 Heinritz, S.N., *Nutr Res Rev* (Dec 2013); 26(2): 191-209. Use of pigs as a potential model for research into dietary modulation of the human gut microbiota.

22 Song, S.J., *eLife* (16 Apr 2013); 2:e00458. Cohabiting family members share microbiota with one another and with their dogs.

19. 유통기한

1 Gormley, F., *J Epidemiol Infect* (May 2011); 139(5): 688-99. A 17-year review of food-borne outbreaks: describing the continuing decline in England and Wales (1992-2008).

2 Lyon, R.C., *J Pharm Sci* (2006); 95: 1549-60. Stability profiles of drug products extended beyond labelled expiration dates.

3 Khan, S.R., *J Pharm Sci* (May 2014); 103(5): 1331-6. United States Food and Drug Administration and Department of Defense shelf-life extension program of pharmaceutical products: progress and promise.

결론: 계산대

1 http://www.britishgut.org and http://www.americangut.org

2 Youngster, I., *JAMA* (5 Nov 2014); 312(17): 1772-8. Oral, capsulized, frozen, fecal microbiota transplantation for relapsing Clostridium difficile infection.

3 http://www.openbiome.org/practitioner-map/

4 Alang, N., OFID.2015.http://ofi d.oxfordjournals.org/ content/2/1/ofv004.full.pdf+html. Weight gain after Fecal Microbial Transplant; http://www.scientifi camerican.com/article/fecal-transplants-may-up-risk-of- obesityonset/

5 Charakida, M., *Lancet Diabetes Endocrinol* (Aug 2014); 2(8): 648-54. Lifelong patterns of BMI and cardiovascular phenotype in individuals aged 60-64 years in the 1946 British birth cohort study: an epidemiological study.

6 Everard, A., *Proc Natl Acad Sci* (28 May 2013); 110(22): 9066-71. Crosstalk between *Akkermansia muciniphila* and intestinal epithelium controls diet-induced obesity.

7 Zimmermann, A., *Microbial Cell* (2014); 1(5): 150-3. When less is more: hormesis against stress and disease.

8 Lang, J.M., *PeerJ* (9 Dec 2014); https://peerj.com/articles/659/. The microbes we eat: abundance and taxonomy of microbes consumed in a day's worth of meals for three diets.

옮긴이의 말

최근 극단적 과일식 추종자의 SNS가 넷상에서 화제가 된 적이 있다. 월경 중단을 건강한 삶의 증거라고 여기는 것까지도, 본문에 등장하는 '바나나걸 프릴리'의 주장과 거의 흡사한 내용이었다. 프릴리는 2019년 현재에도 여전히 베스트셀러 작가로 자신을 소개하며, 80만 명의 구독자를 가진 유튜버이며 페이스북과 인스타그램에서 각각 수십만 명의 팔로워를 거느린 인플루언서이기도 하다. 그러나 그녀의 방법론이 건강한 삶으로 이어진다는 보장은 3년 전과 마찬가지로 조금도 없다.

팀 스펙터의 책이 영국에서 처음 출간된 지도 3년이 지났다. 그동안 장내 미생물과 건강이라는 주제는 여러 매체에서 다양한 전문가들에 의해 꾸준히 언급되었으며, 건강에 관심 있는 사람들 사이에서는 제법 보편적인 상식이 되었다. 비단 장내 미생물뿐이 아니다. 요즘은 세계 곳곳의 수많은 건강정보가 동영상이나 SNS를 통해 거의 실시간으로 흘러들어온다. 사실 이 책에 등장하는 표제어를 구글 검색창에 입력하는 것만으로도, 이 책에 수록된 내용보다 훨씬 많은 정보를 발견할 수 있을 것이다.

문제는 그런 정보가 양적으로는 꾸준히 팽창을 거듭하고 있는데도, 그 진위를 확인할 방도는 여전히 그리 많지 않다는 것이다. 이 책에서 언급하는 대부분의 식이요법은 지난 3년 동안 적어도 한 번씩은 한국의 대중매체에서 상당히 긍정적인 방향으로 소개된 바 있다. 식이요법의 신화가 아직 우리 주변에 팽배하며, 그런 신화를 가려내는 방법을 알려주는 길잡이로서 이 책이 도움이 될 수 있다는 좋은 증거일 것이다.

물론 이 책의 주장을 고스란히 식이요법의 방법론으로 적용하기는 힘들 것이다. 이 책이 겨냥하는 영미권의 독자는 한국인과는 여러 면에서 상당히 다를 수밖에 없다. 2018년 피험자 2천 명의 장내 미생물을 조사한 결과에 의하면, 전곡류와 채소가 많은 식단을 섭취하는 한국인은 섬유질의 소화를 돕는 프리보텔라균이 서구인의 4배 정도 많다고 한다. 그 외에도 대다수가 유당불내성을 가지고 어패류와 해조류의 섭취량이 많다는 점을 고려해 보면, 평균적인 한국인은 분명 21세기의 영국인과는 상당히 다른 장내 미생물 생태계를 보유하고 있을 것이다. 저자가 꾸준히 장내 미생물의 개인차가 건강에 미치는 영향을 강조한다는 점을 생각하면, 지구 반대편의 한국 독자들이 이 책의 식이요법을 비판 없이 적용하는 것은 도리어 저자의 의도를 거스르는 행위일지도 모른다.

이 책은 구체적인 지침보다는 새로운 관점과 접근방식에 중점을 두고 있다. 단순히 열량과 필수 영양소로 식품을 파악하는 기존의 도그마를 벗어나서 여러 영양소의 복합적인 작용과 장내 미생물을 고려하는 것만으로도, 우리 신체와 식품의 관계를 파악하는 시야를 상당히 넓힐 수 있을 것이다. 다양한 실험과 연구에 대한 평가를 통해, 유효한 정보를 선별하는 기준을 정립할 수도 있으리라 생각한다.

모쪼록 이 책이 건강을 지키고자 하는 독자 여러분께 올바른 정보를 가려내는 능력을 길러줄 수 있었으면 한다. 체중감량이 목표인 경우도 마찬가지다. 이 시대의 다이어트에는 의지력이나 자금력보다도 정보 선별력이 필요할지도 모르는 일이니까.

옮긴이 | 조호근

서울대학교 생명과학부를 졸업하고 과학서 및 SF, 판타지, 호러 등 장르소설 번역을
주로 해왔다. 옮긴 책으로『밤의언어』,『레이 브래드버리』,『마이너리티 리포트』,『소
호의 달』,『에일리언』,『아마겟돈』,『제임스 그레이엄 밸러드』,『하인라인 판타지』,『더
블 스타』,『물리는 어떻게 진화했는가』,『진흙발의 오르페우스』,『생명창조자의 율법』,
『시월의 저택』,『물리와 철학』등이 있다.

다이어트 신화

초판 1쇄 발행 2019년 10월 25일

지은이 팀 스펙터
옮긴이 조호근

펴낸곳 서커스출판상회
주소 서울 마포구 월드컵북로 400 5층 24호(상암동, 문화콘텐츠센터)
전화번호 02-3153-1311
팩스 02-3153-2903
전자우편 rigolo@hanmail.net
출판등록 2015년 1월 2일(제2015-000002호)

© 서커스, 2019

ISBN 979-11-87295-40-2 03470

이 도서의 국립중앙도서관 출판예정도서목록(CIP)은 서지정보유통지원시스템 홈페이지(http://seoji.nl.go.kr)와
국가자료공동목록시스템(http://www.nl.go.kr/kolisnet)에서 이용하실 수 있습니다.
(CIP제어번호: CIP2019034724)